SISTEMAS SUSTENTÁVEIS DE ESGOTOS

Blucher

Sérgio Rolim Mendonça
Luciana Coêlho Mendonça

SISTEMAS SUSTENTÁVEIS DE ESGOTOS

Orientações técnicas para projeto e dimensionamento de redes coletoras, emissários, canais, estações elevatórias, tratamento e reúso na agricultura

2ª edição revista

Sistemas sustentáveis de esgotos: orientações técnicas para projeto e dimensionamento de redes coletoras, emissários, canais, estações elevatórias, tratamento e reúso na agricultura

1ª edição – 2016

2ª edição – 2017

Foto de capa: Dirceu Tortorello

Editora Edgard Blücher Ltda.

Blucher

Rua Pedroso Alvarenga, 1245, 4° andar
04531-934 – São Paulo – SP – Brasil
Tel.: 55 11 3078-5366
contato@blucher.com.br
www.blucher.com.br

Segundo Novo Acordo Ortográfico, conforme 5. ed. do *Vocabulário Ortográfico da Língua Portuguesa*, Academia Brasileira de Letras, março de 2009.

Dados Internacionais de Catalogação na Publicação (CIP)
Angélica Ilacqua CRB-8/7057

Mendonça, Sérgio Rolim
Sistemas sustentáveis de esgotos : orientações técnicas para projeto e dimensionamento de redes coletoras, emissários, canais, estações elevatórias, tratamento e reúso na agricultura / Sérgio Rolim Mendonça, Luciana Coelho Mendonça. – 2. ed. revista – São Paulo : Blucher, 2017.
368 p. : il.

Bibliografia
ISBN 978-85-212-1254-6

1. Esgotos 2. Esgotos – Projetos e construção 3. Águas residuais 4. Engenharia sanitária I. Título. II. Mendonça, Luciana Coelho.

17-1456 CDD 628.24

Índice para catálogo sistemático:
1. Esgotos – Projetos e construção

Para Lucinha, André, Thiago, Sérgio Neto, Gustavo e Caio.

Gosto de ver um homem orgulhoso da terra onde viveu.
Gosto de ver um homem viver de tal maneira
que sua terra se orgulhará dele.

Abraham Lincoln

AGRADECIMENTOS

Os autores agradecem ao professor doutor Alcigeimes Batista Celeste, da Universidade Federal de Sergipe (UFS), pela revisão do Capítulo 3, "Canais e condutos forçados", e ao professor doutor Neyson Martins Mendonça, da Universidade Federal do Pará (UFPA), pela revisão do Capítulo 5, "Estações elevatórias de esgoto", pelas inúmeras sugestões apresentadas e por sua contribuição como coautor desse capítulo.

CONTEÚDO

CAPÍTULO 2 – HIDRÁULICA DOS COLETORES DE ESGOTO 65

PREFÁCIO DOS AUTORES À 2ª EDIÇÃO

Após o sucesso de vendas da 1ª edição, resolvemos adicionar um capítulo com um segundo estudo de caso. Refere-se à avaliação de desempenho e ao diagnóstico operacional de uma estação de tratamento de esgotos no Brasil, cujo projeto foi elaborado há mais de três décadas, o que deverá auxiliar de maneira bem prática os profissionais envolvidos com o tema.

No nosso país, torna-se quase que impossível a obtenção de dados comparativos dos projetos originais de saneamento e dados operacionais desses sistemas após a construção. A informação *a posteriori* dos dados de operação tem a precípua finalidade de repassar esses importantes parâmetros aos engenheiros, para que os próximos projetos sejam elaborados com coeficientes mais próximos da realidade e, consequentemente, possam interferir na eficiência e na qualidade das futuras obras de saneamento.

Esse novo capítulo é, portanto, deveras significativo devido à raridade e à enorme dificuldade na obtenção de dados de sistemas em operação no Brasil. Na prática, esses estudos, se existem, quase nunca são divulgados.

Nosso livro pretende preencher uma lacuna de publicações técnicas na área de esgotos sanitários. É orientado principalmente para a elaboração de projetos de pequenas e médias cidades, apresentando de maneira didática e objetiva fundamentos teóricos e inúmeros exemplos práticos para o dimensionamento das partes constitutivas desses sistemas. Também estão incluídos na publicação detalhes construtivos, como é o caso de cargas sobre tubos enterrados em valas e operação e retirada de lodos de lagoas de estabilização.

Segundo dados recentes do Instituto Brasileiro de Geografia e Estatística (IBGE), o Brasil possui 5.570 munícipios, 70% dos quais são pequenas cidades, o que significa que em 3.900 deles vivem menos de 20 mil habitantes. Praticamente todas essas pequenas cidades não possuem sistemas de esgotamento sanitário. Portanto, já não temos dúvida de que esta publicação será bastante útil para nossos projetistas.

Esperamos que este livro possa influenciar e contribuir na melhoria e na qualidade de vida dos milhões de brasileiros que ainda não foram contemplados com esses serviços prioritários e tão essenciais para a proteção da saúde pública.

Sérgio Rolim Mendonça

srolimmendonca@gmail.com

Luciana Coêlho Mendonça

lumendon@gmail.com

PREFÁCIO À 1ª EDIÇÃO

Conheci Sérgio Rolim quando ele realizava um ciclo de palestras sobre tratamento de esgotos sanitários patrocinado pela Empresa Baiana de Águas e Saneamento (EMBASA), no início da década de 90. Iniciava-se, naquele momento, a etapa de implantação de sistemas de esgotamento sanitário pelo interior do Estado da Bahia. Não existia, então, um consenso sobre qual deveria ser a forma de tratamento de esgotos mais adequada à realidade do estado, ou qual deveria ser a abordagem para a concepção e dimensionamento desses projetos de tratamento.

Sua exposição objetiva dos fundamentos teóricos no tratamento dos esgotos domésticos em lagoas de estabilização e a descrição de metodologias construtivas simples para a implantação de dispositivos que otimizem o desempenho das lagoas conduziram os participantes, de maneira muito natural, a focar nas vantagens dessa forma de tratamento: baixos custos de implantação, operação e manutenção, e excelente qualidade dos efluentes, desde que haja disponibilidade de áreas extensas e relativamente planas ou pouco acidentadas.

Meu respeito e admiração foram imediatos. Talvez porque venho de uma terra, – Mendoza, Argentina – com pluviosidade anual de 200 mm, onde o uso eficiente da água é fundamental. E, com certeza, porque a experiência pessoal me levou a valorizar soluções simples e com bases sólidas, exatamente como ele as elabora. Encontrei em Sérgio um profissional percorrendo os mesmos caminhos que eu, com ideias claras no que se refere à relação do homem com a natureza na qual vive e com a mesma aversão ecológica ao desperdício. Obviamente fiz questão de trabalharmos conjuntamente em alguns projetos.

Nos anos que se seguiram, Sérgio continuou acrescentando experiências e ferramentas à sua bagagem. É um profissional com trilha própria, que não se deteve para colher os louros repetindo experiências. Além de inúmeros projetos, conferências e publicações – incluindo sete livros na área de Tecnologias Aplicadas aos Sistemas de Água e Esgotos –, sua caminhada contemplou um período internacional, primeiro como Assessor em Saúde e Ambiente da Organização Pan-Americana da Saúde (OPAS/OMS) na Colômbia e no México, e depois, como Assessor em Sistemas de Águas Residuais para a América Latina e o Caribe do CEPIS/OPAS/OMS, com sede em Lima, Peru.

Sua vasta experiência se reflete neste oitavo livro, que desde o primeiro capítulo descreve as características dos esgotos sanitários. Além da costumeira introdução e dos descritivos básicos, foram incluídos nesse primeiro capítulo, de maneira extensiva, parâmetros de projeto e referências práticas relevantes, elementos fundamentais para a elaboração e o dimensionamento de um projeto que considere os aspectos de operação e manutenção dos sistemas desde a sua concepção.

A visão do projetista objetivo pode ser identificada nos capítulos 2 a 6, em que são descritos a hidráulica dos coletores de esgotos – seja em condutos livres ou forçados –, as cargas sobre as tubulações enterradas e os aspectos mais relevantes para o projeto de estações elevatórias de esgotos e dos respectivos poços de sucção. Os assuntos abordados em cada um desses capítulos começam pela formulação dos fundamentos clássicos, que até os dias atuais não perderam a sua validade, para em seguida incorporar adaptações empíricas e soluções práticas, balizadas na própria experiência do autor e na de outros profissionais.

O capítulo 7 lida com o tratamento dos esgotos em lagoas de estabilização e, neste assunto, Sérgio sempre se sobressai. Fundamentado no amplo domínio do autor sobre o tema e nos inúmeros sistemas projetados e visitados, descreve com extrema clareza os conceitos dos padrões de vazão e mistura nas lagoas de estabilização e do fluxo disperso. Depois de uma breve transição, passeando pelos métodos racionais e empíricos mais utilizados na atualidade, Sérgio faz suas recomendações para o projeto e o dimensionamento de lagoas anaeróbias, lagoas facultativas primárias ou secundárias e lagoas de maturação. Com a simplicidade que o caracteriza e que torna fácil a leitura e o entendimento do processo de tratamento dos esgotos sanitários, oferece um norte para guiar projetistas de Estações de Tratamento de Esgotos (ETE) pelos meandros do projeto.

Os capítulos 8 e 9 descrevem brevemente as novas fronteiras na tecnologia de tratamento de esgotos. Versam sobre limpeza, tratamento e disposição final dos lodos produzidos nas lagoas de estabilização e sobre a importância do reúso dos efluentes líquidos dessas lagoas. Membros da comunidade profissional, que acompanham os avanços nesta área, já consideram os esgotos sanitários um insumo útil, que deve ser integrado ao ecossistema e aos processos produtivos por meio de soluções voltadas para o desenvolvimento sustentável, conforme externado pelo Professor Nelson Luiz Rodrigues Nucci da USP. Expressei o conceito de fronteiras tecnológicas porque ainda não foi vencida a rejeição popular contra o reúso nem o comportamento pouco proativo de empresas de saneamento quanto ao manejo dos lodos.

Na abordagem desses capítulos, assim como nos primeiros, Sérgio recebeu a colaboração de Luciana Coêlho Mendonça, Engenheira Civil e atualmente Professora

Adjunta da UFS (Universidade Federal de Sergipe). Com crescente experiência nos temas de reúso de efluentes, de manejo de lodos de estações de tratamento de esgotos e de águas e de compostagem de resíduos orgânicos, Luciana representa a continuidade do trabalho de Sérgio nestas novas direções que o futuro nos impõe. O caminho mais curto para combater a cultura contra o reúso passa, tudo indica, pelo reúso dos efluentes de lagoas de estabilização na agricultura, uma vez que este setor conta com restrições mais suaves. Particularmente, o reúso constitui uma alternativa real para mitigar o enorme déficit hídrico do Polígono das Secas na região Nordeste.

Fica evidente, na leitura desses capítulos, que devem ser desenvolvidas e aprimoradas soluções técnicas e tecnológicas, modernas e de baixo custo, de maneira a garantir a sustentabilidade de sistemas que evitem o desperdício de água e reduzam a contaminação ambiental. Também fica evidente que isso não será possível sem a mobilização de todos os setores da sociedade e dos seus representantes, como preconizado pela Organização Mundial da Saúde (OMS).

No capítulo 10, o livro encerra com a descrição de um estudo de caso, em que vários aspectos relativos ao diagnóstico e ao projeto de uma ETE, conforme descritos ao longo do livro, são apresentados de maneira sequencial e com os respectivos cálculos que confirmam cada parâmetro considerado.

O conhecimento contido neste livro permite a elaboração de soluções simples, objetivas e consistentes para o projeto e o dimensionamento de Sistemas de Esgotamento Sanitário em pequenas e médias cidades, tanto nas etapas de coleta e recalque dos esgotos quanto no tratamento destes por meio de lagoas de estabilização.

Carlos Enrique Hita

Diretor da Hita Engenharia
PhD pela University of Houston, Texas

CAPÍTULO 1
CARACTERÍSTICAS DOS ESGOTOS SANITÁRIOS

Luciana Coêlho Mendonça
Sérgio Rolim Mendonça

GENERALIDADES, DEFINIÇÃO E ORIGEM

Águas residuais ou esgotos sanitários podem ser definidas como aquelas águas provenientes do sistema de abastecimento de água da população, que, depois de modificadas por diversos usos em atividades domésticas, industriais e comunitárias, são recolhidas pela rede de esgotamento que as conduz a um destino apropriado (MARA, 1976).

Segundo sua origem, as águas residuais resultam da combinação de líquidos e resíduos sólidos transportados pela água, provenientes de residências, escritórios, edifícios comerciais e instituições, com resíduos das indústrias, águas subterrâneas, superficiais ou de precipitação que também podem, eventualmente, ser agregadas ao esgoto sanitário (MENDONÇA, 1987).

Assim, de acordo com sua origem, as águas residuais podem ser classificadas como:

- domésticas: águas utilizadas para fins higiênicos (sanitários, cozinhas, lavanderias etc.). Consistem basicamente em resíduos humanos que chegam às redes de esgotamento por meio das descargas das instalações hidráulicas das edificações e em resíduos oriundos de estabelecimentos comerciais, públicos e similares;
- industriais: resíduos líquidos gerados nos processos industriais. Possuem características específicas, dependendo do tipo de indústria;
- infiltrações e vazões adicionais: as águas de infiltração penetram no sistema de esgotamento por juntas de tubulações, defeitos nas paredes das tubulações, tu-

bulações de inspeção e limpeza, caixas de passagem, estruturas dos poços de visita, estações de bombeamento etc. Há também as águas pluviais que são descarregadas por meio de várias fontes, como calhas, drenos e coletores;

- pluviais: consistem em águas pluviais que descarregam grandes quantidades de água sobre o solo. Parte dessas águas é drenada e outra escorre pela superfície, arrastando areia, terra, folhas e outros resíduos que podem estar sobre o solo.

Segundo Mara e Cairncross (1990), cada pessoa gera 1,8 litro de material fecal diariamente, correspondendo a 350 gramas de sólidos secos, incluindo 90 gramas de matéria orgânica e 20 gramas de nitrogênio e de outros nutrientes, principalmente fósforo e potássio.

A temperatura das águas residuais geralmente é um pouco superior à temperatura das águas de abastecimento em virtude da contribuição dos resíduos domésticos que tiveram as águas aquecidas. Valores reais elevados podem ser verificados quando há contribuição de esgotos industriais. Em geral, a temperatura das águas residuais é superior à temperatura do ar, exceto nos dias mais quentes de verão. Em relação aos processos de tratamento, sua influência se verifica nos processos químicos e nos de natureza biológica, pois a velocidade das reações aumenta com a elevação da temperatura; nas operações em que ocorre o fenômeno da sedimentação, o aumento da temperatura diminui a viscosidade, melhorando as condições para esse fenômeno.

Os esgotos domésticos geralmente são perenes, sendo sua composição essencialmente orgânica e seu fluxo relativamente constante, quando há controle domiciliar de água por meio de medidores. Os esgotos industriais podem ser perenes, mas são resultado do trabalho da própria indústria, o que os torna intermitentes e com contribuições localizadas de grandes volumes, ao contrário dos esgotos domésticos. Os esgotos provenientes da infiltração são extremadamente variáveis, dependendo, principalmente, do tipo de solo, do nível do lençol freático e das condições climáticas. Os esgotos provenientes das águas pluviais são tipicamente intermitentes e sazonais, variando de acordo com a precipitação atmosférica e com a cultura da população. Sua composição varia também segundo a duração das chuvas.

De acordo com o tipo de despejos coletados, os sistemas de esgotamento podem ser classificados em:

- sistema único ou combinado: as águas pluviais e os esgotos domésticos são transportados conjuntamente pelo mesmo sistema;
- sistema parcialmente separador: no qual é admitida na rede apenas a fração das águas pluviais provenientes de telhados e pisos dos domicílios;
- sistema separador absoluto: as águas pluviais e os esgotos domésticos são conduzidos em tubulações independentes.

Segundo Azevedo Netto e Alvarez (1973), as principais vantagens do sistema separador absoluto são:

- permitir a construção de partes independentes, como coletores sanitários, onde sejam convenientes, e galerias de águas pluviais onde sejam necessárias;

- facilitar a construção por etapas, de acordo com a disponibilidade e a conveniência financeira, assegurando melhor viabilidade;
- apresentar melhores condições para o emprego de tubulações de mais baixo custo e fácil instalação;
- manter melhor as tensões trativas mínimas nas tubulações;
- poder ser assentado sem nenhum problema nas vias públicas não pavimentadas e sem leito definido;
- assegurar melhores formas de controle da contaminação das águas para o tratamento, reduzindo o custo das Estações de Tratamento de Esgotos (ETE).

De maneira geral, nos países de clima tropical e em desenvolvimento, é mais favorável usar o sistema separador absoluto em razão dos escassos recursos disponíveis. Além disso, em regiões onde as precipitações atmosféricas são mais intensas, os custos seriam muito mais elevados por conta do aumento dos fluxos das águas pluviais.

Na Figura 1.1, são apresentados os sistemas de esgotamento separador absoluto e combinado.

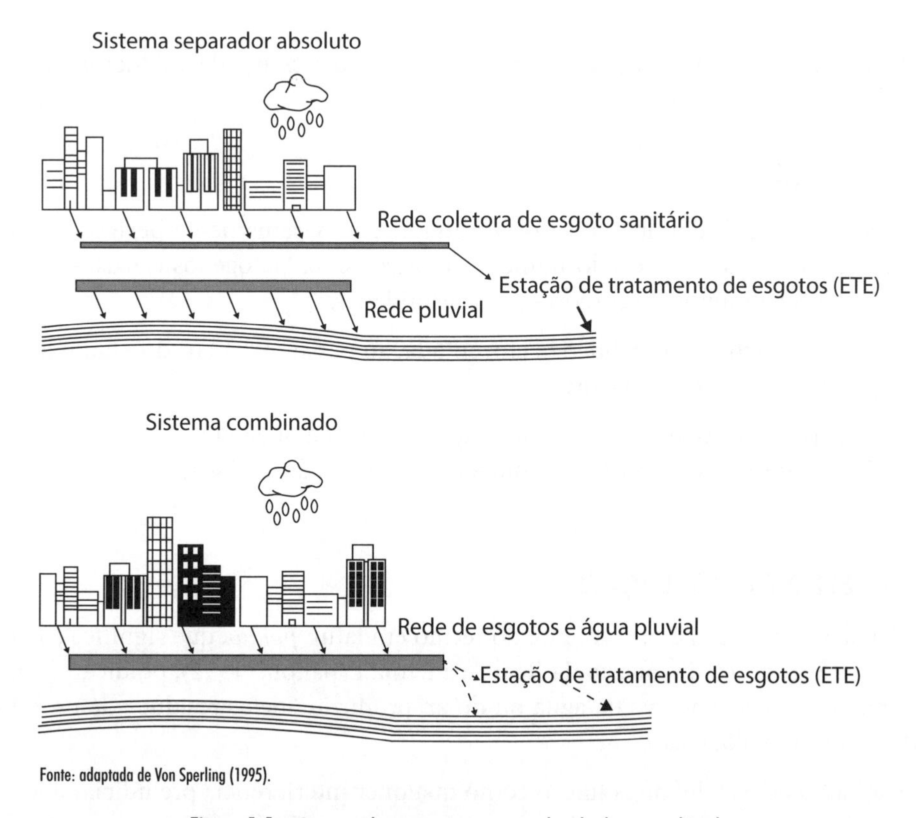

Fonte: adaptada de Von Sperling (1995).

Figura 1.1 – Sistemas de esgotamento: separador absoluto e combinado

O esgoto fresco, como o nome indica, é a fase após os resíduos sólidos e líquidos serem adicionados à água, produzindo água residual. Esse esgoto contém oxigênio dissolvido e permanece fresco tanto tempo quanto existir a decomposição aeróbia. No esgoto séptico, o oxigênio dissolvido foi completamente esgotado e se estabeleceu a decomposição anaeróbia dos sólidos, com produção de sulfeto de hidrogênio e de outros gases.

ODOR

Os odores característicos do esgoto são causados pelos gases formados no processo de decomposição anaeróbia. Jordão e Pessôa (1995) apresentam os principais tipos de odores:

- odor de mofo: razoavelmente suportável; típico de água residual fresca;
- odor de ovo podre: "insuportável"; típico de água residual séptica, que ocorre em virtude da formação do gás sulfídrico, proveniente da decomposição anaeróbia da matéria orgânica contida no esgoto;
- odores variados: de produtos decompostos, como verduras, legumes, peixes; de matéria fecal; de produtos rançosos; de produtos sulfurosos, nitrogenados, ácidos orgânicos etc.

Odores diferentes e específicos ocorrem em razão da presença de resíduos industriais.

APARÊNCIA

A água residual tem aparência desagradável e é extremamente perigosa, principalmente, por causa do elevado número de organismos patógenos (vírus, bactérias, protozoários, helmintos) causadores de enfermidades.

O esgoto fresco tem tonalidade acinzentada, ao passo que a cor do esgoto séptico varia gradualmente de cinza a preta.

As águas residuais podem, contudo, apresentar qualquer outra cor nos casos de contribuição de esgotos industriais, como, por exemplo, de indústria têxtil ou de tintas.

CONCEITO DE POLUIÇÃO

A palavra poluição é proveniente do termo em latim *polluo*, que significa sujar ou manchar. Segundo o dicionário da Real Academia Española (1992), poluição é a contaminação intensa e nociva da água ou do ar, produzida pelos resíduos de processos industriais ou biológicos.

Carvalho (1981) define poluição como qualquer interferência prejudicial nos processos de transmissão de energia em um ecossistema. Pode também ser entendida como um conjunto de fatores limitantes de interesse especial para o homem, constituídos de substâncias nocivas que, uma vez introduzidas no ambiente, podem ser prejudiciais ao homem ou ao seu *habitat* de modo efetivo e potencial.

De acordo com a Lei n. 6.938 (BRASIL, 1981), poluição é a degradação da qualidade ambiental resultante de atividades que, direta ou indiretamente:

- prejudiquem a saúde, a segurança e o bem-estar da população;
- criem condições adversas às atividades sociais e econômicas;
- afetem desfavoravelmente a biota;
- deteriorem as condições estéticas ou sanitárias do meio ambiente;
- lancem matérias ou energia em desacordo com os padrões ambientais estabelecidos.

A poluição proveniente dos resíduos domésticos, apesar de geralmente ser menos nociva ao meio ambiente que a poluição industrial, pode causar grandes danos aos ecossistemas, pois possui, em sua composição, matéria orgânica e micro-organismos patogênicos.

Há basicamente duas formas em que a fonte de poluentes pode afetar um corpo de água: poluição pontual e poluição difusa. Na contaminação pontual, os poluentes afetam o corpo de água de forma concentrada no espaço; é um exemplo a descarga dos resíduos de uma comunidade no rio. Na poluição difusa, os contaminantes são distribuídos ao longo da extensão do corpo de água; caso típico da poluição causada pela drenagem pluvial natural.

CARACTERÍSTICAS QUALITATIVAS E QUANTITATIVAS

A primeira medida tomada no início de um levantamento de dados para a elaboração de um projeto de sistema de tratamento de esgotos se relaciona com a determinação da qualidade e da quantidade de esgoto a ser encaminhada à estação de tratamento. Isso possibilita um dimensionamento mais próximo da realidade e não baseado apenas em dados obtidos da bibliografia.

As características dos esgotos domésticos são determinadas a partir de uma sequência de procedimentos, que inclui medições locais de vazão, coleta de amostras, análises e interpretação dos resultados obtidos. O conjunto dessas atividades é denominado caracterização qualitativa e quantitativa das águas residuais (HANAI, 1997). As características físico-químicas e biológicas informam sobre os processos e as operações que devem ser utilizados no tratamento de esgoto.

A composição e a concentração dos componentes dos despejos domésticos dependem fortemente das condições socioeconômicas da população, assim como da existência do lançamento de efluentes industriais na rede de esgotamento. Em regiões industrializadas, a fração de resíduos industriais presentes nas águas residuais domésticas pode ser bastante significativa, alterando por completo suas características.

CARACTERÍSTICAS QUALITATIVAS

Os esgotos domésticos são constituídos de elevada porcentagem (em peso) de água, aproximadamente 99,93%, e apenas 0,07% de sólidos suspensos, coloidais e dissolvidos. No entanto, é por causa dessa pequena fração de sólidos que ocorrem os problemas de poluição, levando à necessidade do tratamento do esgoto. A água é apenas o meio de transporte dos sólidos.

Na Figura 1.2, é apresentada a composição geral dos esgotos domésticos.

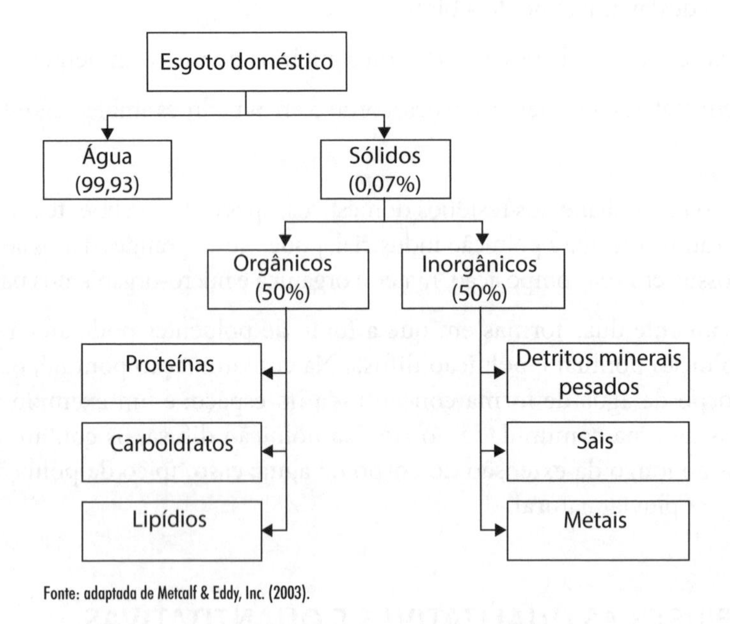

Fonte: adaptada de Metcalf & Eddy, Inc. (2003).

Figura 1.2 – Composição dos esgotos domésticos

Dados típicos da composição do esgoto doméstico e do esgoto industrial são apresentados, respectivamente, nas Tabelas 1.1 e 1.2. Dependendo da concentração dos componentes, o esgoto doméstico pode ser classificado como forte, médio ou diluído. Os componentes e as concentrações podem variar durante o dia, em diferentes dias da semana e em diferentes períodos sazonais. A distribuição dos sólidos no esgoto doméstico pode ser apresentada, de forma aproximada, segundo a classificação da Figura 1.3.

O esgoto doméstico é composto de constituintes físicos, químicos e biológicos. É uma mistura de materiais orgânicos e inorgânicos, suspensos ou dissolvidos na água. A maior parte dessa matéria consiste em resíduos alimentícios, fezes, matéria vegetal, sais minerais e materiais diversos, como sabões e detergentes sintéticos.

As proteínas são o principal componente do organismo animal, mas estão presentes também nas plantas. O gás sulfídrico presente no esgoto é proveniente do enxofre fornecido pelas proteínas. Os carboidratos são as primeiras substâncias a serem destruídas pelas bactérias, com produção de ácidos orgânicos; por essa razão, as águas residuais sépticas apresentam maior acidez. Entre os principais exemplos, podem ser citados os açúcares, o amido, a celulose e a fibra da madeira.

Tabela 1.1 – Composição típica do esgoto doméstico

Componente	Unidade	Concentração		
		Forte	Médio	Diluído
Sólidos totais	mg/L	1.230	720	390
Sólidos dissolvidos totais	mg/L	860	500	270
Sólidos dissolvidos fixos	mg/L	520	300	160
Sólidos dissolvidos voláteis	mg/L	340	200	110
Sólidos suspensos	mg/L	400	210	120
Sólidos suspensos fixos	mg/L	85	50	25
Sólidos suspensos voláteis	mg/L	315	160	95
Sólidos sedimentáveis	mL/L	20	10	5
Demanda bioquímica de oxigênio (DBO_5)	mg/L	350	190	110
Carbono orgânico total (COT)	mg/L	260	140	80
Demanda química de oxigênio (DQO)	mg/L	800	430	250
Nitrogênio total	mg/L	70	40	20
Nitrogênio orgânico	mg/L	25	15	8
Nitrogênio amoniacal	mg/L	45	25	12
Nitritos	mg/L	0	0	0
Nitratos	mg/L	0	0	0
Fósforo total	mg/L	12	7	4
Fósforo orgânico	mg/L	4	2	1
Fósforo inorgânico	mg/L	10	5	3
Cloretos*	mg/L	90	50	30
Sulfatos*	mg/L	50	30	20
Óleos e graxas	mg/L	100	900	50
Compostos orgânicos voláteis	mg/L	> 400	100 a 400	< 100
Coliformes totais	Nº/100 mL	10^7 a 10^9	10^7 a 10^8	10^6 a 10^7
Coliformes fecais	Nº/100 mL	10^5 a 10^8	10^4 a 10^6	10^3 a 10^5
Óocitos de *crytosporidium*	Nº/100 mL	10^1 a 10^2	10^1 a 10^1	10^1 a 10^0
Cistos de *Giardia lamblia*	Nº/100 mL	10^1 a 10^3	10^1 a 10^2	10^1 a 10^1

* Valores podem ser maiores em função da quantidade de constituintes presentes no sistema de abastecimento de água.

Fonte: Metcalf & Eddy, Inc. (2003).

Tabela 1.2 – Resultados de um levantamento de resíduos industriais na rede pública de esgotamento de uma cidade com população de 145 mil habitantes

Tipo de indústria	Vazão (m^3/dia)	DBO*		Sólidos suspensos		DQO** (mg/L)	Óleos e graxas (mg/L)
		(mg/L)	(kg/dia)	(mg/L)	(kg/dia)		
Abatedouro de bovinos	4.542	1.300	5.897	960	4.355	2.500	460
Extração de óleo de soja	1.809	220	399	140	254	440	–
Produtos de borracha	715	200	141	250	177	300	–
Sorvete	522	910	476	260	136	1.830	–
Queijo	416	3.160	1.315	970	404	5.600	–
Laminação de metais	409	8	3	27	11	36	–
Tapeçarias	390	140	54	60	23	490	–
Doces	370	1.560	576	260	95	2.960	200
Fábrica de motos	354	30	10	26	9	70	–
Batatas fritas	342	600	204	680	231	1.260	–
Farinha	315	330	104	330	113	570	–
Laticínios	246	1.400	345	310	77	3.290	–
Lavanderias industriais	189	770	132	450	86	2.400	520
Indústrias farmacêuticas	154	270	41	150	23	390	160
Abatedouro de aves	134	200	27	310	41	450	–
Refeições	79	270	21	60	5	420	–
Refrigerantes	61	480	29	480	29	1.000	–
Engarrafamento de leite	48	230	11	110	6	420	–

* DBO: demanda bioquímica de oxigênio

** DQO: demanda química de oxigênio

Fonte: adaptada de Hammer e Hammer Jr. (1977).

Os lipídios (óleos e graxas) incluem grande número de diferentes substâncias. Essas substâncias geralmente têm como principal característica comum a insolubilidade em água, mas são solúveis em certos solventes como clorofórmio, álcoois e benzeno. Estão sempre presentes nas águas residuais domésticas em razão do uso de manteiga, azeites vegetais em cozinhas etc. Podem também estar presentes na forma de óleos minerais derivados de petróleo por conta de contribuições não permitidas (de postos de gasolina, por exemplo) e são altamente indesejáveis, pois se aderem às tubulações e provocam obstruções. As graxas não são desejáveis já que provocam mau odor, formam espuma, inibem a vida dos micro-organismos (no caso de tratamento biológico do esgoto), influenciam a manutenção, entre outros.

Os surfactantes (agentes tensoativos) são constituídos de moléculas orgânicas com a propriedade de formar espuma no corpo receptor ou na estação de tratamento em que o esgoto é lançado. Tendem a se agregar à interface ar-água e, nas unidades de aeração, aderem-se à superfície das bolhas de ar, formando uma espuma muito estável e difícil de ser rompida. O tipo mais comum é o alquil-benzeno-sulfonado (ABC), que é típico de detergentes sintéticos, apresenta resistência à ação biológica e tem sido substituído pelos do tipo alquil-sulfonado-linear (LAS), que são biodegradáveis.

Os fenóis, por sua vez, são compostos orgânicos originados, principalmente, nos efluentes industriais. Têm a propriedade de causar sabor característico à água, embora em baixa concentração, em especial a água clorada.

Os pesticidas e demais compostos químicos orgânicos são utilizados principalmente na agricultura e, assim, não costumam chegar aos sistemas de esgotamento. No entanto, chegam a rios e corpos receptores, sendo uma fonte de poluição e de toxicidade.

A matéria inorgânica presente nas águas residuais é formada principalmente pela presença de areia e de substâncias minerais dissolvidas. A areia é proveniente de águas de lavagem das ruas e de águas da superfície e do subsolo que chegam à rede coletora de modo indevido ou que se infiltram pelos poços de visita ou pelas juntas das tubulações.

O esgoto contém também pequenas concentrações de vários gases dissolvidos. O mais importante é o oxigênio proveniente do ar que, eventualmente, entra em contato com a superfície do esgoto em movimento. Além do oxigênio, o esgoto pode conter outros gases: dióxido de carbono, resultante da decomposição de matéria orgânica; nitrogênio dissolvido da atmosfera; gás sulfídrico formado pela decomposição de componentes orgânicos; gás amoníaco; e certas substâncias inorgânicas do enxofre. Esses gases, embora em pequenas quantidades, estão relacionados com a decomposição e o tratamento dos componentes degradáveis do esgoto.

Os contaminantes importantes de interesse no tratamento do esgoto são apresentados no Quadro 1.1. As propriedades físicas e os componentes químicos e biológicos do esgoto e suas fontes estão expostos no Quadro 1.2. Os efeitos gerados pelos principais poluentes presentes no esgoto podem ser observados no Quadro 1.3.

CARACTERÍSTICAS QUANTITATIVAS

Contribuição *per capita*. Relação esgoto/água

A contribuição dos esgotos domésticos depende fundamentalmente do sistema de abastecimento de água. A água usada nas habitações é posteriormente encaminhada às instalações prediais e dirigida para as redes de esgotamento. Consequentemente, há uma nítida correlação entre o consumo *per capita* de água e a contribuição para a rede de esgotamento.

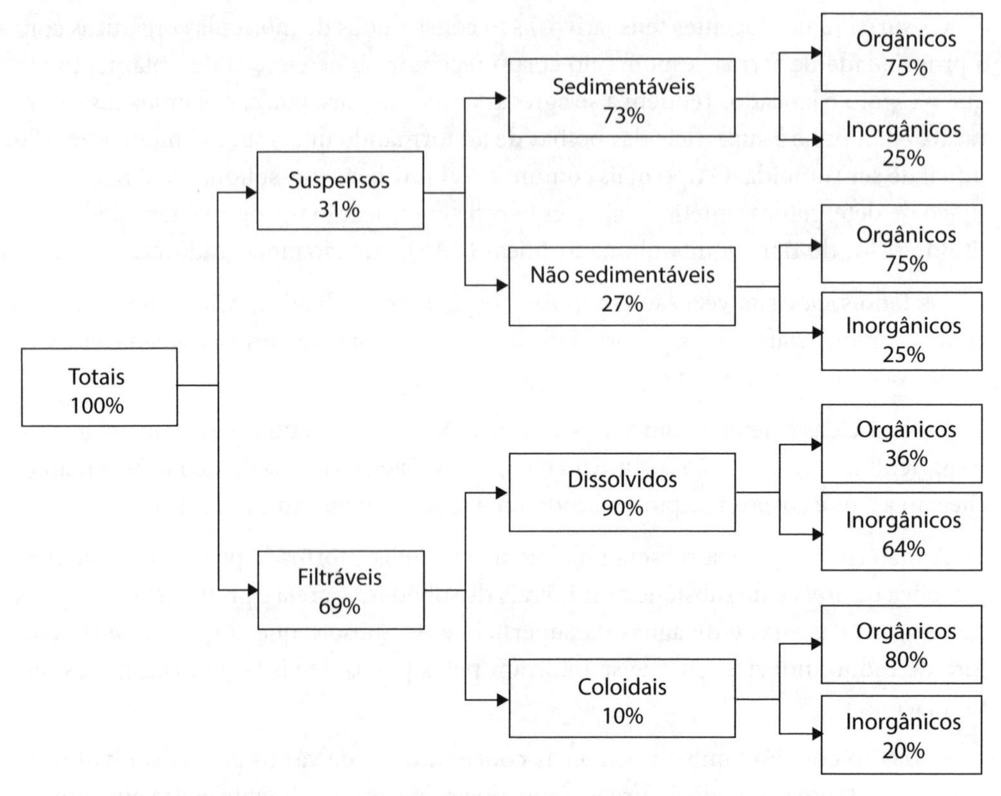

Fonte: adaptada de Metcalf & Eddy, Inc. (1991).

Figura 1.3 – Classificação dos sólidos presentes nos esgotos domésticos

O consumo *per capita* é um parâmetro extremamente variável entre as diferentes localidades e depende de diversos fatores, como os citados por Tsutiya e Alem Sobrinho (1999):

- hábitos higiênicos e culturais da população;
- quantidade de micromedição do sistema de abastecimento de água;
- instalações e equipamentos hidráulico-sanitários dos imóveis;
- controle exercido sobre o consumo;
- valor da tarifa e existência ou não de subsídios sociais ou políticos;
- abundância ou escassez de mananciais;
- intermitência ou regularidade do abastecimento de água;
- temperatura média da região;
- renda familiar;
- disponibilidade de equipamentos domésticos que utilizam água em quantidade apreciável;

- índices de industrialização;
- intensidade e tipo de atividade comercial.

Quadro 1.1 – Contaminantes importantes de interesse no tratamento do esgoto

Contaminante	Motivo de importância
Sólidos suspensos	Sólidos suspensos podem levar ao desenvolvimento de depósitos de lodo e condições anaeróbias, quando esgotos não tratados são lançados no ambiente aquático.
Orgânicos biodegradáveis	Compostos principalmente de proteínas, carboidratos e lipídios, os materiais orgânicos biodegradáveis são medidos mais comumente em termos de DBO e DQO. Quando lançados sem tratamento no meio ambiente, sua estabilização biológica pode levar ao consumo das fontes de oxigênio natural e ao desenvolvimento de condições sépticas.
Micro-organismos patógenos	Enfermidades podem ser transmitidas pelos organismos patógenos existentes no esgoto.
Nutrientes	Nitrogênio e fósforo aliados ao carbono são nutrientes essenciais para o crescimento. Quando lançados no ambiente aquático, esses nutrientes podem levar ao crescimento de vida aquática indesejável. Quando lançados em quantidades excessivas no solo, podem também contaminar a água subterrânea.
Contaminantes importantes	Compostos orgânicos e inorgânicos selecionados em função de seu conhecimento ou suspeita de carcinogenicidade, mutanogenicidade, teratogenicidade ou elevada toxicidade. Muitos desses compostos são encontrados no esgoto.
Orgânicos refratários	Esses materiais tendem a resistir a métodos convencionais de tratamento de esgoto. Exemplos típicos são detergentes, fenóis e pesticidas agrícolas.
Metais pesados	Os metais pesados geralmente são adicionados ao esgoto de atividades comerciais e industriais e devem ser removidos se houver reúso do esgoto.
Inorgânicos dissolvidos	Componentes inorgânicos como cálcio, sódio e sulfato são adicionados aos sistemas domésticos de abastecimento de água e devem ser removidos se houver reúso do esgoto.

Fonte: Metcalf & Eddy, Inc. (1991).

Quadro 1.2 – Características físicas, químicas e biológicas do esgoto e suas fontes

	Características	Fontes
Propriedades físicas	Cor	Esgotos domésticos e industriais, decomposição natural de materiais orgânicos
	Odor	Esgotos sépticos, esgotos industriais
	Sólidos	Sistemas domésticos de abastecimento de água, esgotos domésticos e industriais, erosão do solo, infiltração
	Temperatura	Esgotos domésticos e industriais

(*continua*)

Quadro 1.2 – Características físicas, químicas e biológicas do esgoto e suas fontes (*continuação*)

	Características	Fontes
Constituintes químicos orgânicos	Carboidratos	Esgotos domésticos, comerciais e industriais
	Óleos e graxas	Esgotos domésticos, comerciais e industriais
	Pesticidas	Esgotos agrícolas
	Fenóis	Esgotos industriais
	Proteínas	Esgotos domésticos, comerciais e industriais
	Contaminantes importantes	Esgotos domésticos, comerciais e industriais
	Surfactantes	Esgotos domésticos, comerciais e industriais
	Compostos orgânicos voláteis	Esgotos domésticos, comerciais e industriais
	Outros	Decomposição natural de materiais orgânicos
Constituintes químicos inorgânicos	Alcalinidade	Esgotos domésticos, sistemas domésticos de abastecimento de água, infiltração de água subterrânea
	Cloretos	Esgotos domésticos, sistemas domésticos de abastecimento de água, infiltração de água subterrânea
	Metais pesados	Esgotos industriais
	Nitrogênio	Esgotos domésticos e agrícolas
	pH	Esgotos domésticos, comerciais e industriais
	Fósforo	Esgotos domésticos, comerciais e industriais; escoamento superficial
	Enxofre	Sistemas domésticos de abastecimento de água, esgotos domésticos, comerciais e industriais
Gases	Sulfeto de hidrogênio (H_2S)	Decomposição de esgotos domésticos
	Metano (CH_4)	Decomposição de esgotos domésticos
	Oxigênio (O_2)	Sistemas domésticos de abastecimento de água, infiltração de águas de superfície
Constituintes biológicos	Animais	Canais e estações de tratamento de água
	Plantas	Canais e estações de tratamento de água
Protistas	Eubactéria	Esgotos domésticos, infiltração de águas de superfície, estações de tratamento
	Archaebactéria	Esgotos domésticos, infiltração de águas de superfície, estações de tratamento
	Vírus	Esgotos domésticos

Fonte: adaptado de Metcalf & Eddy, Inc. (1991).

Quadro 1.3 – Efeitos causados pelos contaminantes presentes no esgoto

Contaminantes	Parâmetro de caracterização	Tipo de efluentes	Consequências
Sólidos suspensos	Sólidos suspensos totais	Domésticos Industriais	Problemas estéticos Depósitos de lodo Adsorção de contaminantes Proteção de patógenos
Sólidos flotantes	Óleos e graxas	Domésticos Industriais	Problemas estéticos
Matéria orgânica biodegradável	DBO	Domésticos Industriais	Consumo de oxigênio Mortalidade de peixes Condições sépticas
Patógenos	Coliformes	Domésticos	Enfermidades transmitidas pela água
Nutrientes	Nitrogênio Fósforo	Domésticos Industriais	Crescimento excessivo de algas (eutrofização do corpo receptor) Toxicidade para os peixes (amônia) Enfermidades em recém-nascidos (nitratos) Contaminação da água subterrânea
Compostos não biodegradáveis	Pesticidas Detergentes Outros	Industriais Agrícolas	Toxicidade (vários) Espumas (detergentes) Redução da transferência de oxigênio (detergentes) Não biodegradabilidade Maus odores (exemplo: fenóis)
Metais pesados	Elementos específicos (As, Cd, Cr, Cu, Hg, Ni, Pb, Zn etc.)	Industriais	Toxicidade Inibição ao tratamento biológico do esgoto Problemas com a disposição do lodo na agricultura Contaminação da água subterrânea
Sólidos inorgânicos dissolvidos	Sólidos dissolvidos totais Condutividade elétrica	Reutilizados	Salinidade excessiva: prejuízo para plantações (irrigação) Toxicidade às plantas (alguns íons) Problemas de permeabilidade do solo (sódio)

Fonte: adaptado de Barros et al. (1995); Von Sperling (1995).

A Tabela 1.3 apresenta valores de consumo de água de alguns estabelecimentos comerciais e institucionais.

Tradicionalmente, as vazões do esgoto são estimadas em função das vazões de abastecimento de água. O consumo *per capita* mínimo adotado para o abastecimento de água de pequenas populações é de 80 L/hab.dia, podendo alcançar um máximo de 350 L/hab.dia. Para cidades com população superior a 100 mil habitantes, o valor mínimo usualmente adotado é de 150 L/hab.dia. De acordo com dados do Sistema Nacional de Informações sobre Saneamento (SNIS, 2014), o consumo médio *per capita* no Brasil em 2013 foi de aproximadamente 166,3 L/hab.dia. As médias nas diferentes regiões do país são bastante distintas em virtude das diferentes realidades de cada uma. As regiões com dados mais discrepantes foram Nordeste, com consumo médio de 125,8 L/hab.dia, e Sudeste, com 194 L/hab.dia.

Tabela 1.3 – Estimativa de consumo de água em estabelecimentos comerciais e institucionais

	Estabelecimento	Unidade	Faixa de vazão (L/unidade ao dia)
Comerciais	Aeroporto	passageiro	8 – 15
	Alojamento	residente	80 – 150
	Banheiro público	usuário	10 – 25
	Bar	freguês	5 – 25
	Cinema/teatro	assento	2 – 10
	Escritório	empregado	30 – 70
	Hotel	hóspede	100 – 200
		empregado	30 – 50
	Indústria (apenas esgotos domésticos)	empregado	50 – 80
	Lanchonete	freguês	4 – 20
	Lavanderia – comercial	máquina	2.000 – 4.000
	Lavanderia – automática	máquina	1.500 – 2.500
	Loja	banheiro	1.000 – 2.000
		empregado	30 – 50
	Loja de departamento	banheiro	1.600 – 2.400
		empregado	30 – 50
		m² de área	5 – 12
	Posto de gasolina	veículo servido	25 – 50
	Restaurante	refeição	15 – 30
	Shopping center	empregado	30 – 50
		m² de área	4 – 10
Institucionais	Clínica de repouso	residente	200 – 450
		empregado	20 – 60
	Escola com lanchonete, ginásio, chuveiros	estudante	50 – 100
	Escola com lanchonete, sem ginásio e chuveiros	estudante	40 – 80
	Escola sem lanchonete, ginásio e chuveiros	estudante	20 – 60
	Hospital	leito	300 – 1.000
		empregado	20 – 60
	Prisão	detento	200 – 500
		empregado	20 – 60

Fonte: adaptada de Von Sperling (1995).

Campos (1994) comenta que os valores geralmente adotados para o coeficiente de consumo de água *per capita* variam de 150 L/hab.dia a 350 L/hab.dia.

A relação esgoto/água, conhecida como relação água/esgoto, é denominada coeficiente de retorno "C". O coeficiente de retorno é a relação entre o volume de esgoto recebido na rede de esgotamento e o volume de água efetivamente fornecido à população. Do total de água distribuída, parte não entra no sistema de esgotamento. No caso dos esgotos domésticos, essa água é desviada para lavar veículos, calçadas e ruas, irrigar jardins e parques públicos, encher radiadores, encher piscinas, parte infiltra-se no subsolo etc. Nas indústrias, parte da água é destinada para a alimentação de caldeiras a vapor, podendo também ser empregada em vários processos de fabricação. De modo geral, o coeficiente de retorno está na faixa de 0,5 a 0,9, dependendo das condições locais. Em áreas residenciais com muitos jardins, os valores são menores, ao passo que nas áreas centrais densamente povoadas os valores tendem a ser mais elevados (TSUTIYA; ALEM SOBRINHO, 1999). O valor comumente utilizado nos projetos é 0,8.

O volume do esgoto pode ser aumentado por despejos clandestinos de diversas origens, como indústrias e instalações privadas com abastecimento próprio de água e conexão inadequada de tubulações de águas pluviais na rede coletora.

Variação da vazão

De modo geral, nas vazões do esgoto ocorrem variações horárias (segundo as horas do dia), diárias (segundo os dias da semana) e sazonais (segundo as estações do ano), de acordo com os usos e costumes da população, da temperatura e da precipitação atmosférica da região.

A Figura 1.4 exibe variação horária típica dos esgotos domésticos; na Figura 1.5 apresenta sua variação horária de vazão, DBO e de sólidos suspensos (SS).

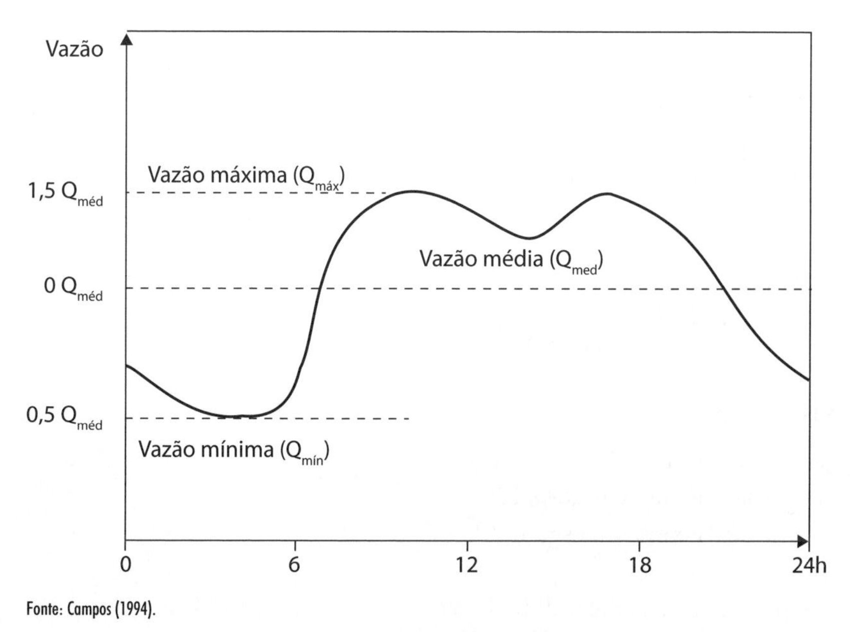

Fonte: Campos (1994).

Figura 1.4 – Variação horária típica da vazão dos esgotos domésticos

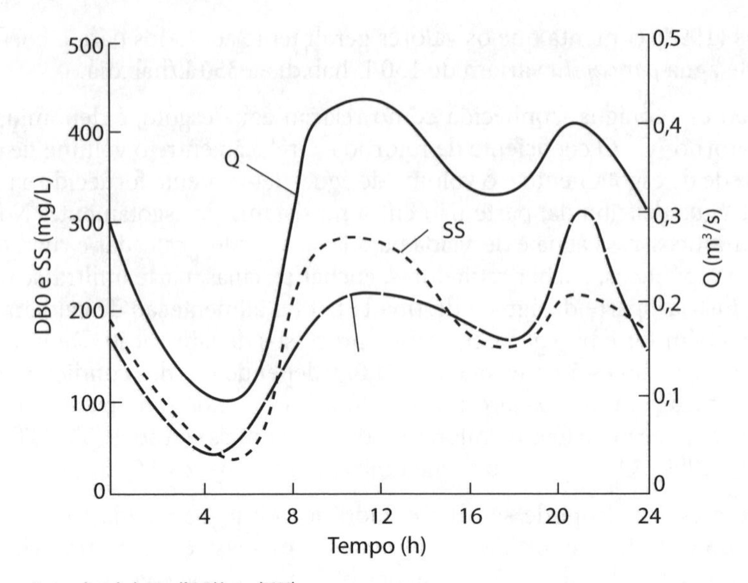

Fonte: adaptada de Metcalf & Eddy, Inc. (1979).

Figura 1.5 – Variação típica horária de vazão, DBO e sólidos suspensos (SS) dos esgotos domésticos

Vazão de projeto

Nos projetos dos sistemas de esgoto sanitário, é de suma importância a estimativa das vazões mínimas, médias e máximas, que são calculadas pelas equações 1.1, 1.2 e 1.3.

Vazão mínima:

$$Q_{mín} = C \cdot \frac{P \cdot q \cdot K_3}{86.400} + q_{\text{inf}} \cdot L + Q_{ind} \tag{1.1}$$

Vazão média:

$$Q_{méd} = C \cdot \frac{P \cdot q}{86.400} + q_{\text{inf}} \cdot L + Q_{ind} \tag{1.2}$$

Vazão máxima:

$$Q_{máx} = C \cdot \frac{P \cdot q \cdot K_1 \cdot K_2}{86.400} + q_{\text{inf}} \cdot L + Q_{ind} \tag{1.3}$$

Nessas equações:

$Q_{mín}$: vazão mínima do esgoto, L/s;
$Q_{méd}$: vazão média do esgoto, L/s;
$Q_{máx}$: vazão máxima do esgoto, L/s;
C: coeficiente de retorno;
P: população a ser atendida, hab.;
q: consumo médio diário de água *per capita*, L/hab.dia;

K_1: coeficiente de máxima vazão diária; é a relação entre a maior vazão diária verificada no ano e a vazão média diária anual, adimensional;

K_2: coeficiente de máxima vazão horária; é a relação entre a maior vazão observada em um dia e a vazão média horária do mesmo dia, adimensional;

K_3: coeficiente de mínima vazão horária; é a relação entre a vazão mínima e a vazão média anual, adimensional;

q_{inyf}: taxa de infiltração na rede de esgotamento, L/s.m;

L: extensão total da rede de esgotamento, m;

Q_{ind}: vazão da indústria, L/s.

As fórmulas apresentadas são comumente utilizadas para estimação da vazão de projeto, mas é importante que todos os parâmetros sejam medidos ou determinados *in loco*, para que os cálculos não resultem em erros maiores e evite-se sub ou superdimensionamento das unidades de coleta, transporte e tratamento do esgoto.

Na inexistência de dados locais obtidos em campo, a NBR 9.649 (ABNT, 1986) recomenda os seguintes valores: $C = 0{,}80$; $K_1 = 1{,}2$; $K_2 = 1{,}5$; $K_3 = 0{,}5$; q_{inf} de 0,00005 a 0,001 L/s.m. Esses valores são admitidos constantes ao longo do tempo, qualquer que seja a população da área.

Ao se projetar um sistema de esgotamento, é necessário conhecimento prévio da existência ou não de indústrias contribuintes. Caso existam, é preciso saber quantas são, o porte e as características (qualitativas e quantitativas) de seus efluentes. Em cada caso, deve ser verificada a existência dos esgotos industriais que podem ser lançados *in natura* na rede de esgotamento (muito raramente) ou se há necessidade de pré-tratamento.

Há ainda outra fração de contribuição do esgoto que pode ser adicionada às vazões mínima, média e máxima: as águas pluviais. Essas águas geralmente são encaminhadas indevidamente aos coletores prediais e penetram na rede de esgotamento por meio de tampões dos poços de visita, lançamentos clandestinos etc., aumentando consideravelmente as vazões estimadas nos projetos. Na Colômbia, Pérez (1988) estimou esse aumento como sendo 20% da vazão máxima por horário. No Brasil, é comum adotar, para esse aumento, de 5% a 25% da contribuição *per capita* do esgoto (AZEVEDO NETTO et al., 1984). Com relação ao aumento da vazão média, Santos e Mendonça (2012) observaram que, em períodos de elevada precipitação, um sistema de tratamento de esgoto em Aracaju, Sergipe, teve seu valor aumentado em 45%. Hammer (1979) comenta que as contribuições de águas pluviais em excesso podem criar diversos problemas, incluindo sobrecarga na rede de esgotamento com refluxo dos esgotos domésticos no subsolo, extravasamento para a rua, sobrecarga das estações de tratamento e extravasamento nas estações de bombeamento e estações de tratamento.

CARGAS ORGÂNICAS DAS ESTAÇÕES DE TRATAMENTO DE ESGOTO

Cargas orgânicas das estações de tratamento de esgoto são geralmente expressas em quilograma (kg) de DBO por dia ou quilograma (kg) de sólidos suspensos por dia; a vazão é expressa em L/s ou m^3/dia. O cálculo é feito de acordo com as equações 1.4 e 1.5.

$$carga\ orgânica\ (\text{kg/dia}) = \frac{concentração\ (\text{g/m}^3) \times vazão\ (\text{L/s}) \times 86.400\ (\text{s/dia})}{10^6\ (\text{g/kg})} \quad (1.4)$$

$$carga\ orgânica\ (\text{kg/dia}) = \frac{concentração\ (\text{mg/L}) \times vazão\ (\text{m}^3/\text{dia})}{10^3\ (\text{mg/kg})} \quad (1.5)$$

EXEMPLO 1.1

Um despejo líquido industrial possui vazão total de 24.400 m³/dia, DBO igual a 21.600 kg/dia e quantidade de sólidos suspensos (SS) igual a 13.400 kg/dia. A partir desses dados, calculam-se as concentrações de DBO e SS.

$$\text{DBO (concentração)} = \frac{21.600\ (\text{kg/dia}) \times 10^3\ (\text{mg/kg})}{24.400\ (\text{m}^3/\text{dia})} \cong 885\ \text{mg/L}$$

$$\text{SS (concentração)} = \frac{13.400\ (\text{kg/dia}) \times 10^3\ (\text{mg/kg})}{24.400\ (\text{m}^3/\text{dia})} \cong 549\ \text{mg/L}$$

■

EXEMPLO 1.2

Os esgotos domésticos de uma população residencial têm cota *per capita* média de 250 L/hab.dia, DBO de 200 mg/L e SS de 240 mg/L. A partir desses dados, estima-se a contribuição *per capita* em termos de DBO e SS.

$$\text{DBO (carga orgânica)} = \frac{200\ (\text{mg/L}) \times 0{,}250\ (\text{m}^3/\text{hab.dia})}{10^3\ (\text{mg/kg})} \times 10^3 \cong 50\ \text{g/hab.dia}$$

$$\text{SS (carga orgânica)} = \frac{240\ (\text{mg/L}) \times 0{,}250\ (\text{m}^3/\text{hab.dia})}{10^3\ (\text{mg/kg})} \times 10^3 \cong 60\ \text{g/hab.dia}$$

■

É importante lembrar que variações significativas ocorrem sempre nas estações de tratamento de esgoto, dependendo da dimensão do sistema, do tipo de esgoto, do diâmetro e da inclinação dos interceptores e dos tipos de contribuintes de esgoto. As cargas orgânicas diárias para as várias estações de tratamento de esgoto são estimadas usando dados horários por meio da Equação 1.6.

$$\lambda = \sum_{i-1}^{24} \frac{x_i q_i 3.600 \text{ (s/h)}}{10^3 \text{ (g/kg)}} \tag{1.6}$$

em que:

λ: carga orgânica diária, kg/dia;

x_i: concentração de matéria biodegradável, g/m^3;

q_i: vazão, m^3/s.

CONCENTRAÇÃO DOS ESGOTOS

Quanto mais alta for a quantidade de matéria orgânica contida em determinado esgoto, maior será sua concentração e, consequentemente, mais forte será o esgoto.

Em virtude da grande variedade de substâncias orgânicas presentes na maioria dos esgotos (por exemplo, esgotos domésticos), é totalmente impraticável determiná-las individualmente. Por essa razão, utiliza-se a denominação material orgânico, que é indicativo para a quantidade de todas as substâncias orgânicas juntas em um esgoto. Para quantificar a massa de material orgânico, na engenharia sanitária, utilizam-se amplamente os parâmetros de demanda bioquímica de oxigênio (DBO) e demanda química de oxigênio (DQO). Esses dois indicadores são geralmente expressos em mg/L ou g/m^3 (VAN HAANDEL; MARAIS, 1999).

A determinação da DBO é realizada sob temperatura de 20 °C, com tempo de incubação de cinco dias. A concentração do esgoto de uma população depende principalmente do consumo de água. Assim, nos Estados Unidos, onde o consumo é elevado (350 a 400 L/hab.dia), o esgoto é diluído (a DBO varia de 200 mg/L a 250 mg/L), ao passo que em países em desenvolvimento o esgoto é geralmente forte (a DBO varia de 400 mg/L a 700 mg/L), pois o consumo de água é mais baixo (40 a 100 L/hab.dia) (MENDONÇA et al., 1990).

Análises típicas de esgoto de algumas cidades do Brasil e da Colômbia são apresentadas na Tabela 1.4. A Tabela 1.5 mostra análises em vários países de clima tropical e temperado.

Tabela 1.4 – Composição típica de esgoto de algumas cidades do Brasil e da Colômbia

Parâmetro	Concentração (mg/L)			
	Brasil		Colômbia	
	São Paulo	Florianópolis	Cali	Medellín
DBO	128 – 151	357	130 – 190	202
DQO	265 – 316	627	285 – 405	397
Sólidos suspensos totais	123 – 170	376	160 – 190	215
Nitrogênio (NTK)	25	54	14 – 15	21
Fósforo total	3,4	9,9	3	8

Fonte: Torres (1989).

Tabela 1.5 – Análises de esgoto em países de clima tropical e temperado

Parâmetro	Concentração (mg/L)							
	Quênia: Nairóbi	Quênia: Nakuru	Índia: Kodungaiyur	Peru: Lima	Israel: Herzliya	Estados Unidos: Allentown	Reino Unido: Yeovil	Brasil: Campina Grande
DBO	448	940	282	175	285	213	324	288
Sólidos suspensos	550	662	402	196	427	186	321	313
Sólidos dissolvidos totais	503	611	1.060	1.187	1.094	502	-	1.195
Cloretos	50	62	205	-	163	96	315	368
Nitrogênio amoniacal	67	72	30	-	76	12	29	43

Fonte: adaptada de Mara (1976).

Outro fator que determina a concentração do esgoto doméstico é a DBO (quantidade de matéria orgânica) produzida diariamente por habitante. A DBO *per capita* varia de país para país, e as diferenças devem-se, principalmente, a variações em quantidade e qualidade do esgoto provenientes de cozinhas, e menos do esgoto oriundo dos despejos humanos, mesmo que as variações nas dietas sejam importantes. O conhecimento da contribuição da DBO *per capita* é de grande interesse na engenharia sanitária e ambiental, pois é um importante parâmetro utilizado nos projetos de sistemas de esgotos domésticos, influenciando diretamente o dimensionamento desses sistemas.

Afini Jr. (1989) obteve valores da DBO *per capita* no estado de São Paulo, em função das principais características das cidades, e apresentou os seguintes resultados: 45 g/hab.dia, para cidades pequenas; 60 g/hab.dia, para cidades médias e grandes; e 75 g/hab.dia, para cidades grandes com desenvolvimento expressivo.

A variação da carga de DBO (contribuição de matéria seca *per capita*) em vários países pode ser observada na Tabela 1.6.

Tabela 1.6 – Variação da contribuição *per capita* de DBO

País/Região	DBO (g/hab.dia)
Zâmbia	36
Quênia	23
Sudeste da Ásia	43
Índia	30 – 45
França	24 – 34
Grã-Bretanha	50 – 60
Estados Unidos	45 – 80
Holanda	54
Alemanha	54
Brasil	39 – 54

Fonte: adaptada de Mara (1976).

ANÁLISES DE DADOS DE CARGAS ORGÂNICAS DO ESGOTO

As análises de dados de esgoto envolvem a determinação de médias simples ou concentrações médias em função da vazão ou das cargas orgânicas. As cargas orgânicas já foram definidas pelas equações 1.4, 1.5 e 1.6.

- Concentração média simples: a média simples ou média aritmética de um número de medições individuais é dada pela equação 1.7.

$$\bar{X} = \frac{1}{n}\sum_{i-1}^{n} x_i \qquad (1.7)$$

em que:

$\bar{X}$: concentração média aritmética do constituinte;

n: número de observações;

x_i: concentração média do constituinte durante o período i.

Para analisar dados de determinado constituinte do esgoto, DBO e sólidos suspensos da Figura 1.5 (p. 34), por exemplo, o procedimento normal é coletar amostras horárias durante um dia, totalizando 24 amostras, somar os 24 valores médios horários e dividir esses valores por 24. Apesar de as médias aritméticas continuarem sendo usadas, elas têm pouco valor por causa da magnitude da vazão que, por ocasião da medição, não é levada em consideração. Se a vazão permanece constante, o uso de uma simples média é aceitável.

- Concentração média ponderada em função da vazão, para obtenção de valores representativos nas concentrações dos constituintes dos esgotos domésticos: a concentração média ponderada em função da vazão é estimada pela Equação 1.8.

$$\bar{X} = \frac{\sum_{i-1}^{n} x_i q_i}{\sum_{i-1}^{n} q_i} \qquad (1.8)$$

em que:

$\bar{X}$: concentração média do constituinte em função da vazão;

n: número de observações;

x_i: concentração média do constituinte durante o período i;

q_i: vazão média horária durante o período i.

O procedimento para calcular a concentração média ponderada de determinado constituinte do esgoto é multiplicar a concentração de cada uma das 24 amostras pela vazão horária correspondente e, então, somar os 24 valores e dividi-los pela soma das 24 vazões individuais.

POPULAÇÃO EQUIVALENTE

Os esgotos industriais expressos em termos de vazão e massa de DBO não têm significado para o público. No entanto, a quantidade e a carga orgânica dos efluentes industriais podem ser relacionadas com o número de pessoas que seriam necessárias para contribuir com uma quantidade equivalente em termos hidráulicos e orgânicos (DBO). O valor da DBO *per capita* é muitas vezes utilizado sem questionamento nem verificação dos valores locais de determinada população.

Na grande maioria dos projetos de sistemas de tratamento de esgotos domésticos do Brasil, tem-se utilizado o valor clássico de 54 g/hab.dia, apesar de a tendência ser a adoção de valores menores, mais compatíveis com a realidade. A Associação Brasileira de Normas Técnicas (1973) define a população equivalente como o número de habitantes cuja poluição orgânica (geralmente em termos de DBO) é igual à causada por determinada fonte poluidora. A população equivalente em termos de DBO é definida pela Equação 1.9.

$$\textit{População equivalente (hab)} = \frac{\textit{DBO}\ (\text{mg/L}) \times \textit{vazão}\ (\text{m}^3\text{/dia})}{45\ (\text{gDBO/hab.dia})} \tag{1.9}$$

Além dos equivalentes populacionais, é interessante expressar a quantidade de esgoto industrial produzida por unidade de matéria-prima processada ou produto manufaturado.

Os dois exemplos a seguir ilustram a produção de resíduos e os cálculos da população equivalente.

EXEMPLO 1.3

Uma indústria de laticínios, que processa uma média de 113 toneladas de leite por dia, produz em média 246 m³ de efluentes industriais diariamente, com DBO de 1.400 mg/L. As principais operações do processo são engarrafamento do leite, fabricação de sorvete e pequena produção de queijo tipo ricota. A partir desses dados, calcula-se a vazão da água residual e a DBO por 1.000 kg de leite processado, a população equivalente da descarga industrial e a população hidráulica equivalente, admitindo-se consumo *per capita* médio de água igual a 200 L/hab.dia e contribuição de DBO *per capita* igual a 45 g/hab.dia.

$$\textit{Vazão por 1.000 kg de leite} = \frac{1.000\ (\text{kg}) \times 246\ (\text{m}^3\text{/dia})}{113.000\ (\text{kg/dia})} \cong$$

$$\cong 2{,}18\ \text{m}^3/1.000\ \text{kg de leite}$$

$$Carga\ orgânica\ de\ DBO = \frac{1.400\ (mg/L) \times 246\ (m^3/dia)}{10^3\ (mg/kg)} \cong 344{,}4\ kg\ DBO/dia$$

$$DBO\ por\ 1.000\ kg\ de\ leite = \frac{1.000\ (kg) \times 344{,}4\ (kg/dia)}{113.000\ (mg/kg)} \cong$$

$$\cong 3{,}05\ kg\ DBO/1.000\ kg\ de\ leite$$

$$População\ equivalente\ (DBO) = \frac{1.400\ (mg/L) \times 246\ (m^3/dia)}{45\ (g/hab.dia)} \cong 7.653\ hab$$

$$População\ hidráulica\ equivalente = \frac{246\ (m^3/dia) \times 1.000\ (L/m^3)}{200\ L/hab.dia} \cong 1.230\ hab$$

■

EXEMPLO 1.4

Um abatedouro sacrifica cerca de 500 toneladas de bovinos (peso vivo) por dia. A maior parte é vendida na forma de traseira e dianteira, e parte da produção é empacotada. O sangue é recuperado e vendido; o conteúdo não digerido do estômago é removido por meio de peneiras e disposto no solo; o restante do processo é decantado, recuperando os sólidos que sedimentam e os que flotam. Depois desse pré-tratamento, o resíduo é descarregado na rede de esgotamento municipal à razão de 4.500 m^3/dia, com DBO igual a 1.300 mg/L. Com esses dados, calcula-se a DBO do despejo industrial por 1.000 kg de bovinos e as populações equivalente e hidráulica, admitindo-se quota *per capita* média de água igual a 200 L/hab.dia e contribuição *per capita* de DBO igual a 54 g/hab.dia.

$$Carga\ orgânica\ de\ DBO = \frac{1.300\ (mg/L) \times 4.500\ (m^3/dia)}{10^3\ (mg/kg)} \cong 5.850\ kg\ DBO/dia$$

$$DBO\ por\ 1.000\ kg\ de\ bovinos = \frac{1.000\ (kg) \times 5.850\ (kg/dia)}{500.000\ (kg/dia)} \cong$$

$$\cong 11{,}7\ kg\ DBO/1.000\ kg\ de\ bovinos$$

$$População\ equivalente\ (DBO) = \frac{1.300\ (mg/L) \times 4.500\ (m^3/dia)}{54\ (g/hab.dia)} \cong 108.333\ hab$$

$$População\ hidráulica\ equivalente = \frac{4.500\ (m^3/dia) \times 1.000\ (L/m^3)}{200\ L/hab.dia} \cong 22.500\ hab$$

■

MEDIÇÃO DE CONCENTRAÇÃO DE CONTAMINANTES EM ESGOTOS

Os contaminantes nos esgotos geralmente são uma mistura completa de compostos orgânicos e inorgânicos. É, portanto, praticamente impossível obter uma análise química completa de qualquer tipo de esgoto. Por esse motivo, vários métodos empíricos foram desenvolvidos para avaliar a concentração de contaminantes nos esgotos sem haver a necessidade de ter conhecimento da composição química do esgoto específico.

São abordados, em resumo, métodos analíticos para contaminantes orgânicos. Os métodos analíticos para outros contaminantes, tais como determinação de parâmetros físicos (solidez, cor, odor), bacteriológicos (coliformes) e testes para determinação do efeito dos poluentes em organismos vivos (testes de toxicidade por bioensaios), podem ser obtidos em American Public Health Association (1995).

Segundo Ramalho (1983), os métodos analíticos para contaminantes orgânicos podem ser classificados em dois grupos:

- Grupo 1 – métodos cujo parâmetro é o oxigênio:

  demanda teórica de oxigênio (DTeO);

  demanda química de oxigênio (DQO);

  demanda bioquímica de oxigênio (DBO);

  demanda total de oxigênio (DTO).

- Grupo 2 – métodos cujo parâmetro é o carbono:

  carbono orgânico total (COT);

  carbono orgânico teórico (COTe).

DEMANDA TEÓRICA DE OXIGÊNIO

A demanda teórica de oxigênio (DTeO) corresponde à quantidade estequiométrica de oxigênio necessário para oxidar completamente determinado composto. É a quantidade teórica de oxigênio requerida para transformar completamente a fração orgânica de esgoto em gás carbônico (CO_2) e água (H_2O). Assim, a equação para oxidação total da glicose é:

$$C_6H_{12}O_6 + 6\,O_2 \rightarrow 6\,CO_2 + 6\,H_2O$$

O peso molecular da glicose é igual a 6 × 12 + 12 × 1 + 6 × 16 = 180. O peso molecular do oxigênio é 6 × 2 × 16 = 192. Dessa maneira, pode-se estimar que a DTeO de uma solução de 300 mg/L de glicose corresponde a 320 mg/L, isto é: (192/180) × 300 = 320 mg/L.

A natureza do esgoto é tão complexa que a DTeO não pode ser calculada, mas, na prática, é aproximadamente igual à demanda química de oxigênio (DQO).

DEMANDA QUÍMICA DE OXIGÊNIO

A demanda química de oxigênio (DQO) é obtida pela oxidação do esgoto em uma solução ácida de permanganato ou dicromato de potássio ($Cr_2O_7K_2$). Esse processo oxida quase todos os compostos orgânicos em gás carbônico (CO_2) e água (H_2O). A reação é completa em mais de 95% dos casos. A vantagem das medições de DQO é que os resultados são obtidos rapidamente (aproximadamente 3 horas) e indicam a quantidade necessária de oxigênio para estabilização da matéria orgânica; no entanto, há a desvantagem de oxidar a fração biodegradável e inerte da matéria orgânica e oxidar certos constituintes inorgânicos que podem interferir em seu resultado.

DEMANDA BIOQUÍMICA DE OXIGÊNIO

Demanda bioquímica de oxigênio (DBO) é a quantidade de oxigênio usada na oxidação bioquímica da matéria orgânica sob determinadas condições de tempo e temperatura. Representa a quantidade de oxigênio requerida para estabilização da matéria orgânica por meio de processo biológico. É o principal teste usado para avaliação da natureza do esgoto.

Mede-se o oxigênio consumido pelas bactérias durante a oxidação da matéria orgânica presente no esgoto por cinco dias a 20 °C. Na determinação da DBO, são utilizados cinco dias de incubação, porque, dessa forma, mede-se mais facilmente a demanda bioquímica de oxigênio final (DBO_f), que representa o oxigênio necessário para a completa estabilização da matéria orgânica do esgoto. O conceito de DBO é originário do Reino Unido. Segundo Mara (1976), a Royal Commission escolheu cinco dias para a estimativa da DBO a 20 °C porque os rios britânicos têm um tempo de escoamento para o mar aberto inferior a cinco dias e a média da temperatura no verão é 18,3 °C.

A demanda de oxigênio das águas residuais ocorre por conta de três classes de materiais:

- matéria orgânica carbonácea usada como fonte de alimentação pelos organismos aeróbios;
- nitrogênio oxidável derivado de nitritos, amônia e compostos de nitrogênio orgânico, que servem de substrato para bactérias específicas dos gêneros *Nitrosomonas* e *Nitrobacter*, que oxidam o nitrogênio amoniacal em nitritos e nitratos;
- compostos redutores químicos, como sulfito (SO_3^{-2}), enxofre (S^{-2}) e íon ferroso (Fe^{+2}), que são oxidados por oxigênio dissolvido.

Para esgotos domésticos, praticamente toda a demanda de oxigênio ocorre em razão da matéria orgânica carbonácea. Para efluentes sujeitos a tratamento biológico, parte considerável da demanda de oxigênio pode se deve à nitrificação (conversão do nitrogênio amoniacal em nitrito e, em seguida, em nitrato).

DEMANDA TOTAL DE OXIGÊNIO

A demanda total de oxigênio (DTO) pode ser estimada por um equipamento chamado analisador de DTO (Ionics Model 225, por exemplo) em três minutos. Foi demonstrado que há uma nítida correlação entre DBO e DQO, e seu valor aproxima-se mais da demanda teórica de oxigênio (DTeO) do que no caso de métodos químicos.

CARBONO ORGÂNICO TOTAL

Os testes para estimativa do carbono orgânico total (COT) são baseados na oxidação do carbono existente na matéria orgânica, que resulta em dióxido de carbono (CO_2). A determinação do CO_2 é obtida por meio de absorção em hidróxido de potássio (KOH) ou análises instrumentais, como, por exemplo, a utilização de analisador de infravermelho.

CARBONO ORGÂNICO TEÓRICO

Pelo fato de a demanda teórica de oxigênio (DTeO) medir oxigênio (O_2) e o carbono orgânico teórico (COTe) medir carbono (C), a relação entre DTeO e COTe pode ser estimada rapidamente por meio da estequiometria da equação de oxidação da sacarose, por exemplo:

$$C_{12}H_{22}O_{11} + 12\ O_2 \rightarrow 12\ CO_2 + 11\ H_2O$$

O peso molecular do carbono na sacarose é 12 × 12 = 144, ao passo que o peso molecular do oxigênio é 12 × 2 × 16 = 384. A relação entre DTeO e COTe é 384/144 = 2,67.

MODELO MATEMÁTICO PARA A CURVA DE DBO

A cinética das reações de DBO é, para finalidades práticas, formulada de acordo com reações cinéticas de primeira ordem. Pode ser expressa por:

$$\frac{dL_t}{dt} = -K_1 L_t \tag{1.10}$$

em que:

L_t: concentração de matéria orgânica remanescente na primeira fase no tempo t, mg/L;

dL_t/dt: taxa de redução de matéria orgânica pela oxidação biológica aeróbia;

K_1: taxa de remoção total, base e (neperiano), dia^{-1};

t: tempo de incubação, dia.

O sinal negativo da Equação 1.10 é necessário porque $dL_t/dt < 0$ e $L_t > 0$.

A DBO de primeira fase é aquela associada à oxidação bioquímica de material carbonáceo. No geral, a maior parte do material carbonáceo se oxida antes da segunda fase. A DBO da segunda fase é aquela associada à oxidação bioquímica de material nitrogenado. Como o término indica, a oxidação da matéria nitrogenada geralmente não começa até que uma porção da matéria carbonácea tenha sido oxidada durante a primeira fase (WEF, 1998).

A Figura 1.6 apresenta a curva de DBO em função do tempo.

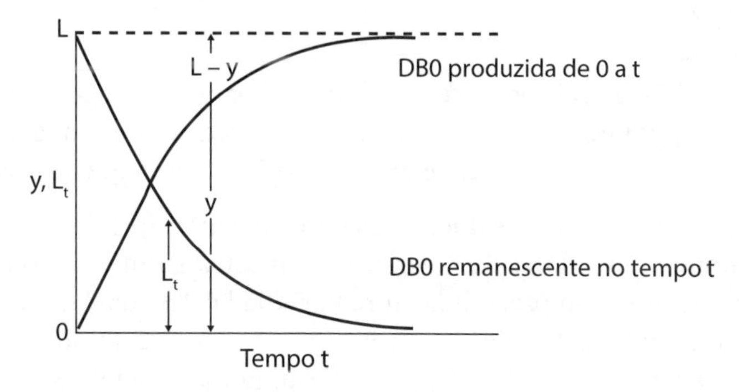

Fonte: adaptada de Metcalf & Eddy, Inc. (1991).

Figura 1.6 – Curva de DBO da primeira fase

A Equação 1.10 pode ser escrita como:

$$\frac{dL_t}{L} = -K_1 dt \tag{1.11}$$

Integrando a Equação 1.11 entre zero e *t*, que corresponde à concentração inicial da matéria orgânica remanescente na primeira fase *L*, e o tempo *t*, que corresponde à concentração L_t, obtém-se a Equação 1.12.

$$\ell n\left(\frac{L_t}{L}\right) = \ell n\, e^{-K_1 t} \tag{1.12}$$

A Equação 1.12 pode ser transformada na Equação 1.13, que é a quantidade de DBO remanescente no tempo *t*.

$$L_t = L\, e^{-K_1 t} \tag{1.13}$$

No sistema decimal, a Equação 1.13 tem a forma da Equação 1.14.

$$L_t = L\, 10^{-K_1 t} \tag{1.14}$$

em que:

$$K\ (base\ 10) = \frac{K_1\ (base\ e)}{2{,}303}$$

Seja Y a matéria orgânica oxidada até o tempo t,

$$Y = L - L_t \tag{1.15}$$

Combinando as equações 1.13, 1.14 e 1.15, são obtidas, respectivamente, as equações do modelo matemático para curva de DBO nos sistemas neperiano e decimal, por meio das equações 1.16 e 1.17.

$$Y = L\,(1 - e^{K_1 t}) \tag{1.16}$$

$$Y = L\,(1 - 10^{Kt}) \tag{1.17}$$

Das equações 1.16 e 1.17, pode-se concluir que, para um longo período de oxidação, $t \rightarrow \infty$ e $Y = L$. Por isso, K_1 ou K e L medem, respectivamente, a taxa de estabilização bioquímica e a quantidade total de matéria orgânica presente no esgoto.

Para as águas poluídas e os resíduos de esgoto, um valor típico de K (base 10, 20 °C) é 0,10 dia^{-1}. Contudo, os valores de K variam significativamente com o tipo de esgoto. A faixa de variação está compreendida entre 0,05 dia^{-1} e 0,30 dia^{-1} ou mais. Para obter a DBO final, a quantidade de oxigênio varia com o tempo e com diferentes valores de K. Como a DBO é estimada a 20 °C, para determinar a constante K ou K_1 em outras temperaturas é usada a fórmula de Van't Hoff-Arrhenius (Equação 1.18).

$$K_T = K_{20°C}\,\theta^{T-20} \tag{1.18}$$

em que:

K_T: coeficiente da temperatura desejada;

$K_{20°C}$: coeficiente a 20 °C;

θ: coeficiente de respiração;

T: temperatura média anual (°C).

Os diversos valores do coeficiente de respiração, θ, estão apresentados na Tabela 1.7.

Tabela 1.7 – Coeficiente de respiração para atividades microbianas

Processo	Coeficiente de respiração (θ)
Lodos ativados	1,00 a 1,04
Filtros biológicos	1,035
Lagoas aeradas aeróbias	1,035
Lagoas aeradas facultativas	1,023 a 1,09
Lagoas aeradas do tipo aeração prolongada	1,01 a 1,03
Lagoas de estabilização	1,035

Fonte: adaptada de Arceivala (1981).

MÉTODOS USADOS PARA DETERMINAÇÃO DE *K* E *L*

O valor de K é necessário se a DBO for usada para obter L (DBO final ou DBO_{20dias}). O procedimento normal, adotado quando esses valores são desconhecidos, é a determinação de K e L por meio de uma série de análises de DBO.

Há vários métodos para determinar valores. Os principais são:

- método dos mínimos quadrados;
- método dos momentos;
- método da diferença diária;
- método da razão rápida;
- método de Thomas.

A seguir, são ilustrados os métodos mais usados: o método dos mínimos quadrados e o método de Thomas.

Método dos mínimos quadrados

As fórmulas utilizadas são estas:

$$n\,a + b\sum y - \sum \frac{dy}{dt} = 0 \quad (1.19)$$

$$a\sum y + b\sum y^2 - \sum y\frac{dy}{dt} = 0 \quad (1.20)$$

$$\frac{dy}{dt} = \frac{Y_{n+1} - Y_{n-1}}{2\Delta t} \quad (1.21)$$

$$K_1 = -\,b \text{ (base e)} \quad (1.22)$$

$$L = -\frac{a}{b} \quad (1.23)$$

em que:

n: número de dados;

a: inclinação da reta;

b: ordenada;

y: DBO produzida no tempo t, mg/L;

t: tempo de incubação, dia;

K_1: taxa de remoção total, base e, dia^{-1};

L: DBO final, mg/L.

Método de Thomas

O método de Thomas é baseado na similitude de duas séries de funções. É um procedimento gráfico, apresentado pela Figura 1.7, a seguir, em função da Equação 1.24.

$$\left(\frac{t}{Y}\right)^{1/3} = (2,3\ KL)^{-1/3} + \frac{K^{2/3}}{3,43\ L^{1/3}}t \tag{1.24}$$

em que:

Y: DBO produzida no tempo t, mg/L;

K: taxa de remoção total, base 10, dia^{-1};

L: DBO final, mg/L.

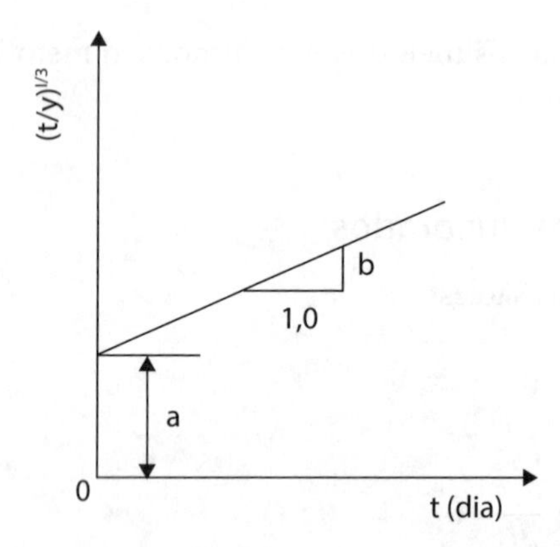

Figura 1.7 – Gráfico para estimativa de *K* e *L*, pelo método de Thomas

A Equação 1.24 tem a forma de uma reta, podendo ser traçada como uma função de t.

$$z = a + b\,t \tag{1.25}$$

em que:

$$z = \left(\frac{t}{Y}\right)^{1/3};$$

$$a = (2,3\ KL)^{-1/3};$$

$$b = \frac{K^{2/3}}{3,43\ L^{1/3}}.$$

A inclinação b e a ordenada a da reta que melhor se ajustam aos pontos dados podem ser usadas para o cálculo de K e L.

$$K = 2{,}61\frac{b}{a} \tag{1.26}$$

$$L = \frac{1}{2{,}3\ Ka^3} \tag{1.27}$$

Para usar esse método, várias observações de *Y* como função de *t* são necessárias. Os dados observados devem ser limitados aos primeiros dez dias por causa da interferência nitrogenada (segunda fase).

PRINCIPAIS FASES DO TRATAMENTO DOS ESGOTOS DOMÉSTICOS

O grau do tratamento e sua eficiência são função do corpo receptor, das características do uso da água a jusante do ponto de lançamento, da capacidade de autodepuração e diluição do corpo de água, da legislação ambiental e das consequências do lançamento das águas residuais. Há muitas alternativas para o tratamento de esgoto de uma cidade, com o emprego de processos biológicos ou mesmo físico-químicos. Entretanto, atualmente, quase todas as estações de tratamento de esgotos domésticos são concebidas com base em processos biológicos.

As principais fases do processo de tratamento dos esgotos domésticos são: tratamento preliminar, tratamento primário, tratamento secundário e tratamento terciário.

O tratamento preliminar envolve a remoção de sólidos suspensos grosseiros e sólidos suspensos fixos (principalmente areia). A remoção dos sólidos grosseiros é feita por meio de grades de barras, e a limpeza é manual ou mecanizada, com desintegradores, trituradores ou peneiras. Os sólidos suspensos fixos, de menores dimensões, como os detritos minerais pesados, são removidos por meio de desarenadores, também chamados caixas de areia. Essa fase de tratamento também tem o objetivo de medir a vazão de esgoto que entra na estação.

O tratamento primário tem por objeto a remoção dos sólidos sedimentáveis e de parte da matéria orgânica. Pode incluir a sedimentação ou a flotação de partículas suspensas.

O tratamento secundário destina-se à degradação biológica dos compostos carbonáceos. Quando é feita essa degradação, naturalmente ocorre a decomposição de carboidratos, proteínas e lipídios em compostos mais simples, como CO_2, H_2O, NH_3, CH_4, H_2S etc., dependendo do tipo de processo predominante. As bactérias que realizam o tratamento, por sua vez, reproduzem-se e têm sua massa total aumentada em função da quantidade de matéria degradada, ou seja, com o tratamento, há diminuição da matéria orgânica e produção de lodo. Caso seja empregado o processo aeróbio, para cada quilo de DBO removida, há formação de 0,4 kg a 0,7 kg de lodo (matéria seca); caso a opção seja pelo processo anaeróbio, tem-se uma produção de 0,02 kg a 0,2 kg de lodo para cada quilo de DBO removida (CAMPOS, 1994).

De modo geral, a maioria das estações de tratamento construídas alcança apenas o nível de tratamento secundário, mas, em muitas situações, é obrigatório que esse tratamento alcance o nível denominado terciário. Isso é necessário porque o efluente do tratamento secundário ainda possui nitrogênio e fósforo em quantidade, concentração e forma que podem provocar problemas no corpo receptor, dando origem ao fenômeno denominado eutrofização, que é percebido pela intensa proliferação de algas.

O tratamento terciário, ou tratamento avançado, tem por objetivo, principalmente, a remoção de nutrientes (nitrogênio e fósforo), bem como a desinfecção e a remoção de compostos tóxicos e contaminantes específicos. Geralmente é utilizado quando se requer efluente final com elevado grado de polimento, com valores muito pequenos de DBO e SS.

No Quadro 1.4, são apresentados os diversos níveis de tratamento de esgoto. Na Figura 1.8, apresenta-se um fluxograma esquemático de um sistema completo de tratamento de águas residuais.

Quadro 1.4 – Níveis de tratamento dos esgotos domésticos

Nível	Remoção
Preliminar	Sólidos suspensos grosseiros e arena
Primário	Sólidos suspensos sedimentáveis DBO suspensa (matéria orgânica componente dos sólidos suspensos sedimentáveis)
Secundário	DBO suspensa (matéria orgânica suspensa fina, não removida no tratamento primário) DBO solúvel (matéria orgânica na forma de sólidos dissolvidos).
Terciário	Nutrientes Organismos patogênicos Compostos não biodegradáveis Metais pesados Sólidos inorgânicos dissolvidos Sólidos suspensos remanescentes

Fonte: Von Sperling (1995).

Estação convencional de tratamento de águas residuais é aquela que combina processos físicos e biológicos para remover a matéria orgânica (HAMMER; HAMMER JR., 1977). Filtros biológicos e sistemas de lodos ativados são exemplos de tratamento convencional de águas residuais domésticas.

O sistema de lodos ativados foi utilizado pela primeira vez há mais de cem anos. Constituiu uma verdadeira revolução tecnológica para o tratamento das águas residuais. Esse sistema está baseado no processo biológico aeróbio e fundamenta-se no princípio de que é preciso evitar a fuga descontrolada de bactérias ativas (lodo ativo)

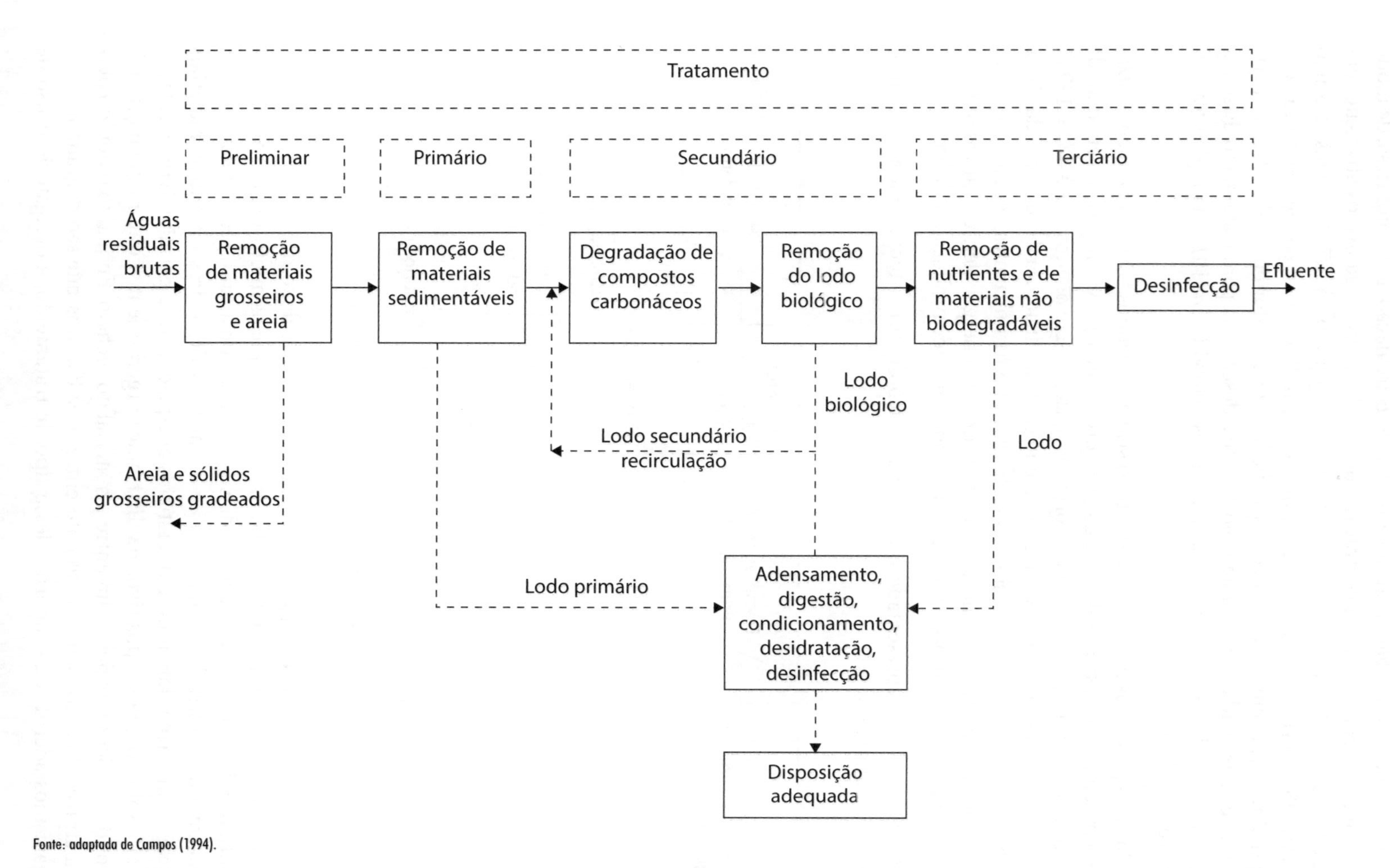

Fonte: adaptada de Campos (1994).

Figura 1.8 – Sistema de tratamento de águas residuais

produzidas no sistema. Para isso, deve-se fazer a recirculação dessa biomassa, de modo que se mantenha a maior concentração possível de micro-organismos ativos no tanque de aeração, a fim de acelerar a remoção da matéria orgânica das águas residuais (CAMPOS, 1994). Esses micro-organismos formam flocos que podem ser removidos por sedimentação em um decantador secundário (ou flotador por ar dissolvido). Parte do lodo é recirculada ao reator aeróbio e parte é descartada para tratamento. Esse sistema necessita de decantador primário e foi desenvolvido em 1913, na Inglaterra, por Ardern e Lockett (1914).

Entre os processos biológicos aeróbios, o sistema de lodos ativados é o mais utilizado no tratamento de esgotos domésticos, sendo essa alternativa empregada em mais de 90% das estações de médio e grande portes de países desenvolvidos (CAMPOS, 1994). Esse sistema apresenta várias vantagens, como elevada eficiência de remoção da DBO, flexibilidade operacional e possibilidade de remoção de nutrientes, mas apresenta alguns aspectos negativos, como elevado consumo de energia elétrica, custos altos de implantação e manutenção, operação sofisticada e grande produção de lodo.

Na Figura 1.9, é apresentado o esquema básico de um sistema de lodos ativados operado continuamente.

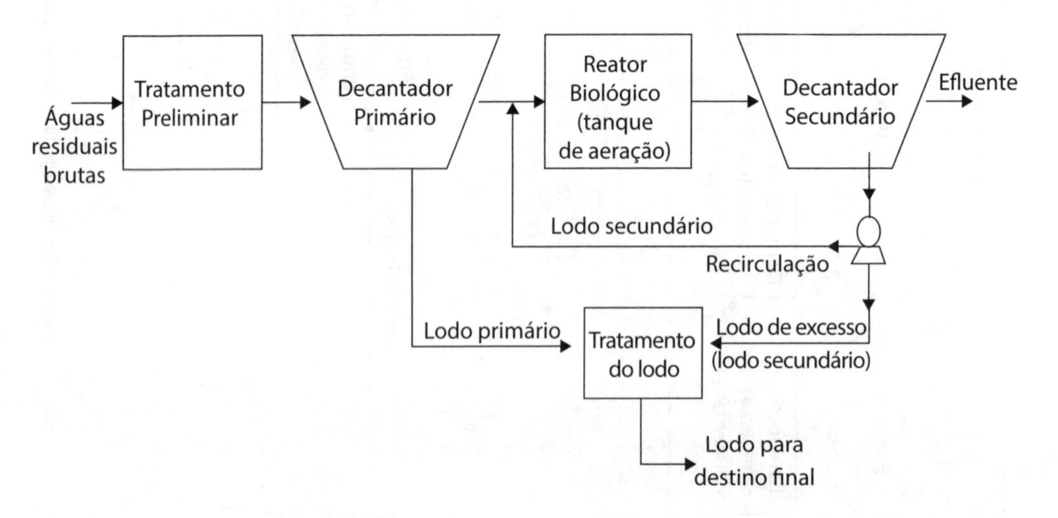

Figura 1.9 – Esquema do sistema de lodos ativados

O filtro biológico aeróbio consiste em um reator de fluxo descendente denominado leito fixo e biofilme imobilizado. Esse filtro faz que os micro-organismos sejam mantidos aderidos em um material de suporte que constitui o recheio da unidade. Basicamente, o filtro biológico aeróbio é um leito de pedras ou outros materiais inertes com forma, tamanho e interstícios adequados, que permite livre circulação do ar e sobre o qual dispositivos de distribuição (geralmente giratórios) lançam esgotos domésticos que percolam entre o material do recheio. Enquanto o líquido percola através do leito, ocorre o contato entre os substratos que são degradados e os organismos aderidos ao suporte. Nesse tipo de tratamento, é obrigatório o uso de decantadores primário e secundário e, em certos casos, é promovida a recirculação do efluente do decantador secundário (CAMPOS, 1994).

Os filtros biológicos anaeróbios funcionam, em sua maioria, com leito submerso e fluxo ascendente, mas também podem ser usados com fluxo descendente. Quando em boas condições de funcionamento, esses filtros podem apresentar elevada eficiência de remoção de DQO e não exigem decantador secundário (CAMPOS, 1994).

O primeiro filtro biológico foi posto em operação na Inglaterra, em Lancashire, na estação de tratamento Salford (BOLTON; KLEIN, 1973 apud JORDÃO; PESSÔA, 1995).

A Figura 1.10 apresenta um filtro biológico aeróbio com recirculação do efluente.

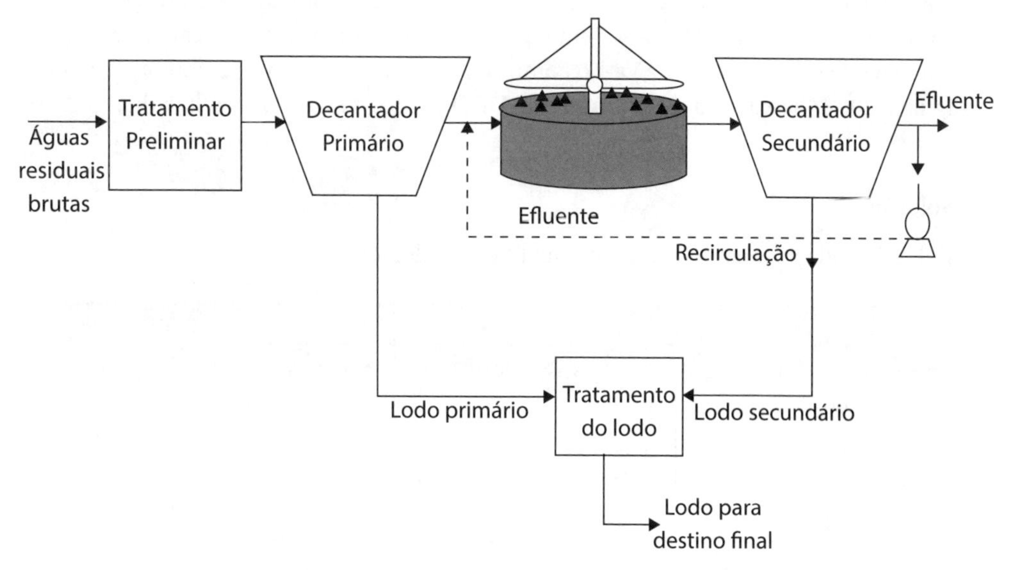

Figura 1.10 – Esquema de filtro biológico aeróbio com recirculação do efluente

Em países de clima tropical, em virtude das temperaturas médias muito mais elevadas que em países de clima temperado, os processos biológicos de tratamento de esgoto podem ser mais simples e econômicos porque os micro-organismos se desenvolvem com maior rapidez em climas quentes.

Atualmente, em países de clima tropical, os métodos de tratamento de esgoto mais usados são:

- lagoas de estabilização;
- lagoas aeradas mecanicamente;
- reator anaeróbio, geralmente reator *upflow anaerobic sludge blanket* (UASB);
- valos de oxidação tipo Pasveer;
- *wetlands.*

Esses processos, geralmente, são muito mais econômicos do que o sistema de lodos ativados ou filtros biológicos. Dos métodos de tratamento de esgoto utilizados nos países de clima tropical, as lagoas de estabilização são um dos processos mais econômicos e eficazes existentes atualmente. Estas lagoas ainda têm a principal vantagem de ser o processo mais eficiente para a redução de micro-organismos patogênicos.

No Capítulo 7, há detalhamento sobre lagoas de estabilização.

EXEMPLO 1.5

As vazões dos efluentes das indústrias de comida, refrigerante e engarrafamento de leite, listadas na Tabela 1.2, são misturadas para tratamento combinado. Qual é o valor da DBO, SS e DQO médios em mg/L? Deve-se estimar a população hidráulica equivalente e de DBO para a vazão combinada, considerando o consumo *per capita* igual a 200 L/hab.dia e a contribuição de DBO *per capita* igual a 45 g/hab.dia.

Solução:

Foi elaborada a tabela a seguir para facilitar os cálculos:

Indústria	Vazão	DBO_5	SS	DQO	
	(m^3/dia)	(kg/dia)	(kg/dia)	(mg/L)	(kg/dia)
Comida	79	21	5	420	33,2
Refrigerante	61	29	29	1.000	79,0
Engarrafamento de leite	48	11	6	420	33,2
TOTAL	188	61	40	–	145,4

- Comida:

carga orgânica de DQO = $420 \times 79 \times 10^{-3} \cong 33{,}2$ kg/dia

- Refrigerante:

carga orgânica de DQO = $1000 \times 79 \times 10^{-3} \cong 79{,}0$ kg/dia

- Engarrafamento de leite:

carga orgânica de DQO = $420 \times 79 \times 10^{-3} \cong 33{,}2$ kg/dia

- Concentração média de DBO = $(61 \times 10^3)/188 \cong 324$ mg/L
- Concentração média de SS = $(40 \times 10^3)/188 \cong 213$ mg/L
- Concentração média de DQO = $(145 \times 10^3)/188 \cong 773$ mg/L
- População hidráulica equivalente = $(188 \times 10^3)/200 \cong 940$ hab.
- População equivalente (DBO) = $(188 \times 324)/45 \cong 1.354$ hab.

■

EXEMPLO 1.6

As variações de vazão e DBO com relação ao tempo em uma ETE são apresentadas na Figura 1.11. Calcula-se a concentração de DBO média simples e a concentração de DBO média ponderada em função da vazão.

Solução:

Foi elaborada a tabela a seguir para iniciar os cálculos:

Tempo (horas)	n	DBO_5 (mg/L)	Vazão (m^3/s)	DBO × Vazão (mg/L) (m^3/s)
0	1	70	0,40	28,00
2	2	70	0,40	28,00
4	3	85	0,55	46,75
6	4	105	1,20	126,00
8	5	178	1,40	249,20
10	6	220	1,42	312,40
12	7	220	0,95	209,00
14	8	208	0,58	120,64
16	9	160	0,52	83,20
18	10	115	0,56	64,40
20	11	135	0,70	94,50
22	12	135	0,51	68,85
TOTAL	12	1.701	9,19	1.430,94

- Concentração de DBO média simples:

$$DBO_{média} = \frac{\sum DBO}{n} = \frac{1.701}{12} \cong 142 \text{ mg/L}$$

- Concentração de DBO média ponderada em função da vazão:

$$DBO_{ponderada} = \frac{\sum (DBO \times vazão)}{\sum vazão} = \frac{1.430,94}{9,19} \cong 156 \text{ mg/L}$$

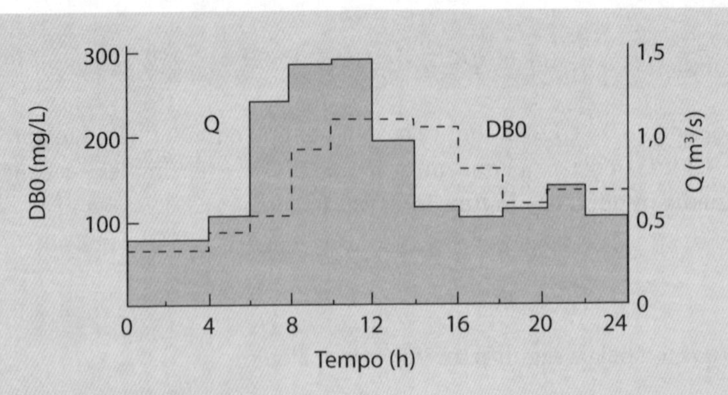

Fonte: adaptada de Metcalf & Eddy, Inc. (1991).

Figura 1.11 – Variação da vazão e DBO com relação ao tempo, em uma estação de tratamento de esgoto

EXEMPLO 1.7

A DBO_5 de um despejo líquido doméstico é 210 mg/L a 20 °C. Qual será a DBO final? Qual será a DBO para dez dias? Se a garrafa foi incubada a 30 °C, qual seria a DBO_5? Admitir $K_1 = 0{,}23\ d^{-1}$ e $\theta = 1{,}056$.

Solução:

- $DBO_{\text{última}}$: $Y_5 = L(1-e^{K_1 t})\ \therefore$

$$L = \frac{Y_5}{1-e^{-K_1 t}} = \frac{210}{1-e^{-0{,}23\times 5}} \cong 307 \text{ mg/L}$$

- DBO para dez dias:

$$Y_{10} = L(1-e^{-K_1 t}) = 307(1-e^{-0{,}23\times 10}) \cong 276 \text{ mg/L}$$

- DBO_5 a 30 °C:

$$K_{1_{20C}} = K_{1_{20C}} \times 1{,}056^{30-20} = (0{,}23)(1{,}056)^{30-20} \cong 0{,}397 \text{ dia}^{-1}$$

$$DBO_{5_{30C}} = L(1-e^{-K_1 t}) = (307)(1-e^{-0{,}397\times 5}) \cong 265 \text{ mg/L}$$

EXEMPLO 1.8

Os seguintes resultados de DBO foram obtidos em uma amostra de esgoto bruto a 20 °C. Calcula-se a constante de reação *K* e a DBO final da primeira fase usando o método dos mínimos quadrados e o método de Thomas.

t (dia)	*Y* (mg/L)
0	0
1	65
2	109
3	138
4	158
5	172
6	186

Solução:

a) Método dos mínimos quadrados:

Foi elaborada a tabela a seguir para iniciar os cálculos:

t	Y	Y^2	$\frac{dy}{dt}$	$Y\frac{dy}{dt}$
1	65	4.225	54,5	3.543
2	109	11.881	36,5	3.979
3	138	19.044	24,5	3.381
4	158	24.964	17,0	2.686
5	172	29.584	14,0	2.408
TOTAL	642	89.698	146,5	15.997

$$\frac{dy}{dt} = \frac{109 - 0}{2 \times 1} = 54,5$$

$$\frac{dy}{dt} = \frac{138 - 65}{2 \times 1} = 36,5$$

$$\frac{dy}{dt} = \frac{158 - 109}{2 \times 1} = 24,5$$

$$\frac{dy}{dt} = \frac{172 - 138}{2 \times 1} = 17,0$$

$$\frac{dy}{dt}=\frac{186-158}{2\times1}=14,0$$

K e L são estimadas por meio das equações 1.19, 1.20, 1.22 e 1.23.

$$\begin{cases}5a+642b-146,5=0\\642+89698b-15.997=0\end{cases}$$

Desenvolvendo o sistema de equações apresentado, encontram-se:

$b\cong-0,389$

$a\cong79,2$

$K_1=-b\therefore K_1\cong0,389\text{ dia}^{-1}$

$$K_1=\frac{K_1}{2,303}=\frac{0,389}{2,303}\therefore K\cong0,169\text{ dia}^{-1}$$

$$L=-\frac{a}{b}=\frac{79,2}{0,389}\therefore L\cong204\text{ mg/L}$$

b) Método de Thomas:

Foi elaborada a tabela a seguir para determinação de K e L:

t (dia)	1	2	3	4	5	6
Y (mg/L)	65	109	138	158	172	186
$(t/Y)^{1/3}$	0,249	0,264	0,279	0,294	0,307	0,318

Com os dados obtidos, foi feito o gráfico de $(t/Y)^{1/3}$ *versus* t (Figura 1.12).

K e L são estimados por meio das equações 1.26 e 1.27.

$$K=2,61\frac{b}{a}=2,61\times\frac{0,0140}{0,2363}\therefore K\cong0,154\text{ dia}^{-1}$$

$$L=\frac{1}{2,3\,Ka^3}=\frac{1}{2,3\times0,154(0,2363)^3}\therefore L\cong214\text{ mg/L}$$

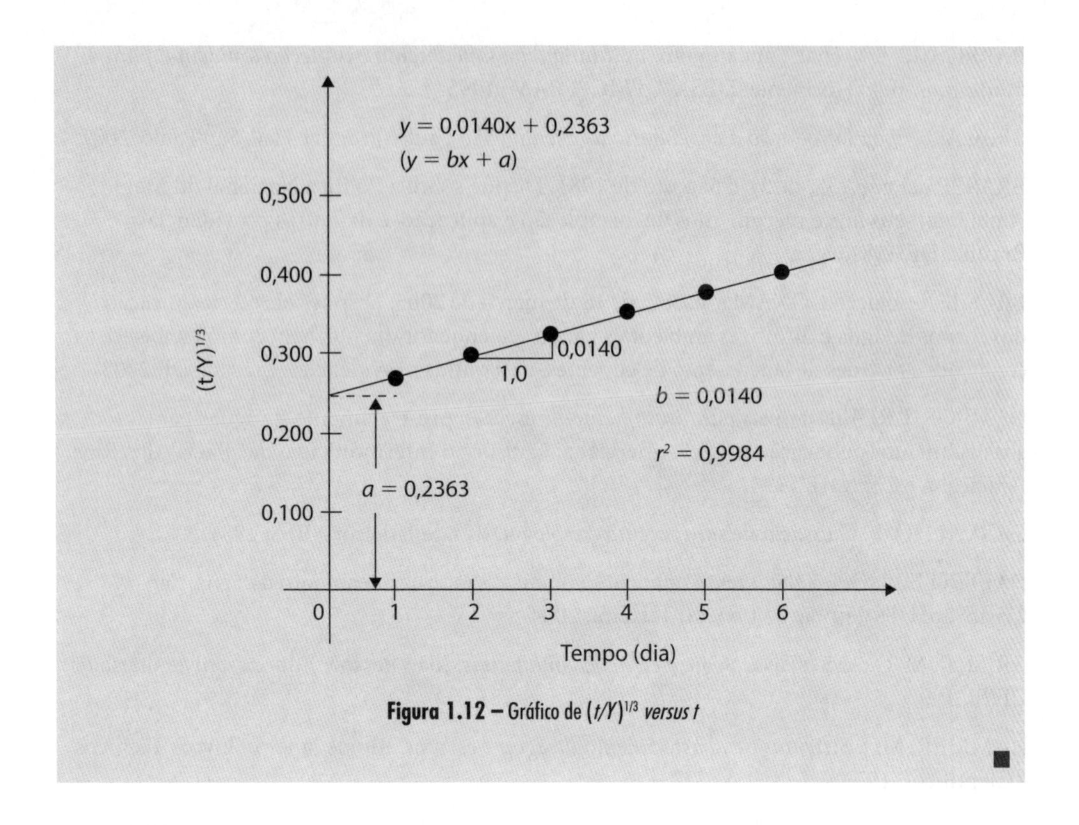

Figura 1.12 – Gráfico de $(t/Y)^{1/3}$ *versus t*

REFERÊNCIAS

AFINI JR., B. DBO *per capita*, *Revista DAE*, v. 49, n. 156, p. 176-178, jul./set. 1989.

AMERICAN PUBLIC HEALTH ASSOCIATION (APHA). *Standard methods for the examination of water and wastewater*. 19. ed. Washington: American Public Health Association, 1995.

ARCEIVALA, S. J. Wastewater treatment and disposal: engineering and ecology in pollution control, 15, Marcel Dekker, Inc. Nova York (1981).

ARDERN, E.; LOCKETT, W. T. Experiments on the oxidation of sewage without the aid of filters. *J. Soc. Chem. Ind.*, v. 33, p. 523-1122, 1914.

ASSOCIAÇÃO BRASILEIRA DE NORMAS TÉCNICAS (ABNT) *NBR 9.649:* projeto de redes coletoras de esgoto sanitários. Rio de Janeiro, 1986.

______. *NBR 12.209:* projeto de estações de tratamento de esgoto sanitário. Rio de Janeiro, 1992.

______. *P-TB-145:* projeto de terminologia brasileira: poluição das águas. Rio de Janeiro, 1973.

AZEVEDO NETTO, J. M. et al. Redes de esgotos sanitários – curso por correspondência. In: *Distribuição de população*. São Paulo: CETESB, 1984.

AZEVEDO NETTO, J. M.; ALVAREZ, G. A. *Manual de hidráulica*. 6. ed. São Paulo: Blucher, 1973. v. II.

BARROS, R. T. V. et al. Saneamento. In: *Manual de saneamento e proteção ambiental para os municípios.* Belo Horizonte: DESA/UFMG, FEAM, 1995. v. 2.

BRAGA, B. et al. *Introdução à engenharia ambiental.* São Paulo: Prentice Hall, São Paulo, 2002.

BRASIL. Lei n. 6.938, de 31 de agosto de 1981. Dispõe sobre a Política Nacional do Meio Ambiente, seus fins e mecanismos de formulação e aplicação, e dá outras providências. Brasília, DF, 1981.

BRASIL. Resolução CONAMA n. 357, de 18 de março de 2005. Dispõe sobre a classificação dos corpos de água e diretrizes ambientais para o seu enquadramento, bem como estabelece as condições e padrões de lançamento de efluentes, e dá outras providências. Brasília, DF, 2005.

CAMPOS, J. R. *Alternativas para tratamento de esgotos:* pré-tratamento de águas para abastecimento (publicação n. 09). Americana: Consórcio Intermunicipal das Bacias dos Rios Piracicaba e Capivari, 1994.

CARVALHO, B. *Glossário de saneamento e ecologia.* Rio de Janeiro: ABES, 1981.

DALTRO FILHO, J. *Saneamento ambiental:* doença, saúde e saneamento da água. São Cristóvão: UFS/Fundação Oviêdo Teixeira, 2004.

GRISI, B. M. *Glossário de ecologia e ciências ambientais.* João Pessoa: Editora Universitária da UFPB, 1997.

HAMMER, M. J. *Sistemas de abastecimento de água e esgotos.* Rio de Janeiro: Livros Técnicos e Científicos, 1979.

HAMMER, M. J.; HAMMER JR., M. J. *Water and wastewater technology.* 3. ed. Englewood Cliffs: Prentice-Hall, 1977.

HANAI, F. Y. *Caracterização qualitativa e quantitativa de esgotos sanitários.* 1997. 235 f. Dissertação (Mestrado) - Escola de Engenharia de São Carlos, Universidade de São Paulo, São Carlos, 1997.

JORDÃO, E. P.; PESSÔA, C. A. *Tratamento de Esgotos Domésticos.* 3. ed. Rio de Janeiro: ABES, 1995.

MARA, D. D. *Sewage treatment in hot climates.* London: John Wiley & Sons, 1976.

MARA, D. D.; CAIRNCROSS, S. *Directrices para el uso sin riesgos de aguas residuales y excretas en agricultura.* Genebra: Organização Mundial da Saúde, 1990.

MENDONÇA, S. R. *Parâmetros básicos para elaboração de projetos de sistema de abastecimento de água.* João Pessoa: CAGEPA, 1977 (não publicado).

______. *Tópicos avançados em sistemas de esgotos sanitários.* Rio de Janeiro: ABES, 1987.

MENDONÇA, S. R. et al. *Lagoas de estabilização e aeradas mecanicamente*: novos conceitos. João Pessoa: Edição do autor, 1990.

METCALF & EDDY, INC. *Wastewater engineering:* treatment, disposal, reuse. 2. ed. New York: McGraw-Hill, Nova York, 1979.

______. *Wastewater engineering:* treatment, disposal, reuse. 3. ed. New York: McGraw-Hill, 1991.

______. *Wastewater engineering:* treatment, disposal, reuse. 4. ed. New York: McGraw-Hill, 2003.

NEW YORK STATE DEPARTMENT OF HEALTH. *Manual of instruction for sewage treatment plant operators*. Albany: Health Education Service, s.d.

PÉREZ, C. R. *Desagues*. Bogotá: Escala, 1988.

RAMALHO, R. S. *Introduction to wastewater treatment processes*. 2. ed. New York: Academic Press, Inc., 1983.

REAL ACADEMIA ESPAÑOLA. *Diccionario da lengua española*. Madrid: Editorial Espasa Calpe, 1992. v. II.

SANTOS, L. L. S.; MENDONÇA, L. C. *Análise das interconexões de redes pluviais no sistema de esgotamento sanitário:* estudo de caso do sistema Orlando Dantas, Aracaju-SE. In: CONGRESSO INTERAMERICANO DE ENGENHARIA SANITARIA Y AMBIENTAL, 32., 2012, Salvador. *Anais...* Salvador: AIDIS/ABES, jun. 2012.

SNIS. Ministério das Cidades. Sistema Nacional de Informações sobre Saneamento (SNIS). *Diagnóstico dos serviços de água e esgotos – 2013*. Brasília, DF, 2014. Disponível em: <www.snis.gov.br>. Acesso em: 12 de novembro de 2014.

TEBBUTT, T. H. *Principles of water quality control*. 2. ed. Oxford: Pergamon Press, 1977.

TORRES, P. *Desempenho de um reator anaeróbio de manta de lodo (UASB) de bancada no tratamento de substrato sintético simulando esgotos sanitários*. 1989. Dissertação (Mestrado) – Escola de Engenharia de São Carlos, Universidade de São Paulo, São Carlos, 1989.

TSUTIYA, M. T.; ALEM SOBRINHO, P. *Coleta e transporte de esgoto sanitário*. São Paulo: Departamento de Engenharia Hidráulica e Sanitária da Escola Politécnica da Universidade de São Paulo, 1999.

VAN HAANDEL, A. C.; MARAIS, G. *O comportamento do sistema de lodo ativado:* teoria e aplicações para projetos e operação. Campina Grande: Efgraf, 1999.

VON SPERLING, M. Introdução à qualidade das águas e ao tratamento de esgotos. In: ______. *Princípios do tratamento biológico de águas residuais*. 2. ed. Belo Horizonte: DESA/UFMG, 1995. v. 1.

WATER ENVIRONMENT FEDERATION (WEF). *Glosario de ingeniería de aguas residuales:* Español – Inglés. S.l.: Water Environment Federation, 1998.

CAPÍTULO 2
HIDRÁULICA DOS COLETORES DE ESGOTO

Sérgio Rolim Mendonça

COMPOSIÇÃO DOS ESGOTOS DOMÉSTICOS

O esgoto sanitário é geralmente perene. Sua composição é essencialmente orgânica e relativamente constante quando há controle domiciliar de água. É constituído de elevada porcentagem de água: 99,93% (a atividade diária de um indivíduo gera aproximadamente 1,8 litro de água e 350 gramas de matéria seca). Esse tipo de esgoto é composto de substâncias físicas, químicas e biológicas.

PESO ESPECÍFICO E VISCOSIDADE CINEMÁTICA

O peso específico do esgoto sanitário é apenas 0,1% superior ao da água limpa. Em razão dessa pequena diferença, a água residual doméstica é considerada, para efeito de escoamento nos condutos, água, isto é, seu peso específico é 10 kN/m^3. A viscosidade cinemática também é a mesma adotada para água limpa, isto é, 10^{-6} m^2/s a 20 °C.

ESCOAMENTO DO ESGOTO SANITÁRIO EM CONDUTOS DE SEÇÃO CIRCULAR

No escoamento em canais abertos, sempre existe uma superfície livre. Geralmente, a superfície livre da água está submetida a pressão atmosférica, cujo valor permanece aproximadamente igual em todo comprimento do canal. Rios, córregos, arroios, canais artificiais e tubulações que não escoam a plena seção são exemplos de canais abertos.

Os problemas apresentados pelos canais abertos são mais difíceis de resolver, porque a superfície livre pode variar no espaço e no tempo; em consequência, a profundidade da lâmina de água, a vazão, a declividade do fundo e o espelho líquido são dimensões interdependentes. A linha piezométrica coincide com a superfície livre, sendo sua posição geralmente desconhecida.

As canalizações de esgoto doméstico são dimensionadas como condutos livres (canais abertos), com exceção das tubulações de recalque e dos sifões invertidos, que funcionam como condutos forçados. Para que as tubulações de esgoto doméstico funcionem como condutos livres, devem ser projetadas com lâminas de água correspondentes a um máximo de 80% de seus diâmetros. Não se deve aproveitar o aumento do crescimento da vazão que se verifica até $y/D = 0{,}94$ (como apresentado na Figura 2.9 adiante), visando evitar que instabilidades que ocorrem na superfície livre produzam aumento da lâmina de água, implicando, assim, redução da capacidade da vazão.

CLASSIFICAÇÃO DO ESCOAMENTO NOS CANAIS ABERTOS

O escoamento nos canais abertos pode ser classificado segundo critério de tempo ou de distância. Segundo o critério de tempo, o escoamento em canais pode ser classificado em duas categorias: permanente e não permanente. No escoamento permanente, a vazão e a profundidade do líquido não variam com o tempo nas seções durante o período considerado. No escoamento não permanente, esses mesmos elementos variam com o tempo em cada seção considerada. No critério da distância, o escoamento é considerado uniforme se a vazão e a profundidade do canal permanecerem uniformes em qualquer seção considerada em toda a extensão do canal. O escoamento variado caracteriza-se pela variação da vazão e da profundidade do líquido em toda a extensão do canal.

O escoamento de esgoto doméstico nos coletores é admitido, para efeito de cálculo, em *regime permanente e uniforme*. As variações de vazão em virtude da contribuição líquida ao longo do coletor não são consideradas. A Figura 2.1, a seguir, mostra esquematicamente o escoamento nos canais abertos. No caso de regime permanente e uniforme, são aplicados o teorema de Bernoulli, a segunda lei de Newton, definindo o impulso transmitido ao líquido pelas forças de gravidade, pressão e cisalhamento (resistência), e a equação da continuidade.

TEOREMA DE BERNOULLI

Na Equação 2.1, v_1 e v_2 são velocidades médias do escoamento nas seções (1) e (2), y_1 e y_2 são as lâminas de água, Z_1 e Z_2 referem-se às coordenadas da cota da geratriz inferior do conduto em relação a um plano de referência. Com a aplicação da equação de Bernoulli entre dois pontos (1) e (2) da Figura 2.1, apresenta-se:

$$\frac{v_1^2}{2g} + y_1 + Z_1 = \frac{v_2^2}{2g} + y_2 + Z_2 + h_f \tag{2.1}$$

em que:

v_1 e v_2: velocidades médias do escoamento nas seções (1) e (2), m/s;

y_1 e y_2: lâminas líquidas, m;

Z_1 e Z_2: coordenadas do fundo do conduto em relação a um eixo de referência;

h_f: perdas localizadas de energia por atrito, m;

g: aceleração da gravidade, m/s^2.

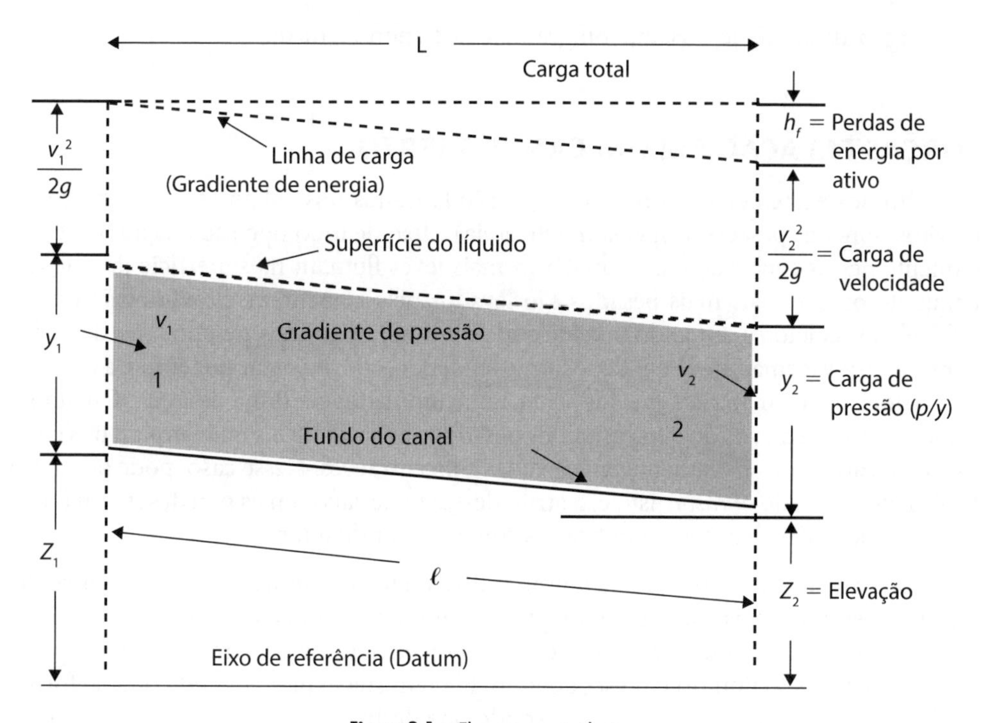

Figura 2.1 – Fluxo em canais abertos

No caso do regime permanente e uniforme, $v_1 = v_2$; $y_1 = y_2$. Então:

$$Z_1 = Z_2 + h_f \quad \text{ou} \quad Z_1 - Z_2 = h_f \tag{2.2}$$

De acordo com a Figura 2.1, para o regime permanente e uniforme, pode-se escrever:

$$\text{sen}\,\alpha = \frac{h_f}{\ell} \tag{2.3}$$

Na mesma figura, observa-se:

$$\text{tg}\alpha = \frac{h_f}{L} \tag{2.4}$$

Como o ângulo é muito pequeno (< 5), pode-se considerar o seno igual à tangente, igualando, assim, as equações 2.3 e 2.4. Por isso, considera-se na prática que o comprimento do conduto é igual a sua projeção horizontal.

A Equação 2.2 pode ser escrita deste modo:

$$h_f = Z_2 - Z_1 = L\text{tg}\alpha = LI = \Delta h \tag{2.5}$$

em que:

I = tg: α declividade do canal ou gradiente de energia, m/m.

FORÇAS EM AÇÃO EM UM CANAL ABERTO

Além dos excrementos domésticos que são lançados nos coletores, materiais como detritos minerais pesados (especialmente areia) e lixo de todo tipo são lançados indevidamente nessas canalizações. As matérias mais leves flutuam na superfície do líquido, enquanto os materiais mais pesados são levados pela correnteza, próximos à geratriz inferior dos coletores. Quando a velocidade diminui, os sólidos pesados são deixados para trás, transformando-se em depósitos e tendendo, com o passar do tempo, a obstruir os coletores; já os materiais mais leves ficam acumulados na linha de água. Quando a velocidade aumenta, os detritos minerais pesados e as substâncias que flutuam nos coletores são carregados novamente em elevadas concentrações. Nesse caso, pode ocorrer o fenômeno chamado *abrasão*, isto é, o atrito desses materiais com as paredes internas dos coletores pode desgastá-los e danificá-los com o passar do tempo.

Tudo isso ocorre em função da tensão trativa ou tensão de arraste da água corrente, a qual deveria ser mais conhecida do que é comumente. Conceitualmente, a tensão de arraste (Figura 2.2) é definida como esforço tangencial unitário transmitido às paredes do coletor pelo líquido em escoamento. Ela tem sua expressão deduzida de forma análoga à da força que atua sobre um sólido que desliza sobre um plano inclinado. A força de arraste é a componente tangencial do peso do líquido.

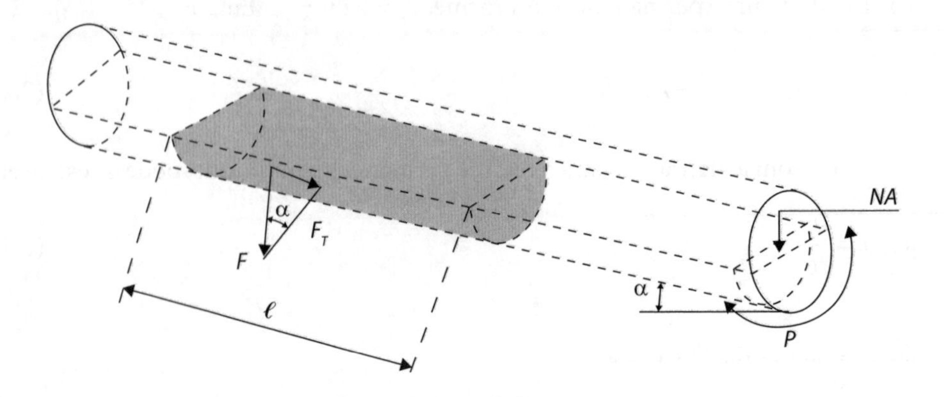

Figura 2.2 – Forças em ação em um coletor

Considerando a quantidade de líquido contida em um trecho de um coletor de comprimento ℓ, seu peso é dado por:

$$F = \gamma A\ell \tag{2.6}$$

Sua componente tangencial é:

$$F_T = F\text{sen}\alpha \tag{2.7}$$

Substituindo o valor da Equação 2.6 na 2.7, obtém-se:

$$F_T = \gamma\ A\ \ell\text{sen}\alpha \tag{2.8}$$

A tensão de arraste ou tensão trativa foi definida anteriormente como esforço tangencial unitário, transmitido às paredes do coletor pelo líquido em escoamento. Em um trecho de comprimento ℓ, ela é definida por:

$$\sigma = \frac{F_T}{P\ell} \tag{2.9}$$

Substituindo o valor da Equação 2.8 na 2.9, obtém-se:

$$\sigma = \frac{F_T}{P\ell} = \frac{(\gamma\ A\ell)\text{sen}\alpha}{P\ell} = \gamma\ R\text{sen}\alpha \tag{2.10}$$

Como o ângulo α é suficientemente pequeno para que se possa confundir o seno com a tangente, pode-se escrever:

$$\sigma = \gamma\ R\text{tg}\alpha = \gamma\ RI \tag{2.11}$$

em que:

σ: tensão de arraste ou tensão trativa, Pa (N/m^2);

γ: peso específico do esgoto doméstico = 10 kN/m^3;

R: raio hidráulico, m;

I: declividade ou gradiente de energia, m/m.

A tensão de arraste é, por isso, função do peso específico do esgoto, do raio hidráulico e da declividade do coletor.

EQUAÇÃO DA CONTINUIDADE

Se o líquido que escoa em um tubo é incompressível e a densidade desse fluido é constante, o volume do líquido que entra no conduto deve ser igual ao que sai, isto é:

$$Q_a = Q_e$$

Ao se considerar a vazão por um conduto em forma de tronco de cone (Figura 2.3), tem-se para a equação da continuidade:

$$Q = A_1 v_1 = A_2 v_2 \tag{2.12}$$

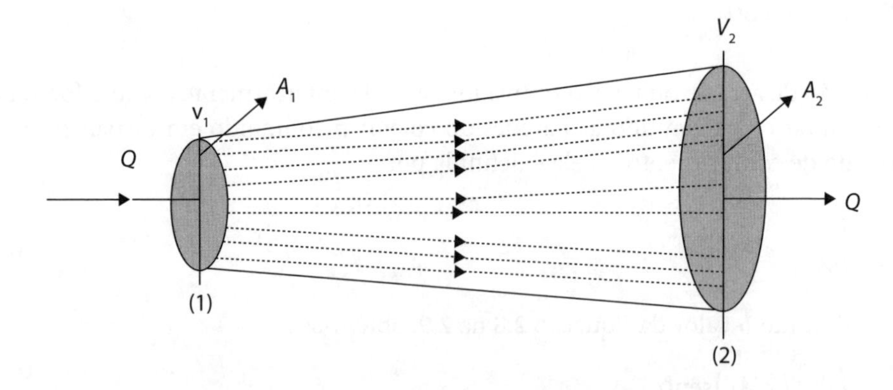

Figura 2.3 – Vazão através de um conduto tronco-cônico

ENERGIA ESPECÍFICA EM CANAIS ABERTOS

O conceito de energia específica é definido como a quantidade de energia por unidade de peso do líquido, medida a partir do fundo do canal, representada pelas equações 2.13 e 2.14.

$$E = y + \frac{v^2}{2g} \tag{2.13}$$

$$E = y + \frac{Q^2}{2gA^2} \tag{2.14}$$

A Equação 2.14 é indicada no plano (E, y) por uma curva com duas assíntotas (Figura 2.4). Quando y tende a zero, a velocidade v e a energia E tendem a infinito, sendo a curva assintótica no eixo vertical. Quando y tende a infinito, a velocidade v tende a zero e a curva tem por assíntota a reta $E = y$.

A curva da energia específica é sempre positiva com duas assíntotas. Ela tem um valor mínimo que corresponde à menor energia possível com que a vazão Q_o pode escoar na seção considerada.

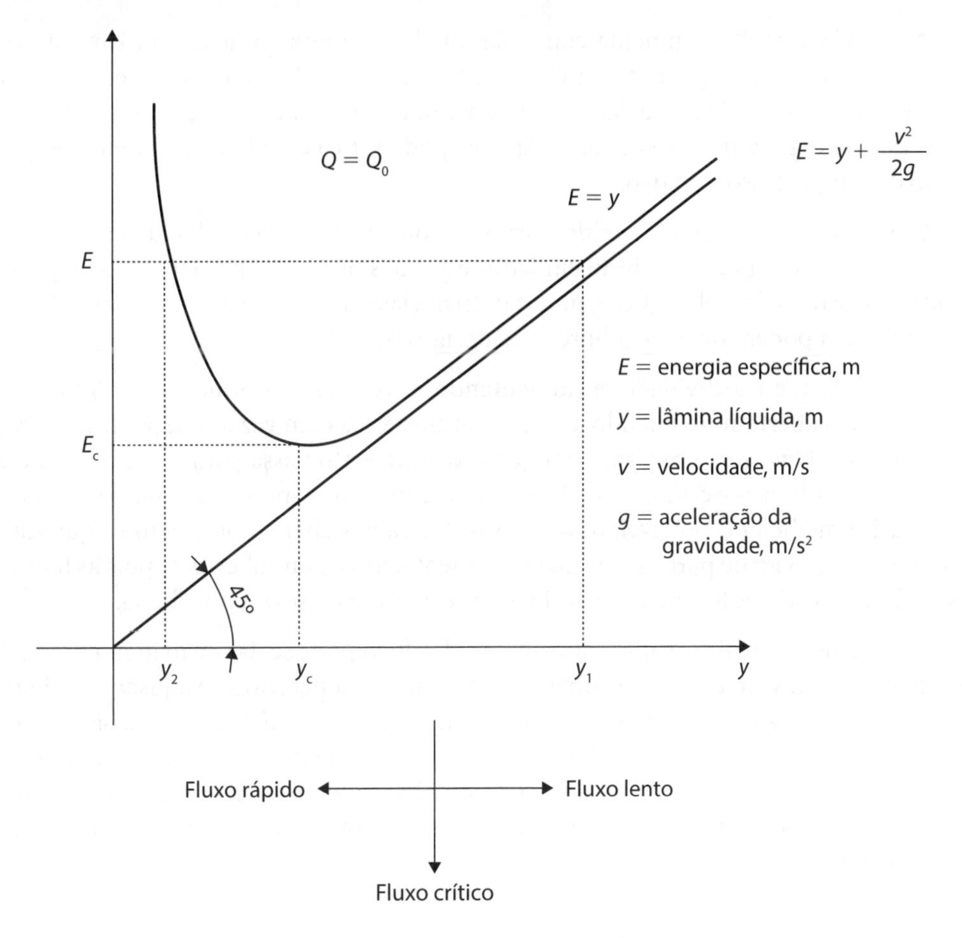

Figura 2.4 – Gráfico da energia específica

O regime de escoamento nessas condições chama-se crítico, bem como as magnitudes características nesse regime (lâmina de água crítica, y_c; velocidade crítica, v_c; energia específica, E_c; declividade crítica, I_c). O escoamento no regime crítico ou em suas imediações é instável, porque a menor variação de energia específica provoca sensível alteração na profundidade do canal.

Quando o escoamento da vazão Q_0 não é crítico, tem-se para o mesmo valor da energia específica E dois valores de lâmina de água possíveis. Um valor é superior e o outro é inferior à lâmina de água crítica. Essa circunstância é evidenciada quando se instala, em um canal de fundo horizontal, uma comporta com uma abertura inferior. Em um curto trecho, a montante e a jusante abaixo da comporta, ocorre um regime rapidamente variável até que o escoamento se apresente retilíneo e uniforme novamente. Quando a lâmina de água é superior à lâmina de água crítica, o escoamento é chamado lento (fluvial ou subcrítico); quando ela é inferior, o escoamento é chamado rápido (torrencial ou supercrítico). Os canais abertos geralmente são projetados para baixas velocidades e declividades moderadas, para que funcionem em regime lento, fluvial ou subcrítico.

A energia específica aumenta com a lâmina líquida no regime lento e diminui no regime rápido, como mostrado na Figura 2.4. A Equação 2.14 não pode ser resolvida analiticamente em relação às lâminas y_1 e y_2, referentes ao escoamento da vazão Q_o, com uma energia específica dada, *E*. Apenas pode ser calculada graficamente ou por meio de um processo iterativo.

O escoamento no regime rápido, torrencial ou supercrítico a velocidades elevadas traz uma série de riscos, exigindo cuidados especiais durante o projeto. Nesse regime, podem ocorrer sobre-elevações e ondas oscilatórias que se propagam ao longo do canal. Também podem ocorrer subpressões perigosas.

À medida que a declividade vai aumentando, as velocidades aumentam, admitindo-se um canal aberto funcionando à pressão atmosférica com vazão e seção transversal constantes. Chega-se a um ponto em que o regime lento passa para o regime rápido. Nesse local, observa-se uma velocidade crítica que corresponde a uma declividade crítica. Na medida do possível, deve-se projetar canais abertos ou coletores que funcionem por gravidade para escoar no regime lento, fluvial ou subcrítico, pois as teorias para dimensioná-los foram estabelecidas em experiências no regime fluvial.

A mudança do regime supercrítico para subcrítico pode se dar de maneira gradual. Existem ocasiões em que o escoamento a montante é supercrítico e a jusante, subcrítico. Essa transição se dá pelo fenômeno chamado *ressalto hidráulico*. O ressalto pode ser localizado no trecho torrencial ou fluvial. O movimento pode ser gradualmente retardado em trechos de canais por meio de obstáculos opondo-se ao escoamento. Esses obstáculos criam remansos que se comunicam ou se prolongam a montante até uma pequena distância.

NÚMERO DE FROUDE

As forças gravitacionais são importantes em qualquer canalização que funcione como conduto livre. Desde que a pressão na superfície seja constante – pressão atmosférica, sob condições uniformes –, essas forças são as únicas que causam o escoamento nos canais ou condutos que trabalham com seção parcialmente cheia.

O número de Froude é a relação entre a força da inércia e a força de gravidade no escoamento. Pode também ser interpretado como quociente da velocidade média de escoamento, *v*, pela velocidade de uma pequena onda superficial gravitacional, que se propaga na superfície livre do líquido. O número de Froude é adimensional.

Quando o número de Froude é igual à unidade, a velocidade da onda superficial (onda de perturbação) e a do escoamento são as mesmas. Assim, o escoamento se encontra em regime crítico. Quando o número de Froude é menor que a unidade, a velocidade de escoamento é menor que a velocidade da onda superficial recorrendo à superfície livre. Desse modo, o escoamento se encontra em regime subcrítico. O escoamento é supercrítico quando o número de Froude é maior que a unidade.

O número de Froude é definido pela Equação 2.15:

$$F_R = \frac{V}{\sqrt{gy}} \qquad (2.15)$$

O gráfico da Figura 1.7 (Capítulo 1, página 48) apresenta um resumo do regime permanente e uniforme.

O matemático inglês William Froude (1810-1879), na realidade, não é o autor do número de Froude. Sua mais importante contribuição à ciência foi na área naval por meio de técnicas de tanque rebocador para ensaios de navios em modelos reduzidos. Foi o francês Ferdinand Reech (1805-1880) o primeiro a expressar o que hoje é conhecido como número de Froude. Atualmente, os princípios de similaridade têm essa forma em razão dos estudos de Moritz Weber (1871-1951), professor de mecânica naval do Instituto Politécnico de Berlim, na Alemanha.

PERDAS DE CARGA LOCALIZADAS NAS REDES DE ESGOTO

Nos coletores de esgoto, as perdas de carga localizadas têm, em geral, valores baixos e, por isso, não são levadas em consideração para seu dimensionamento. No caso de altas velocidades, é possível a ocorrência de valores de perdas de carga localizadas razoáveis.

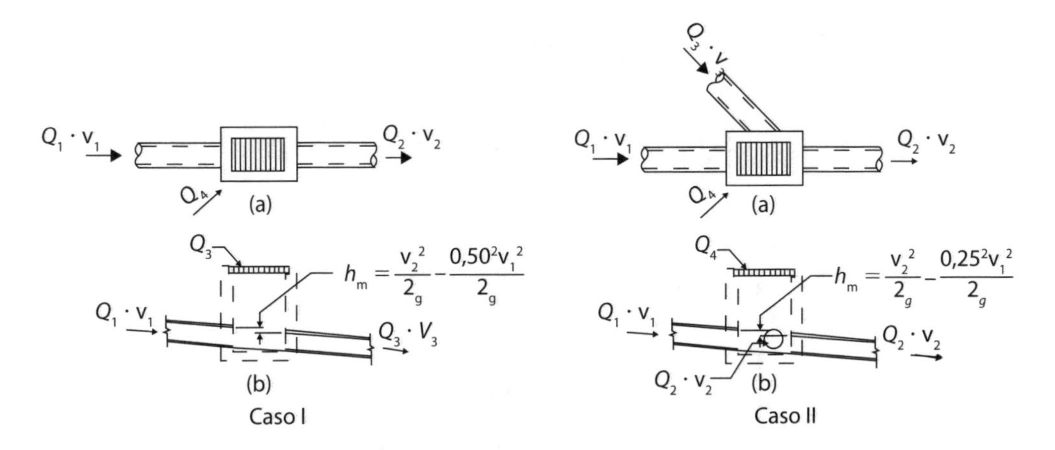

Fonte: adaptada de WEF/ASCE (1992).

Figura 2.5 – Perdas de carga localizadas em razão da turbulência em poços de visita (I)

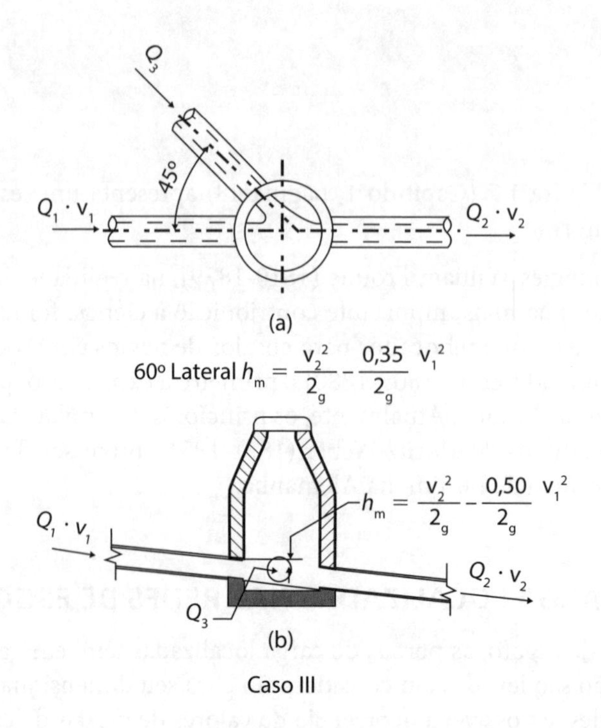

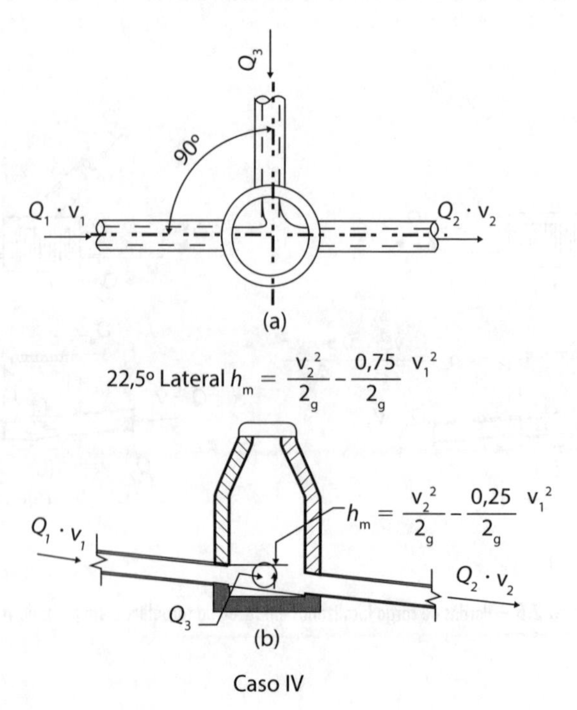

Fonte: adaptada de WEF/ASCE (1992).

Figura 2.6 – Perdas de carga localizadas em razão da turbulência em poços de visita (II)

PERDAS DE CARGA POR ATRITO NOS COLETORES DE ESGOTO

Os trechos dos coletores das redes de esgoto, interceptores e emissários são relativamente extensos e apresentam perdas por atrito muito superiores às perdas de carga localizadas, que ocorrem nos poços de visita ou em curvas das canalizações dos poços. As perdas de carga por atrito nos condutos livres são estimadas pela fórmula de Chézy.[1]

$$v = C\sqrt{RI} \tag{2.16}$$

em que:

C: coeficiente de Chézy;

R: raio hidráulico;

v: velocidade, m/s;

I: declividade do coletor, m/m.

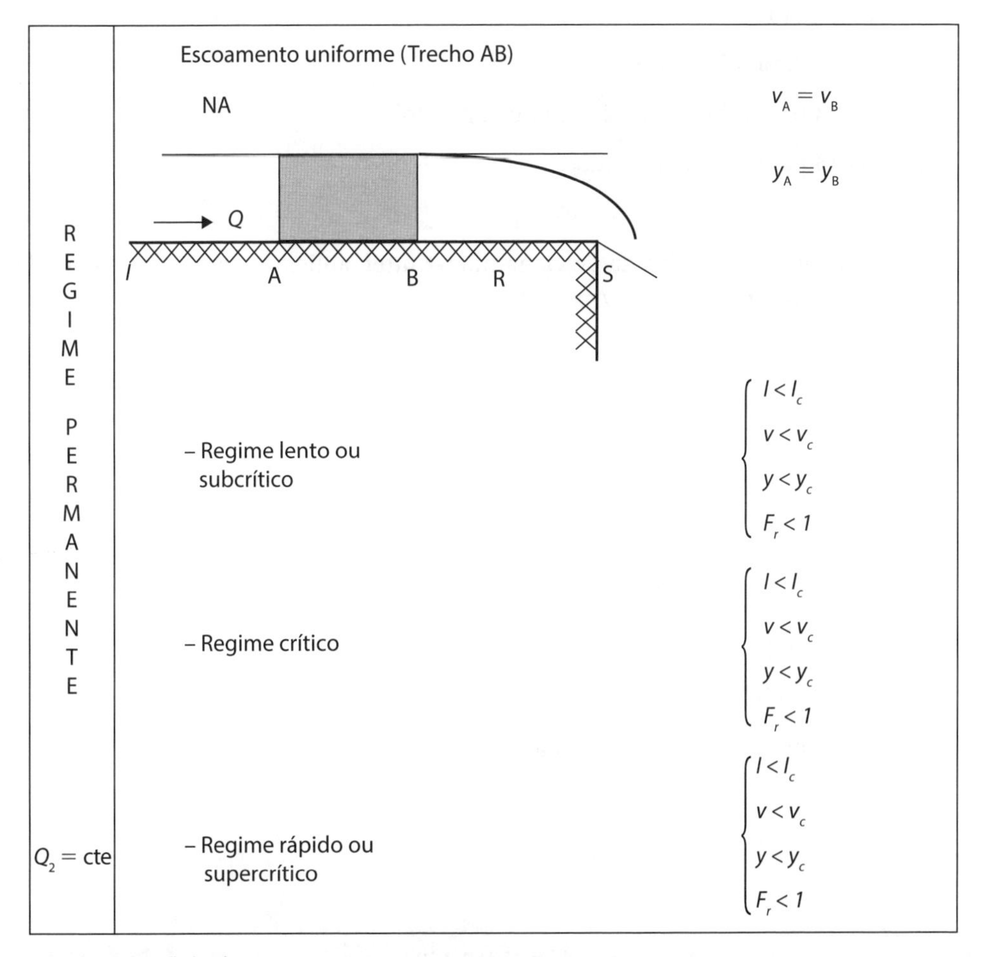

Fonte: adaptada de Botelho (2011).

Figura 2.7 – Resumo do regime permanente e uniforme

[1] Antoine Chézy (1717-1798) engenheiro e hidráulico francês, foi diretor da escola de engenharia civil Ponts et Chaussées, na França.

FÓRMULAS PARA CÁLCULO DO COEFICIENTE DE CHÉZY E DA FÓRMULA UNIVERSAL

FÓRMULA DE GANGUILLET-KUTTER[2]

$$C = \frac{100\sqrt{R}}{(100n - 1) + \sqrt{R}} \tag{2.17}$$

em que:

C: coeficiente de Chézy;

R: raio hidráulico, m;

n: coeficiente de rugosidade de Ganguillet-Kutter, cuja variação nos coletores de esgoto é:

n: 0,010 para tubos de PVC;

n: 0,013 para tubos de cerâmica ou concreto;

n: 0,015 para sifões invertidos.

Essa é a fórmula simplificada de Ganguillet-Kutter, aplicável para valores com declividades maiores que 0,0005 m/m.

FÓRMULA DE BAZIN[3]

$$C = \frac{87}{1 + \frac{\gamma_B}{\sqrt{R}}} \tag{2.18}$$

em que:

C: coeficiente de Chézy;

R: raio hidráulico, m;

γ_B: 0,16 para qualquer tipo de material.

2 Os engenheiros Émile Oscar Ganguillet (1818-1894), que foi chefe dos Serviços Públicos de Berna, e Wilhelm Rudolf Kutter (1818-1888), membro da equipe de Ganguillet, são os autores dessa fórmula. Ambos nasceram na Suíça.

3 Essa fórmula é de autoria de Henri Émile Bazin (1829-1917), engenheiro francês nascido em Nancy. Atuou como inspetor-geral do Corps des Ponts et Chaussées, em 1886.

FÓRMULA UNIVERSAL[4] DE PERDA DE CARGA

$$I = f\frac{v^2}{2gD} \tag{2.19}$$

em que:

f: coeficiente de atrito (adimensional);

v: velocidade, m/s;

g: aceleração da gravidade, m/s^2;

D: diâmetro do coletor, m.

FÓRMULA DE KÁRMÁN-PRANDLT[5]

A fórmula de Kármán-Prandlt, Equação 2.20, para coletores de esgoto, admite número de Reynolds, *Re*, maior que 11.000.

$$\frac{1}{\sqrt{f}} = 2\log\frac{D}{2k_b} + 1{,}74 \tag{2.20}$$

em que:

f: coeficiente de atrito (adimensional);

D: diâmetro do coletor, mm;

k_b: 1,5 mm.

FÓRMULA DE MANNING[6]

$$C = \frac{1}{n}R^{1/6} \tag{2.21}$$

em que:

C: coeficiente de Chézy;

R: raio hidráulico, m;

4 A fórmula universal é de autoria do engenheiro Henry Philibert Darcy (1803-1858), nascido em Dijon, na França, e do matemático Julius Weisbach (1806-1871), natural da Saxônia, Alemanha.

5 É de autoria dos engenheiros Theodor von Kármán (1881-1963), húngaro, formado pelo Instituto Politécnico Real de Budapeste, e Ludwig Prandlt (1875-1953), alemão, formado em mecânica em Munique, Alemanha.

6 A fórmula de Manning é de autoria do engenheiro irlandês Robert Manning (1816-1897), nascido na Normandia, ex-presidente da Instituição de Engenheiros Civis da Irlanda.

n: coeficiente de rugosidade de Manning, cuja variação em coletores de esgoto é:

n: 0,010 para tubos de PVC;

n: 0,13 para tubos cerâmicos ou de concreto;

n: 0,015 para sifões invertidos.

A Equação 2.21 foi elaborada, originalmente, para dimensionamento de canais abertos. Atualmente, também é usada para dimensionamento de condutos forçados, como é o caso dos sifões invertidos. Em virtude de sua simplicidade, aliada à considerável quantidade de dados experimentais existentes para se estimar com precisão o valor do coeficiente de rugosidade *n*, a equação de Manning é hoje a fórmula mais usada para dimensionamento de redes coletoras de esgoto.

É importante observar que o coeficiente de rugosidade *n* não é adimensional. Tem a dimensão $TL^{-1/3}$ e, portanto, seu valor na Equação 2.21 depende do sistema de unidades adotado. Entretanto, é costume mudar o valor da constante nessa equação e os mesmos valores do coeficiente de rugosidade permanecerem.

Em pesquisas realizadas para determinação do efeito da variação da lâmina de água no coeficiente de rugosidade *n*, foi definitivamente provado que os valores são maiores nos coletores que funcionam parcialmente cheios do que nos coletores que funcionam a seção plena. Embora, na prática, os valores de *n* sejam assumidos constantes para quaisquer valores da lâmina de água, valores maiores deveriam ser adotados ao se dimensionar condutos livres que teoricamente funcionam com seção parcialmente cheia.

FÓRMULA DE MANNING MODIFICADA POR MACEDO[7]

Combinando as equações 2.12, 2.16 e 2.21, Macedo elaborou a Equação 2.22.

$$\mathrm{v} = \left(\frac{R^2}{A}\right)^{1/4} n^{-3/4} Q^{1/4} I^{3/8} \tag{2.22}$$

em que:

v: velocidade, m/s;

R: raio hidráulico, m;

7 A fórmula transformada de Manning é de autoria do saudoso engenheiro Eugenio Silveira de Macedo (1916-1984). Macedo trabalhou no Rio de Janeiro em órgãos como Departamento Nacional de Obras de Saneamento (DNOS), Superintendência de Urbanização e Saneamento (SURSAN), ESAG e Companhia Estadual de Águas e Esgotos do Rio de Janeiro (CEDAE). Também foi consultor do Banco Nacional de Habitação (BNH) e de outras instituições brasileiras. Inventou a régua de cálculos hidráulicos, divulgada pela Associação Brasileira de Engenharia Sanitária e Ambiental (ABES) em vários idiomas, e a técnica de cálculo de escoamento nas redes coletoras de esgoto no sistema separador com uso de hidrogramas.

A: área molhada;

n: coeficiente de rugosidade de Manning;

Q: vazão, m^3/s;

I: declividade, m/m.

Nessa equação, Macedo verificou que, adotando o valor fixo $M = 0{,}61$ no primeiro termo (Equação 2.23) da Equação 2.22, as velocidades calculadas pela fórmula transformada sofrem desvios porcentuais inferiores a ± 5% daqueles obtidos pela fórmula de Manning original, na faixa das lâminas de água usadas na prática, com a relação y/D variando entre 14% e 92% do diâmetro. O resultado são velocidades praticamente iguais às estimadas pela fórmula original de Manning.

$$M = \left(\frac{R^2}{A} \right)^{1/4} \tag{2.23}$$

em que:

M: número de Macedo, adimensional.

Adotando-se $M = 0{,}61$ e $n = 0{,}013$ na Equação 2.22, chega-se à Equação 2.24.

$$v = 15{,}8\, Q^{1/4} I^{3/8} \tag{2.24}$$

em que:

v: velocidade, m/s;

Q: vazão, m^3/s;

I: declividade, m/m.

Ao se usar a unidade de vazão em L/s, a Equação 2.24 vai ser modificada para a Equação 2.25.

$$v = 2{,}81\, Q^{1/4} I^{3/8} \tag{2.25}$$

COMPARAÇÃO ENTRE A FÓRMULA UNIVERSAL E A FÓRMULA DE MANNING

Admitindo-se o funcionamento a plena seção, a Equação 2.19 pode ser escrita desta forma:

$$I = \frac{8 f Q^2}{\pi^2 g D^5} \tag{2.26}$$

A Equação 2.21 também pode ser modificada para:

$$I = \frac{4^{10/3} n^2 Q^2}{\pi^2 D^{16/3}} \tag{2.27}$$

Igualando as equações 2.26 e 2.27, tem-se:

$$0{,}0827 f = \frac{10{,}3 n^2}{D^{1/3}} \tag{2.28}$$

Quando um dos coeficientes é conhecido, o coeficiente de rugosidade da fórmula de Manning, por exemplo, o outro pode ser calculado por meio da Equação 2.28. Os valores resultantes conduzem a declividades idênticas da linha do gradiente de energia.

RELAÇÕES GEOMÉTRICAS E TRIGONOMÉTRICAS DOS ELEMENTOS DA SEÇÃO CIRCULAR

Os elementos da seção circular são obtidos por meio de cálculos das figuras dos setores e dos segmentos circulares e arco de circunferência, bem como das relações trigonométricas correspondentes, Figura 2.8.

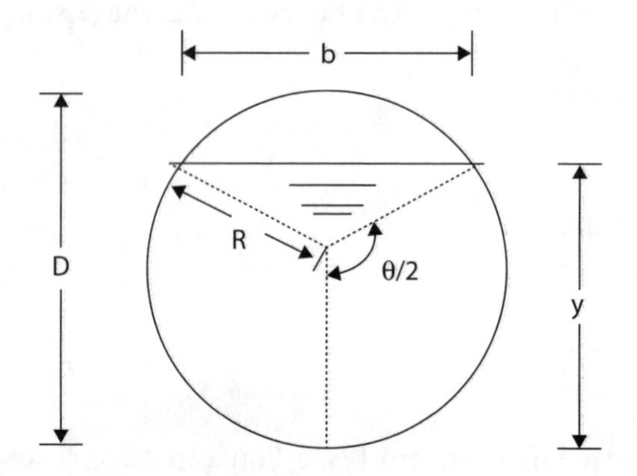

Figura 2.8 – Seção circular

O complemento, suplemento ou replemento do ângulo do setor circular (dependendo da altura da lâmina de água) é dado pela Equação 2.29.

$$\theta = 2 \text{ arc cos} \left(1 - 2\frac{y}{D}\right) \tag{2.29}$$

em que:

θ: complemento, suplemento ou replemento do ângulo do setor circular, radianos;

y: lâmina de água, m;

D: diâmetro, m.

A área molhada é dada pela Equação 2.30.

$$A = \frac{D^2}{8}(\theta - \text{sen}\theta) \quad (2.30)$$

A Equação 2.31 corresponde ao perímetro molhado.

$$P = \frac{\theta D}{2} \quad (2.31)$$

A largura molhada (corda) é apresentada pela Equação 2.32.

$$b = D\text{sen}\frac{\theta}{2} \quad (2.32)$$

A equação do raio hidráulico é dada pela Equação 2.33.

$$R = \frac{D}{4}\left(1 - \frac{\text{sen}\theta}{\theta}\right) \quad (2.33)$$

As equações 2.30, 2.31, 2.32 e 2.33 são apresentadas em função do ângulo do setor circular, em radianos, definido pela Equação 2.29.

SEÇÃO CIRCULAR DE MÁXIMA EFICIÊNCIA

A Equação 2.21 (Manning) combinada com a equação da continuidade (Equação 2.12), resulta na Equação 2.34.

$$Q = \frac{A}{n} R^{2/3} I^{1/2} \quad (2.34)$$

Pela definição de raio hidráulico, pode-se deduzir a Equação 2.35.

$$Q = \frac{A^{5/3}\ I^{1/2}}{P^{2/3}\ n} \quad (2.35)$$

A Equação 2.35 mostra que, para área molhada, com declividade e coeficiente de rugosidade constantes, a vazão será máxima quando o perímetro molhado for mínimo.

A seção molhada de máxima eficiência é o semicírculo, em que o raio hidráulico é igual à quarta parte do diâmetro. É interessante observar que os valores do raio hidráulico para a seção plena e para a meia seção são iguais, isto é, $R = D/4$.

RELAÇÃO ENTRE OS ELEMENTOS DAS SEÇÕES CIRCULARES PARCIALMENTE CHEIAS E DAS SEÇÕES PLENAS PELA FÓRMULA DE MANNING EM FUNÇÃO DO ÂNGULO DO SETOR CIRCULAR

Por meio das equações 2.35 e 2.12, da área molhada e do raio hidráulico, pode-se deduzir as equações 2.36, 2.37, 2.38, 2.39 e 2.40.

$$\frac{a}{A} = \frac{\text{área seção parcialmente cheia}}{\text{área seção plena}} = \frac{1}{2\pi}(\theta - \text{sen}\theta) \tag{2.36}$$

$$\frac{p}{P} = \frac{\text{perímetro seção parcialmente cheia}}{\text{perímetro seção plena}} = \frac{\theta}{2\pi} \tag{2.37}$$

$$\frac{r}{R} = \frac{\text{raio hidráulico seção parcialmente cheia}}{\text{raio hidráulico seção plena}} = 1 - \frac{\text{sen}\theta}{\theta} \tag{2.38}$$

$$\frac{\text{v}}{V} = \frac{\text{velocidade seção parcialmente cheia}}{\text{velocidade seção plena}} = \left(1 - \frac{\text{sen}\theta}{\theta}\right)^{2/3} \tag{2.39}$$

$$\frac{q}{Q} = \frac{\text{vazão seção parcialmente cheia}}{\text{vazão seção plena}} = \frac{1}{2\pi}(\theta - \text{sen}\theta)\left(1 - \frac{\text{sen}\theta}{\theta}\right)^{2/3} \tag{2.40}$$

As equações 2.36, 2.37, 2.38, 2.39 e 2.40 são representadas no gráfico da Figura 2.9.

É interessante observar que as relações são sempre constantes para qualquer fórmula empregada. Por outro lado, as relações das velocidades e vazões apresentadas pelas equações 2.39 e 2.40 variam ligeiramente por conta das dimensões do conduto, da rugosidade e da fórmula empírica empregada. O coeficiente de Chézy, *C*, varia com esses elementos, embora essa variação seja desprezível. Por isso, essas variações não têm influência na prática.

No caso da fórmula de Bazin (Equação 2.18), a título de exemplo, pode-se deduzir as equações 2.41 e 2.42 para as relações entre velocidades e vazões.

$$\frac{\text{v}}{V} = \left(1 - \frac{\text{sen}\theta}{\theta}\right)\left(\frac{\sqrt{R} + \gamma_B}{\sqrt{r} + \gamma_B}\right) \tag{2.41}$$

$$\frac{q}{Q} = \frac{1}{2\pi}(\theta - \text{sen}\theta)\left(1 - \frac{\text{sen}\theta}{\theta}\right)\left(\frac{\sqrt{R} + \gamma_B}{\sqrt{r} + \gamma_B}\right) \tag{2.42}$$

FÓRMULAS DERIVADAS DA EQUAÇÃO DE MANNING

ESCOAMENTO A PLENA SEÇÃO

$$v = \frac{1}{4^{2/3} n} D^{2/3} I^{1/2} \tag{2.43}$$

$$Q = \frac{\pi}{4^{5/3} n} D^{8/3} I^{1/2} \tag{2.44}$$

ESCOAMENTO A SEÇÃO PARCIALMENTE CHEIA OU A PLENA SEÇÃO

$$v = \frac{1}{4^{2/3} n} D^{2/3} I^{1/2} \left(1 - \frac{\operatorname{sen}\theta}{\theta}\right)^{2/3} \tag{2.45}$$

$$Q = \frac{1}{2^{13/3} n} D^{8/3} I^{1/2} \frac{(\theta - \operatorname{sen}\theta)^{5/3}}{\theta^{2/3}} \tag{2.46}$$

DIÂMETRO TEÓRICO

$$D = \frac{2^{13/8} \theta^{1/4}}{(\theta - \operatorname{sen}\theta)^{5/8}} \left(\frac{nQ}{I^{1/2}}\right)^{3/8} \tag{2.47}$$

A Equação 2.47 pode ser dividida em dois termos pelas equações 2.48 e 2.49.

$$K = \frac{2^{13/8} \theta^{1/4}}{(\theta - \operatorname{sen}\theta)^{5/8}} \quad (\text{Fator de forma}) \tag{2.48}$$

$$Z_H = \left(\frac{nQ}{I^{1/2}}\right)^{3/8} \quad (\text{Profundidade hidráulica}) \tag{2.49}$$

A Equação 2.47 pode ser simplificada, efetuando-se a estimativa do fator de forma em função da relação y/D que se deseja obter, utilizando-se a Equação 2.29 e admitindo-se que as variáveis estejam no sistema MKS. Dessa maneira será obtida a equação simplificada 2.50.

$$D = K \left(\frac{nQ}{I^{1/2}}\right)^{3/8} \tag{2.50}$$

A seguir, estão apresentados vários valores de K em função da relação da lâmina de água com o diâmetro do conduto.

$y/D = 1{,}00 \rightarrow K = 1{,}5483$

$y/D = 0{,}82 \rightarrow K = 1{,}5481$

$y/D = 0{,}80 \rightarrow K = 1{,}5616$

$y/D = 0{,}75 \rightarrow K = 1{,}6028$

$y/D = 0{,}50 \rightarrow K = 2{,}0079$

Para o regime permanente e uniforme, em um conduto de seção circular, o gráfico da Figura 2.9 mostra que:

- a vazão máxima ocorre quando $y/D = 0{,}94$;
- a velocidade é máxima quando $y/D = 0{,}81$;
- o escoamento da vazão com $y/D = 0{,}82$ iguala a vazão a seção plena, isto é, $y/D = 1{,}00$, quando coincidem a linha piezométrica e a linha da cota da geratriz inferior do conduto, justamente no limite quando o escoamento começa a funcionar sob pressão;
- o escoamento da vazão nesta última situação com $y/D = 1{,}00$ é 0,93 vezes menor que a máxima vazão para $y/D = 0{,}94$;
- para y/D 0,80, existem dois tirantes possíveis, exceto quando $y/D = 0{,}94$;
- para y/D 0,50, existem tirantes possíveis para cada velocidade, exceto quando $y/D = 0{,}81$.

Por essas observações, pode-se concluir que não é recomendável o dimensionamento de condutos circulares projetados para escoar com tirantes maiores que 80% de seus diâmetros.

MÉTODOS ITERATIVOS NOS CÁLCULOS ANALÍTICOS DE CONDUTOS DE SEÇÃO CIRCULAR (MENDONÇA, 1984b; 1985a)

No começo da década de 1980, com a facilidade de aquisição ou acesso a calculadoras programáveis ou a computadores pessoais, a resolução de equações hidráulicas complexas, que antes só era possível com ábacos ou tabelas, tornou-se muito mais simples.

As equações a seguir foram deduzidas em função das equações 2.21, 2.16 e 2.17. A única exceção é a Equação 2.54, que foi elaborada das anteriores a partir do método de Newton-Raphson. As equações 2.51 e 2.54 só podem ser resolvidas por métodos iterativos.

$$\theta_{n+1} = \operatorname{sen}\theta_n + 2^{2,6}\left(\frac{nQ}{\sqrt{I}}\right)^{0,6} D^{-1,6}\theta_n^{\ 0,4} \tag{2.51}$$

$$\frac{y}{D} = \frac{1}{2}\left(1 - \cos\frac{\theta}{2}\right) \tag{2.52}$$

$$\mathrm{v} = \frac{\sqrt{I}}{n}\left[\frac{D}{4}\left(I - \frac{\operatorname{sen}\theta}{\theta}\right)\right]^{2/3} \tag{2.53}$$

$$\theta_{C_{n+1}} = \theta_{c_n} - \frac{\theta_{c_n} - \operatorname{sen}\theta_{c_n} - 8\left(\frac{Q_c^{\ 2}}{g}\right)^{1/3} D^{-5/3}\left(\operatorname{sen}\frac{\theta_{c_n}}{n}\right)^{1/3}}{1 - \cos\theta_{c_n} - \frac{4}{3}\left(\frac{Q_c^{\ 2}}{g}\right)^{1/3} D^{-5/3}\left(\operatorname{sen}\frac{\theta_{c_n}}{2}\right)^{-2/3}\left(\cos\frac{\theta_{c_n}}{2}\right)} \tag{2.54}$$

Para a estimativa do ângulo do setor circular em radianos, arbitra-se um valor inicial para θ_n, repetindo-se as operações até $\theta_{n+1} = \theta_n$. Fixa-se um valor para o erro, $\varepsilon = 0{,}0001$, por exemplo, de modo que $\varepsilon > \dfrac{|\theta_{n+1} - \theta_n|}{\theta_n}$.

As equações 2.51 e 2.54 podem ser resolvidas utilizando-se calculadoras programáveis ou planilhas elaboradas em Excel, por exemplo.

$$\frac{y_C}{D} = \frac{1}{2}\left(1 - \cos\frac{\theta_C}{2}\right) \tag{2.55}$$

$$\mathrm{v}_C = \left[\frac{gD}{8\operatorname{sen}\frac{\theta_C}{2}}\left(\theta_C - \operatorname{sen}\theta_C\right)\right]^{1/2} \tag{2.56}$$

$$I_C = \frac{n^2 g}{\operatorname{sen}\frac{\theta_C}{2}}\left[\frac{\theta^4{}_C}{2D\left(\theta_C - \operatorname{sen}\theta_C\right)}\right]^{1/3} \tag{2.57}$$

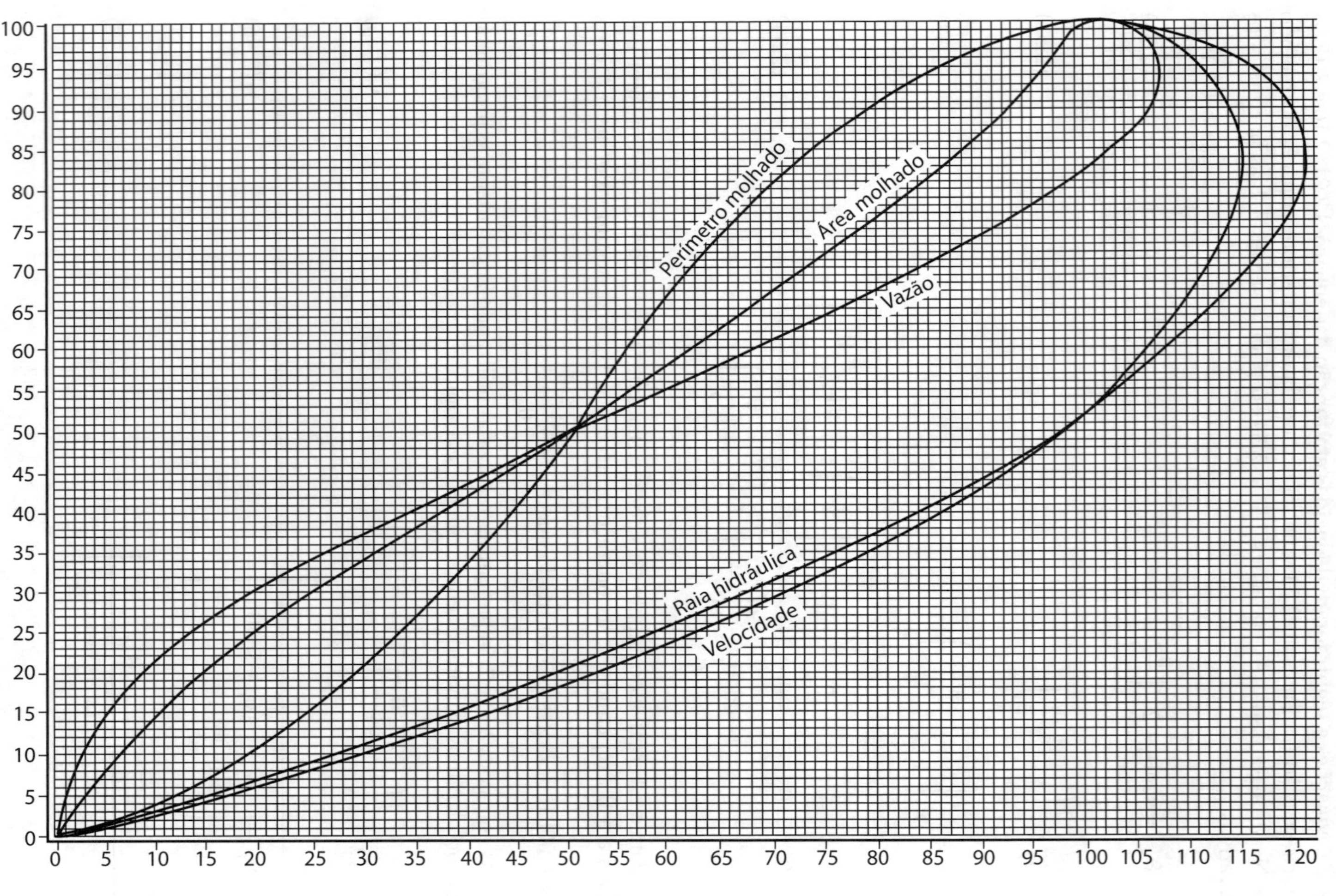

Figura 2.9 – Elementos hidráulicos da seção circular

ESTIMATIVA DE VAZÃO NA REDE COLETORA

A vazão da rede coletora é calculada em função da vazão máxima horária pela Equação 2.58. Pode ser considerada a extensão de coletores a ser projetada ou a área ser atendida.

$$q_\ell = \frac{CPqK_1K_2}{86400L_t} + q_{\text{inf}} \quad \text{ou} \quad q_a = \frac{CPqK_1K_2}{86400A} + q_{\text{inf}} \qquad (2.58)$$

em que:

q_ℓ : vazão linear, L/s.m;

C : coeficiente de retorno = 0,80;

P : população a ser atendida, hab.;

q : quota *per capita* de água, L/hab.dia;

K_1: coeficiente de máxima vazão diária = 1,2;

K_2: coeficiente de máxima vazão horária = 1,5;

q_{inf}: vazão de infiltração por extensão de coletores, L/s.m;

q_a : vazão por área, L/s.ha;

L_t: extensão da rede coletora, m;

A: área a ser atendida, ha.

CONDIÇÕES HIDRÁULICAS DAS REDES DE ESGOTO DE ACORDO COM AS EXIGÊNCIAS DA ABNT NBR 9.649, DE 1986

A NBR 9.649 preconiza que o menor valor da vazão de contribuição de início dos coletores a ser considerado, em qualquer trecho, deve ser igual a 1,5 L/s, quando não existirem dados pesquisados e comprovados. Para todos os trechos da rede coletora, devem ser estimadas as vazões inicial e final.

O diâmetro nominal mínimo recomendado pela NBR 9.649 é 100 mm. Quando o coletor é assentado nas calçadas, esse diâmetro mínimo pode ser usado. Nas ruas, utiliza-se diâmetro nominal mínimo de 150 mm. O recobrimento não deve ser inferior a 0,90 m para coletores assentados no leito da via de tráfego nem inferior a 0,65 m para coletor assentado no passeio. Recobrimento menor deve ser justificado.

Outra recomendação da citada norma é que deve ser colocado um tubo de queda quando o coletor afluente apresentar degrau com altura maior ou igual a 0,50 m.

LIMITES DE VELOCIDADE

A NBR 9.649 não considera limite mínimo de velocidade nos coletores, e sim tensão trativa mínima. A velocidade máxima admitida é de 5 m/s.

A combinação das equações 2.11, 2.16 e 2.21 resulta na equação da tensão trativa ou de arraste apresentada de outra forma pela Equação 2.59.

$$\sigma = \frac{\gamma n^2 v^2}{R^{1/3}} \quad (2.59)$$

É evidente que o conceito da tensão de arraste mínima é muito mais abrangente que o conceito de velocidade mínima. A Equação 2.59 é função do peso específico do esgoto, da rugosidade do material do coletor, do raio hidráulico e da velocidade. No caso de esgoto sanitário, pesquisas comprovam que a tensão mínima de arraste varia de 1,0 N/m^2 a 2,0 N/m^2. Admite-se que a tensão trativa de 1,0 N/m^2 pode remover partículas de até 1,5 mm de diâmetro. A NBR 9.649 (ABNT, 1986) admite tensão trativa mínima para coletores de cerâmica ou concreto igual a 1,0 Pa (N/m^2), enquanto a NBR 14.486 (ABNT, 2000) preconiza para tubos de PVC tensão trativa mínima igual a 0,6 Pa (N/m^2).

A tensão de arraste em função das equações 2.11, 2.33 e 2.45 pode tomar a forma da Equação 2.60.

$$\sigma = \gamma n^2 v^2 \left[\frac{4\theta}{D(\theta - \text{sen}\theta)}\right]^{1/3} \quad (2.60)$$

Para que se possa verificar a influência do diâmetro e do material na tensão trativa, foram elaboradas as Tabelas 2.1 e 2.2. Na Tabela 2.1, para tubos cerâmicos ou de concreto, com coeficiente de rugosidade n = 0,013, considera-se a relação y/D = 0,20; velocidade v = 0,50 m/s e peso específico = 10 kN/m^3. Na Tabela 2.2, para tubos de PVC, com coeficiente de rugosidade n = 0,010, foram levados em conta os demais dados da tabela anterior.

Tabela 2.1 – Valores de tensão de arraste para coeficiente de rugosidade n = 0,013

D (mm)	σ (Pa)*	*D* (mm)	σ (Pa)*
100	1,84	600	1,01
150	1,61	700	0,96
200	1,46	800	0,92
250	1,36	900	0,89
300	1,28	1000	0,86
350	1,21	1100	0,83
400	1,16	1200	0,80
450	1,12	1300	0,78
500	1,08	1500	0,75

* Pa = N/m^2 = 10^{-4} mca.

Tabela 2.2 – Valores de tensão de arraste para coeficiente de rugosidade $n = 0{,}010$

D (mm)	σ (Pa)*	*D* (mm)	σ (Pa)*
100	1,09	600	0,62
150	0,95	700	0,57
200	0,87	800	0,55
250	0,80	900	0,52
300	0,76	1000	0,51
350	0,72	1100	0,49
400	0,69	1200	0,48
450	0,66	1300	0,40
500	0,64	1500	0,44

* Pa = $N/m^2 = 10^{-4}$ mca.

Na Tabela 2.1, pode-se observar que a tensão trativa a partir do diâmetro de 800 mm é menor que a mínima preconizada pela NBR 9.649 (ABNT, 1986), embora esses coletores funcionem com lâmina de água igual a 20% do diâmetro e velocidade de 0,50 m/s. Na Tabela 2.2, a tensão trativa não está de acordo com a NBR 14.486 (ABNT, 2000) a partir do diâmetro de 900 mm. Em consequência, para baixas velocidades, pode haver formação de depósitos e futuras incrustações nesses coletores. É por isso que, depois dos cálculos efetuados para dimensionamento de cada trecho da rede coletora, deve sempre ser verificada a tensão trativa para que seu valor mínimo seja igual a 1,0 Pa, para tubos cerâmicos ou de concreto, e 0,6 Pa, para tubos de PVC. Além disso, baixas velocidades podem ocasionar a produção de gases malcheirosos, principalmente o sulfeto de hidrogênio, que concorre para a corrosão e o futuro colapso nos coletores de concreto (MENDONÇA, 1985c).

DECLIVIDADE MÍNIMA

A Equação 2.22 pode ser transformada na Equação 2.61.

$$RA^{3/2} = Q^{3/2} n^{3/2} I^{-3/4} \tag{2.61}$$

Substituindo-se o valor da Equação 2.23 na Equação 2.61, encontra-se a Equação 2.62.

$$R^4 = M^6 Q^{3/2} n^{3/2} I^{-3/4} \tag{2.62}$$

A Equação 2.63 é obtida pela substituição da Equação 2.11 na 2.62.

$$I = \left(\frac{\sigma}{\gamma}\right)^{16/13} M^{-24/13} n^{-6/13} Q^{-6/13} \tag{2.63}$$

Adotando-se a vazão Q em L/s na Equação 2.63, obtém-se a Equação 2.64.

$$I = 10^{18/13}\left(\frac{\sigma}{\gamma}\right)^{16/13} M^{-24/13} n^{-6/13} Q^{-6/13} \qquad (2.64)$$

Adotando-se σ = 1,0 Pa, σ = 10 kN/m³, M = 0,61 e n = 0,013 na Equação 2.64, encontra-se a Equação 2.65.

$$I_{mín} = 0{,}0054 Q_i^{-6/13} = 0{,}0054\ Q_i^{-0{,}46} \qquad (2.65)$$

A Equação 2.66 é a preconizada pela NBR 9.649.

$$I_{mín} = 0{,}0055\ Q_i^{-0{,}47} \qquad (2.66)$$

Nas equações 2.65 e 2.66, a vazão inicial Q_i é a vazão de contribuição inicial mínima considerada no início dos coletores, em L/s. Pode-se concluir, com segurança, que os resultados obtidos pelas equações 2.65 e 2.66 são praticamente iguais. Para vazão mínima de 1,5 L/s, a declividade mínima preconizada pela NBR 9.649 (ABNT, 1986), de acordo com a equação 2.66, é igual a 0,00455 m/m. Utilizando-se a equação 2.65 com os mesmos valores, obtém-se declividade mínima igual 0,00448 m/m.

Para σ = 1,5 Pa e σ = 2,0 Pa, temos as equações 2.67 e 2.68, respectivamente, apresentadas a seguir.

$$I_{mín} = 0{,}0088\ Q_i^{-6/13} \qquad (2.67)$$

$$I_{mín} = 0{,}0126\ Q_i^{-6/13} \qquad (2.68)$$

A Equação 2.69 é definida pela NBR 14.486 (ABNT, 2000) para estimar a declividade mínima para tubos de PVC com coeficiente de rugosidade n = 0,010, lembrando que a vazão inicial é considerada em L/s.

$$I_{mín} = 0{,}0035\ Q_i^{-0{,}47} \qquad (2.69)$$

Segundo Metcalf & Eddy., Inc. (1981), a declividade mínima prática para a construção de coletores deve ser igual a 0,00080 m/m. O manual número 9 da WPCF (1972) recomenda: a) para D = 150 mm e n = 0,013, declividade mínima igual a 0,00490 m/m; para D = 600 mm e n = 0,013, declividade mínima igual a 0,00077 m/m; b) velocidade máxima de 3 m/s em tubos de esgoto sanitário, nos quais velocidades altas são contínuas e espera-se que a erosão por atrito, principalmente em razão da areia, seja um problema.

Mesmo obedecendo a essas recomendações, as declividades mínimas podem concorrer para a formação de sulfetos nos coletores de grande diâmetro. O gás sulfídrico,

H_2S, ataca os coletores de concreto e diminui sua vida útil. Sempre que possível, declividades maiores são recomendadas nesses casos (MENDONÇA, 1985c).

DECLIVIDADE MÁXIMA

A declividade máxima é função da velocidade máxima adotada para os coletores. A velocidade máxima admitida nas redes de esgoto pela NBR 9.649 é de 5 m/s.

Admitindo-se coletores funcionando a 3/4 de seção e combinando-se as equações 2.12, 2.21, 2.29, 2.30 e 2.33, encontra-se a Equação 2.70.

$$I_{máx} = 3,64\, n^2 v^{8/3} Q_f^{-2/3} \quad (2.70)$$

Admitindo-se $n = 0,013$ e $v = 5,0$ m/s e considerando-se a vazão Q_f em L/s, deduz-se a Equação 2.71, que corresponde à declividade máxima para tubos cerâmicos ou de concreto.

$$I_{máx} = 4,50\, Q_f^{-0,67} \quad (2.71)$$

Admitindo-se $n = 0,010$ e $v = 5,0$ m/s e considerando-se a vazão Q_f em L/s, deduz-se a Equação 2.72, que corresponde à declividade máxima para tubos de PVC.

$$I_{máx} = 2,66\, Q_f^{-0,67} \quad (2.72)$$

LÂMINA DE ÁGUA

Segundo a NBR 9.649, as lâminas de água devem ser sempre calculadas, admitindo-se o escoamento em regime uniforme e permanente, sendo seu valor máximo, para a vazão final Q_f, igual ou inferior a 75% do diâmetro do coletor. Quando a velocidade final v_f é superior à velocidade crítica v_c, a maior lâmina de água admissível deve ser igual a 50% do diâmetro do coletor, assegurando-se a ventilação do trecho.

A velocidade crítica é definida, segundo a NBR 9.649, pela Equação 2.73.

$$v_c = v_{ar} = 6\,(gR)^{1/2} \quad (2.73)$$

em que:

v_c: velocidade crítica, m/s;

g: aceleração da gravidade, m/s²;

R: raio hidráulico, m.

Entende-se por v_c igual a v_{ar} a velocidade limite para que ocorra entrada de ar em um conduto parcialmente cheio. Embora a norma brasileira apresente a Equação 2.73 como uma equação geral, ela só se aplica a coletores com diâmetros de até 250 mm, porque, a partir daí, as velocidades limites para entrada de ar no esgoto serão maiores que 5 m/s, as quais ultrapassam o valor fixado pela NBR 9.649 para velocidades máximas. Esses valores estão apresentados na Tabela 2.5. Quando a velocidade limite para que ocorra entrada de ar, em um conduto parcialmente cheio, excede a velocidade do esgoto no coletor, pode haver problemas graves de oscilação da lâmina de água no trecho e, consequentemente, prejuízo do funcionamento da rede coletora.

Substituindo-se, na Equação 2.73, o valor do raio hidráulico de acordo com a Equação 2.33, pode-se obter a Equação 2.74 em função do ângulo do setor circular (Equação 2.29).

$$v_{ar} = 3\left[gD\left(1 - \frac{\text{sen}\theta}{\theta}\right)\right]^{1/2} \tag{2.74}$$

CONDIÇÃO DE CONTROLE DE REMANSO

Sempre que a cota do nível de água na saída de qualquer poço de visita (PV) ou terminal de inspeção e limpeza (TIL) estiver acima das cotas dos níveis de água de entrada, deve ser verificada a influência de remanso no trecho de montante. O rebaixo pode estimado pela Equação 2.75.

$$r = y_2 - y_1 \tag{2.75}$$

em que:

r: rebaixo, m;

A Figura 2.10 exibe o rebaixo de um coletor em função do nivelamento das duas lâminas de água.

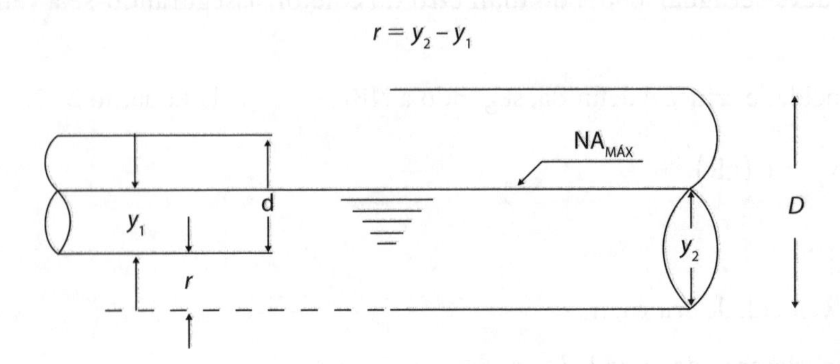

Figura 2.10 – Rebaixo de coletores

Na figura, considere-se:

y_2: lâmina de água a jusante, m;

y_1: lâmina de água a montante, m;

D: diâmetro do coletor de jusante, m.

d: diâmetro do coletor de montante, m.

Também é possível estimar o rebaixo pela Equação 2.76 com detalhes apresentados na Figura 2.11.

$$r = y_2 - y_1 - (1-k)\frac{\left(v_1^2 - v_2^2\right)}{2g} \tag{2.76}$$

em que:

y_2: lâmina de água a jusante, m;

y_1: lâmina de água a montante, m;

k: coeficiente adimensional;

v_2: velocidade a jusante, m/s;

v_1: velocidade a montante, m/s;

$v_2 > v_1 \rightarrow k = 0{,}1$

$v_2 < v_1 \rightarrow k = 0{,}2$

De modo geral, o valor do termo $\frac{\left(v_1^2 - v_2^2\right)}{2g} = \frac{\Delta v^2}{2g}$ é muito pequeno.

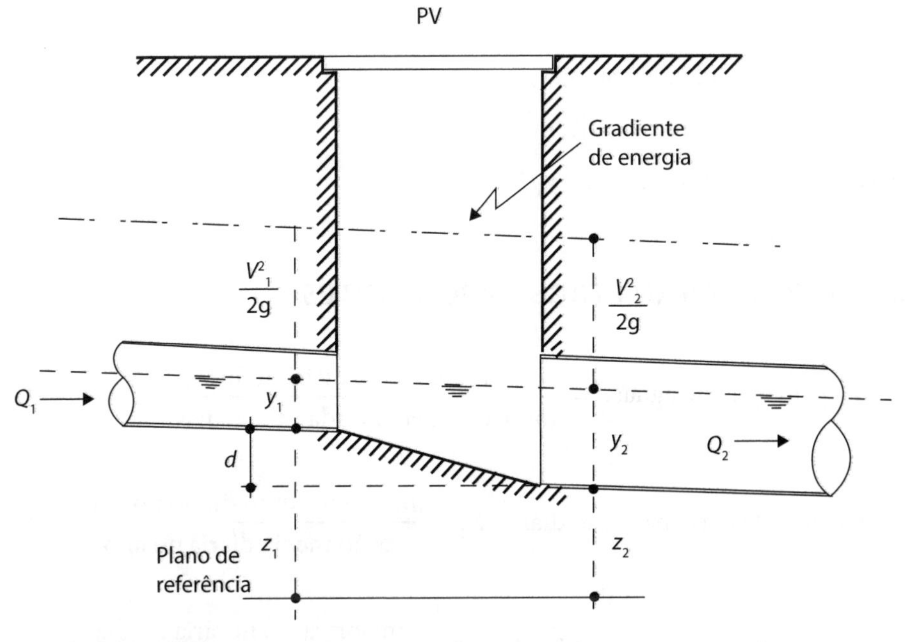

Fonte: adaptada de Santos (1984).

Figura 2.11 – Rebaixo em um coletor

FÓRMULAS PRÁTICAS PARA ESTIMATIVA DA PROFUNDIDADE OU LÂMINA CRÍTICA

Dentro de limites específicos, a Equação 2.77 pode ser usada para se estimar a profundidade crítica em condutos circulares, escoando a seção parcialmente cheia (METCALF & EDDY, INC., 1981).

$$y_c = 0,483\left(\frac{Q}{D}\right)^{2/3} + 0,083\,D \tag{2.77}$$

em que:

y_c: profundidade crítica, m;

Q: vazão, m³/s;

D: diâmetro, m.

Faixa de aplicabilidade: $0,30 < y_c/D < 0,90$.

Straub (1978 apud FRENCH, 1986) também apresenta a Equação 2.78 para cálculo da profundidade crítica em condutos circulares, escoando a seção parcialmente cheia.

$$y_c = \frac{1,01Q^{0,50}}{g^{0,25}D^{0,26}} \tag{2.78}$$

em que:

y_c: profundidade crítica, m;

g: aceleração da gravidade, m/s²;

Faixa de aplicabilidade: $0,02 < y_c/D < 0,85$.

CONCEITOS E PARÂMETROS IMPORTANTES

Quota *per capita* de água: $q = \dfrac{\text{volume anual distribuído}}{\text{população beneficiada} \times 365 \text{ dias}}$.

Coeficiente de máxima vazão diária: $K_1 = \dfrac{\text{maior consumo diário no ano}}{\text{vazão média diária no ano}}$.

Coeficiente de máxima vazão horária: $K_2 = \dfrac{\text{maior vazão horária no dia}}{\text{vazão média horária no dia}}$.

Coeficiente de mínima vazão horária: $K_3 = \dfrac{\text{menor vazão horária no dia}}{\text{vazão média horária no dia}}$.

Número de habitantes por metro de rua: 0,50 hab/m.rua a 2,50 hab/m.rua (BRITO, 1943).

Número de metros de rua por habitante: 2,20 m.rua/hab a 0,40 m.rua/hab (BRITO, 1943).

Vazão de infiltração nos coletores (depende das condições locais):

- 0,05 a 1,00 L/s.km (ABNT 9.649, 1986);
- 0,10 L/s.km para coletores situados acima do lençol de água (PNUD, 1985);
- 0,20 L/s.km para coletores situados abaixo do lençol de água (PNUD, 1985).

ROTEIRO PARA TRAÇADO DE UMA REDE DE ESGOTO SANITÁRIO

O projeto da rede coletora de esgoto é orientado pelo traçado viário da cidade. O roteiro abaixo indica como verificar esse traçado:

- estudar a planta baixa da cidade para identificar os divisores de água e os fundos de vale, delimitando, a seguir, a área a ser esgotada e traçando os limites da bacia;
- indicar, em cada trecho, por meio de pequenas setas, o sentido de escoamento natural na superfície do terreno;
- representar, por meio de pequenos círculos, os poços de visita que serão construídos;
- identificar os pontos baixos da área, tendo em vista o principal conduto;
- por meio de estudo criterioso, escolher o traçado a ser dado à rede, indicando em cada trecho o sentido de escoamento;
- indicar, no interior do círculo representativo do poço de visita, o traçado das canaletas de escoamento;
- na fixação dos sentidos de escoamento, procurar seguir, tanto quanto possível, os sentidos de escoamento natural do terreno e aproveitar ao máximo a capacidade limite de cada coletor.

IMPLANTAÇÃO DE COLETORES

SIMBOLOGIA E DADOS NECESSÁRIOS PARA TRAÇADO DOS COLETORES

CT: cota do terreno, m;

CC: cota do coletor, m;

h_1: recobrimento do coletor a montante, m;

h_2: recobrimento do coletor a jusante, m;

$h =$ (0,90 + D): recobrimento mínimo exigido em qualquer situação, m;

I: declividade do terreno, m/m;

i: declividade que deve ser adotada para o coletor, m/m;

$i_{mín}$: declividade mínima para o coletor, m/m;

L: comprimento do coletor (projeção horizontal), m;

$n =$ 0,013, coeficiente de rugosidade para tubos de concreto, adimensional;

$n =$ 0,010, coeficiente de rugosidade para tubos de PVC, adimensional;

Declividade mínima para tubos de concreto, $i_{mín} = 0{,}0055(q_i)^{-0{,}47}$ (NBR 9.649), m/m e q_i, L/s;

Declividade mínima para tubos de PVC, $i_{mín} = 0{,}0035(q_i)^{-0{,}47}$ (NBR 14.486), m/m e q_i, L/s;

Declividade máxima para tubos de concreto a ¾ de seção, $i_{máx} = 4{,}50(q_i)^{-2/3}$, m/m e q_i, L/s;

Declividade máxima para tubos de PVC a ¾ de seção, $i_{máx} = 2{,}66(q_i)^{-2/3}$, m/m e q_i, L/s;

Declividade longitudinal máxima em vias pavimentadas adotada no Brasil: 15%.

SITUAÇÕES QUE OCORREM DURANTE A IMPLANTAÇÃO DOS COLETORES

Durante a implantação dos coletores, podem surgir três situações distintas:

- Situação 1: terreno plano ($I < i_{mín}$ e $h_1 \geq h$).

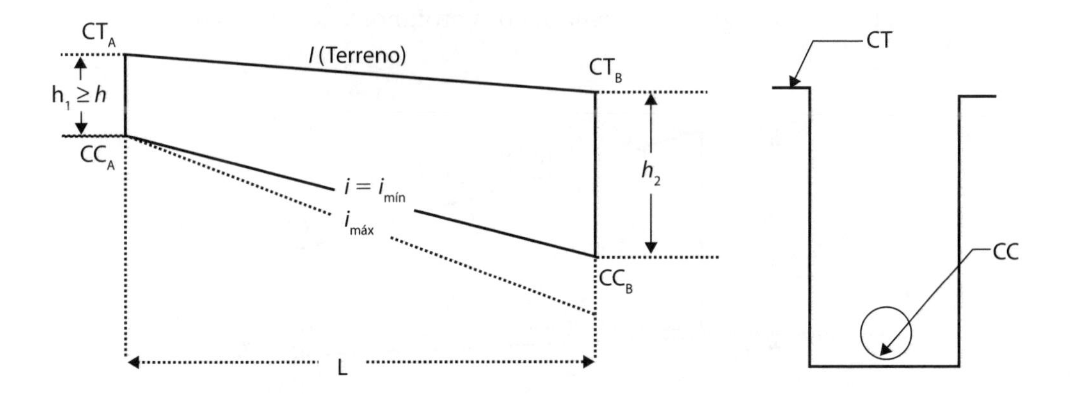

Neste caso, o coletor deve ser implantado com a declividade mínima ($i = i_{mín}$).

$h_1 \geq h \rightarrow h_2 = h_1 + L(i_{mín} - I)$

- Situação 2: terreno inclinado ($I > i_{mín}$).

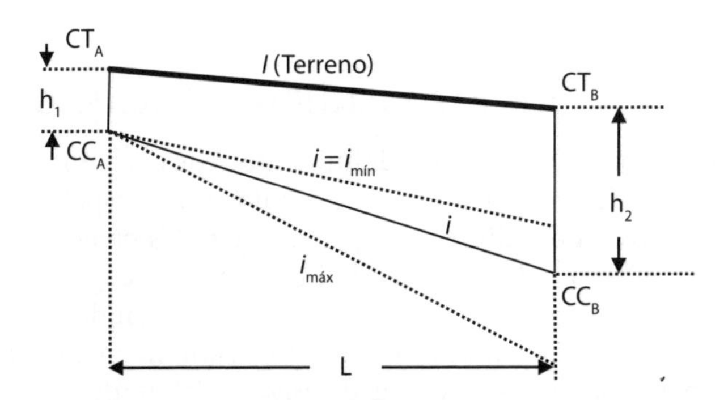

Neste caso, o coletor deve ser implantado com uma declividade entre a mínima e a máxima ($i_{mín} \leq i \leq i_{máx}$). Há três alternativas:

$h_1 = h \rightarrow i = I; h_2 = h_1 = h$

$h_1 > h \rightarrow h_2 = h; i = I + (h - h_1)/L \geq i_{mín}$

$h_1 > h \rightarrow i = i_{mín}; h_2 = h_1 + L(i_{mín} - I)$

- Situação 3: terreno muito inclinado ($I \gg i_{mín}$ e $h_1 > h$).

Na Situação 3, as altas velocidades podem ser evitadas com a introdução de tubos de queda em terrenos com grandes declividades. Para evitar grandes velocidades no trecho, utilizam-se tubos de queda, fazendo $h_1 + \Delta h$ = novo h_1, e a declividade do coletor inferior ao valor que corresponde à velocidade máxima limite, podendo ir até a declividade mínima. A profundidade a jusante pode ser aumentada até atingir o valor igual à nova profundidade a montante.

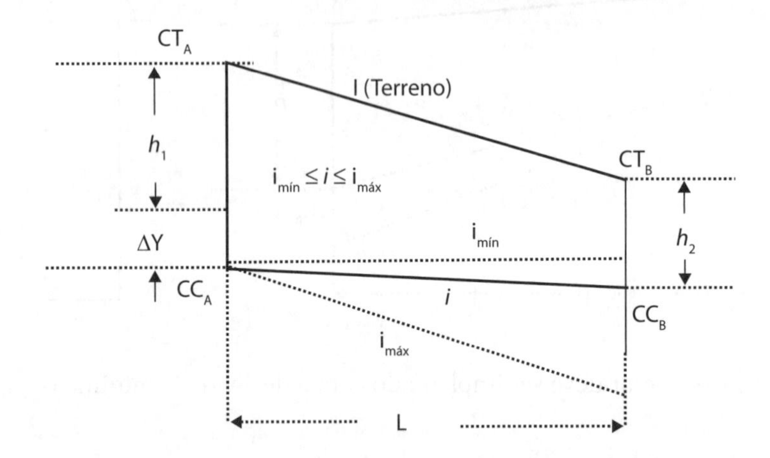

Neste caso, o coletor é implantado com a seguinte declividade:

$$i = I + (h - h_1)/L \geq i_{mín}$$

SOFTWARES UTILIZADOS PARA PROJETO DE REDES DE ESGOTO

O processo de dimensionamento hidráulico de redes coletoras envolve grande número de cálculos e desenhos laboriosos e, muitas vezes, repetitivos. Atualmente são utilizados, para traçado e dimensionamento de redes coletoras de esgoto, *softwares* de desenho (CAD) e de sistemas de informações geográficas (SIG), com a utilização de planilhas eletrônicas, operando no sistema Windows. Os *softwares* de última geração, existentes no mercado brasileiro, combinam cálculos hidráulicos com desenhos e perfis das redes coletoras de esgoto, elaborados conforme preconizam as normas da ABNT.

Um dos mais conhecidos é o *Software* Gráfico para Projeto de Redes de Esgotos Sanitários (SANCAD), comercializado no Brasil e na América Latina pela Sanegraph. O *software* Sistema Automático de Cálculo de Rede de Esgotos Sanitários (CEsg) é de autoria de professores da Universidade Federal do Ceará. A Tigre S/A Tubos e Conexões fornece gratuitamente o *software* CESG, que pode ser utilizado apenas para redes coletoras projetadas com tubos de PVC.

TABELAS PARA DIMENSIONAMENTO DE COLETORES

As Tabelas 2.3 a 2.8 podem ser usadas para dimensionamento de coletores de esgoto.

Tabela 2.3 – Determinação de vazão seção plena pelas fórmulas de Gauckler-Manning, Bazin e Kármán-Prandlt (Q, L/s)

$$Q = k\sqrt{I}\ (Q,\ L/s)$$

DIÂMETRO (mm)	ÁREA (m²)	K				
		GAUCKLER-MANNING			BAZIN	KÁRMÁN-PRANDLT
		$n = 0{,}010$	$n = 0{,}013$	$n = 0{,}015$	$\gamma_B = 0{,}16$	$K_b = 1{,}5$ mm
50	0,00196	10,58	8,14	7,05	7,86	8,13
75	0,00442	31,18	23,99	20,79	24,27	24,30
100	0,00785	67,15	51,65	44,77	53,70	52,62
125	0,01227	121,75	93,66	81,17	99,07	95,65
150	0,01767	197,98	152,29	131,99	163,02	155,68
200	0,03142	426,38	327,98	284,25	356,25	335,12
250	0,04909	773,08	594,68	515,39	651,01	606,50
300	0,07069	1.257,10	967,01	838,07	1.063,07	983,86
350	0,09621	1.896,30	1.458,70	1.264,20	1.606,80	1.480,20
400	0,12566	2.707	2.083	1.804,90	2.296	2.108
450	0,15904	3.706	2.851	2.471	3.142	2.878
500	0,19635	4.909	3.776	3.272	4.158	3.801
600	0,28274	7.982	6.140	5.321	6.742	6.149
700	0,38485	12.041	9.262	8.027	10.131	9.231
800	0,50265	17.191	13.224	11.460	14.404	13.121
900	0,63617	23.534	18.103	15.689	19.631	17.887
1.000	0,78540	31.169	23.976	20.779	25.882	23.595
1.100	0,95033	40.188	30.914	26.792	33.221	30.308
1.200	1,13097	50.683	38.987	33.789	41.709	38.088
1.300	1,32732	62.743	48.264	41.829	51.405	46.992
1.400	1,53938	76.452	58.810	50.968	62.365	57.075
1.500	1,76715	91.895	70.689	61.264	74.644	68.394
1.600	2,01062	109.153	83.964	72.769	88.295	81.001
1.700	2,26980	128.306	98.697	85.537	103.367	94.946

Fonte: adaptada de Mendonça (1981).

Tabela 2.4 – Relação entre elementos das seções circulares parcialmente cheias e da seção plena pela fórmula de Gauckler-Manning

$\frac{y}{D}$	$\frac{v}{V}$	$\frac{q}{Q}$	$\frac{y}{D}$	$\frac{v}{V}$	$\frac{q}{Q}$
0,10	0,4012	0,0209	0,46	0,9640	0,4330
0,11	0,4260	0,0255	0,47	0,9734	0,4495
0,12	0,4500	0,0306	0,48	0,9825	0,4662
0,13	0,4730	0,0361	0,49	0,9914	0,4831
0,14	0,4953	0,0421	0,50	1,0008	0,5000
0,15	0,5168	0,0486	0,51	1,0084	0,5170
0,16	0,5376	0,0555	0,52	1,0165	0,5341
0,17	0,5578	0,0629	0,53	1,0243	0,5513
0,18	0,5775	0,0707	0,54	1,0319	0,5685
0,19	0,5965	0,0789	0,55	1,0393	0,5857
0,20	0,6151	0,0876	0,56	1,0464	0,6030
0,21	0,6331	0,0966	0,57	1,0533	0,6202
0,22	0,6507	0,1061	0,58	1,0599	0,6375
0,23	0,6678	0,1160	0,59	1,0663	0,6547
0,24	0,6844	0,1263	0,60	1,0724	0,6718
0,25	0,7007	0,1370	0,61	1,0783	0,6889
0,26	0,7165	0,1480	0,62	1,0839	0,7060
0,27	0,7320	0,1595	0,63	1,0893	0,7229
0,28	0,7471	0,1712	0,64	1,0944	0,7397
0,29	0,7618	0,1834	0,65	1,0993	0,7564
0,30	0,7761	0,1958	0,66	1,1039	0,7729
0,31	0,7902	0,2086	0,67	1,1083	0,7893
0,32	0,8038	0,2218	0,68	1,1124	0,8055
0,33	0,8172	0,2352	0,69	1,1162	0,8215
0,34	0,8302	0,2489	0,70	1,1198	0,8372
0,35	0,8430	0,2629	0,71	1,1231	0,8527
0,36	0,8554	0,2772	0,72	1,1261	0,8680
0,37	0,8675	0,2918	0,73	1,1288	0,8829
0,38	0,8794	0,3066	0,74	1,1313	0,8976
0,39	0,8909	0,3217	0,75	1,1335	0,9119
0,40	0,9022	0,3370	0,76	1,1353	0,9258
0,41	0,9132	0,3525	0,77	1,1369	0,9394
0,42	0,9239	0,3682	0,78	1,1382	0,9525
0,43	0,9343	0,3842	0,79	1,1391	0,9652
0,44	0,9445	0,4003	0,80	1,1397	0,9775
0,45	0,9544	0,4165			

Fonte: adaptada de Mendonça (1981).

Tabela 2.5 – Velocidade limite para que ocorra entrada de ar em um conduto parcialmente cheio, no intervalo $0{,}50 \leq y/D \leq 0{,}75$, para diâmetros nominais variando de 100 mm a 300 mm

DIÂMETRO (mm)	VELOCIDADE MÍNIMA, v_{ar} (m/s)				
y/D	100	150	200	250	300
0,50	2,97	3,64	4,20	4,70	5,14
0,51	2,99	3,66	4,23	4,73	5,18
0,52	3,01	3,68	4,25	4,75	5,21
0,53	3,02	3,70	4,28	4,78	5,24
0,54	3,04	3,72	4,30	4,81	5,27
0,55	3,06	3,74	4,32	4,83	5,29
0,56	3,07	3,76	4,35	4,86	5,32
0,57	3,09	3,78	4,37	4,88	5,35
0,58	3,10	3,80	4,39	4,91	5,37
0,59	3,12	3,82	4,41	4,93	5,40
0,60	3,13	3,83	4,43	4,95	5,42
0,61	3,14	3,85	4,44	4,97	5,44
0,62	3,15	3,86	4,46	4,99	5,46
0,63	3,17	3,88	4,48	5,01	5,48
0,64	3,18	3,89	4,49	5,02	5,50
0,65	3,19	3,90	4,51	5,04	5,52
0,66	3,20	3,92	4,52	5,06	5,54
0,67	3,21	3,93	4,54	5,07	5,56
0,68	3,22	3,94	4,55	5,09	5,57
0,69	3,23	3,95	4,56	5,10	5,59
0,70	3,23	3,96	4,57	5,11	5,60
0,71	3,24	3,97	4,58	5,12	5,61
0,72	3,25	3,98	4,59	5,13	5,62
0,73	3,25	3,98	4,60	5,14	5,63
0,74	3,26	3,99	4,61	5,15	4,64
0,75	3,26	4,00	4,61	5,16	5,65

Fonte: adaptada de Mendonça (1981).

Tabela 2.6 – Elementos hidráulicos dos condutos circulares (*n*, constante) pela fórmula de Gauckler-Manning

$\frac{y}{D}$	$\frac{A}{D^2}$	$\frac{nQ}{D^{8/3}I^{1/2}}$	$\frac{Q_c}{D^{5/2}}$	$\frac{y}{D}$	$\frac{A}{D^2}$	$\frac{nQ}{D^{8/3}I^{1/2}}$	$\frac{Q_c}{D^{5/2}}$
0,01	0,0013	0,00005	0,00034	0,51	0,4027	0,1611	0,8001
0,02	0,0037	0,00021	0,0014	0,52	0,4127	0,1665	0,8303
0,03	0,0069	0,00050	0,0030	0,53	0,4227	0,1718	0,8610
0,04	0,0105	0,00093	0,0054	0,54	0,4327	0,1772	0,8923
0,05	0,0147	0,00150	0,0084	0,55	0,4426	0,1826	0,9242
0,06	0,0192	0,00221	0,0121	0,56	0,4526	0,1879	0,9565
0,07	0,0242	0,00306	0,0165	0,57	0,4625	0,1933	0,9894
0,08	0,0294	0,00407	0,0215	0,58	0,4724	0,1987	1,0229
0,09	0,0350	0,00521	0,0271	0,59	0,4822	0,204	1,0569
0,10	0,0409	0,00651	0,0334	0,60	0,4920	0,209	1,0915
0,11	0,0470	0,00795	0,0403	0,61	0,5018	0,215	1,1267
0,12	0,0534	0,00953	0,0479	0,62	0,5115	0,220	1,1624
0,13	0,0600	0,01126	0,0561	0,63	0,5212	0,225	1,1988
0,14	0,0668	0,01314	0,0649	0,64	0,5308	0,231	1,2358
0,15	0,0739	0,01515	0,0744	0,65	0,5404	0,236	1,2733
0,16	0,0811	0,01731	0,0845	0,66	0,5499	0,241	1,3116
0,17	0,0885	0,01960	0,0951	0,67	0,5594	0,246	1,3505
0,18	0,0961	0,0220	0,1064	0,68	0,5687	0,251	1,3901
0,19	0,1039	0,0246	0,1184	0,69	0,5780	0,256	1,4304
0,20	0,1118	0,0273	0,1309	0,70	0,5872	0,261	1,4715
0,21	0,1199	0,0301	0,1440	0,71	0,5964	0,266	1,5133
0,22	0,1281	0,0331	0,1577	0,72	0,6054	0,271	1,5560
0,23	0,1365	0,0362	0,1720	0,73	0,6143	0,275	1,5996
0,24	0,1449	0,0394	0,1869	0,74	0,6231	0,280	1,6441
0,25	0,1535	0,0427	0,2024	0,75	0,6319	0,284	1,6895
0,26	0,1623	0,0461	0,2185	0,76	0,6405	0,289	1,7361
0,27	0,1711	0,0497	0,2351	0,77	0,6489	0,293	1,7838
0,28	0,1800	0,0534	0,2523	0,78	0,6573	0,297	1,8329
0,29	0,1890	0,0572	0,2701	0,79	0,6655	0,301	1,8830
0,30	0,1982	0,0610	0,2885	0,80	0,6736	0,305	1,9348
0,31	0,2074	0,0650	0,3074	0,81	0,6815	0,308	1,9883
0,32	0,2167	0,0691	0,3269	0,82	0,6893	0,312	2,0436
0,33	0,2260	0,0733	0,3469	0,83	0,6969	0,315	2,1011
0,34	0,2355	0,0776	0,3675	0,84	0,7043	0,318	2,1608
0,35	0,2450	0,0820	0,3886	0,85	0,7115	0,321	2,2233
0,36	0,2546	0,0864	0,4103	0,86	0,7186	0,324	2,2890
0,37	0,2642	0,0910	0,4326	0,87	0,7254	0,326	2,3583

(*continua*)

Tabela 2.6 – Elementos hidráulicos dos condutos circulares (*n*, constante) pela fórmula de Gauckler-Manning (*continuação*)

$\frac{y}{D}$	$\frac{A}{D^2}$	$\frac{nQ}{D^{8/3}I^{1/2}}$	$\frac{Q_c}{D^{5/2}}$	$\frac{y}{D}$	$\frac{A}{D^2}$	$\frac{nQ}{D^{8/3}I^{1/2}}$	$\frac{Q_c}{D^{5/2}}$
0,38	0,2739	0,0956	0,4554	0,88	0,7320	0,329	2,4320
0,39	0,2836	0,1003	0,4787	0,89	0,7384	0,331	2,5109
0,40	0,2934	0,1050	0,5025	0,90	0,7445	0,332	2,5963
0,41	0,3032	0,1099	0,5269	0,91	0,7504	0,334	2,6897
0,42	0,3130	0,1148	0,5519	0,92	0,7560	0,335	2,7934
0,43	0,3229	0,1197	0,5773	0,93	0,7612	0,335	2,9106
0,44	0,3328	0,1248	0,6033	0,94	0,7662	0,335	3,0462
0,45	0,3428	0,1298	0,6298	0,95	0,7707	0,335	3,2082
0,46	0,3527	0,1349	0,6569	0,96	0,7749	0,334	3,4108
0,47	0,3627	0,1401	0,6845	0,97	0,7785	0,332	3,6816
0,48	0,3727	0,1453	0,7126	0,98	0,7817	0,329	4,0884
0,49	0,3827	0,1506	0,7412	0,99	0,7841	0,325	4,8721
0,50	0,3927	0,1558	0,7704	1,00	0,7854	0,312	-

Fonte: adaptada de Mendonça (1981).

Tabela 2.7 – Elementos hidráulicos dos condutos circulares (*n*, constante) pela fórmula de Gauckler-Manning

$\frac{y}{D}$	$\frac{nQ}{y^{8/3}I^{1/2}}$	$\frac{y}{D}$	$\frac{nQ}{y^{8/3}I^{1/2}}$	$\frac{y}{D}$	$\frac{nQ}{y^{8/3}I^{1/2}}$	$\frac{y}{D}$	$\frac{nQ}{y^{8/3}I^{1/2}}$
0,01	10,1130	0,26	1,6755	0,51	0,9706	0,76	0,5999
0,02	7,1070	0,27	1,6320	0,52	0,9521	0,77	0,5878
0,03	5,7669	0,28	1,5905	0,53	0,9340	0,78	0,5759
0,04	4,9631	0,29	1,5511	0,54	0,9163	0,79	0,5641
0,05	4,4112	0,30	1,5134	0,55	0,8990	0,80	0,5524
0,06	4,0014	0,341	1,4773	0,56	0,8821	0,81	0,5408
0,07	3,6810	0,32	1,4427	0,57	0,8655	0,82	0,5293
0,08	3,4212	0,33	1,4096	0,58	0,8492	0,83	0,5179
0,09	3,2047	0,34	1,3777	0,59	0,8333	0,84	0,5066
0,10	3,0204	0,35	1,3471	0,60	0,8177	0,85	0,4954
0,11	2,8610	0,36	1,3175	0,61	0,8023	0,86	0,4842
0,12	2,7211	0,37	1,2891	0,62	0,7873	0,87	0,4731
0,13	2,5970	0,38	1,2615	0,63	0,7725	0,88	0,4620
0,14	2,4857	0,39	1,2350	0,64	0,7579	0,89	0,4510
0,15	2,3852	0,40	1,2092	0,65	0,7437	0,90	0,4400
0,16	2,2938	0,41	1,1843	0,66	0,7296	0,91	0,4289
0,17	2,2100	0,42	1,1601	0,67	0,7158	0,92	0,4178
0,18	2,1329	0,43	1,1367	0,68	0,7021	0,93	0,4067

(*continua*)

Tabela 2.7 – Elementos hidráulicos dos condutos circulares (*n*, constante) pela fórmula de Gauckler-Manning (*continuação*)

$\frac{y}{D}$	$\frac{nQ}{y^{8/3}I^{1/2}}$	$\frac{y}{D}$	$\frac{nQ}{y^{8/3}I^{1/2}}$	$\frac{y}{D}$	$\frac{nQ}{y^{8/3}I^{1/2}}$	$\frac{y}{D}$	$\frac{nQ}{y^{8/3}I^{1/2}}$
0,19	2,0616	0,44	1,1139	0,69	0,6887	0,94	0,3954
0,20	1,9953	0,45	1,0918	0,70	0,6755	0,95	0,3840
0,21	1,9334	0,46	1,0702	0,71	0,6625	0,96	0,3723
0,22	1,8755	0,47	1,0493	0,72	0,6496	0,97	0,3603
0,23	1,8211	0,48	1,0289	0,73	0,6370	0,98	0,3476
0,24	1,7698	0,49	1,0090	0,74	0,6245	0,99	0,3336
0,25	1,7214	0,50	1,9895	0,75	0,6121	1,00	0,3117

Fonte: adaptada de Mendonça (1981).

Tabela 2.8 – Fator de forma em condutos circulares pela fórmula de Gauckler-Manning

y/D	*K*	*y/D*	*K*	*y/D*	*K*	*y/D*	*K*
0,01	41,992	0,26	3,169	0,51	1,983	0,76	1,594
0,02	23,966	0,27	3,082	0,52	1,959	0,77	1,585
0,03	17,279	0,28	3,001	0,53	1,936	0,78	1,577
0,04	13,710	0,29	2,925	0,54	1,914	0,79	1,569
0,05	11,464	0,30	2,854	0,55	1,892	0,80	1,562
0,06	9,909	0,31	2,787	0,56	1,872	0,81	1,555
0,07	8,763	0,32	2,724	0,57	1,852	0,82	1,548
0,08	7,881	0,33	2,664	0,58	1,833	0,83	1,542
0,09	7,179	0,34	2,608	0,59	1,815	0,84	1,536
0,10	6,607	0,35	2,555	0,60	1,797	0,85	1,531
0,11	6,129	0,36	2,505	0,61	1,780	0,86	1,526
0,12	5,725	0,37	2,457	0,62	1,764	0,87	1,522
0,13	5,378	0,38	2,412	0,63	1,749	0,88	1,518
0,14	5,077	0,39	2,369	0,64	1,734	0,89	1,515
0,15	4,812	0,40	2,328	0,65	1,719	0,90	1,512
0,16	4,578	0,41	2,289	0,66	1,705	0,91	1,509
0,17	4,369	0,42	2,252	0,67	1,692	0,92	1,508
0,18	4,182	0,43	2,217	0,68	1,679	0,93	1,507
0,19	4,013	0,44	2,183	0,69	1,667	0,94	1,507
0,20	3,859	0,45	2,150	0,70	1,655	0,95	1,507
0,21	3,719	0,46	2,119	0,71	1,644	0,96	1,509
0,22	3,591	0,47	2,090	0,72	1,633	0,97	1,512
0,23	3,473	0,48	2,061	0,73	1,622	0,98	1,517
0,24	3,364	0,49	2,034	0,74	1,612	0,99	1,525
0,25	3,263	0,50	2,008	0,75	1,603	1,00	1,548

Fonte: adaptada de Mendonça (1981).

EXEMPLO 2.1

Um coletor tronco, correspondente ao último trecho de uma rede de esgoto de uma cidade, foi dimensionado para vazão final de 138 L/s. A declividade do trecho é igual a 0,010 m/m. É preciso determinar, pela fórmula de Manning, para 4/5 de seção: diâmetro; relação y/D; lâmina líquida, y; lâmina crítica, y_c; número de Froude, F_r; velocidade final, v_f velocidade mínima para que ocorra entrada de ar, v_{ar}; e tensão trativa, σ. Admite-se $n = 0{,}013$.

Solução:

Dados: $Q = 138$ L/s; $I = 0{,}010$ m/m; $y/D \leq 0{,}80$ e $n = 0{,}013$.

Resultados obtidos:

Diâmetro teórico, Equação 2.50:

$$D_t = 1{,}5616\left(\frac{nQ_f}{\sqrt{I}}\right)^{3/8} = 1{,}5616\left(\frac{0{,}013 \times 138 \times 10^{-3}}{\sqrt{0{,}010}}\right)^{3/8} = 0{,}346 \text{ m} = 346 \text{ mm.}$$

Adota-se $D = 350$ mm.

Vazão a seção plena, Tabela 2.3: $Q = K\sqrt{I} = 1.458{,}7\sqrt{0{,}010} \cong 145{,}9$ L/s.

Velocidade a seção plena: $\text{v} = \dfrac{4Q}{\pi D^2} = \dfrac{4 \times 145{,}9 \times 10^{-3}}{\pi(0{,}350)^2} \cong 1{,}52$ m/s.

Relação y/D, Tabela 2.4: $\dfrac{q}{Q} = \dfrac{138{,}0}{145{,}9} = 0{,}9460 \cong 0{,}9525 \rightarrow \dfrac{y}{D} = 0{,}78$.

Velocidade final, Tabela 2.4:

$$\frac{y}{D} = 0{,}78 \rightarrow 0{,}9525 \rightarrow \frac{\text{v}}{V} = 1{,}1382 \therefore \text{v} = 1{,}1382 \times 1{,}52 \cong 1{,}72 \text{ m/s.}$$

Ângulo θ real, Equação 2.29:

$$\theta = 2\text{arc}\cos(1 - \frac{2y}{D}) = 2\text{arc}\cos(1 - 2 \times 0{,}78) = 4{,}33036 \text{ rad.}$$

Lâmina líquida: $y = 0{,}78 \times 0{,}350 = 0{,}273$ m $= 273$ mm.

Lâmina líquida crítica, Equação 2.78:

$$y_c = \frac{1{,}01Q^{0{,}50}}{g^{0{,}25}D^{0{,}26}} = \frac{1{,}01\times(0{,}138)^{0{,}50}}{(9{,}81)^{0{,}25}\times(0{,}350)^{0{,}26}} \cong 0{,}279 \text{ m} = 279 \text{ mm}$$

Número de Froude, Equação 2.15: $F_r = \frac{\text{v}}{\sqrt{gy}} = \frac{1{,}72}{\sqrt{9{,}81\times 0{,}273}} \cong 1{,}05$.

Velocidade mínima para que ocorra entrada de ar, Equação 2.74 ou Tabela 2.5:

$\text{v}_{ar} = 6{,}12$ m/s (só há necessidade de verificação para diâmetros até 250 mm).

$\text{v}_f < \text{v}_{ar}$ (1,72 m/s < 6,12m/s) (Ok)

Tensão trativa ou de arraste, Equação 2.60:

$$\sigma_t = \gamma n^2 \text{v}^2 \left[\frac{4\theta}{D(\theta - \text{sen}\theta)}\right]^{1/3} =$$

$$= 10^4 \times (0{,}013\times 1{,}72)^2 \left[\frac{4\times 4{,}33036}{0{,}350(4{,}33036 - \text{sen}4{,}33036)}\right]^{1/3} \cong 10{,}6 \text{ Pa}$$

$\sigma_t = 10{,}6 \text{ Pa} > 1{,}0 \text{ Pa}$ (Ok)

Regime de escoamento: torrencial ou supercrítico, no qual $y < y_c$ (273 mm < 279 mm) ou $F_r > 1$ (1,05 > 1), Figura 2.7.

■

EXEMPLO 2.2

Um coletor de esgoto foi projetado para vazão de 92,8 L/s no final de plano, com declividade de 0,011 m/m, diâmetro de 300 mm e *n* igual a 0,013 (Manning).

Deve-se determinar ângulo do setor circular, θ; lâmina líquida relativa, *y/D*; lâmina de água, *y*; velocidade, *v*; ângulo do setor circular no regime crítico, θ_c; lâmina crítica relativa, y_c/D; lâmina crítica, y_c; velocidade crítica, v_c; e declividade crítica, I_c. Adota-se processo iterativo, utilizando as equações 2.29 e 2.51 a 2.57.

Solução:

θ = 4,20 rad

$\frac{y}{D}$ = 0,75

y = 226 mm

v_f = 1,63 m/s

θ_c = 4,38 rad

$\frac{y_c}{D}$ = 0,79

y_c = 237 mm

v_c = 1,55 m/s

I_c = 0,00989 m/m

De acordo com as leis da hidráulica, Figura 2.7, tem-se:

0,011 m/m	>	0,00989 m/m
1,63 m/s	>	1,55 m/s
226 mm	<	237 mm

Portanto, nessas condições, o regime é rápido, torrencial ou supercrítico.

De acordo com a NBR 9.649, de 1986, a velocidade final v_f deve ser menor que a velocidade $v_c = v_{ar}$ (velocidade mínima para que ocorra entrada de ar em um conduto parcialmente cheio), para que seja admitida uma relação y/D no intervalo $0,50 \leq y/D \leq 0,75$. Utilizando-se a Equação 2.74, é fácil observar que essa verificação só é necessária para coletores com diâmetros compreendidos entre 100 mm e 250 mm (Tabela 2.5). A partir de 300 mm de diâmetro, a velocidade $v_c = v_{ar} \geq 5,14$ m/s para uma relação $y/D = 0,50$, valor maior que a velocidade máxima permitida pela NBR 9.649, que é igual a 5,00 m/s. O diâmetro de 300 mm pode ser adotado nessas condições.

Caso se queira mudar o regime supercrítico para o regime subcrítico, seria suficiente diminuir um pouco a declividade do coletor. Porém, nesse caso, a relação y/D seria maior que 0,75 e, portanto, acima do limite máximo preconizado pela NBR 9.649.

Adotando-se diâmetro comercial imediatamente superior, isto é, 350 mm, e efetuando-se os cálculos novamente, encontram-se os seguintes valores:

θ = 4,39 rad θ_c = 3,76 rad

$\frac{y}{D}$ = 0,56 $\frac{y_c}{D}$ = 0,65

y = 197 mm y_c = 228 mm

v_f = 1,67 m/s v_c = 1,40 m/s

I_c = 0,00702 m/m

De acordo com as leis da hidráulica, Figura 2.7, tem-se:

0,011 m/m	>	0,00702 m/m
1,67 m/s	>	1,40 m/s
197 mm	<	228 mm

Nessa nova condição, o regime continua rápido (torrencial ou supercrítico).

Adotando-se declividade igual a 0,006 m/m e os mesmos valores anteriores, encontra-se:

θ	=	3,92 rad	θ_c	=	3,76 rad
$\frac{y}{D}$	=	0,69	$\frac{y_c}{D}$	=	0,65
y	=	241 mm	y_c	=	228 mm
v_f	=	1,31 m/s	v_c	=	1,40 m/s
			I_c	=	0,00702 m/m

O regime agora é lento, fluvial ou subcrítico. Para que o regime seja subcrítico ou fluvial, é preciso adotar diâmetro de 350 mm e declividade de 0,006 m/m.

■

EXEMPLO 2.3

Pode-se resolver o problema anterior com vazão de 92,8 L/s, diâmetro igual a 350 mm, declividade de 0,006 m/m e n igual a 0,013 (Manning), utilizando-se as Tabelas 2.3, 2.4, 2.5 e 2.6.

Solução:

Vazão a seção plena:

$$Q = k\sqrt{I}$$

(Tabela 2.3, $n = 0{,}013$)

$$Q = 1.458{,}7\ \sqrt{0{,}006} \cong 113 \text{ L/s}$$

Velocidade a seção plena:

$\text{v} = Q/A$ (Tabela 2.3)

$$\text{v} = \frac{113 \times 10^{-3}}{0{,}09621} \cong 1{,}17 \text{ m/s}$$

Relação y/D:

$$\frac{q}{Q} = \frac{92{,}8}{113{,}0} = 0{,}8212 \rightarrow \frac{y}{D} = 0{,}69 \quad \text{(Tabela 2.4)}$$

Velocidade final:

$$\frac{q}{Q} = 0,8212 \rightarrow \frac{v}{V} = 1,1162 \quad \text{(Tabela 2.4)}$$

$$v_f = 1,1162 \times 1,17 = 1,31 \text{ m/s}$$

Velocidade mínima para que ocorra entrada de ar em um coletor parcialmente cheio (Esta verificação só é necessária para diâmetros compreendidos entre 100 mm e 250 mm): pode-se utilizar a Tabela 2.5 ou as equações 2.29 e 2.74.

Tensão trativa: calculada por meio das equações 2.29 e 2.60.

$$\theta = 2\text{arc cos}\left(1 - 2\frac{y}{D}\right) = 2\text{arc cos}\left(1 - 2 \times 0,69\right) = 3,92119 \text{ rad}$$

$$\sigma_t = \gamma n^2 v^2 \left[\frac{4\theta}{D(\theta - \text{sen}\theta)}\right]^{1/3} =$$

$$= 10^4 \left(0,013\right)^2 \left(1,31\right)^2 \left[\frac{4 \times 3,92119}{0,350(3,92119 - \text{sen}3,92119)}\right]^{1/3}$$

$$\sigma_t \cong 6,2 \text{ N/m}^2 \cong 6,2 \text{ Pa} > 1,0 \text{ Pa (Ok)}$$

Velocidade crítica:

$$\frac{Q_C}{D^{5/2}} = \frac{0,0928}{0,35^{2,5}} = 1,2805 \quad \text{(Tabela 2.6)}$$

$$\frac{Q_C}{D^{5/2}} = 1,2805 \rightarrow \frac{A_C}{D^2} = 0,5404 \quad \text{(Tabela 2.6)}$$

$$A_C = 0,5404 \times 0,35^2 = 0,0662 \text{ m}^2$$

$$v_C = \frac{Q_C}{A_C} = \frac{0,0928}{0,0662} \cong 1,40 \text{ m/s}$$

Declividade crítica:

$$\frac{Q_C}{D^{5/2}} = 1{,}2805 \rightarrow \frac{nQ_C}{D^{8/3} I_C^{1/2}} = 0{,}236 \text{ (Tabela 2.6)}$$

$$0{,}236\, D^{8/3}\, I_C^{1/2} = n\, Q_C$$

$$I_C = \left[\frac{0{,}013 \times 0{,}0928}{0{,}236 \times 0{,}350^{8/3}}\right]^2 \cong 0{,}00706 \text{ m/m}$$

Tipo de regime: lento, fluvial ou subcrítico, pois $v < v_c$ ou $I < I_c$ (Figura 2.7).

■

EXEMPLO 2.4

Qual é o diâmetro necessário para um coletor de esgoto sanitário com declividade igual a 0,0058 m/m, coeficiente de rugosidade de 0,018, transporte vazão de 280 L/s e lâmina de água igual a 350 mm? Deve-se adotar a fórmula de Manning.

Primeira solução, Tabela 2.8:

$D = K\, Z_H$ = fator de forma × profundidade hidráulica

Profundidade hidráulica:

$$Z_H = \left(\frac{nQ}{I^{1/2}}\right)^{3/8} = \left[\frac{0{,}018 \times 0{,}280}{0{,}0058^{1/2}}\right]^{3/8} \cong 0{,}361$$

Diâmetro teórico:

$$D = \frac{y}{0{,}20} = \frac{0{,}35}{0{,}20} = 1{,}75 \text{ m} \rightarrow D = 3{,}859 \times 0{,}361 \cong 1{,}39 \text{ m}$$

$$D = \frac{0{,}35}{0{,}40} = 0{,}875 \text{ m} \rightarrow D = 2{,}328 \times 0{,}361 \cong 0{,}840 \text{ m}$$

$$D = \frac{0{,}35}{0{,}45} = 0{,}778 \text{ m} \rightarrow D = 2{,}150 \times 0{,}361 \cong 0{,}776 \text{ m}$$

$$D = \frac{0,35}{0,50} = 0{,}700\text{ m} \rightarrow D = 2{,}008 \times 0,361 \cong 0{,}725\text{ m}$$

O diâmetro teórico que mais se aproxima da solução é 0,778 m. O diâmetro comercial será igual a 800 mm.

Segunda solução, Tabela 2.7:

$$\frac{nQ}{y^{8/3}I^{1/2}} = \frac{0,018 \times 0,280}{0,35^{8/3}(0,0058)^{1/2}} = 1{,}088 \rightarrow \frac{y}{D} = 0,45 \quad \text{(Tabela 2.7)}$$

Diâmetro teórico:

$$D = \frac{y}{0,45} = \frac{0,35}{0,45} = 0{,}778\text{ m}$$

Diâmetro nominal interno: adota-se um diâmetro imediatamente superior ao teórico, isto é, $D = 800$ mm.

■

EXEMPLO 2.5

Calcular a quantidade máxima de economia com que o esgoto sanitário pode ser transportado em um coletor de PVC com 100 mm de diâmetro, declividade de 0,010 m/m e lâmina de água igual a 0,75. Utilizar a fórmula de Manning. Efetuar os cálculos de acordo com a NBR 9.649; adotar quota *per capita* de água igual a 200 L/hab.dia e índice ocupacional igual a cinco habitantes por economia; considerar desprezível a infiltração dos coletores.

Capacidade do coletor de 100 mm, para $I = 0{,}010$ m/m; $n = 0{,}010$; $y/D = 0{,}75$. Utilizando as equações 2.29 e 2.46, tem-se:

$$\theta = 2\text{arc cos}\left(1 - 2\frac{y}{D}\right) = 2\text{arc cos}(1 - 2x0{,}75) = 4{,}18879\text{ rad}$$

$$Q_{3/4} = \frac{1}{2^{13/3}n} D^{8/3} I^{1/2} \frac{(\theta - \text{sen}\theta)^{5/3}}{\theta^{2/3}} =$$

$$= \frac{1}{2^{13/3} \times 0{,}010} \times (0{,}100)^{8/3} (0{,}010)^{1/2} \frac{(4{,}18879 - \text{sen}4{,}18879)^{5/3}}{(4{,}18879)^{2/3}} \times 10^3$$

$$Q_{3/4} \cong 6{,}12\text{ L/s}$$

Vazão de contribuição por unidade habitacional:

$$q_{UH} = \frac{C_r PqK_1K_2}{86.400} = \frac{0{,}80\times5\times200\times1{,}2\times1{,}5}{86.400} \cong 0{,}0167 \text{ L/s}$$

Quantidade máxima de economias:

$$\text{número } UH \text{ (unidades habitacionais)} = \frac{Q_{3/4}}{q_{UH}} = \frac{6{,}12}{0{,}0167} \cong 366$$

Um coletor de 100 mm de diâmetro nessas condições pode transportar esgoto sanitário coletado de 366 casas, escoando a ¾ de seção.

■

EXEMPLO 2.6

Dimensionar os quatro trechos de uma rede convencional de esgoto sanitário, de acordo com o esquema a seguir, preenchendo a planilha com os resultados obtidos.

No começo do trecho 5-2, é adicionada uma vazão correspondente a uma fábrica de laticínios, cujo coletor com esgoto tratado deve chegar ao poço de visita a montante desse trecho na cota 727,72. O diâmetro do coletor do trecho 5-2 deve ser idêntico ao do coletor industrial para efeito de cálculo.

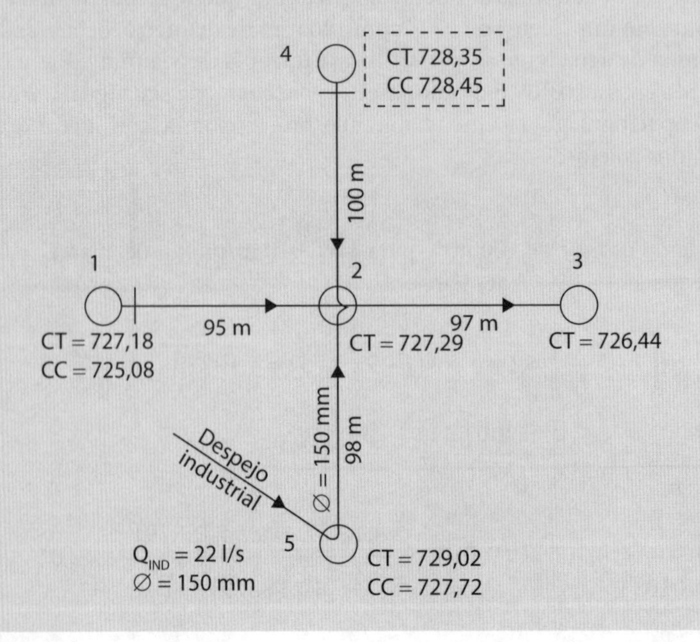

Dados:

- população a ser atendida: P = 10.000 hab.
- consumo de água potável: q = 180 L/hab.dia
- coeficiente do dia de maior contribuição: $K_1 = 1{,}2$
- coeficiente da hora de maior contribuição: $K_2 = 1{,}5$
- coeficiente de retorno: $C_r = 0{,}80$
- vazão de infiltração por metro linear de coletores: q_{inf} = 0,0008 L/s.m
- material dos trechos 1-2, 4-2 e 5-2: PVC
- material do trecho 2-3: concreto
- equação a ser utilizada para o dimensionamento da rede: Chézy-Manning
- extensão total da rede coletora: L = 19 km
- normas adotadas: NBR 9.649 e NBR 14.486

Solução:

Dados	Resultados			
	Trecho			
	1-2	4-2	5-2	2-3
Vazão (L/s)	1,5	1,5	22,2	22,9
Cota do terreno a montante (m)	727,18	728,35	729,02	727,29
Cota do terreno a jusante (m)	727,29	727,29	727,29	726,44
Cota do coletor a montante (m)	725,08	726,45	727,72	724,66
Cota do coletor a jusante (m)	724,81	726,16	726,24	724,54
Profundidade a montante (m)	2,10	1,90	1,30	2,63
Profundidade a jusante (m)	2,48	1,13	1,05	1,90
Comprimento do coletor (m)	95	100	98	97
Declividade do coletor (m/m)	0,00289	0,00289	0,01510	0,00126
Diâmetro (mm)	150	150	150	300
Relação y/D	0,25	0,25	0,75	0,60
Tirante (mm)	38	38	113	180
Velocidade (m/s)	0,43	0,43	1,56	0,52
Velocidade limite para entrada de ar (m/s)	2,80	2,80	4,00	5,42
Tensão trativa	0,64	0,64	6,8	1,05

■

EXERCÍCIO 2.1

Dimensionar os dois trechos de uma rede coletora de esgoto sanitário, de acordo com o esquema a seguir. Deve-se admitir vazão linear de 0,0055 L/s.m, coletor de PVC, fórmula de Manning e as normas NBR 9.649 e NBR 14.486.

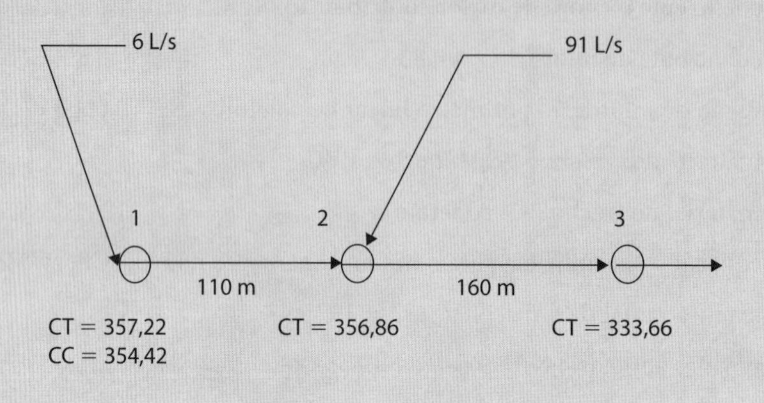

REFERÊNCIAS

ASSOCIAÇÃO BRASILEIRA DE NORMAS TÉCNICAS (ABNT). *NBR 9.649:* projeto de redes coletoras de esgotos sanitários. Rio de Janeiro, 1986.

______. *NBR 14.486:* sistemas enterrados para condução de esgoto sanitário – projeto de redes coletoras com tubos de PVC. Rio de Janeiro, 2000.

AZEVEDO NETTO, J. M. et al. *Sistemas de esgotos sanitários.* São Paulo: CETESB, 1973.

AZEVEDO NETTO, J. M.; ALVAREZ, G. A. *Manual de hidráulica.* 7. ed. São Paulo: Blucher, 1982. v. II.

AZEVEDO NETTO, J. M.; FERNANDEZ, M. F.; ARAUJO, R.; ITO, A. E. *Manual de hidráulica.* 8. ed. São Paulo: Blucher, 1998.

BASTOS, F. A. A. *Problemas de mecânica dos fluidos.* Rio de Janeiro: Guanabara Dois S.A., 1983.

BOTELHO, M. H. C. *Águas de chuvas:* engenharia das águas de chuvas das cidades. 3. ed., São Paulo: Blucher, 2011.

BRITO, S. Saneamento da Paraíba (João Pessoa). In: ____. *Projetos e relatórios.* Obras Completas. Rio de Janeiro: Imprensa Nacional, 1943. v. V.

CETESB. *Sistemas de esgotos sanitários.* São Paulo: FSP-USP/SUBIN/USAID/BNH, 1973.

CHOW, V. T. *Open channel hydraulics.* New York: McGraw-Hill Int. Book Co., 1959.

DALTRO FILHO, J. *Saneamento ambiental:* doença, saúde e o saneamento da água. Aracaju: UFS/Fundação Oviêdo Teixeira, 2004.

FAIR, G. M.; GEYER, J. C.; OKUN, D. A. *Water and wastewater engineering:* water supply and wastewater removal. New York: John Wiley and Sons, Inc., 1996. v. 1, p. 15-5/15-7.

FRENCH, R. H. *Open-channel hydraulics.* New York: McGraw-Hill, 1986. p. 23; 51.

GRAY, W. W. S. Design for maintenance, deeds and date, *WPCF*, n. 1, s.d.

HAMILL, L. *Understanding hydraulics.* London: Macmillan Press, 1995.

HWANG, N. H. C. *Fundamentos de sistemas de engenharia hidráulica.* Rio de Janeiro: Prentice-Hall, 1984.

INSTITUTO DE PESQUISA TECNÓLOGICAS DO ESTADO DE SÃO PAULO (IPT). *Loteamentos:* manual de recomendações para elaboração de projeto. São Paulo: IPT/Governo do Estado de São Paulo, 1986.

LAMPOGLIA, T. C.; MENDONÇA, S. R. *Alcantarillado condominial:* una estrategia de saneamiento para alcanzar los objetivos del milenio en el contexto de los municipios saludables. Lima: CEPIS/OPS/OMS, 2006.

LOMAX, W. R.; SAUL, A. J. *Laboratory work in hydraulics.* London: Granada, Pub., 1979.

MARQUES J. A. A. S; SOUSA J. J. O. *Hidráulica urbana:* sistemas de abastecimento de água e de drenagem de águas residuais. Coimbra: Universidade de Coimbra, 2008.

MENDONÇA, S. R. Critérios de projeto para evitar a formação de odores nos coletores de esgotos de grande diâmetro. *Revista DAE*, São Paulo, v. 45, n. 142, p. 271-274, set. 1985c.

______. Fórmulas adequadas para a aplicação de métodos iterativos nos cálculos analíticos de condutos em sistemas de abastecimento de água e esgotos sanitários. *Revista DAE*, São Paulo, v. 44, n. 139, p. 308-312, 1984b.

______. Fórmulas adequadas para a aplicação de métodos iterativos nos cálculos analíticos de condutos em sistemas de abastecimento de água e esgotos sanitários. *Engenharia Sanitária*, Rio de Janeiro, v. 24, n. 1, p. 105-110, jan./mar. 1985a.

______. Programa para dimensionamento de canais abertos em regime uniforme através de calculadoras HP-11C. *Engenharia Sanitária*, Rio de Janeiro, v. 26. n. 1, p. 97, jan./mar. 1987a.

______. Programa para dimensionamento de canais abertos em regime crítico através de calculadoras HP-11C. *Engenharia Sanitária*, Rio de Janeiro, v. 26, n. 2, p. 189, abr./jun. 1987b.

______. Programas para o dimensionamento de condutos de seção circular em calculadoras HP-11C. *Engenharia Sanitária*, Rio de Janeiro, v. 24; n. 3, p. 361-362, jul./set. 1985b.

______. Simplificação de cálculos de condutos circulares em sistemas de abastecimento de água e esgotos sanitários. *Engenharia Sanitária*, Rio de Janeiro, v. 23, n. 1, p. 65-70, jan./mar. 1984a.

______. *Tabelas para cálculos de redes de esgotos:* Manning, PTC-B. 04/0001. João Pessoa: CAGEPA, 1981.

______. *Tópicos avançados em sistemas de esgotos.* Rio de Janeiro: ABES, 1987c.

MENDONÇA, S. R.; GUALBERTO, L. A.; MACHADO SOBRINHO, J. V. M.; LIMA, A. F. *Projeto e construção de redes de esgotos sanitários.* Rio de Janeiro: ABES, 1987.

METCALF & EDDY, INC.; TCHOBANOGLOUS, G. *Wastewater engineering:* collection and pumping of wastewater. New York: McGraw-Hill Book Co., 1981, p. 47; 111.

NEVES, E. T. *Curso de hidráulica.* 2. ed. Porto Alegre: Globo, 1968.

PEREIRA, J. A. R.; SILVA, J. M. S. *Rede coletora de esgoto sanitário:* projeto, construção e operação. 2. ed. Belém: José Almir Rodrigues Pereira, 2010.

PROGRAMA DAS NAÇÕES UNIDAS PARA O DESENVOLVIMENTO(PNUD). *Proyecto Brasil/85/001.* Brasília, 1985.

PORTO, R. de M. *Hidráulica básica.* São Carlos: EESC USP/Projeto REENGE, 1998.

QUINTELA, A. C. *Hidráulica.* Lisboa: Fundação Calouste Gulbenkian, 1985.

RAJU, K. G. R. *Flow through open channels.* New Delhi: Tata McGraw-Hill Pub., 1981.

ROUSE, H.; INCE, S. *History of hydraulics.* New York: Dover Pub., 1957.

SANTOS, M. J. M. *Drenagem urbana.* Belo Horizonte: Edições COTEC 18/84, 1984. p. 67.

SCHOKLITSCH, A. *Tratado de arquitectura hidráulica.* 2. ed. Barcelona: Editorial Gustavo Gilli, 1961. tomo I.

SILVESTRE, P. *Hidráulica geral.* Rio de Janeiro: Livros Técnicos e Científicos, 1973.

VOLKART, P. U. Self-aerated flow in steep, partially filled pipes, *Journal of the Hydraulics Division*, ASCE, v. 108, n. HY9, p. 1029-1046, set. 1982.

WATER ENVIRONMENT FEDERATION (WEF); AMERICAN SOCIETY OF CIVIL ENGINEERS (ASCE). *Design and construction of urban stormwater management systems.* MOP FD-20. New York: ASCE Publications, 1992. p. 113-182.

WATER POLLUTION CONTROL FEDERATION (WPCF); AMERICAN SOCIETY OF CIVIL ENGINEERS (ASCE) *Design and construction of sanitary and storm sewers.* MOP n.9. Washington, 1972. p. 128-130.

______. *Gravity sanitary sewer design and construction.* MOP FD-5. Washington, 1982. p. 67-111.

CAPÍTULO 3
CANAIS E CONDUTOS FORÇADOS

Sérgio Rolim Mendonça

FLUXO EM CANAIS ABERTOS

A drenagem da terra está relacionada a uma área significante da engenharia civil que envolve fluxo uniforme em canais abertos.

Um canal aberto é um conduto com uma superfície livre através do qual um líquido flui pela ação da gravidade. A pressão na superfície do líquido é constante em todos os pontos ao longo do comprimento do canal e, geralmente, é igual à pressão atmosférica. Canais abertos construídos em um terreno são utilizados para transporte de água, quando não se dispõe de tubulações para instalação de tubos de descarga e/ou emissários ou quando são necessárias alternativas para substituição desses condutos, no caso de grandes vazões, por exemplo. São exemplos de canais abertos: rios, córregos, riachos, tubulações de escoamento parcialmente cheias, valas de irrigação etc.

É muito importante que um canal possa ser projetado para certo tipo de descarga particular ou que a vazão dele possa ser dimensionada em função das medições da inclinação dos taludes, da largura e da lâmina líquida de água. As formas mais comuns de canais são os de seção trapezoidal, retangular ou triangular. Admite-se que funcionam por gravidade em regime uniforme e que são dimensionados por meio da equação da continuidade (Equação 2.12), da fórmula de Chézy (Equação 2.16) e da fórmula de Manning (Equação 2.21), apresentadas no Capítulo 2.

CANAIS DE SEÇÃO TRAPEZOIDAL, RETANGULAR E TRIANGULAR

Na Figura 3.1, é apresentada a seção trapezoidal de um canal.

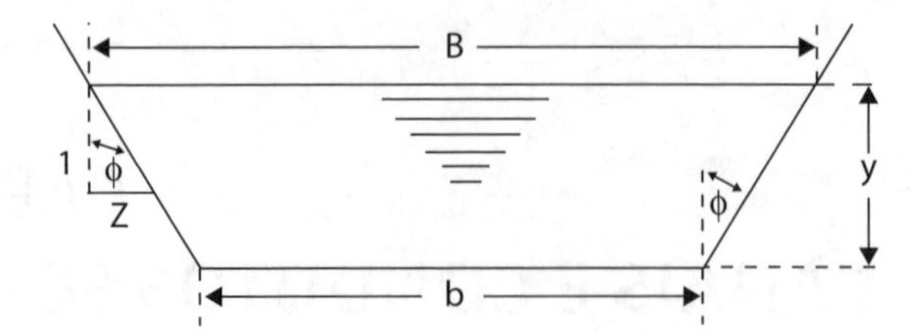

Figura 3.1 – Canal de seção trapezoidal

Na prática, o projetista precisa conhecer a velocidade do canal, v (m/s), o valor da lâmina líquida, y (m), e o regime hidráulico. Para isso, necessita primeiro estimar a vazão, Q (L/s), e definir a declividade do terreno, I (m/m), a base menor do canal, b (m), a inclinação dos taludes, $z = tg\phi$ (adimensional), e a rugosidade, n, por meio da fórmula de Manning e em função do tipo de revestimento a ser adotado no canal. Na seção retangular, $z =$ zero; na seção triangular, a base menor, b, é igual a zero. O tirante do fluxo é estimado pela Equação 3.5, apresentada adiante, que expressa a condição de escoamento no regime uniforme por meio da fórmula de Manning, cuja resolução só pode ser obtida por método iterativo.

Na Tabela 3.1, são apresentados os valores do coeficiente de rugosidade, n, para a fórmula de Manning.

Tabela 3.1 – Valores do coeficiente de rugosidade, *n*, para a fórmula de Manning

Natureza das paredes	Coeficiente de rugosidade, *n*
Alvenaria de pedras brutas	0,020
Alvenaria de pedras retangulares	0,017
Alvenaria de tijolos sem revestimento	0,015
Alvenaria de tijolos revestida	0,012
Canais de concreto, acabamento ordinário	0,014
Canais de concreto com acabamento liso	0,012
Terra limpa	0,022
Pastagem bem mantida	0,030
Fundo de pedregulhos	0,035
Rocha branda	0,035
Rocha compactada	0,040
Córrego natural limpo	0,030
Córrego natural com vegetação no fundo	0,045
Córrego natural com pedras no fundo	0,050
Planície inundada, pastagem	0,032
Planície inundada, cultivada	0,035
Planície inundada, arbusto	0,060
Planície inundada, arborizada	0,100

Fonte: adaptada de Haestad Methods (1996) e Silvestre (1973).

FÓRMULAS UTILIZADAS

Inclinação dos taludes: $z = tg\phi$ (3.1)

Área molhada: $A = y(b + zy)$ (3.2)

Perímetro molhado: $P = b + 2y\sqrt{1+z^2}$ (3.3)

Raio hidráulico: $R = \frac{A}{P}$ (3.4)

Por meio das equações 2.12, 2.16, 2.21, 3.2, 3.3 e 3.4, obtém-se a Equação 3.5 para cálculo do tirante do fluxo, que apenas pode ser resolvida por processo iterativo.

$$y = \left(\frac{nQ}{\sqrt{I}}\right)^{0,6} \left[\frac{(b + 2y\sqrt{1+z^2})^{0,4}}{(b + zy)}\right] \quad (3.5)$$

em que:

y: tirante, m;

n: rugosidade equivalente, Manning;

Q: vazão, m^3/s;

I: declividade do canal, m/m;

$z = tg\phi$: inclinação dos taludes;

b: base menor do canal, m.

Para a estimativa do tirante, arbitra-se um valor inicial para y e repetem-se as operações até $y_{n+1} = y_n$. Fixa-se um valor para o erro, $\varepsilon = 0{,}0001$, por exemplo, de modo que $\varepsilon > \frac{|y_{n+1} - y_n|}{y_n}$.

A velocidade é calculada pela Equação 3.6, em função das equações 2.12 e 3.2.

$$v = \frac{Q}{y(b + zy)} \quad (3.6)$$

em que:

v: velocidade, m/s.

A largura da superfície da água é dada pela Equação 3.7.

$B = b + 2zy$ (3.7)

A condição de regime crítico é dada pela Equação 3.8.

$$\frac{Q_c^2 B}{g A_c^3} = 1{,}0 \qquad (3.8)$$

em que:

Q_c: vazão no regime crítico = Q, m³/s;

B: largura da superfície da água, m;

g: aceleração da gravidade = 9,81 m/s²;

A_c: área molhada no regime crítico, m².

Por meio das equações 2.12, 2.16, 2.21, 3.2, 3.3 e 3.4, obtém-se a Equação 3.9 para a estimativa do tirante crítico, que apenas pode ser resolvida por processo iterativo.

$$y_c = \left(\frac{(Q_c)^2}{g} \right)^{1/3} \left[\frac{(b + 2zy_c)^{1/3}}{(b + zy_c)} \right] \qquad (3.9)$$

em que:

y_c: tirante crítico, m.

Para o cálculo do tirante crítico, arbitra-se um valor para y_c e repetem-se as operações até $y_{c_{n+1}} = y_{c_n}$. Fixa-se um valor para o erro, $\varepsilon = 0{,}0001$, por exemplo, de modo que $\varepsilon > \frac{\left| y_{c_{n+1}} - y_{c_n} \right|}{y_{c_n}}$.

A velocidade crítica é calculada pela equação 3.10, em função das Equações 2.12 e 3.2.

$$\mathrm{v_c} = \frac{Q_c}{y_c (b + zy_c)} \qquad (3.10)$$

Por meio das equações 2.16, 2.21, 3.2, 3.3, 3.4 e 3.9, obtém-se a Equação 3.11 para cálculo da declividade crítica.

$$I_c = (n\mathrm{v_c})^2 \left[\frac{b + 2y_c\sqrt{1 + z^2}}{y_c (b + zy_c)} \right]^{4/3} \qquad (3.11)$$

As equações 3.5 e 3.9 podem ser resolvidas com calculadoras programáveis ou por meio de planilhas elaboradas em Excel, por exemplo.

Os canais devem ser projetados, na medida do possível, para escoar no regime lento, fluvial ou subcrítico, pois as teorias desenvolvidas para dimensioná-los foram estabelecidas em experiências no regime fluvial.

Na Tabela 3.2, são apresentados os limites recomendáveis para as velocidades nos canais; na Tabela 3.3 expõem-se as inclinações adequadas para os taludes dos canais trapezoidais. As informações de ambas as tabelas são dadas em função do revestimento.

Tabela 3.2 – Limites recomendáveis para velocidades nos canais

Material das paredes do canal	Velocidade (m/s)	
	Média	Máxima
Areia muito fina	0,23	0,30
Areia média	0,30	0,46
Areia grossa	0,46	0,61
Terreno arenoso comum	0,61	0,76
Terreno silte-argiloso	0,76	0,84
Terreno de aluvião	0,84	0,91
Terreno argiloso compacto	0,91	1,14
Terreno argiloso, duro, solo cascalhento	1,22	1,52
Cascalho grosso, pedregulho, piçarra	1,52	1,83
Rochas sedimentares moles – xistos	1,83	2,44
Alvenaria	2,44	3,05
Rochas compactas	3,05	4,00
Concreto	4,00	6,00

Fonte: adaptada de Silvestre (1973).

Tabela 3.3 – Inclinações adequadas para os taludes dos canais trapezoidais

Material das paredes do canal	$z = tg\phi$	θ
Canais em terra sem revestimento	2,5 a 5	68,2° a 78,7°
Canais em saibro, terra porosa	2	63,4°
Cascalho roliço	1,75	60,2°
Terra compacta sem revestimento	1,5	56,3°
Terra muito compacta, paredes rochosas	1,25	51,4°
Rocha estratificada, alvenaria de pedra bruta	0,5	26,5°
Rocha compacta, alvenaria acabada, concreto	0	0°

Fonte: adaptada de Silvestre (1973).

DIMENSIONAMENTO DE CANAIS – EXEMPLOS

EXEMPLO 3.1

Dimensionar um canal de terra, de seção trapezoidal, pela fórmula de Manning. O canal deve ser utilizado como efluente de um sistema de lagoas de estabilização. Os dados são: $Q = 100$ L/s; $b = 0{,}25$ m; $I = 0{,}00150$ m/m; $n = 0{,}022$ (Manning); $z = 1/\sqrt{3}$ ($\phi = 30°$, máxima eficiência).

Solução:

Área molhada, m²	0,19
Perímetro molhado, m	1,17
Raio hidráulico, m	0,162
Lâmina líquida, m	0,40
Velocidade, m/s	0,53
Velocidade crítica, m/s	1,25
Base maior do trapézio, m	0,71
Lâmina crítica, m	0,21
Declividade crítica, m/m	0,01496
Regime	Fluvial, $v < v_c$, Figura 2.5.

■

EXEMPLO 3.2

Dimensionar um canal de concreto com acabamento liso, de seção retangular, base igual a 1,60 m e declividade de 0,00180 m/m, pela fórmula de Manning, $n = 0{,}012$. O canal deve ser utilizado para transportar água bruta, com vazão correspondente a 2,3 m³/s.

Solução:

Área molhada, m²	1,22
Perímetro molhado, m	3,12
Raio hidráulico, m	0,391
Lâmina líquida, m	0,76
Velocidade, m/s	1,89
Velocidade crítica, m/s	2,42
Base do retângulo, m	1,60
Lâmina crítica, m	0,59
Declividade crítica, m/m	0,00353
Regime	Fluvial, $v < v_c$, Figura 2.5.

■

EXEMPLO 3.3

Uma estação de tratamento de esgoto sanitário, projetada para atender a um setor que já atingiu a saturação urbanística, está situada junto ao córrego X, o qual não tem condições de diluição para receber os efluentes tratados. O córrego X é tributário do rio Y, que oferece a capacidade de diluição requerida. Por isso, foi escolhido como ponto de lançamento o local onde o córrego X deságua no rio Y. Esse ponto está a jusante do local da ETE a aproximadamente três quilômetros, e a declividade natural do vale do córrego X e de suas margens é de 0,00200 m/m.

A partir dos dados, dimensiona-se um emissário de forma retangular, com altura igual a 66% da sua largura, sabendo-se que:

a) o emissário deve ser projetado por gravidade, havendo apreciável desnível sobre a altura máxima das águas do rio Y no ponto de lançamento;

b) a vazão média de saturação é igual a 1,94 m³/s;

c) os coeficientes K_1 e K_2 são iguais a 1,5 e K_3 é 0,5;

d) $n = 0{,}16$ na fórmula de Bazin ou $n = 0{,}013$ nas fórmulas de Ganguillet-Kutter e de Manning;

e) o emissário deve ser projetado o mais superficial possível, para diminuir custos de escavação em razão de o solo ser muito resistente;

f) a velocidade máxima admitida deve ser inferior a 1,00 m/s;

g) a lâmina máxima deve ser, no máximo, igual a 80% da altura do emissário;

h) a lâmina mínima deve ser superior a 20% da lâmina máxima.

Resumo dos dados:

- Emissário a ser projetado por gravidade, havendo apreciado desnível sobre a altura máxima das águas do rio Y no ponto de lançamento.
- Declividade natural do vale do córrego X e de suas margens: 0,00200 m/m.
- Seção do emissário: retangular com $h = 0{,}66$ b.
- $Q_{méd} = 1{,}94\ m^3/s$
- $K_1 = K_2 = 1{,}5$
- $K_3 = 0{,}5$
- $v_{máx} < 1{,}00$ m/s
- $y_{máx} < 0{,}80$ h

- $y_{mín} > 0{,}20\, y_{máx}$
- Projetar o emissário o mais superficial possível para diminuir custos de escavação já que o solo é muito resistente.

Cálculos:

- Desnível geométrico: $\Delta H = JL = 0{,}00200 \times 3.000 \therefore \Delta H = 6{,}00$ m
- Vazão máxima: $Q_{máx} = K_1 K_2 Q_{máx} = 1{,}5 \times 1{,}5 \times 1{,}94 \therefore Q_{máx} \cong 4{,}37$ m³/s
- Vazão mínima: $Q_{mín} = K_3 Q_{máx} = 0{,}5 \times 1{,}94 \therefore Q_{mín} \cong 0{,}97$ m³/s
- Largura do emissário retangular:

  $A = \text{b}y_{máx}$ (área molhada) $= \text{b} \times 0{,}80\,\text{h} = \text{b} \times 0{,}80 \times 0{,}66\,\text{b} \therefore A = 0{,}528\,\text{b}^2$

  $A = Q_{máx}/\text{v}_{máx}$ (adota-se $\text{v}_{máx} = 0{,}95$ m/s); $A = 4{,}37/0{,}95 \therefore A = 4{,}60$ m²

  $0{,}528\,\text{b}^2 = 4{,}60 \therefore \text{b}^2 = 0{,}71212 \therefore \text{b} = 2{,}95$ m; adota-se b = 3,00 m

- Altura do emissário retangular: $\text{h} = 0{,}66\,\text{b} = 0{,}66 \times 3{,}00 = 1{,}98$ m; adota-se h = 2,00 m
- Lâmina máxima: $y_{máx} = 0{,}80\,\text{h} = 0{,}80 \times 2{,}00 \therefore y_{máx} = 1{,}60$ m
- Perímetro molhado para a vazão máxima: $\text{P} = \text{b} + 2\,y_{máx} = 3{,}00 + 2 \times 1{,}60 \therefore P \cong 6{,}20$ m
- Área molhada para a vazão máxima: $A = 0{,}528\,\text{b}^2 = 0{,}528(3{,}00)^2 \therefore A \cong 4{,}75$ m²
- Raio hidráulico: $R = A/P = 4{,}75/6{,}20 \therefore R \cong 0{,}766$ m
- Coeficiente de Chézy pela fórmula de Manning:

$$C = \frac{1}{n}\sqrt[6]{R} = \frac{1}{0{,}013}\sqrt[6]{0{,}766} \therefore C \cong 73{,}58$$

- Declividade a ser adotada pelo emissário:

$$I = \left(\frac{\text{v}_{máx}}{C}\right)^2 \frac{1}{R} = \left(\frac{0{,}95}{73{,}58}\right)^2 \frac{1}{0{,}766} \cong 0{,}00022 \text{ m/m}$$

Adota-se para a declividade do emissário $I = 0{,}00023$ m/m.

Verificação dos cálculos em função dos valores adotados:

- Para $Q_{máx} = 4{,}37$ m³/s

  $y_{máx} = 1{,}51 \text{ m} < 0{,}80\,\text{h} < 0{,}80 \times 2{,}00 < 1{,}60$ m (Ok)

  $\text{v}_{máx} = 0{,}97 \text{ m/s} < 1{,}00$ m/s (Ok)

  $I_c = 0{,}003078$ m/m; $I < I_c$ ou $0{,}000230 < 0{,}003078$ (Escoamento fluvial)

- Para $Q_{mín} = 0{,}97 m^3/s$

$y_{mín} = 0{,}52$ m > $0{,}20\ y_{máx}$ > 0,20 × 1,51 > 0,30 m (Ok)

$v_{mín} = 0{,}62$ m/s < 1,00 m/s (Ok)

$I_c = 0{,}003295$ m/m; $I < I_c$ ou 0,000230 < 0,003295 (Escoamento fluvial)

Em virtude da grande declividade do terreno, adota-se um poço de visita (PV) a cada 300 m (dependendo do equipamento para manutenção existente) e um degrau de 50 cm em cada um deles. Cada poço de visita tem seção retangular com as seguintes dimensões: 4,00 m × 2,50 m. A profundidade de cada poço de visita é constante e igual a 3 m.

■

CONDUTOS CIRCULARES FORÇADOS

RUGOSIDADE EQUIVALENTE

Na Tabela 3.4, são apresentados os valores da rugosidade equivalente – a altura média das irregularidades nas paredes internas de um conduto – para o tipo de material e o comprimento desses condutos.

Tabela 3.4 – Rugosidade equivalente, k (mm)

Parte do sistema \ Material	PVC	Ferro fundido cimentado
Adução, L < 1.000 m	0,084	0,14
Adução, L > 1.000 m	0,12	0,20
Rede de distribuição	1,0	1,0

Fonte: adaptada de ABNT (1991) e (1994).

A Saint-Gobain Canalização (2006a) recomenda, por questões de segurança, que a rugosidade equivalente para tubos de ferro fundido seja adotada com o valor de k = 0,1 mm, em qualquer situação.

EQUAÇÃO DE COLEBROOK-WHITE

A equação de Colebrook-White é uma equação racional que foi adotada a partir de 1950 na França e a partir de 1977 no Brasil, para um número de Reynolds (Re) maior que 4.000. Essa equação apresenta uma nova base científica para o cálculo das perdas de carga, especificamente para o cálculo do fator de atrito f da equação universal de perda de carga, introduzindo maior precisão no dimensionamento dos condutos.

A velocidade é calculada pela Equação 3.12, em função da Equação 2.12 e da área da seção circular.

$$\text{v} = \frac{4Q}{\pi D_i^2} \tag{3.12}$$

O número de Reynolds (adimensional) é apresentado pela Equação 3.13.

$$Re = \frac{\text{v}D_i}{\nu} \tag{3.13}$$

O coeficiente de fricção ou de atrito de Colebrook-White é calculado em função da Equação 3.14.

$$\frac{1}{\sqrt{f}} = -2\log\left(0,27\frac{k}{D_i} + \frac{2,51}{\text{Re}\sqrt{f}}\right) \tag{3.14}$$

em que f é coeficiente de fricção ou de atrito, adimensional.

A Equação 3.14 apenas pode ser resolvida por processo iterativo. A equação modificada de Colebrook-White é utilizada para cálculo de seu coeficiente, arbitrando-se um valor para f.

$$\frac{1}{\sqrt{f_{n+1}}} = -2\log\left(0,27\frac{k}{D_i} + \frac{2,51}{Re\sqrt{f_n}}\right)$$

Fixa-se um valor para erro ou tolerância, $\varepsilon = 0,0001$, por exemplo, de modo que $\varepsilon > \frac{|f_{n+1} - f_n|}{f_n}$.

Para diminuir o número de iterações, recomenda-se que o valor inicial de f seja igual a 0,03. As operações são repetidas até que o erro relativo seja menor do que a tolerância adotada, isto é, $f_{n+1} = f_n$.

A Equação 3.14 pode ser resolvida por calculadoras programáveis ou por meio de planilhas elaboradas em Excel.

A perda de carga unitária é dada pela Equação 3.15 de Darcy ou universal.

$$J = f\frac{\text{v}^2}{2gD_i} \tag{3.15}$$

A perda de carga total é calculada pela Equação 3.16, resultado da multiplicação da perda de carga unitária pelo comprimento do conduto.

$$h_f = JL \tag{3.16}$$

Nas equações anteriores:

v: velocidade, m/s;

Q: vazão, m^3/s;

D_i: diâmetro interno do conduto, m;

Re: número de Reynolds, adimensional;

ν: viscosidade cinemática $=10^{-6}$ m^2/s para T = 20 °C;

f: coeficiente da equação universal de perda de carga, adimensional;

k: rugosidade equivalente, m;

J: perda de carga unitária, m/m;

g: aceleração da gravidade = 9,81 m/s^2;

h_f: perda de carga total, m;

L: comprimento do conduto, m.

EQUAÇÃO DE SWAMEE-JAIN

O coeficiente de fricção ou de atrito da equação universal de perda de carga, calculado pela fórmula de Swamee-Jain, é apresentado na Equação 3.17.

$$f = \frac{1,325}{\left[\ln\left(\frac{k}{3,7D_i} + \frac{5,74}{Re^{0,9}}\right)\right]^2} \tag{3.17}$$

A faixa de validade dessa equação está compreendida entre $10^{-6} \leq \frac{k}{D_i} \leq 10^{-2}$ e 5.000 $\leq Re \leq 10^8$. A Equação 3.17 fornece um valor de *f* que difere menos de 1% da equação de Colebrook-White.

A Equação 3.18 apresenta a fórmula para a estimativa do diâmetro.

$$D_i = 0,66\left[k^{1,25}\left(\frac{LQ^2}{gh_f}\right)^{4,75} + \nu Q^{9,4}\left(\frac{L}{gh_f}\right)^{5,2}\right]^{0,04} \tag{3.18}$$

A faixa de validade está compreendida entre $10^{-6} \leq \frac{k}{D_i} \leq 2\times10^{-2}$ e $3\times10^3 \leq Re \leq 3\times10^8$. Essa equação fornece um valor de D_i que difere menos de 2% daquele dado por Colebrook-White.

A fórmula para o cálculo da vazão está apresentada pela Equação 3.19.

$$Q = -0,955D_i^2\sqrt{gD_ih_f/L}\,\ln\left(\frac{k}{3,7D_i} + \frac{1,775\nu}{D_i\sqrt{gD_ih_f/L}}\right) \tag{3.19}$$

Essa equação é tão precisa quanto a equação de Colebrook-White e válida na mesma faixa dos valores anteriores, isto é: $10^{-6} \leq \frac{k}{D_i} \leq 2 \times 10^{-2}$ e $3 \times 10^3 \leq Re \leq 3 \times 10^8$.

A perda de carga unitária e a perda de carga total são estimadas pelas equações 3.15 e 3.16. A unidade da vazão na Equação 3.19 é m³/s. As demais variáveis foram definidas anteriormente.

EQUAÇÃO DE WOOD AJUSTADA À DE COLEBROOK-WHITE

O coeficiente de fricção ou de atrito da equação universal de perda de carga, calculado pela fórmula de Wood, é apresentado na Equação 3.20.

$$f = a + bRe^{-c} \qquad (3.20)$$

A Equação 3.20 fornece um valor de f que difere no máximo 6% daquele dado por Colebrook-White.

Os coeficientes a, b e c são estimados em função das equações 3.21, 3.22 e 3.23.

$$a = 0{,}53\frac{k}{D_i} + 0{,}094\left(\frac{k}{D_i}\right)^{0{,}225} \qquad (3.21)$$

$$b = 88\left(\frac{k}{D_i}\right)^{0{,}44} \qquad (3.22)$$

$$c = 1{,}62\left(\frac{k}{D_i}\right)^{0{,}134} \qquad (3.23)$$

A perda de carga unitária e a perda de carga total são estimadas pelas equações 3.15 e 3.16. As unidades foram apresentadas anteriormente.

EQUAÇÃO DE MANNING

A equação de Manning também é usada para condutos forçados.

Pela Equação 2.44, pode-se deduzir as equações 3.24 e 3.25.

$$D_i = \left(\frac{4^{5/3} nQ}{\pi\, I^{1/2}}\right)^{3/8} \qquad (3.24)$$

$$I = \left(\frac{4^{5/3} nQ}{\pi D_i^{8/3}}\right)^{2} \qquad (3.25)$$

Todas as variáveis foram definidas anteriormente.

A velocidade é calculada pela Equação 3.12 em função da Equação 2.12 e pela área da seção circular. O número de Reynolds é estimado pela Equação 3.13; a perda de carga unitária e a perda de carga total são estimadas em função das equações 3.15 e 3.16.

Em virtude de sua simplicidade e por causa de uma considerável quantidade de dados experimentais disponíveis para a estimativa do coeficiente de rugosidade, a equação de Manning é atualmente uma das mais usadas para dimensionamento de coletores que funcionam como condutos livres e forçados.

EQUAÇÃO DE HAZEN-WILLIAMS

É uma fórmula que resultou de um estudo estatístico cuidadoso. Nesse estudo, foram considerados dados experimentais disponíveis obtidos anteriormente por diversos pesquisadores e dados de observação dos próprios autores.

O diâmetro interno é dado pela Equação 3.26.

$$D_i = \left[\frac{10,641}{J} \left(\frac{Q}{C} \right)^{1,85} \right]^{1/4,87} \tag{3.26}$$

O número de Reynolds é estimado pela Equação 3.13 e a vazão e a velocidade, pelas equações 3.27 e 3.28.

$$Q = 0,27853\, C\, D_i^{2,63}\, J^{0,54} \tag{3.27}$$

$$\text{v} = 0,35464\, C\, D_i^{0,63}\, J^{0,54} \tag{3.28}$$

A perda de carga unitária apresenta-se em função da vazão e da velocidade por meio das equações 3.29 e 3.30.

$$J = \frac{10,641}{D_i^{4,87}} \left(\frac{Q}{C} \right)^{1,85} \tag{3.29}$$

$$J = \frac{6,806}{D_i^{1,17}} \left(\frac{\text{v}}{C} \right)^{1,85} \tag{3.30}$$

A perda de carga total é estimada pela Equação 3.16, em que *C* é o coeficiente de Hazen-Williams, adimensional.

Os demais parâmetros foram apresentados anteriormente.

Na Tabela 3.5, são apresentados valores do coeficiente *C* para vários tipos de tubos.

Tabela 3.5 – Valor do coeficiente *C* na equação de Hazen-Williams

Material da tubulação	Coeficiente
Cimento amianto	140
Latão	135
Ferro fundido novo	130
Ferro fundido, 10 anos de uso, liso	113
Ferro fundido, 10 anos de uso, áspero	107
Ferro fundido, 20 anos de uso, liso	100
Ferro fundido, 20 anos de uso, áspero	89
Ferro fundido, 30 anos de uso, liso	90
Ferro fundido, 30 anos de uso, áspero	75
Ferro fundido, 40 anos de uso, liso	83
Ferro fundido, 40 anos de uso, áspero	64
Concreto armado	140
Concreto simples	120
Concreto centrifugado	135
Cobre liso	140
Cobre áspero	130
Ferro galvanizado	120
Vidro	140
Chumbo liso	140
Chumbo áspero	130
PVC	150
Aço com revestimento de esmalte, liso	150
Aço com revestimento de esmalte, áspero	145
Aço novo, sem revestimento, liso	150
Aço novo, sem revestimento, áspero	140

Fonte: adaptada de Haestad Methods (1996).

A grande aceitação que teve a fórmula de Hazen-Williams permitiu que fossem obtidos valores bem determinados do coeficiente *C*. Nessas condições, foi possível estimar o *envelhecimento* das tubulações. É uma fórmula que pode ser satisfatoriamente aplicada a qualquer tipo de conduto e material (AZEVEDO NETTO et al., 1998).

A equação de Hazen-Williams ainda é muito utilizada nos Estados Unidos para dimensionamento de condutos forçados. A partir de 1977, as normas brasileiras deixaram de utilizar essa equação para dimensionamento de tubulações que funcionam como condutos forçados.

PRESSÕES INTERNAS MÁXIMAS NAS TUBULAÇÕES DE PVC

Na Tabela 3.6, são apresentadas as pressões internas máximas admitidas para tubos de PVC, de classes 12, 15 e 20.

Tabela 3.6 – Pressão interna máxima para tubos de PVC e DEFoFo

Diâmetro nominal (mm)	Classe 12		Classe 15		Classe 20	
	Diâmetro interno (mm)	Pressão interna (MPa)	Diâmetro interno (mm)	Pressão interna (MPa)	Diâmetro interno (mm)	Pressão interna (MPa)
50	54,6	1,2	53,4	1,5	51,4	2,0
75	77,2	1,2	75,6	1,5	72,8	2,0
100	100,0	1,2	97,8	1,5	94,2	2,0
100*	–	–	–	–	108,4	2,0
150*	–	–	–	–	156,4	2,0
200*	–	–	–	–	204,2	2,0
250*	–	–	–	–	252,0	2,0
300*	–	–	–	–	299,8	2,0

* DEFoFo.

Fonte: adaptada de Grupo Hansen (1980a) e (1980b).

ESPESSURA DO REVESTIMENTO DE CIMENTO DOS TUBOS DE FERRO FUNDIDO

A Tabela 3.7 foi elaborada com base em estudo da Saint-Gobain Canalização, de acordo com as recomendações das normas NBR 8.682 e ISO 4.179.

Tabela 3.7 – Revestimento de cimento dos tubos

Diâmetro nominal DN (mm)	Espessura do cimento (mm)		
	Valor nominal	Valor médio	Valor mínimo
80 a 300	3,0	2,5	1,5
350 a 600	5,0	4,5	2,5
700 a 1200	6,0	5,5	3,0

Fonte: adaptada de Saint-Gobain Canalização (2006a).

ESPESSURA NOMINAL DOS TUBOS DE FERRO FUNDIDO

A Equação 3.31 é apresentada pela Saint-Gobain Canalização para cálculo da espessura nominal dos tubos de ferro fundido, conforme preconizam as normas NBR 7.675 e ISO 2.531 (SAINT-GOBAIN CANALIZAÇÃO, 2006a).

$$e_{ferro} = K\,(0{,}5 + 0{,}001\ \mathrm{DN}) \qquad (3.31)$$

em que:

K: coeficiente utilizado para designar a classe de espessura do tubo;

DN: diâmetro nominal do tubo.

As seguintes exceções referem-se à Equação 3.31:

- para tubos DN 80 da classe K7: $e_{ferro} = 4{,}3 + 0{,}008$ DN; se a espessura calculada para a classe K9 resultar em um valor menor que 6,0 mm, a espessura a ser adotada para fabricação dos tubos deve ser superior ou igual a 6,0 mm.
- para tubos DN 100 até DN 300 classe K7: $e_{ferro} = 4{,}3 + 0{,}003$ DN.

PRESSÕES INTERNAS MÁXIMAS NOS TUBOS DE FERRO FUNDIDO

Nas Tabelas 3.8 e 3.9, são apresentados os diâmetros internos e as pressões internas máximas admitidas nos tubos de ferro fundido, séries K7 e K9.

Tabela 3.8 – Diâmetro interno e pressão interna máxima para tubos de ferro fundido dúctil com juntas elásticas, série K7

Diâmetro nominal (mm)	Série K7				
	Diâmetro externo (mm)	Espessura do ferro (mm)	Espessura do cimento (mm)	Diâmetro interno (mm)	Pressão máxima de serviço* (MPa)
150	170	5,2	3,0	153,6	7,7
200	222	5,4	3,0	205,2	6,3
250	274	5,5	3,0	257,0	5,2
300	326	5,7	3,0	308,6	4,6
350	378	5,9	5,0	356,2	4,1
400	429	6,3	5,0	406,4	3,6
450	480	6,7	5,0	456,6	3,5
500	532	7,0	5,0	508,0	3,3
600	635	7,7	5,0	609,6	3,1
700	738	8,4	6,0	709,2	2,9
800	842	9,1	6,0	811,8	2,8
900	945	9,8	6,0	913,4	2,7
1.000	1.048	10,5	6,0	1.015,0	2,6
1.200	1.255	11,9	6,0	1.219,2	2,5

* Pressão interna máxima, incluindo o golpe de aríete, que um componente pode suportar em serviço.

Fonte: adaptada de Saint-Gobain Canalização (2006a).

Tabela 3.9 – Diâmetro interno e pressão interna máxima para tubos de ferro fundido dúctil com juntas elásticas, série K9

Diâmetro nominal (mm)	Série K9				
	Diâmetro externo (mm)	Espessura do ferro (mm)	Espessura do cimento (mm)	Diâmetro interno (mm)	Pressão máxima de serviço* (MPa)
80	98	6,0	3,0	80,0	7,7
100	118	6,1	3,0	99,8	7,7
150	170	6,3	3,0	151,4	7,7
200	222	6,4	3,0	203,2	7,4
250	274	6,8	3,0	254,4	6,6
300	326	7,2	3,0	305,6	5,9
350	378	7,7	5,0	352,6	5,5
400	429	8,1	5,0	402,8	5,1
450	480	8,6	5,0	452,8	4,9
500	532	9,0	5,0	504,0	4,6
600	635	9,9	5,0	605,2	4,3
700	738	10,8	6,0	704,4	4,1
800	842	11,7	6,0	806,6	3,9
900	945	12,6	6,0	907,8	3,7
1000	1048	13,5	6,0	1.009,0	3,6
1200	1255	15,3	6,0	1.212,4	3,5
1400	1462	17,1	6,0**	1.415,8	3,3
1500	1565	18,0	6,0**	1.517,0	3,3
1600	1668	18,9	6,0**	1.618,2	3,3
1800	1875	20,7	6,0**	1.821,6	3,2
2000	2082	22,5	6,0**	2.025,0	3,1

* Pressão interna máxima, incluindo o golpe de aríete, que um componente pode suportar em serviço.
** Valores admitidos.

Fonte: adaptada de Saint-Gobain Canalização (2006a).

DIMENSIONAMENTO DE CONDUTOS FORÇADOS – EXEMPLOS

EXEMPLO 3.4

Uma tubulação de PVC, DEFoFo, classe 20, com diâmetro nominal de 200 mm, deve funcionar por gravidade como conduto forçado. Ela vai ser utilizada para despejar 22,9 L/s de esgoto sanitário tratados a uma distância de 5.230 metros com desnível de 15 metros. É preciso verificar se o diâmetro dessa tubulação é suficiente para a vazão requerida. Devem ser utilizadas as equações de Colebrook-White, Swamee-Jain, Wood, Manning e Hazen-Williams, para efeito de comparação.

Dados preliminares:

Diâmetro interno da tubulação: $D_i = 204{,}2$ mm, Tabela 3.6, para DN = 200 mm, Classe 20.

Perda de carga disponível: $\frac{\Delta H}{L} = \frac{15}{5230} = 0{,}00287$ m/m

Rugosidade equivalente: $k = 0{,}12$ mm, Tabela 3.4, para tubos de PVC com extensões maiores que 1.000 metros.

Solução:

Variáveis	Equação				
	Colebrook-White	Swamee-Jain	Wood	Manning	Hazen-Williams
Velocidade, m/s	0,70	0,70	0,70	0,70	0,70
Número de Reynolds	142.787	142.787	142.787	142.787	142.787
Coeficiente de fricção	0,01986	0,01998	0,02070	$n = 0{,}010$	$C = 150$
Perda de carga unitária, m/m	0,00242	0,00244	0,00253	0,00258	0,00212
Perda de carga total, m	12,68	12,76	13,21	13,50	11,10

O cálculo da perda de carga total feito por todas as equações é menor que a carga total disponível igual a 15 metros. Portanto, a tubulação de PVC com diâmetro nominal de 200 mm, Classe 20, é adequada para o recalque de esgoto.

■

EXEMPLO 3.5

Calcular a perda de carga total por fricção e a velocidade de um emissário de esgoto por recalque. Devem ser utilizados tubos de ferro fundido com revestimento de cimento, série K7, diâmetro nominal de 300 mm, com 2.000 metros de extensão para bombear vazão de 55 L/s. É preciso usar as equações de Colebrook-White, Swamee-Jain, Wood, Manning e Hazen-Williams, para efeito de comparação.

Dados preliminares:

Diâmetro interno da tubulação: $D_i = 308{,}6$ mm, Tabela 3.8, para série K7, DN 300 mm.

Rugosidade equivalente: $k = 0{,}1$ mm, valor recomendado pela Saint-Gobain Canalização (2006a) para tubos de ferro fundido.

Solução:

Variáveis	Equação				
	Colebrook-White	Swamee-Jain	Wood	Manning	Hazen-Williams
Velocidade, m/s	0,74	0,74	0,74	0,74	0,74
Número de Reynolds	226.922	226.922	226.922	226.922	226.922
Coeficiente de fricção	0,01761	0,01769	0,01843	$n = 0,011$	$C = 130$
Perda de carga unitária, m/m	0,00157	0,00160	0,00165	0,00199	0,00187
Perda de carga total, m	3,15	3,20	3,29	3,98	3,74

A perda de carga total, estimada pelas cinco equações utilizadas, varia de 3,15 m a 3,98 m e a velocidade na tubulação é igual a 0,74 m/s.

■

REFERÊNCIAS

ASSOCIAÇÃO BRASILEIRA DE NORMAS TÉCNICAS (ABNT). *NBR 9.649:* projeto de redes coletoras de esgotos sanitários. Rio de Janeiro, 1986.

______. *NBR 12.215:* elaboração de projetos de sistemas de adução de água para abastecimento público. Rio de Janeiro, 1991.

______. *NBR 12.218:* elaboração de projetos hidráulicos de redes de distribuição de água potável para abastecimento público. Rio de Janeiro, 1994.

AZEVEDO NETTO, J. M. et al. *Manual de hidráulica.* 8. ed. São Paulo: Blucher, 1998.

CHOW, V. T. *Open channel hydraulics.* New York: McGraw-Hill Int. Book Co., 1959.

COMPANHIA METALÚRGICA BARBARÁ. *Catálogo de canalizações por pressão.* Rio de Janeiro: Barbará, 1981.

DAVIDSON, J. W.; SAVIC, D. A.; WALTERS, G. A. Symbolic and numerical regression: experiments and applications. *Information Sciences*, n. 150, p. 95-117, 2003.

FRENCH, R. E. *Open-Channel Hydraulics.* New York: McGraw-Hill Book Co., 1985.

GRUPO HANSEN. *Projeto e instalações de tubos e conexões Tigre de PVC rígido com junta elástica para distribuição de água.* Joinville, 1980a.

______. *Projeto de instalação de PVC rígido DEFoFo e conexões com junta elástica para adução e distribuição de água.* Joinville, 1980b.

HAESTAD METHODS, INC. *Flowmaster, PE-version 6.0 for Windows:* Civil Engineering Hydraulics Software. Waterbury, 1996.

HWANG, N. H. C.; HITA, C. E. *Hydraulic engineering systems*. New Jersey: Prentice-Hall Inc., 1987.

MENDONÇA, S. R. Critérios de projeto para evitar a formação de odores nos coletores de esgotos de grande diâmetro. *Revista DAE*, São Paulo, v. 45, n. 142, p, 271-274, set. 1985c.

______. Fórmulas adequadas para a aplicação de métodos iterativos nos cálculos analíticos de condutos em sistemas de abastecimento de água e esgotos sanitários. *Revista DAE*, São Paulo, v. 44, n. 139, p. 308-312, 1984b.

______. Fórmulas adequadas para a aplicação de métodos iterativos nos cálculos analíticos de condutos em sistemas de abastecimento de água e esgotos sanitários. *Engenharia Sanitária*, Rio de Janeiro, v. 24, n. 1, p. 105-110, jan./mar. 1985a.

______. Programa para dimensionamento de canais abertos em regime uniforme através de calculadoras HP-11C. *Engenharia Sanitária*, Rio de Janeiro, v. 26. n. 1, p. 97, jan./mar. 1987a.

______. Programa para dimensionamento de canais abertos em regime crítico através de calculadoras HP-11C. *Engenharia Sanitária*, Rio de Janeiro, v. 26, n. 2, p. 189, abr./jun. 1987b.

______. Programas para o dimensionamento de condutos de seção circular em calculadoras HP-11C. *Engenharia Sanitária*, Rio de Janeiro, v. 24; n. 3, p. 361-362, jul./set. 1985b.

______. Simplificação de cálculos de condutos circulares em sistemas de abastecimento de água e esgotos sanitários. *Engenharia Sanitária*, Rio de Janeiro, v. 23, n. 1, p. 65-70, jan./mar. 1984a.

______. *Tabelas para cálculos de redes de esgotos:* Manning, PTC-B. 04/0001. João Pessoa: CAGEPA, 1981.

______. *Tópicos avançados em sistemas de esgotos*. Rio de Janeiro: ABES, 1987c.

MENDONÇA, S. R. et al. *Projeto e construção de redes de esgotos sanitários*. Rio de Janeiro: ABES, 1987d.

PORTO, R. de M. *Hidráulica* básica. São Carlos: EESC USP/Projeto REENGE, 1998.

RAJU, K. G. R. *Flow through open channels*. New Delhi: Tata McGraw-Hill Pub., 1981.

ROMEO, E.; ROYO, C.; MONZÓN, A. *Chemical Engineering Journal*, n. 86, p. 369-374, 2002.

SAINT-GOBAIN CANALIZAÇÃO. *Linha Adução Água*. 2006a. Disponível em: <www.saint-gobain-canalizacao.com.br>. Acesso em: 30 de setembro de 2014.

______. *Linha Integral Esgoto*. 2006b. Disponível em: <www.saint-gobain-canalizacao.com.br>. Acesso em: 30 de setembro de 2014.

SALDARRIAGA, J. G. V. *Hidráulica de tuberías*. Bogotá: McGraw-Hill, 1998.

SILVESTRE, P. *Hidráulica geral*. Rio de Janeiro: Livros Técnicos e Científicos Editora, 1973.

STREETER, V. L.; WYLIE, E. B.; BEDFORD, K. W. *Mecánica de fluidos*. 9. ed. Bogotá: McGraw-Hill, 2000.

STREETER, V. L.; WYLIE, E. B. *Mecânica dos fluidos*. 7. ed. São Paulo: McGraw-Hill, 1982.

SWAMEE, P. K.; JAIN, A. K. Explicit equation for pipe flow problems. *J. Hydraulic Division – ASCE*, New York, v. 102, n. 5, p. 657-664, 1976.

CAPÍTULO 4

PROGRAMAS PARA CALCULADORA CIENTÍFICA HP 35S

Sérgio Rolim Mendonça

MÉTODOS ITERATIVOS

Certas equações precisam ser arranjadas adequadamente para que suas resoluções possam ser processadas de maneira possível. Esse tipo de equação só pode ser resolvido por meio de método iterativo. Algumas vezes essas equações devem ser preparadas para que haja rápida convergência no processo. Para cada aplicação, pode haver necessidade de análise criteriosa do comportamento de cada função.

Os métodos mais utilizados são o da iteração linear e o de Newton-Raphson. A iteração linear, embora não seja a mais eficiente, é representada por um algoritmo bastante simples que facilita sua aplicação em calculadoras programáveis de pequena capacidade.

Existem algumas equações que são muito usadas nos cálculos hidráulicos, mas que só podem ser resolvidas por meio de métodos iterativos. Uma delas é a equação de Colebrook-White, cujo coeficiente de fricção ou de atrito é usado com a fórmula universal para dimensionamento de condutos forçados de seção circular, tais como adutoras para abastecimento de água e tubulações de recalque de esgoto sanitário, preconizada pelas normas da ABNT de 1991 e de 1994. Outra equação é usada para definir o valor da diferença do ângulo θ do setor circular, em radianos, pela fórmula de Manning, conforme exigências da ABNT de 1986.

No começo da década de 1980, quando surgiram os primeiros computadores fabricados no Brasil, demos início a nossa primeira experiência na área de informática, com um modelo semelhante ao TRS-80 fabricado nos Estados Unidos. Nessa época, todos os cálculos de redes de esgoto, por exemplo, eram efetuados por tabelas ou ábacos. Aprendemos um pouco da linguagem BASIC e, a partir daí, nosso tempo livre passou a ser dedicado ao estudo de quais seriam as fórmulas que poderíamos usar no computador para dimensionar redes coletoras de esgoto, exclusivamente por processos analíticos. Depois de muita pesquisa e muitos cálculos, obtivemos resultados positivos.

A partir desse estudo, elaboramos um trabalho técnico sobre o tema que foi apresentado no XIX Congreso Interamericano de Ingeniería Sanitária y Ambiental, realizado em Santiago, no Chile, em novembro de 1984 (MENDONÇA, 1984b; 1985a). Apesar do trabalho ter sido enviado, não comparecemos ao congresso porque, na mesma época, obtivemos uma bolsa de estudos da Associação Japonesa de Cooperação Internacional (JICA) para um curso de 45 dias na área de controle de poluição das águas em Tóquio, no Japão. Posteriormente, tomamos conhecimento, pelo então presidente da Associação Brasileira de Engenharia Sanitária e Ambiental (ABES), Walter Pinto Costa, de que o trabalho havia sido indicado para um dos prêmios do congresso em Santiago, mas a presença do autor era uma das condições para obter o prêmio. Não temos dúvida de que esse trabalho motivou grandes empresas brasileiras de informática e projetos a dar início ao desenvolvimento de *softwares* para dimensionamento de redes de esgotamento sanitário e de drenagem. Um bom exemplo é a empresa Sanegraph (2014), cujo *software* mais conhecido é o SANCAD – *Software* Gráfico para Projeto de Redes de Esgotos Sanitários, comercializado no Brasil e na América Latina.

No começo de 1982, a partir do lançamento das calculadoras científicas Hewlett-Packard (HP), que introduziram a nova linguagem chamada notação polonesa reversa (RPN), elaboramos vários programas, posteriormente publicados na *Revista Engenharia Sanitária e Ambiental*, da ABES (MENDONÇA, 1985b; 1987a; 1987b), para facilitar os cálculos dessas fórmulas hidráulicas usadas com frequência nos projetos de sistemas de abastecimento de água e de esgoto sanitário.

Mesmo após mais de trinta anos, as calculadoras científicas da Hewlett-Packard (2014) ainda são muito vantajosas. Por esse motivo, apresentamos a seguir alguns programas que julgamos ser bastante úteis para estudantes de engenharia, técnicos e projetistas que trabalham em engenharia sanitária e ambiental.

Todas as fórmulas deste capítulo já foram apresentadas detalhadamente nos Capítulos 2 e 3.

FÓRMULAS PARA DIMENSIONAMENTO DE CONDUTOS FORÇADOS DE SEÇÃO CIRCULAR (COLEBROOK-WHITE)

Dados: D (mm); Q (L/s); k (mm); $g = 9{,}81\ m/s^2$; $\nu = 10^{-6}\ m^2/s$

$$v = \frac{4Q10^{-3}}{\pi D^2} \text{ (Velocidade, m/s)}$$

$$Re = \frac{vD}{\nu} \text{ (Número de Reynolds, adimensional)}$$

$$\frac{1}{\sqrt{f_n}} = -2\log\left(0{,}27\frac{k}{D} + \frac{2{,}51}{Re\sqrt{f_n}}\right)$$ (Coeficiente de fricção, adimensional)

O valor inicial de f deve ser igual a 0,03. Repetem-se as operações até $f_{n+1} = f_n$ com $\varepsilon = 0{,}001$, de maneira que $\varepsilon > \dfrac{|f_{n+1} - f_n|}{f_n}$.

$$J = f\frac{v^2}{2gD}$$ (Perda de carga unitária, m/m)

Programa:

PRGM TOP	B004 x	C013 x	O002 RCL F
A001 LBL A	B005 1E-3	C014 +	O003 STOP
A002 RCL Q	B006 x	C015 x²	D001 LBL D
A003 1E-3	B007 1E-6	C016 LOG	D002 RCL V
A004 x	B008 ÷	C017 x²	D003 x²
A005 4	B009 STO R	C018 1/x	D004 RCL H
A006 x	B010 STOP	C019 STO F	D005 x
A007 π	C001 LBLC	C020 RCL H	D006 9,81
A008 ÷	C002 RCL H	C021 –	D007 ÷
A009 RCL D	C003 √x	C022 ABS	D008 2
A010 1E-3	C004 RCL R	C023 RCL H	D009 ÷
A011 x	C005 x	C024 ÷	D010 RCL D
A012 x²	C006 1/x	C025 1E-4	D011 1E-3
A013 ÷	C007 2,51	C026 x>y?	D012 x
A014 STO V	C008 x	C027 GTO O001	D013 ÷
A015 STOP	C009 RCL K	C028 RCL F	D014 STOP
B001 LBL B	C010 RCL D	C029 STO H	RTN
B002 RCL V	C011 ÷	C030 GTO 001	
B003 RCL D	C012 0,27	O001 LBL O	

EXEMPLO 4.1

Dados	Solução
$Q = 2{,}24$ L/s → STO Q	XEQ A ENTER → v = 1,00 m/s
$D = 53{,}4$ mm → STO D	XEQ B ENTER → $Re = 53.409$
$f = 0{,}03$ (tentativa) → STO H	XEQ C ENTER → $f = 0{,}02689$
$k = 0{,}12$ mm → STO K	XEQ D ENTER → $J = 0{,}02568$ m/m

■

EXEMPLO 4.2

Dados	Solução
Q = 100 L/s → STO Q	XEQ A ENTER → v = 1,34 m/s
D = 308,4 mm → STO D	XEQ B ENTER → Re = 412.853
f = 0,03 (tentativa) → STO H	XEQ C ENTER → f = 0,01868
k = 0,20 mm → STO K	XEQ D ENTER → J = 0,00553 m/m

■

FÓRMULAS PARA DIMENSIONAMENTO DE CONDUTOS LIVRES DE SEÇÃO CIRCULAR (MANNING)

Dados: Q (L/s); I (m/m); ***n*** (coeficiente de rugosidade);
g = 9,81 m/s²; γ = 10 kN/m³; y/D ≤ 0,80; 1,59 rad ≤ θ ≤ 4,43 rad

$\left(\frac{y}{D}\right)_{máx}$ varia de 0,50 a 0,80 (Lâmina líquida relativa máxima, adimensional)

$$\theta_t = 2\,\text{arc cos}\left(1 - 2\frac{y}{D}\right) \text{ (Diferença do ângulo teórico do setor circular, rad)}$$

$$D_t = \frac{2^{13/8}\,\theta_t^{1/4}}{\left(\theta_t - \text{sen}\theta_t\right)^{5/8}}\left(\frac{nQ10^{-3}}{\sqrt{I}}\right)^{3/8} \text{ (Diâmetro teórico, m)}$$

Considerar o diâmetro comercial, D, igual ou superior ao diâmetro teórico, D_t.

$$\theta_n = \text{sen}\theta_n + 2^{2,6}\left(\frac{nQ10^{-3}}{\sqrt{I}}\right)^{0,6} D^{-1,6}\theta_n^{\ 0,4} \text{ (Diferença do ângulo real do setor circular, rad)}$$

O valor inicial de θ deve ser igual a 3 radianos. Repetem-se as operações até $\theta_{n+1} = \theta_n$ com $\varepsilon = 0{,}001$, de maneira que $\varepsilon > \frac{\left|\theta_{n+1} - \theta_n\right|}{\theta_n}$.

$$\frac{y}{D} = \frac{1}{2}\left(1 - \cos\frac{\theta}{2}\right) = k_1 \text{ (Lâmina líquida relativa, adimensional)}$$

$$y = k_1 D \text{ (Lâmina líquida, m)}$$

$$\text{v} = \frac{\sqrt{I}}{n}\left[\frac{D}{4}\left(1 - \frac{\text{sen}\theta}{\theta}\right)\right]^{2/3} \text{ (Velocidade, m/s)}$$

$$\sigma_t = \gamma n^2 v^2 \left[\frac{4\theta}{D(\theta - \text{sen}\theta)} \right]^{1/3} \text{ (Tensão trativa, Pa, N/m}^2\text{)}$$

$$v_{ar} = 3\left[gD\left(1 - \frac{\text{sen}\theta}{\theta}\right) \right]^{1/2} \text{ (Velocidade mínima para entrada de ar, m/s)}$$

Programa:

E001 LBL E	F031 x	H001 LBL H	L026 STO V
E002 0,80	F032 1E3	H002 RCL T	L027 STOP
E003 ENTER	F033 x	H003 2	M001 LBL M
E004 2	F034 STOP	H004 ÷	M002 RCL T
E005 x	F035 INPUT D	H005 COS	M003 SIN
E006 +/-	F036 STOP	H006 +/-	M004 +/-
E007 1	G001 LBL G	H007 1	M005 RCL T
E008 +	G002 RCL W	H008 +	M006 +
E009 ACOS	G003 0,6	H009 2	M007 RCL D
E010 2	G004 y^x	H010 ÷	M008 1E-3
E011 x	G005 RCL D	H011 STO X	M009 x
E012 STO L	G006 1E-3	H012 STOP	M010 x
E013 STOP	G007 x	K001 LBL K	M011 1/x
F001 LBL F	G008 -1,6	K002 RCL X	M012 4
F002 RCL S	G009 y^x	K003 RCL D	M013 x
F003 √x	G010 x	K004 x	M014 RCL T
F004 1/x	G011 RCL L	K005 STO Y	M015 x
F005 RCL N	G012 0,4	K006 STOP	M016 1
F006 x	G013 y^x	L001 LBL L	M017 ENTER
F007 RCL Q	G014 x	L002 RCL T	M018 3
F008 1E-3	G015 2	L003 SIN	M019 ÷
F009 x	G016 ENTER	L004 RCL T	M020 y^x
F010 x	G017 2,6	L005 ÷	M021 RCL V
F011 STO W	G018 y^x	L006 +/-	M022 x^2
F012 0,375	G019 x	L007 1	M023 x
F013 y^x	G020 RCL L	L008 +	M024 RCL N
F014 RCL L	G021 SIN	L009 RCL D	M025 x^2
F015 0,25	G022 +	L010 1E-3	M026 x
F016 y^x	G023 STO T	L011 x	M027 1E4
F017 x	G024 RCL L	L012 x	M028 x
F018 2	G025 -	L013 STO U	M029 STOP
F019 ENTER	G026 ABS	L014 4	N001 LBL N
F020 1,625	G027 RCL L	L015 ÷	N002 RCL U
F021 y^x	G028 ÷	L016 2	N003 9,81

F022 x	G029 1E-3	L017 ENTER	N004 x
F023 RCL L	G030 x>y?	L018 3	N005 √x
F024 SIN	G031 GTO P001	L019 ÷	N006 3
F025 +/-	G032 RCL T	L020 y^x	N007 x
F026 RCL L	G033 STO L	L021 RCL S	N008 STOP
F027 +	G034 GTO G001	L022 √x	N009 RTN
F028 0,625	P001 LBL P	L023 x	
F029 y^x	P002 RCL T	L024 RCL N	
F030 1/x	P003 STOP	L025 ÷	

EXEMPLO 4.3

Dados	Solução
MODE 2RAD ENTER	XEQ E ENTER → $\theta_{teórico}$ = 4,42859 rad
Q = 15,0 L/s → STO Q	XEQ F ENTER → $D_{teórico}$ = 166 mm
I = 0,006 m/m → STO S	R/S INPUT D? 200 → STO D
n = 0,013 → STO N	XEQ G ENTER → θ = 3,35205 rad
θ = 3 rad (tentativa) → STO L	XEQ H ENTER → y/D = 0,55
	XEQ K ENTER → y = 111 mm
	XEQ L ENTER → v = 0,84 m/s
	XEQ M ENTER → σ = 3,2 Pa
	XEQ N ENTER → v_{ar} = 4,33 m/s

■

EXEMPLO 4.4

Dados	Solução
MODE 2RAD ENTER	XEQ E ENTER → $\theta_{teórico}$ = 4,42859 rad
Q = 300 L/s → STO Q	XEQ F ENTER → $D_{teórico}$ = 541 mm
I = 0,0058 m/m → STO S	R/S INPUT D? 600 → STO D
n = 0,015 → STO N;	XEQ G ENTER → θ = 3,71146 rad
θ = 3 rad (tentativa) → STO L	XEQ H ENTER → y/D = 0,64
	XEQ K ENTER → y = 384 mm
	XEQ L ENTER → v = 1,57 m/s
	XEQ M ENTER → σ = 10,0 Pa
	XEQ N ENTER → v_{ar} = 7,79 m/s

■

FÓRMULAS PARA DIMENSIONAMENTO DE CANAIS DE SEÇÃO TRAPEZOIDAL, RETANGULAR OU TRIANGULAR (MANNING)

Dados: Q (m^3/s); I (m/m); ***n*** (coeficiente de rugosidade); b (m); z (adimensional)

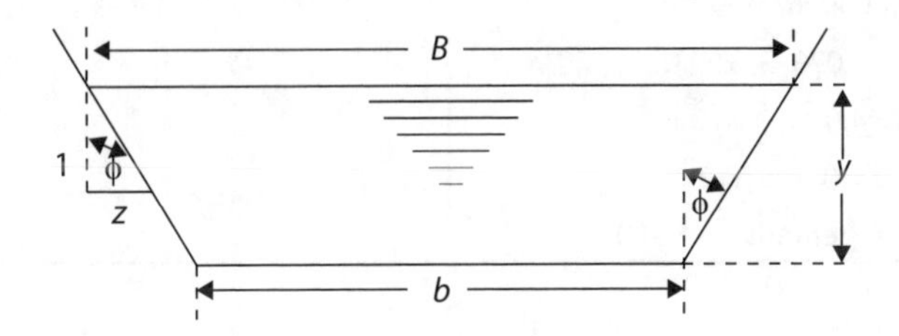

Na seção retangular, $z = 0$; na seção triangular $b = 0$.

$$y = \left(\frac{nQ}{\sqrt{I}}\right)^{0,6} \frac{\left(b + 2y\sqrt{1+z^2}\right)^{0,4}}{(b+zy)} \quad \text{(Lâmina líquida, m)}$$

Repetem-se as operações até $y_{n+1} = y_n$ com $\varepsilon = 0{,}001$, de maneira que $\varepsilon > \frac{|y_{n+1} - y_n|}{y_n}$.

$$v = \frac{Q}{y(b+zy)} \quad \text{(Velocidade, m/s)}$$

Programa:

Y001 LBL Y	Y016 x	Y031 STO Y	Z001 LBL Z
Y002 RCL Q	Y017 RCL Z	Y032 RCL A	Z002 RCL Q
Y003 RCL N	Y018 x^2	Y033 -	Z003 RCL Y
Y004 x	Y019 1	Y034 ABS	Z004 ÷
Y005 RCL S	Y020 +	Y035 RCL A	Z005 RCL Y
Y006 √x	Y021 √x	Y036 ÷	Z006 RCL Z
Y007 ÷	Y022 RCL A	Y037 1E-3	Z007 x
Y008 0,6	Y023 x	Y038 x>y?	Z008 RCL B
Y009 y^x	Y024 2	Y039 GTO U001	Z009 +
Y010 RCL A	Y025 x	Y040 RCL Y	Z010 ÷
Y011 RCL Z	Y026 RCL B	Y041 STO A	Z011 STOP
Y012 x	Y027 +	Y042 GTO Y001	Z012 RTN
Y013 RCL B	Y028 0,4	U001 LBL U	
Y014 +	Y029 y^x	U002 RCL Y	
Y015 1/x	Y030 x	U003 STOP	

EXEMPLO 4.5 (CANAL TRAPEZOIDAL)

Dados	Solução
$Q = 60,0$ m³/s → STO Q	XEQ Y ENTER → $y = 3,06$ m
$I = 0,0009$ m/m → STO S	XEQ Z ENTER → $v = 1,49$ m/s
$n = 0,029$ → STO N	
$b = 4,0$ m → STO B	
$z = 3$ → STO Z	
y = 2,0 m (tentativa) → STO A	

■

EXEMPLO 4.6 (CANAL RETANGULAR)

Dados	Solução
$Q = 7,36$ m³/s → STO Q	XEQ Y ENTER → $y = 0,65$ m
$I = 0,0049$ m/m → STO S	XEQ Z ENTER → $v = 3,07$ m/s
$n = 0,014$ → STO N	
$b = 3,66$ m → STO B	
$z = 0$ → STO Z	
$y = 2,0$ m (tentativa) → STO A	

■

REFERÊNCIAS

ASSOCIAÇÃO BRASILEIRA DE NORMAS TÉCNICAS (ABNT). *NBR 9.649:* projeto de redes coletoras de esgotos sanitários. Rio de Janeiro, 1986.

______. *NBR 12.215:* elaboração de projetos de sistemas de adução de água para abastecimento público. Rio de Janeiro, 1991.

______. *NBR 12.218:* elaboração de projetos hidráulicos de redes de distribuição de água potável para abastecimento público. Rio de Janeiro, 1994.

HEWLETT-PACKARD. HP 35s. 2014. Disponível em: <www.hp.com/latam/br/produtos/calculadoras/mod_aprendizado/professores/35s.html>. Acesso em: 1º de outubro de 2015.

MENDONÇA, S. R. Critérios de projeto para evitar a formação de odores nos coletores de esgotos de grande diâmetro. *Revista DAE*, São Paulo, v. 45, n. 142, p, 271-274, set. 1985c.

______. Fórmulas adequadas para a aplicação de métodos iterativos nos cálculos analíticos de condutos em sistemas de abastecimento de água e esgotos sanitários. *Revista DAE*, São Paulo, v. 44, n. 139, p. 308-312, 1984b.

______. Fórmulas adequadas para a aplicação de métodos iterativos nos cálculos analíticos de condutos em sistemas de abastecimento de água e esgotos sanitários. *Engenharia Sanitária*, Rio de Janeiro, v. 24, n. 1, p. 105-110, jan./mar. 1985a.

______. Partes constitutivas de las lagunas. In: ______. *Sistemas de lagunas de estabilización:* cómo utilizar aguas residuales tratadas em sistemas de regadio. Bogotá: McGraw-Hill, 2001. p. 297-312.

______. Programa para dimensionamento de canais abertos em regime uniforme através de calculadoras HP-11C. *Engenharia Sanitária*, Rio de Janeiro, v. 26. n. 1, p. 97, jan./mar. 1987a.

______. Programa para dimensionamento de canais abertos em regime crítico através de calculadoras HP-11C. *Engenharia Sanitária*, Rio de Janeiro, v. 26, n. 2, p. 189, abr./jun. 1987b.

______. Programas para o dimensionamento de condutos de seção circular em calculadoras HP-11C. *Engenharia Sanitária*, Rio de Janeiro, v. 24; n. 3, p. 361-362, jul./set. 1985b.

______. Simplificação de cálculos de condutos circulares em sistemas de abastecimento de água e esgotos sanitários. *Engenharia Sanitária*, Rio de Janeiro, v. 23, n. 1, p. 65-70, jan./mar. 1984a.

______. *Tabelas para cálculos de redes de esgotos:* Manning, PTC-B. 04/0001. João Pessoa: CAGEPA, 1981.

______. *Tópicos avançados em sistemas de esgotos*. Rio de Janeiro: ABES, 1987c.

MENDONÇA, S. R. et al. *Projeto e construção de redes de esgotos sanitários.* Rio de Janeiro: ABES, 1987d.

SANEGRAPH LTDA. Consultoria em sistema de informática e saneamento. 2014. Disponível em: <www.sanegraph.com.br>. Acesso em: 12 out. 2015.

[illegible] técnicas adequadas para a aplicação [illegible] dos dispositivos [illegible] condutos [illegible] de abastecimento de água e esgotos sanitários. Revista DAE, São Paulo, v. 44, n. 152(?), p. 308-314, 1984(?).

[illegible] lâmina [illegible] cálculos analíticos [illegible] de drenagem [illegible] p. 105-110 [illegible]

[illegible] de esgoto [illegible] Hill, 200[illegible]

[illegible] através de [illegible] Santo [illegible] de Janeiro, v. [illegible]

[illegible] para dimensionamento de canais [illegible] através de [illegible] ABES [illegible] abr./jun. 199[illegible]

[illegible] Rio de Janeiro, v. [illegible]

[illegible] cálculos [illegible] de esgotos [illegible] Rio de Janeiro, v. [illegible] jan./mar. 1964.

[illegible] ASTRA [illegible]

[illegible]

MENDONÇA, S. R. et al. [illegible] Rio de Janeiro: ABES, [illegible]

SANEGRAPH. [illegible] Disponível em: <www.sanegraph.com.br>. Acesso em: [illegible]

CAPÍTULO 5
ESTAÇÕES ELEVATÓRIAS DE ESGOTO

Sérgio Rolim Mendonça
Neyson Martins Mendonça[1]

LOCALIZAÇÃO

A localização das estações elevatórias nos sistemas de esgoto depende do traçado do sistema de coleta. Nas cidades construídas próximas do litoral, por geralmente terem terreno muito plano, sempre há necessidade da utilização de estações elevatórias. As comunidades localizadas em áreas com topografia acidentada são mais beneficiadas, já que poucas vezes necessitam desses equipamentos. De maneira geral, as estações elevatórias estão localizadas nos pontos mais baixos de uma bacia ou nas proximidades de rios, riachos ou barragens.

Para escolha do local adequado para a construção de uma estação elevatória, devem ser considerados os seguintes aspectos (ALEM SOBRINHO; TSUTIYA, 1999):

- dimensões do terreno que satisfaçam às necessidades atuais e à futura expansão do sistema;
- baixo custo e facilidade de desapropriação do terreno;
- disponibilidade de energia elétrica;
- facilidade de local para extravasar o esgoto durante eventuais paralisações do equipamento de recalque;

---

[1] Professor doutor da Universidade Federal do Pará.

- levantamento topográfico da área;
- sondagens do terreno;
- facilidades de acesso;
- estabilidade contra erosão;
- localização em área com menor desnível geométrico;
- trajeto mais curto de linhas de recalque;
- mínima remoção de interferências;
- menor movimento de terra;
- análise de impacto ambiental;
- harmonização da construção com o ambiente circunvizinho.

CLASSIFICAÇÃO DAS ESTAÇÕES ELEVATÓRIAS

Os critérios mais comuns são:

- capacidade (m^3/s, m^3/h, L/s);
- fontes de energia (eletricidade, diesel etc.);
- método construtivo (convencional, pré-moldado etc.);
- altura manométrica;
- função específica (recalque de água, esgoto ou lodo, por exemplo).

As estações elevatórias podem também ser classificadas de acordo com sua capacidade em termos de vazão ou altura manométrica, como pode ser verificado na Tabela 5.1.

Tabela 5.1 – Classificação das estações elevatórias em função de critérios hidráulicos

Classificação	Altura manométrica	Vazão
Baixa	$H_{man} \leq 10$ mca	Q ≤ 50 L/s
Média	10 mca ≤ $H_{man} \leq 20$ mca	50 L/s ≤ Q ≤ 500 L/s
Alta	$H_{man} \geq 20$ mca	Q ≥ 500 L/s

Fonte: Além Sobrinho e Tsutiya (1999).

TIPOS DE BOMBA UTILIZADOS

Os principais tipos de equipamento de bombeamento utilizados em estações elevatórias de esgoto (EEE) são apresentados na Figura 5.1.

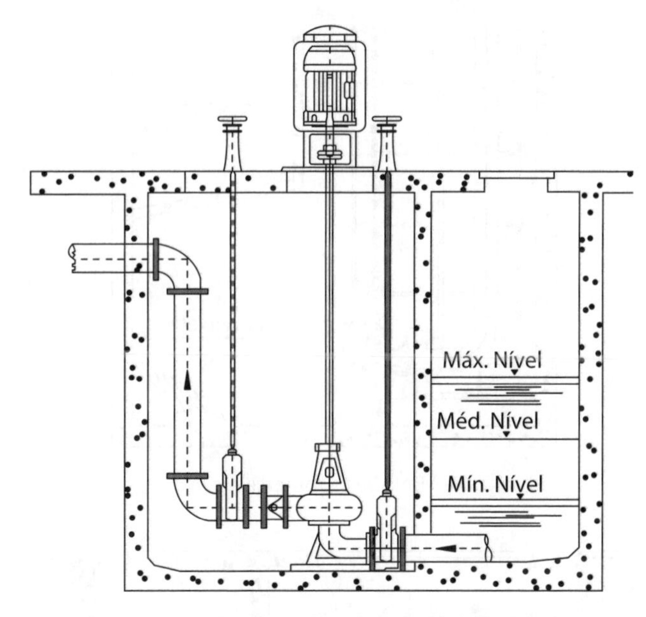

(a) Bombas centrífugas de eixo vertical

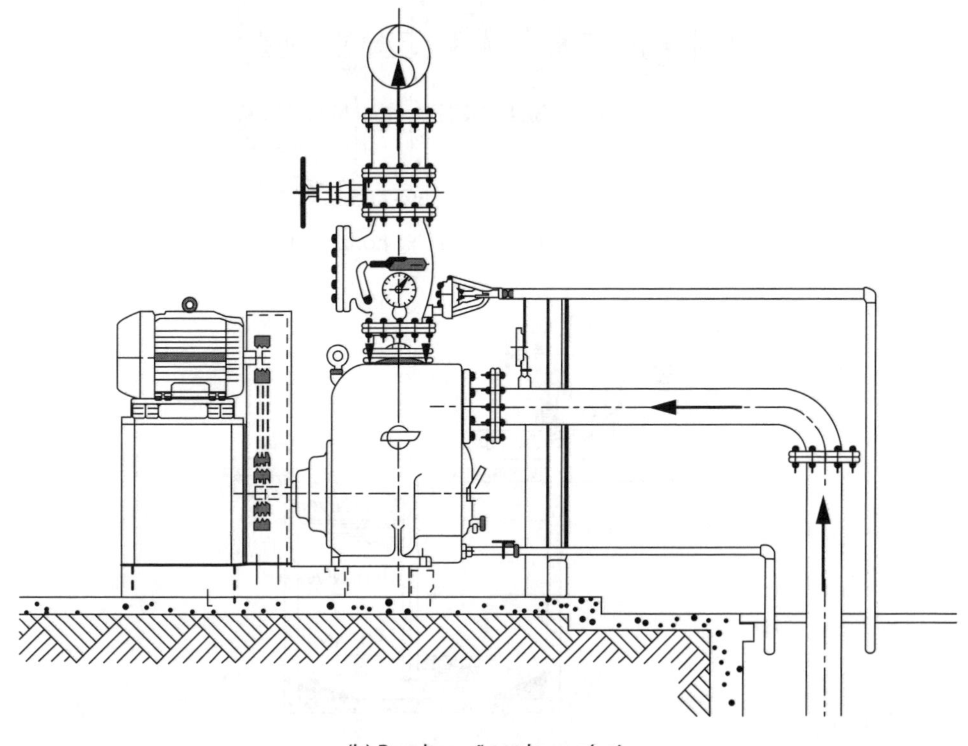

(b) Bombas não submersíveis

Figura 5.1 – Tipos de equipamentos de bombeamento utilizados em EEE (*continua*)

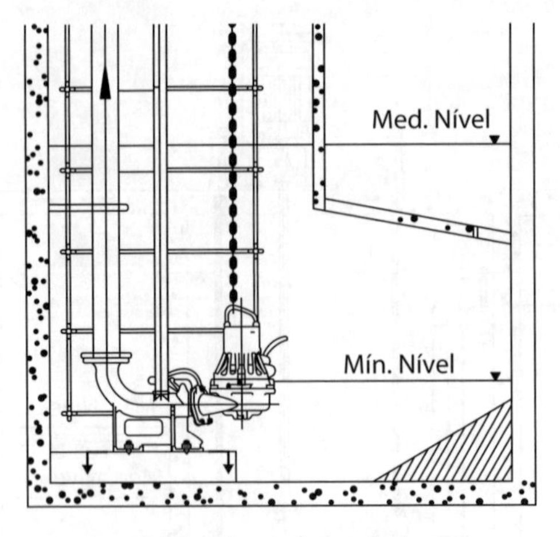

(c) Bombas submersíveis

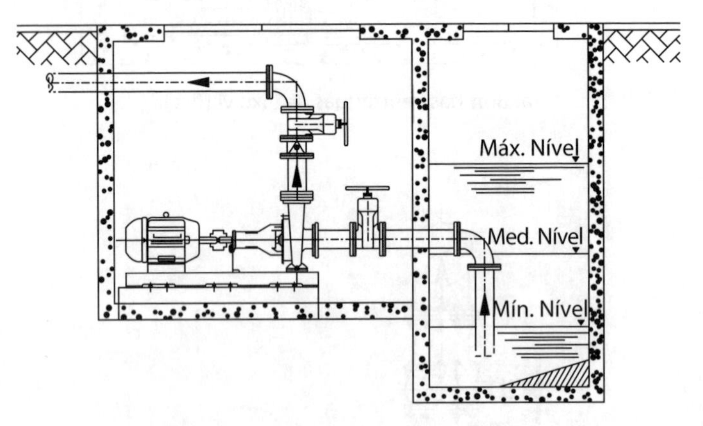

(d) Bombas centrífugas de eixo horizontal

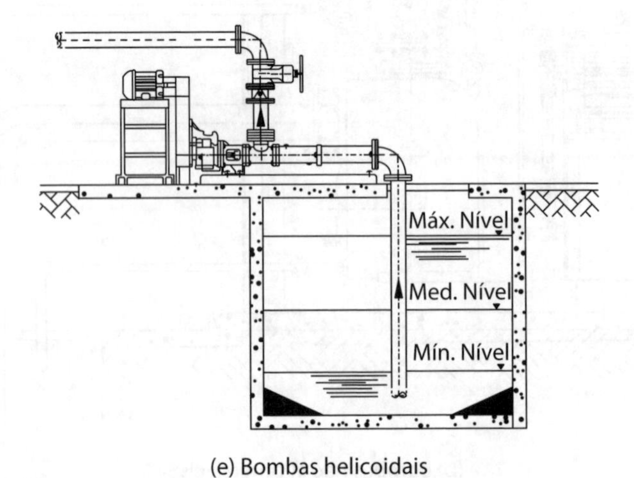

(e) Bombas helicoidais

Figura 5.1 – Tipos de equipamentos de bombeamento utilizados em EEE (*continuação*)

Por experiência, sabe-se que os dois tipos de bombas de EEE que funcionam muito bem são as bombas centrífugas de eixo horizontal e as bombas submersíveis de eixo vertical com o motor.

As estações elevatórias com ejetores pneumáticos são utilizadas para bombear pequenas vazões a alturas manométricas reduzidas. A capacidade do ejetor varia normalmente de 5 L/s a 15 L/s, não ultrapassando 20 L/s. Para vazões superiores, o consumo de energia elétrica aumenta consideravelmente.

O recalque por meio do parafuso de Arquimedes é utilizado, de maneira geral, próximo das estações de tratamento de esgoto, fora de áreas urbanizadas. O processo de recalque é inteiramente visível em todos os detalhes, podendo facilmente conduzir esgoto bastante contaminado e dispensando algumas vezes o uso de gradeamento a montante.

ESTAÇÕES ELEVATÓRIAS CONVENCIONAIS

De acordo com sua localização, os equipamentos de recalque podem ser instalados no poço seco ou no poço úmido das estações elevatórias. Os principais equipamentos utilizados são:

a) Poço seco:
   - Conjunto motor-bomba de eixo horizontal.
   - Conjunto motor-bomba de eixo vertical prolongado (bomba não submersível).
   - Conjunto motor-bomba de eixo vertical (bomba não submersível).

b) Poço úmido:
   - Bomba autoescorvante.
   - Conjunto vertical de eixo prolongado (bomba submersível).
   - Conjunto motor-bomba submersível.

PRINCIPAIS ASPECTOS DE PROJETO DE ESTAÇÕES ELEVATÓRIAS E POÇOS DE SUCÇÃO

ESQUEMAS DE CONJUNTOS MOTOR-BOMBA MAIS UTILIZADOS

A Figura 5.2 apresenta um esquema hidráulico de um sistema de recalque com bomba centrífuga de eixo horizontal. Na Figura 5.3, mostra-se o corte de uma estação elevatória com bomba tipo parafuso de Arquimedes, muito usada para pequenos desníveis geométricos. As Figuras 5.4, 5.5 e 5.6 apresentam bombas que são utilizadas em poço de sucção seco, e as Figuras 5.7 e 5.8 mostram bombas utilizadas em poços de sucção úmidos. Nas Figuras 5.9 e 5.10, destacam-se a planta baixa e o corte de estações elevatórias retangulares com bombas submersíveis; nas Figuras 5.11 e 5.12, pode-se ver estações elevatórias circulares utilizando os mesmos tipos de bombas anteriores.

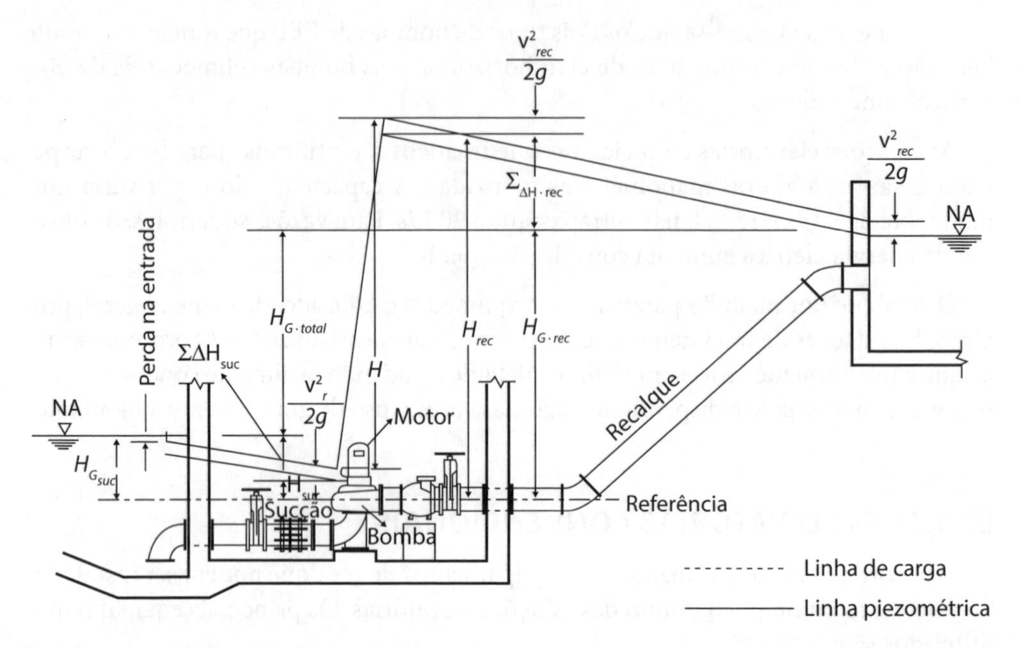

Fonte: Alem Sobrinho, Tsutya (1999).

Figura 5.2 – Esquema hidráulico de uma estação elevatória com bomba centrífuga de eixo vertical

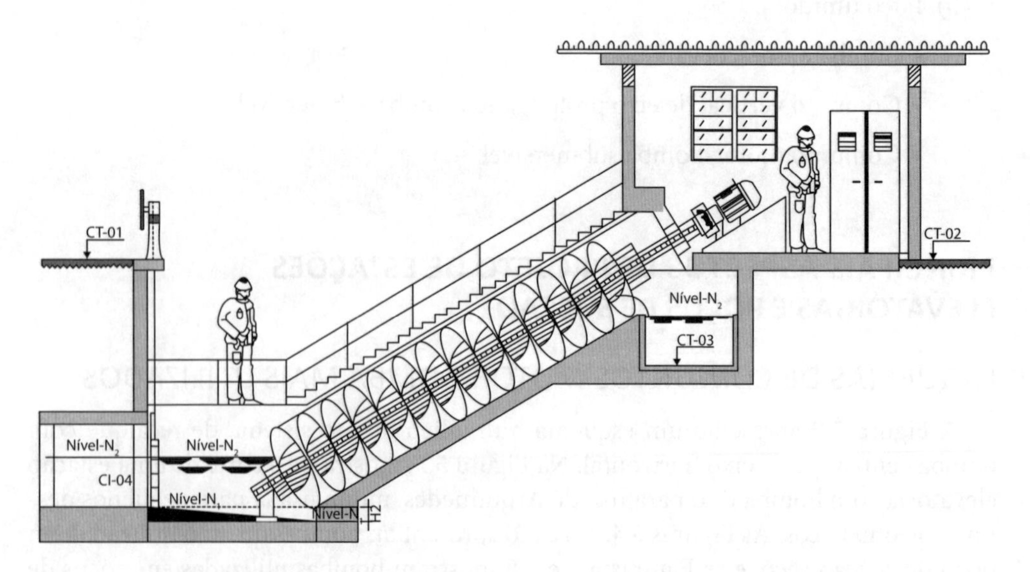

Figura 5.3 – Estação elevatória com bomba tipo parafuso de Arquimedes

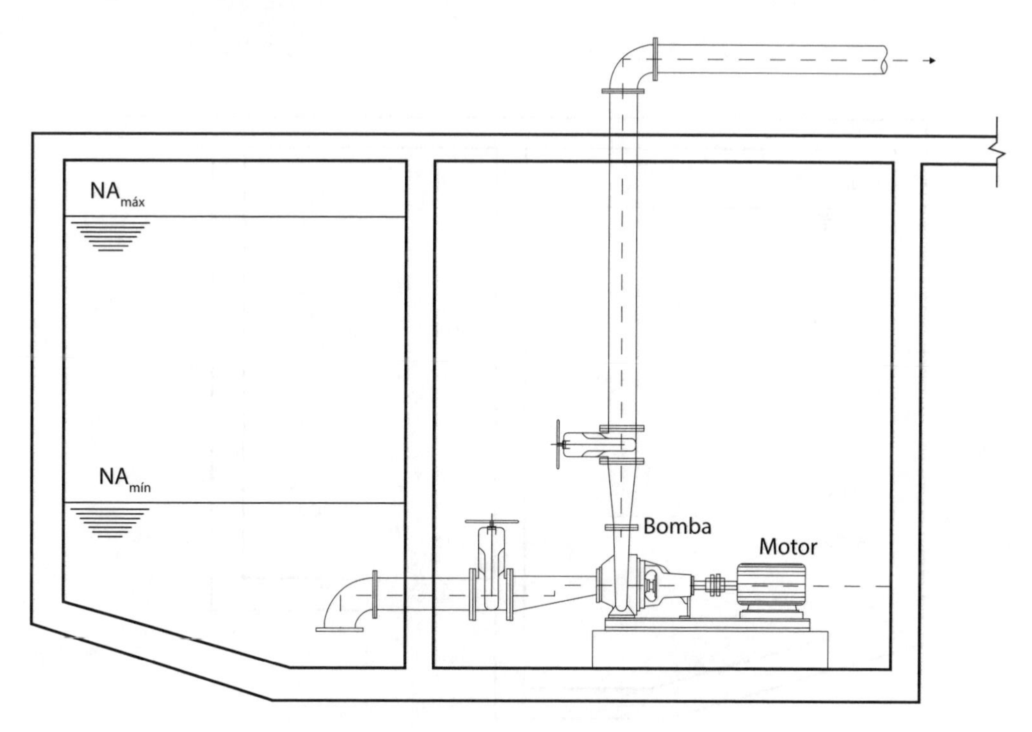

Figura 5.4 – Conjunto motor-bomba de eixo horizontal (poço seco)

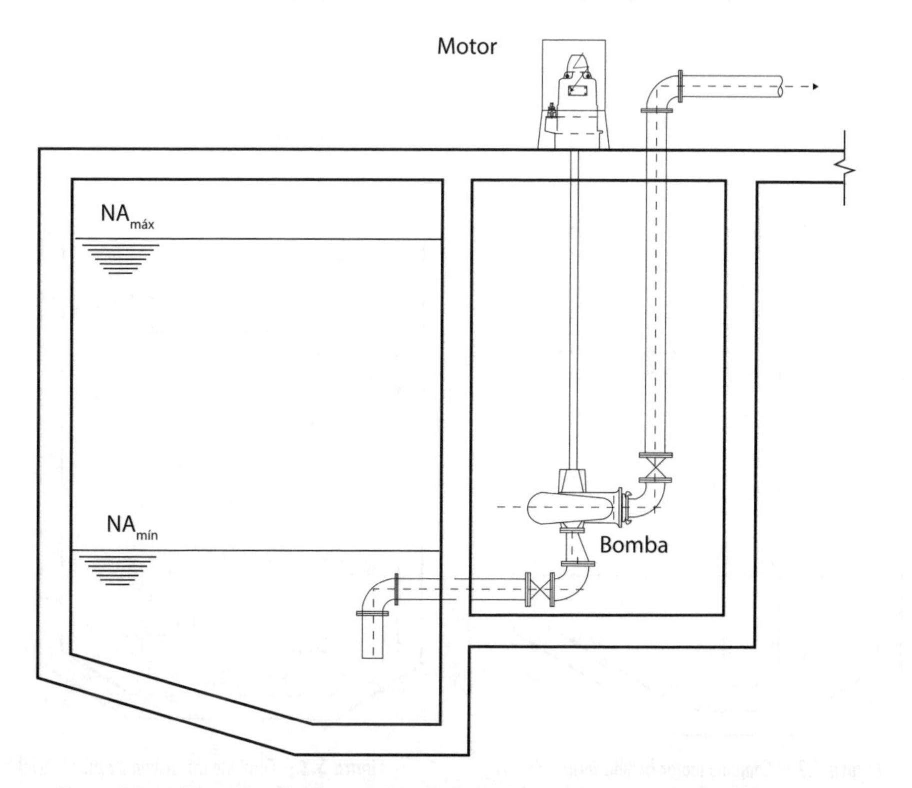

Figura 5.5 – Conjunto motor-bomba vertical de eixo prolongado com bomba não submersível (poço seco)

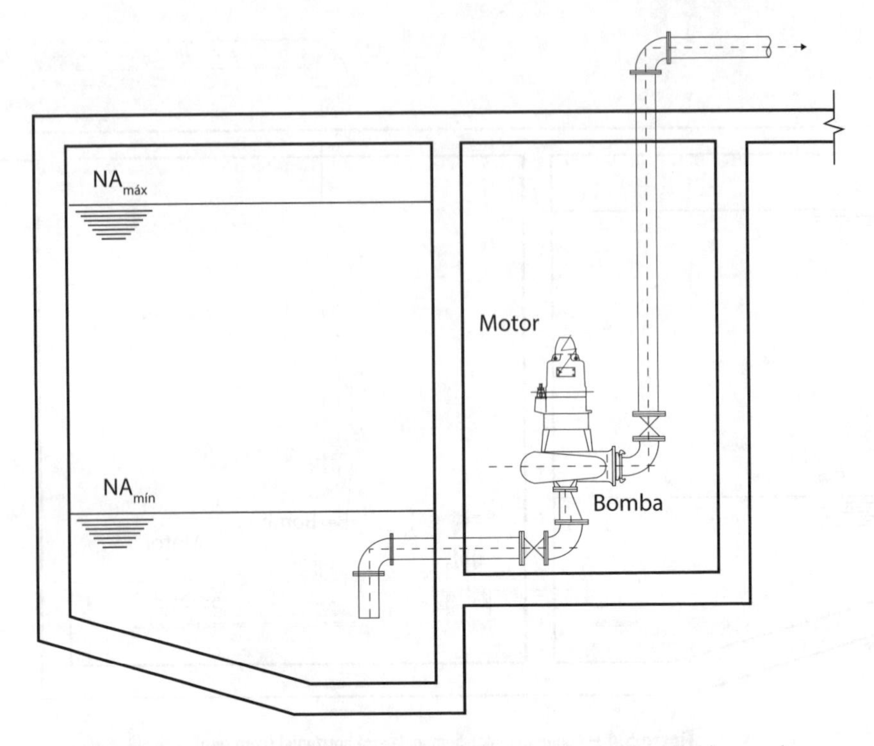

Figura 5.6 – Conjunto motor-bomba de eixo vertical com bomba não submersível (poço seco)

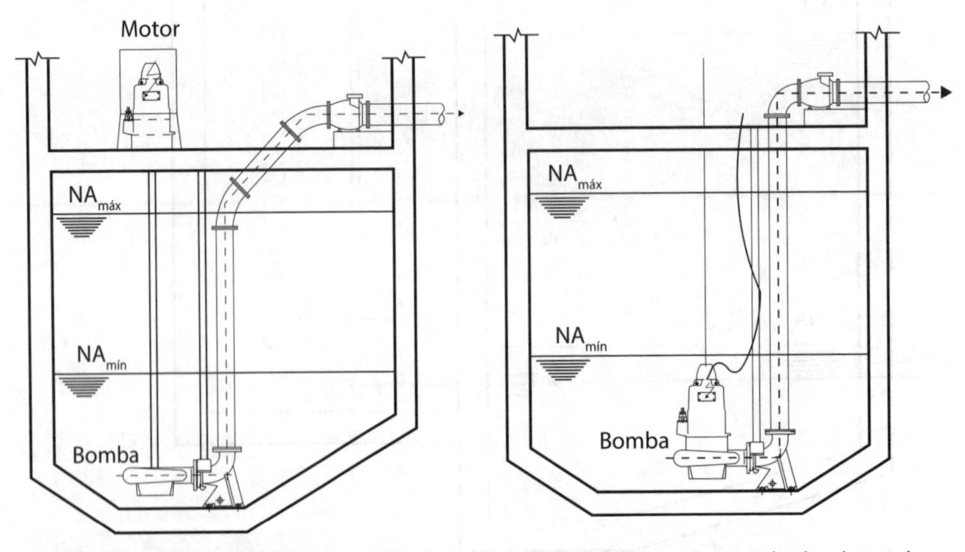

Figura 5.7 – Conjunto motor-bomba vertical de eixo prolongado com bomba submersível (poço úmido)

Figura 5.8 – Conjunto motor-bomba submersível (poço úmido)

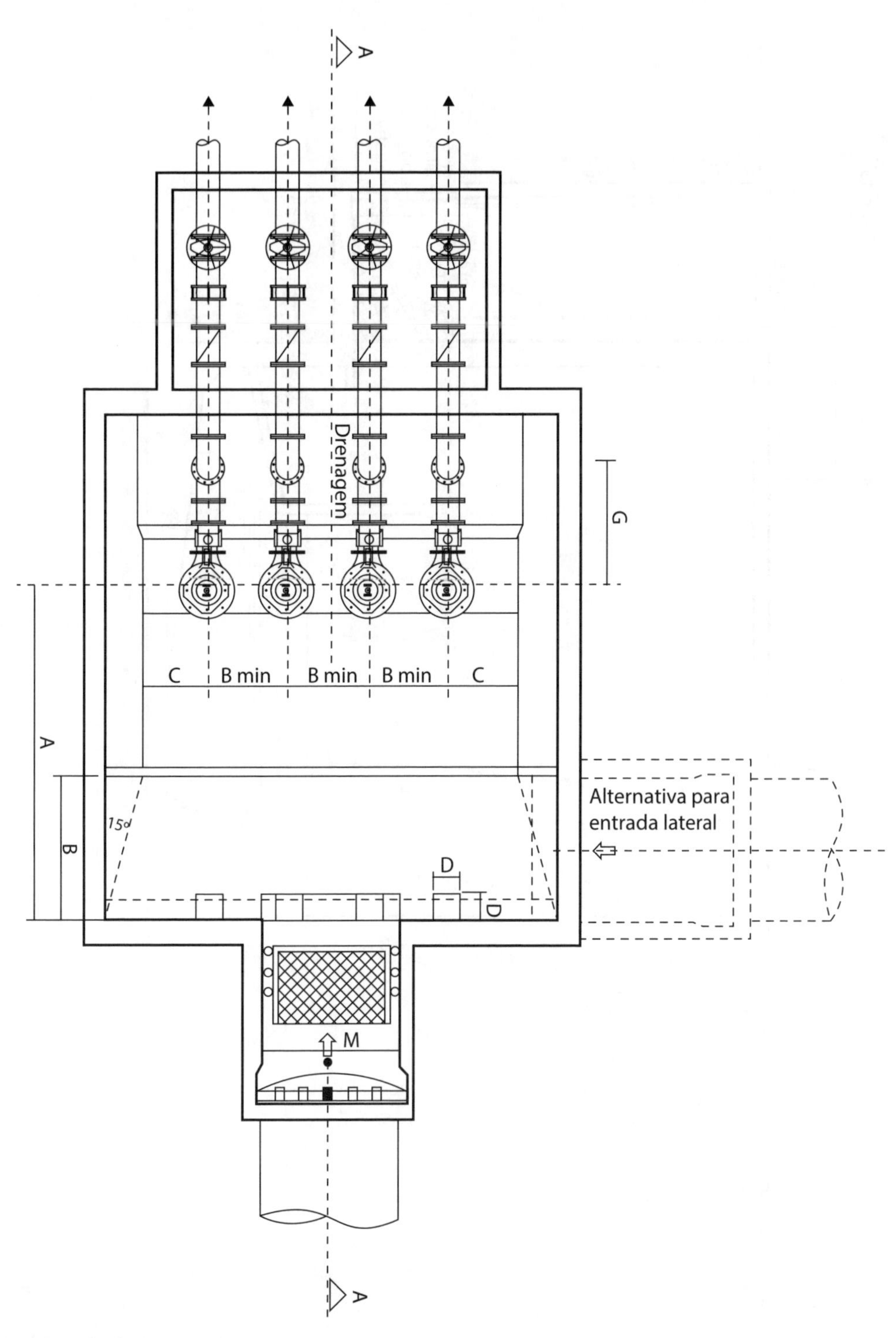

Fonte: Santoro (1979).

Figura 5.9 – Planta baixa de uma estação elevatória convencional de forma retangular de poço úmido

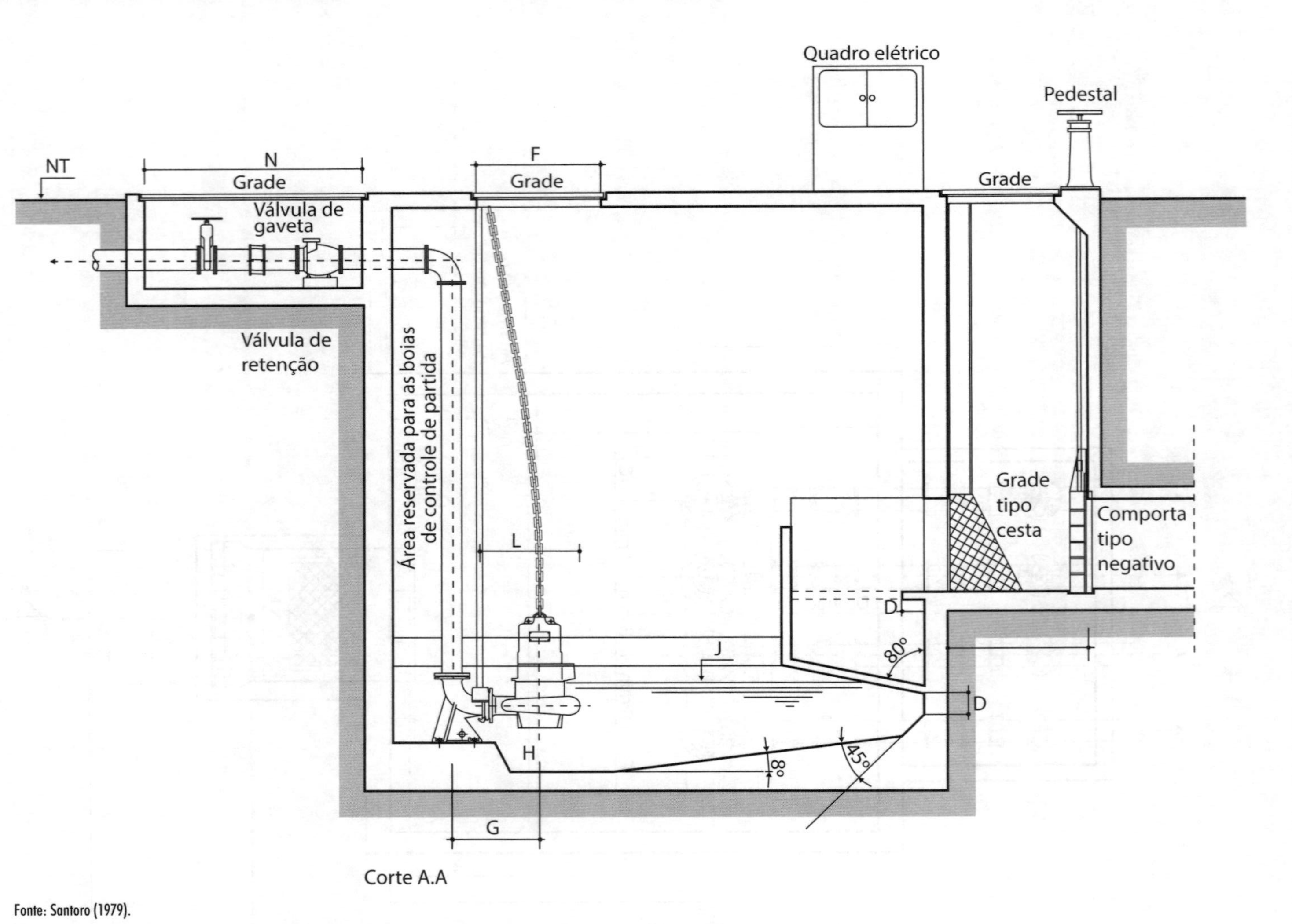

Fonte: Santoro (1979).

Figura 5.10 – Corte de uma estação elevatória convencional de forma retangular de poço úmido

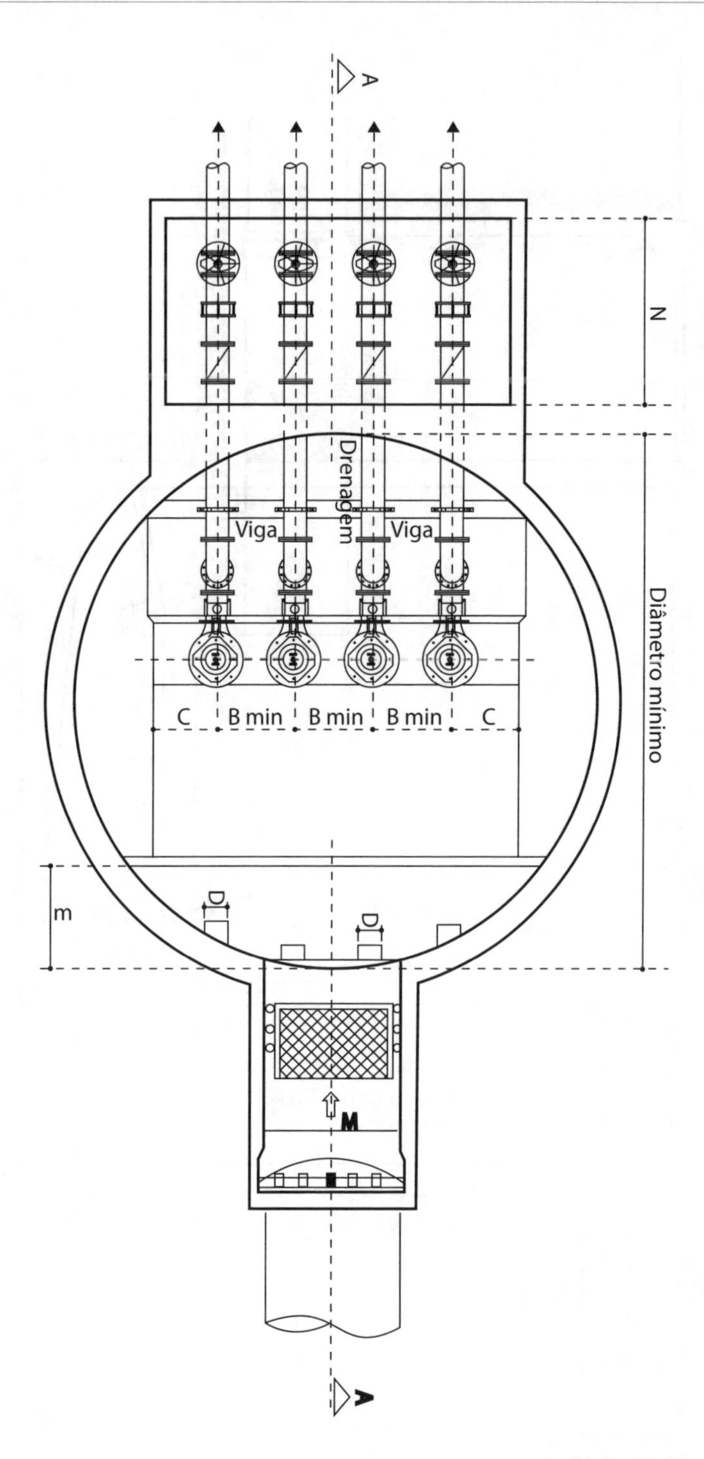

Fonte: Santoro (1979).

Figura 5.11 – Planta baixa de uma estação elevatória convencional de forma circular de poço úmido

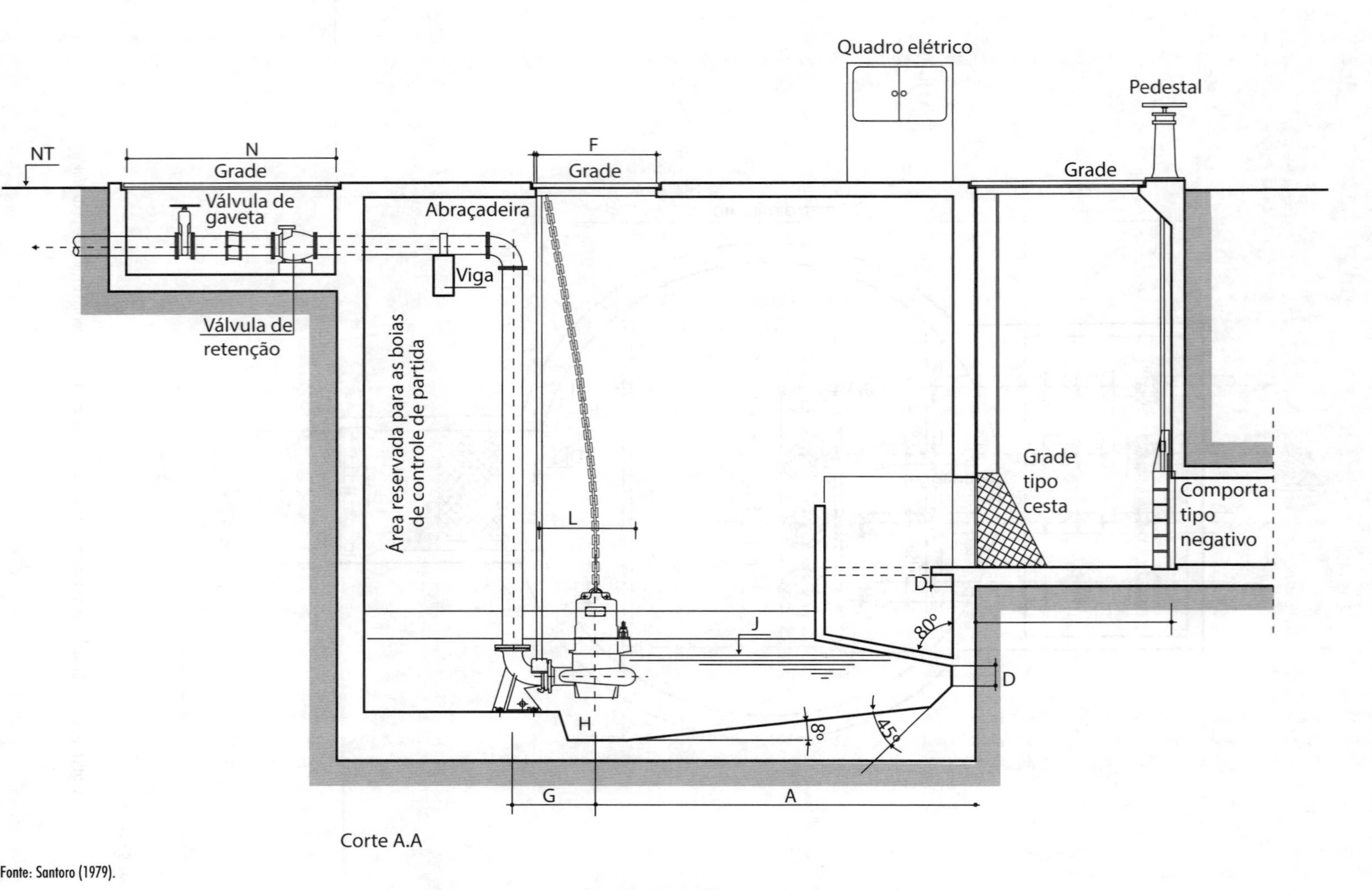

Fonte: Santoro (1979).

Figura 5.12 – Corte de uma estação elevatória convencional de forma circular de poço úmido

Nas Tabelas 5.2, 5.3 e 5.4, são apresentadas medidas de bombas submersíveis padronizadas pela Companhia de Saneamento Básico do Estado de São Paulo (SABESP).

Tabela 5.2 – Padronização e dimensões das estações elevatórias de forma retangular da SABESP

Vazão da bomba (L/s)	Dimensões da estação elevatória (mm)				
	A mínimo	B mínimo	C	D	E
50	1.150	500	240	150	900
60	1.200	520	255	170	960
70	1.350	550	280	185	1.000
80	1.450	615	295	195	1.030
90	1.550	650	310	200	1.050
100	1.650	750	330	210	1.110
150	2.000	850	400	250	1.250
200	2.300	1.110	480	300	1.350
250	2.600	1.200	510	330	1.450
300	2.900	1.300	600	360	1.500
350	3.150	1.400	620	420	1.550
400	3.300	1.500	690	450	1.600
450	3.450	1.600	710	490	1.650
500	3.750	1.700	720	510	1.700

As dimensões para vazões menores que as indicadas na tabela podem ser as mesmas para 50 L/s.
As variáveis apresentadas nesta tabela e as que seguem (L, F, G, H... etc) estão indicadas nas Figuras 5.9 e 5.10.
L: dimensão correspondente ao modelo da bomba;
F: dimensão L acrescida de 150 mm;
G e H: dimensões a serem definidas com o modelo da bomba;
I: dimensão a ser definida pelo projeto, porém nunca inferior a 1.500 mm;
J: cota mínima de desligamento da bomba;
N: dimensão definida em função do diâmetro da tubulação de recalque;
M: a ser definida pelo projeto.

Fonte: Santoro (1979).

Tabela 5.3 – Padronização e dimensões das estações elevatórias de forma circular da SABESP

Vazão da bomba (L/s)	Dimensões da estação elevatória (mm)					
	2 bombas			3 bombas		
	Diâmetro	A mín.	E	Diâmetro	A mín.	E
50	1.500	800	600	2.000	1.100	820
60	1.580	850	650	2.100	1.200	950
70	1.680	950	700	2.250	1.320	1.050
80	1.810	1.000	750	2.420	1.460	1.150
90	1.880	1.100	820	2.600	1.550	1.200
100	2.100	1.350	1.000	3.000	1.800	1.300
150	2.250	1.550	1.120	3.450	2.100	1.450
200	3.000	1.750	1.250	3.800	2.350	1.550

(*continua*)

Tabela 5.3 – Padronização e dimensões das estações elevatórias de forma circular da SABESP (*continuação*)

Vazão da bomba (L/s)	Dimensões da estação elevatória (mm)					
	2 bombas			3 bombas		
	Diâmetro	A mín.	E	Diâmetro	A mín.	E
250	3.350	2.000	1.380	4.200	2.600	1.650
300	3.650	2.200	1.500	4.800	2.950	1.750
350	4.100	2.520	1.850	5.200	3.200	1.930
400	4.450	2.650	1.950	5.750	3.450	2.150
450	4.750	2.800	2.050	6.100	3.700	2.320
500	5.000	2.900	2.100	6.500	3.900	2.730

As dimensões para vazões menores que as indicadas na tabela podem ser as mesmas para 50 L/s.
As variáveis apresentadas nas Tabelas 5.3 e 5.4 e as que seguem (L, F, G, H... etc) estão indicadas nas Figuras 5.11 e 5.12.
L: dimensão correspondente ao modelo da bomba;
F: dimensão L acrescida de 150 mm;
G e H: dimensões a serem definidas com o modelo da bomba;
I: dimensão a ser definida pelo projeto, porém nunca inferior a 1.500 mm;
J: cota mínima de desligamento da bomba;
N: dimensão definida em função do diâmetro da tubulação de recalque;
M: a ser definida pelo projeto.
Fonte: Santoro (1979).

Tabela 5.4 – Padronização e dimensões das estações elevatórias de forma circular da SABESP

Vazão da bomba (L/s)	Dimensões da estação elevatória (mm)					
	4 bombas			Para qualquer elevatória		
	Diâmetro	A mín.	E	B	D.	C
50	2.500	1.450	1.000	500	150	240
60	2.750	1.600	1.150	520	170	255
70	2.920	1.700	1.200	550	185	280
80	3.150	1.950	1.350	615	195	295
90	3.400	2.100	1.480	650	200	310
100	3.980	2.300	1.650	750	220	330
150	4.300	2.550	1.850	850	250	400
200	5.000	2.780	2.100	1.100	300	480
250	5.700	3.000	2.300	1.200	330	510
300	6.300	3.350	2.600	1.300	360	600
350	7.000	3.600	2.850	1.400	420	620
400	7.550	3.900	3.100	1.500	450	690
450	8.100	4.300	3.400	1.600	490	710
500	8.700	4.700	3.650	1.700	510	720

As dimensões para vazões menores que as indicadas na tabela podem ser as mesmas para 50 L/s.
As variáveis apresentadas nas Tabelas 5.3 e 5.4 e as que seguem (L, F, G, H... etc) estão indicadas nas Figuras 5.11 e 5.12.
L: dimensão correspondente ao modelo da bomba;
F: dimensão L acrescida de 150 mm;
G e H: dimensões a serem definidas com o modelo da bomba;
I: dimensão a ser definida pelo projeto, porém nunca inferior a 1.500 mm;
J: cota mínima de desligamento da bomba;
N: dimensão definida em função do diâmetro da tubulação de recalque;
M: a ser definida pelo projeto.
Fonte: Santoro (1979).

DIMENSIONAMENTO DO POÇO DE SUCÇÃO – VOLUME ÚTIL

O dimensionamento do poço de sucção é função da intermitência das bombas e do tempo de detenção do esgoto. O volume mínimo do poço depende da capacidade da bomba, e o tempo de detenção limita o volume máximo do poço em função da vazão afluente do esgoto. O tempo de intermitência das partidas corresponde ao intervalo de duas partidas consecutivas de uma mesma bomba. O tempo de intermitência é apresentado pela Equação 5.1.

$$T = T_p + T_f = \frac{V_u}{Q_a} + \frac{V_u}{Q_{rec} - Q_a} \tag{5.1}$$

em que:

T: tempo de intermitência ocorrido entre duas partidas sucessivas de uma bomba, s;

T_P: período de parada da bomba, ou tempo necessário para encher o poço de sucção, do nível mínimo ao nível máximo, s;

T_f: período de funcionamento da bomba, ou tempo necessário para esvaziar o poço de sucção, desde o nível máximo até o nível mínimo, admitindo-se $Q_{rec} > Q_a$. Caso contrário, o nível do poço continuaria a subir, mesmo com a bomba trabalhando.

V_u: volume útil ou volume mínimo do poço de sucção compreendido entre os níveis mínimo e máximo, m³;

Q_a: vazão afluente ao poço de sucção, m³/s;

Q_{rec}: vazão de recalque (capacidade da bomba), m³/s.

Portanto, o tempo de intermitência é função da vazão afluente para um dado volume do poço (V_u) e determinada capacidade da bomba (Q_{rec}). A vazão afluente para tempo de intermitência mínimo pode ser calculada derivando-se a Equação 4.1 e igualando-a a zero, isto é:

$$\frac{dT}{dQ_a} = 0$$

$$\frac{dT}{dQ_a} = -\frac{V_u}{Q_a^2} + \frac{(Q_{rec} - Q_a) \times 0\text{-}V_u(-1)}{(Q_{rec} - Q_a)^2} = -\frac{V_u}{Q_a^2} + \frac{V_u}{(Q_{rec} - Q_a)^2}$$

$$\frac{dT}{dQ_a} = \frac{V_u\left[Q_a^2 - (Q_{rec} - Q_a)^2\right]}{Q_a^2(Q_{rec} - Q_a)^2} = \frac{V_u\left(Q_a^2 - Q_{rec}^2 + 2Q_aQ_{rec} - Q_a^2\right)}{Q_a^2(Q_{rec} - Q_a)^2}$$

$$\frac{dT}{dQ_a} = \frac{V_uQ_{rec}(2Q_a - Q_{rec})}{Q_a^2(Q_{rec} - Q_a)^2} = 0$$

Como: $V_u Q_{rec} \neq 0$ e $Q_a^2 \neq 0$ e $(Q_{rec} - Q_a)^2 \neq 0$,

então $2Q_a - Q_{rec} = 0$.

Obtém-se então a Equação 5.2:

$$Q_a = \frac{Q_{rec}}{2} \tag{5.2}$$

A vazão Q_a é chamada vazão crítica ou vazão afluente. Quando a vazão afluente é igual à metade da vazão da bomba, o tempo decorrido entre duas partidas consecutivas é mínimo.

Substituindo-se o valor de 5.2 em 5.1, tem-se a Equação 5.3 para a estimativa do tempo mínimo entre duas partidas sucessivas da bomba.

$$T_{\text{mín}} = \frac{2V_u}{Q_{rec}} + \frac{V_u}{Q_{rec} - Q_{rec}/2} = \frac{2V_u}{Q_{rec}} + \frac{2V_u}{Q_{rec}}$$

$$T_{\text{mín}} = \frac{4V_u}{Q_{rec}} \tag{5.3}$$

Frequentemente, sabe-se de antemão o valor de $T_{\text{mín}}$ e precisa-se determinar o menor volume do poço de sucção que assegure aquele tempo de ciclo para determinada bomba. A partir da Equação 5.3, deduz-se a Equação 5.4.

$$V_u = \frac{Q_{rec} T_{\text{mín}}}{4} \tag{5.4}$$

O intervalo limite de tempo admitido pelos fabricantes entre duas partidas sucessivas da bomba é de 10 minutos. A Equação 5.4 pode ser transformada na Equação 5.5.

$$V_u = 2{,}5\, Q_{rec} \tag{5.5}$$

A distância entre os níveis máximo e mínimo de operação no poço úmido da estação elevatória de esgoto varia de 0,60 m a 1,00 m.

TEMPO DE DETENÇÃO DO ESGOTO

É o volume compreendido entre o fundo do poço e o nível médio de operação das bombas. O tempo de detenção máximo admitido é de 20 minutos. A NBR 12.208 (ABNT, 1992) admite um tempo de detenção máximo igual a 30 minutos. É apresentado pela Equação 5.6.

$$V_{efe} = Q_{\text{med}} T_{\text{det}} \tag{5.6}$$

em que:

V_{efe}: volume efetivo, considerado desde o nível médio até o fundo do poço, m^3;

Q_{med}: vazão média afluente ao poço de sucção no início da operação, m^3/min;

T_{det}: tempo de detenção, min.

O volume efetivo do poço de sucção é apresentado pela equação 5.7.

$$V = AH \tag{5.7}$$

em que:

V: volume do poço de sucção, m^3;

A: área do poço de sucção (largura × comprimento), m^2;

H: distância vertical entre o nível médio e o fundo do poço, m. Admite-se que o nível médio corresponde a um nível equidistante entre o nível máximo e o nível mínimo.

O tempo de detenção mínimo deve ser o menor possível para evitar a anaerobiose do esgoto e, por isso, eventuais folgas nas dimensões do poço de sucção devem ser eliminadas.

PERÍODO MÁXIMO DE ACIONAMENTO DO MOTOR

Foi estabelecido que o intervalo mínimo entre duas partidas consecutivas de um mesmo motor é de seis minutos e que esse motor não deve ser acionado mais do que dez vezes por hora, como apresentado pelas equações 5.8 e 5.9.

$$T = T_f + T_p \geq 6 \text{ min.} \tag{5.8}$$

$$n = \frac{60}{T_f + T_p} \leq 10 \tag{5.9}$$

em que:

n: número de partidas do motor.

O intervalo $(T_f + T_p)$, ou tempo de ciclo, é de fundamental importância, porque durante a partida do motor é produzida determinada quantidade de calor. Essa energia liberada em cada partida deve ser dissipada, sendo que um número excessivo de partidas pode levar o motor a um sobreaquecimento. A dissipação dessa energia é feita por meio de um intervalo de tempo adequado entre as partidas sucessivas do motor da bomba.

A Tabela 5.5 exibe a opinião de vários autores e entidades sobre o tempo de ciclo dos motores que acionam as bombas em função de sua potência.

Tabela 5.5 – Critérios para determinação do tempo de ciclo

Autor	Potência do motor	Tempo de ciclo $(T_f + T_p)$
SABESP	< 300 CV (720 a 1200 rpm) > 300 CV	10 min consultar os fabricantes
Flowmatcher (1972)	até 15 HP 20 a 50 HP 60 a 200 HP 250 a 600 HP	10 min 15 min 30 min 60 min
Metcalf & Eddy, Inc.; Tchobanoglous (1981)	até 20 HP 20 a 100 HP 100 a 250 HP > 250 HP	10 min 15 min 20 min a 30 min consultar os fabricantes

Fonte: Alem Sobrinho e Tsutiya (1999).

DETALHE DE UM POÇO ÚMIDO

Nas Figuras 5.13 e 5.14, são apresentados, respectivamente, cortes esquemáticos de um poço úmido com áreas ilustrativas do volume útil (V_u) e volume efetivo (V_{efe}).

ALTURA MANOMÉTRICA

A altura manométrica corresponde ao desnível geométrico verificado entre os níveis da água na tomada e na chegada, acrescido de todas as perdas localizadas e por atrito que ocorram nas peças e tubulações, quando determinada vazão é bombeada. Essas perdas podem ser desdobradas em perdas na sucção e no recalque. Isso significa que a altura manométrica total é a carga que deve ser vencida pela bomba, quando o esgoto está sendo recalcado. Vê-se a equação 5.10.

$$H_{man} = H_{rec} + H_{suc} + \frac{V_{rec}^2}{2g} + \frac{V_{suc}^2}{2g} \quad (5.10)$$

em que:

H_{man}: altura manométrica total, m;

H_{rec}: altura geométrica de recalque com a soma das perdas de carga na tubulação de recalque, m;

H_{suc}: altura geométrica de sucção com a soma das perdas de carga na tubulação de sucção, m;

$\frac{V_{rec}^2}{2g}$: perdas totais nas conexões de recalque, m/s;

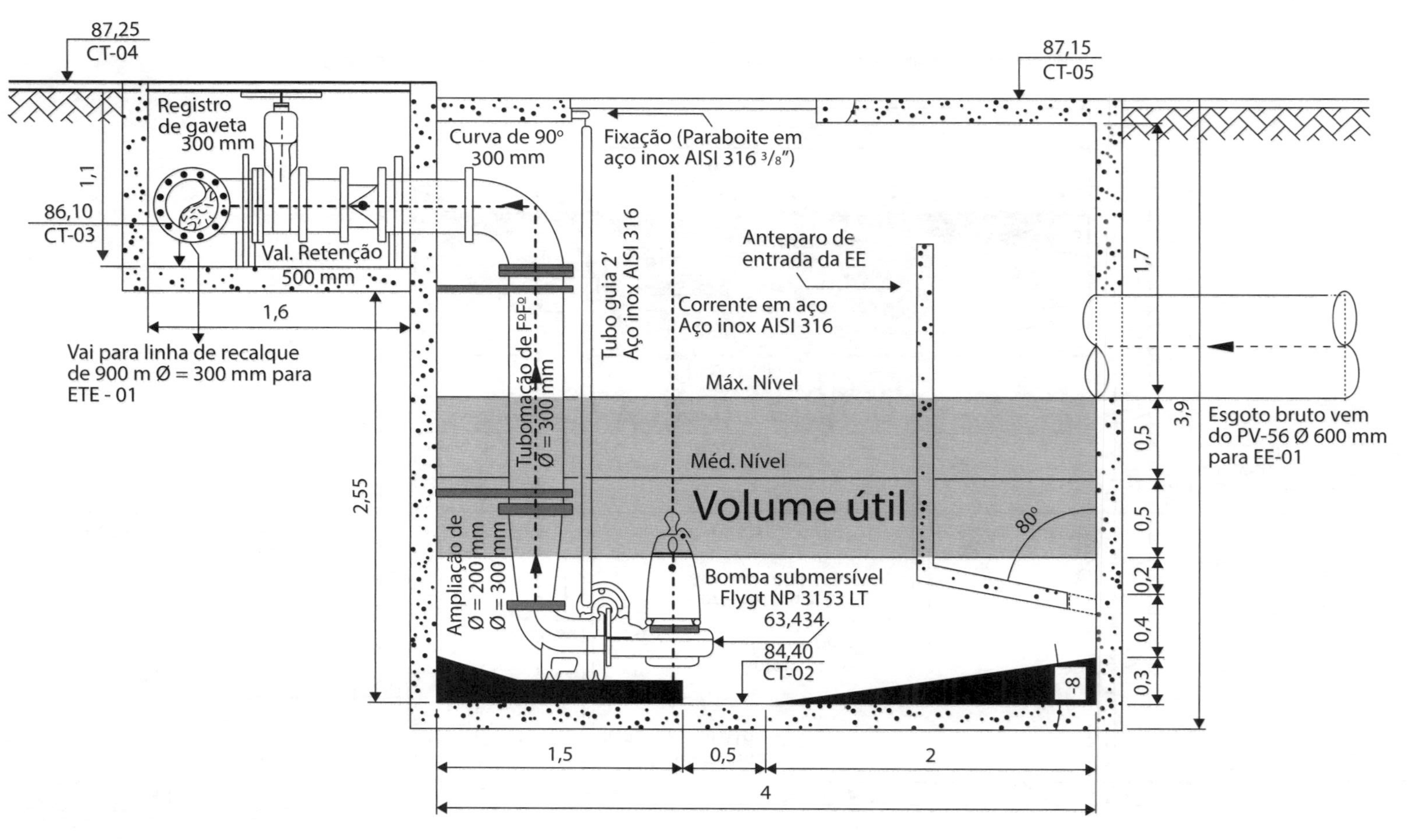

Figura 5.13 – Corte esquemático de um poço úmido em estação elevatória com delimitação do volume útil

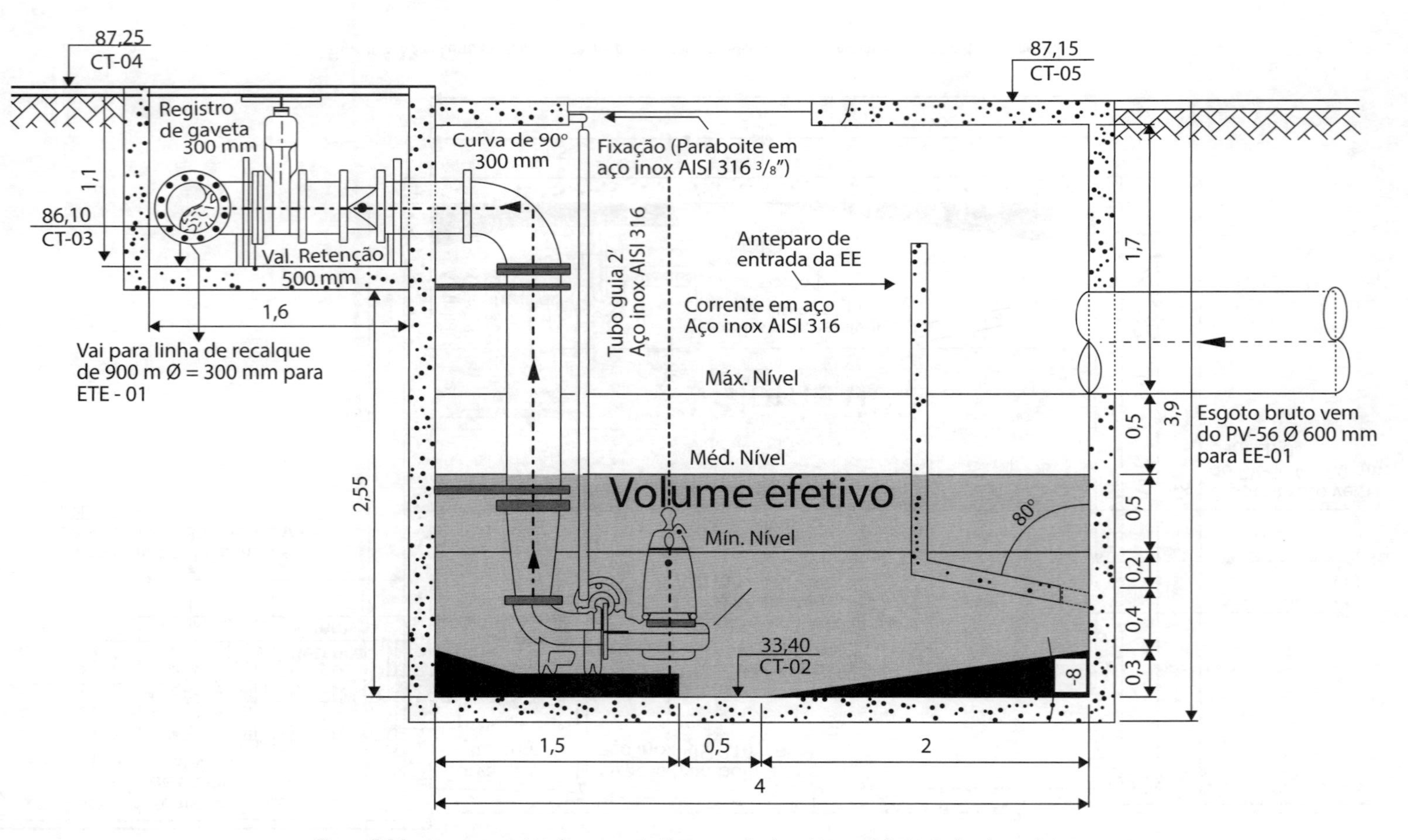

Figura 5.14 – Corte esquemático de um poço úmido em estação elevatória com delimitação do volume efetivo

$\frac{V_{suc}^2}{2g}$: perdas totais nas conexões de sucção, m/s;

g: aceleração da gravidade, m/s^2.

VELOCIDADES NAS TUBULAÇÕES DE RECALQUE E DE SUCÇÃO

A norma brasileira NBR 12.208 (ABNT, 1992) recomenda as seguintes velocidades para as tubulações:

- tubulações de sucção: 0,60 m/s $< V_{suc} <$ 1,50 m/s;
- tubulações de recalque: 0,60 m/s $< V_{rec} <$ 3,00 m/s.

Na Tabela 5.6, são apresentadas sugestões de alguns autores sobre os valores da submergência mínima das tubulações nos poços de sucção visando evitar o fenômeno do vórtice.

Tabela 5.6 – Recomendações para a submergência mínima das tubulações de sucção

Autor	Submergência mínima (m)
NBR 12.208 (ABNT, 1992)	$S > 1,5\,D$ com $S > 0,50$ m
Azevedo Netto et al. (1998)	$S > 2,5\,D + 0,10$ m
Metcalf & Eddy, Inc. (1981)	$V = 0,60$ m/s; $S = 0,30$ m $V = 1,00$ m/s; $S = 0,60$ m $V = 1,50$ m/s; $S = 1,00$ m $V = 1,80$ m/s; $S = 1,40$ m
Gordon (1970)	$S > C_q V D^{1/2}$; C_q varia de 0,543 a 0,724

Fonte: adaptada de ABNT (1992); Azevedo Netto et al. (1998); Alem Sobrinho e Tsutiya (1999).

DIÂMETRO DAS TUBULAÇÕES DE RECALQUE

O diâmetro de uma tubulação de recalque é hidraulicamente indeterminado. Quando se aumenta o diâmetro para uma mesma vazão, diminui-se a potência do equipamento de recalque e vice-versa. Na prática devem ser levados em conta os aspectos econômicos e financeiros para grandes instalações. Nas pequenas instalações, as tubulações podem ser dimensionadas com bastante precisão pela fórmula de Bresse, apresentada pela Equação 5.11. O diâmetro mínimo de uma tubulação de recalque é de 100 mm.

$$D_i = K\sqrt{Q_{rec}} \tag{5.11}$$

em que:

D_i: diâmetro interno da tubulação, m;

K: coeficiente de Bresse, varia de 1,2 a 1,5;

Q_{rec}: vazão de recalque, m^3/s.

PERDAS DE CARGA NAS TUBULAÇÕES DE RECALQUE E SUCÇÃO

São calculadas em função das equações apresentadas no Capítulo 3.

PERDAS DE CARGA LOCALIZADAS NAS CONEXÕES

De modo geral, todas as perdas localizadas podem ser calculadas pela Equação 5.12. Os valores aproximados de *K* são apresentados na Tabela 5.7.

$$h_f = K\frac{V^2}{2g} \tag{5.12}$$

em que:

h_f: perda localizada em uma conexão, m;

K: coeficiente de perdas para cada conexão;

V: velocidade do fluxo, m/s;

g: aceleração da gravidade, m^2/s.

Tabela 5.7 – Valores aproximados de *K* (perdas localizadas)

Conexões	K	Conexões	K
Ampliação gradual*	0,30	Junção	0,40
Bocais	2,75	Medidor Venturi	2,50**
Comporta aberta	1,00	Redução gradual	0,15*
Controlador de vazão	2,50	Registro de ângulo, aberto	5,00
Cotovelo de 90°	0,90	Registro de gaveta, aberto	0,20
Cotovelo de 45°	0,40	Registro de globo, aberto	10,0
Crivo	0,75	Saída de canalização	1,00
Curva de 90°	0,40	Tê, passagem direta	0,60
Curva de 45°	0,20	Tê, saída de lado	1,30
Curva de 22°30′	0,10	Tê, saída bilateral	1,80
Entrada normal	0,50	Válvula de pé	1,75
Entrada de borda	1,00	Válvula de retenção	2,75
Pequena derivação	0,03	Válvula borboleta, $\alpha = 90°$	0,36

* Com base na maior velocidade.

** Com base na velocidade da canalização.

Fonte: Silvestre (1979).

GOLPE DE ARÍETE

Quando uma válvula de retenção é fechada bruscamente em uma tubulação de recalque ou se desliga abruptamente uma bomba por conta de um corte de energia, interrompendo-se o escoamento do líquido, ocorre uma sobrepressão na canalização conhecida como *golpe de aríete*. As tubulações nesse instante podem receber uma considerável mudança de pressão. Essa mudança pode ser positiva ou negativa e, algumas vezes, pode estar acompanhada de um ruído semelhante a uma martelada. O golpe de aríete também pode ser definido como a variação brusca de pressão por meio de um choque violento que se produz nas paredes de um conduto forçado, quando o movimento do líquido é modificado abruptamente.

A sequência do fenômeno pode ser descrita desta forma: quando se interrompe a energia elétrica que alimenta o motor, o rotor da bomba reduz sua rotação, provocando a consequente redução de vazão. Esse decréscimo da vazão origina, ao longo da canalização, uma onda de pressão negativa, ou seja, toda pressão inferior à pressão normal de trabalho. Esse fenômeno desenvolve-se muito rapidamente, desde a estação elevatória até a canalização de descarga da linha de recalque. Imediatamente, origina-se um fenômeno contrário ao anterior. Quando a onda de pressão negativa alcança o ponto final do recalque, evidencia-se uma reação provocando uma onda de pressão positiva, que retorna desde a boca de descarga até a bomba. De modo semelhante ao que ocorre durante a formação da onda de pressão negativa, a velocidade e a vazão do fluxo continuam com seu ritmo decrescente. Quando a onda de pressão positiva alcança a bomba, completa-se um ciclo de deslocamento. Nesse ponto, origina-se um novo ciclo, e assim sucessivamente, com a formação de uma onda negativa e outra positiva, sempre de grandezas inferiores às anteriores. Em pouco tempo, a velocidade da bomba diminui até um ponto em que não tem mais condições de gerar pressão de bombeamento. Nesse ponto, a válvula de retenção se fecha. Entretanto, as variações de velocidade e vazão continuam até que toda a energia seja consumida em superar a resistência do atrito interno das paredes da tubulação (GALLEGOS, 2001).

As pressões instantâneas causadas pela mudança da taxa de vazão são frequentemente a razão de rupturas nas tubulações, danos nos aparelhos e prejuízo na qualidade dos produtos fabricados por máquinas operadas em sistemas hidráulicos. As flutuações de pressão associadas com paradas repentinas de fluxo podem causar pressões equivalentes a uma carga de coluna de água igual a várias centenas de metros.

O bombeamento desde os pontos mais baixos da bacia até a obtenção do nível desejado em sistemas de esgoto sanitário varia comumente entre 7,0 m e 20,0 m (METCALF & EDDY INC. 1981). Por isso, na maioria das vezes, não há necessidade de estudos para verificação do golpe de aríete.

EQUAÇÕES UTILIZADAS PARA VERIFICAÇÃO DO GOLPE DE ARÍETE

A celeridade ou velocidade de propagação da onda pode ser estimada pela fórmula de Allievi, por meio da Equação 5.13.

$$C = \frac{9.900}{\sqrt{48,3 + k\frac{D_i}{e}}} \quad (5.13)$$

em que:

C: celeridade ou velocidade de propagação da onda, m/s;

k: coeficiente que leva em conta os módulos de elasticidade do material dos tubos, adimensional (AZEVEDO NETTO et al., 1973; AZEVEDO NETTO et al., 1998):

- para tubos de aço, $k = 0,5$;
- para tubos de ferro fundido, $k = 1,0$;
- para tubos de concreto, $k = 5,0$;
- para tubos plásticos, $k = 18,0$.

D_i: diâmetro interno da tubulação, mm;

e: espessura da tubulação (para tubos de ferro fundido, Tabelas 3.8 e 3.9), mm.

A fase ou tempo gasto para completar um ciclo ou período da tubulação é o tempo que a onda de sobrepressão leva para ir e voltar de uma extremidade a outra. É estimada por meio da Equação 5.14. O tempo gasto para completar um ciclo também se denomina tempo crítico e é apresentado pela Equação 5.14.

$$T = \frac{2L}{C} \quad (5.14)$$

em que:

T: tempo crítico, s;

L: comprimento da tubulação, m;

C: celeridade ou velocidade da onda de pressão, m/s.

A onda chega e, ao regressar, muda de sentido, fazendo de novo o mesmo trajeto de ida e volta no mesmo tempo, *T*, porém com sentido contrário e sob a forma de onda de depressão. O tempo de fechamento da válvula é um importante fator. Se o fechamento é muito rápido, a válvula fica completamente fechada antes de atuar a onda de depressão. Por outro lado, se a válvula é fechada lentamente, há tempo para que a onda de depressão atue, antes do fechamento completo.

As manobras de fechamento podem ser classificadas em rápidas e lentas. A manobra é rápida quando $T < \frac{2L}{C}$ e lenta quando $T > \frac{2L}{C}$. A sobrepressão máxima ocorre quando a manobra é rápida, isto é, quando ainda não atuou a onda de depressão.

A sobrepressão máxima é calculada pela fórmula de Joukowsky, Equação 5.15.

$$h = \frac{CV_{rec}}{g} \tag{5.15}$$

em que:

h: sobrepressão máxima, m;

C: celeridade, m/s;

V_{rec}: velocidade de recalque, m/s;

g: aceleração da gravidade, m/s^2.

A carga máxima, $h_{máx}$, que pode ser suportada pela tubulação para resistir ao golpe de aríete é estimada pela Equação 5.16.

$$h_{máx} = H_{man} + h \tag{5.16}$$

em que:

H_{man}: altura manométrica total, m;

h: sobrepressão máxima, m.

MEDIDAS PARA LIMITAR A AÇÃO DO GOLPE DE ARÍETE

Com o objetivo de limitar o golpe de aríete nas instalações de recalque, podem ser tomadas as seguintes medidas de proteção:

- Instalação de válvulas de retenção ou válvulas especiais de fechamento controlado.
- Emprego de tubulações capazes de resistir à pressão máxima prevista, geralmente duas vezes maior que a pressão estática.
- Adoção de equipamentos limitadores do golpe, tais como válvulas do tipo Blondelet ou equipamentos de descarga.
- Emprego de câmaras de ar comprimido.
- Utilização de dispositivos especiais, como, por exemplo, volante nos equipamentos de recalque.
- Construção de câmaras de compensação ou poços de oscilação.

CAVITAÇÃO

Quando a pressão absoluta em um ponto é reduzida a valores mais baixos a partir de determinado limite, alcançando o ponto de ebulição da água, o líquido começa a entrar em ebulição e as tubulações ou peças (bombas ou tubos) passam a apresentar bolsas de vapor dentro da própria corrente de água. O fenômeno de formação e destruição dessas bolsas de vapor ou cavidades cheias de vapor é denominado *cavitação* (AZEVEDO NETTO et al., 1998).

A modificação do peso específico não tem influência sobre a vazão nem sobre a pressão, quando é expresso em metros de líquido em movimento, porém a potência se modifica proporcionalmente ao peso específico. Por isso, as propriedades de pressão de vapor e viscosidade cinemática são muito importantes. A pressão de vapor tem grande influência sobre as condições de cavitação, enquanto a viscosidade cinemática modifica a vazão, a pressão e o rendimento da bomba.

Os fabricantes de bombas, no intuito de levar em consideração a pressão de vapor, não fornecem para cada tipo de bomba a altura de sucção, mas, sim, uma quantidade de *net positive suction head* (NPSH) requerido ou um valor equivalente. O NPSH disponível é a carga residual livre na instalação para sucção do fluido. O NPSH requerido pode ser definido como a carga exigida pela bomba para aspirar o líquido do poço de sucção. A Equação 5.17 representa o NPSH disponível.

$$\text{NPSH}_{\text{disp}} = \frac{p_o}{\gamma} - \left(h_{suc} + \frac{p_v}{\gamma} + h_{f_{suc}}\right) \tag{5.17}$$

em que:

p_o: pressão atmosférica em função da altitude, m;

γ: densidade da água, adimensional;

h_{suc}: altura geométrica de sucção, m. É a distância vertical desde o nível mínimo de água do poço de sucção ao eixo da bomba. É positiva (+) quando o nível de água estiver abaixo do eixo da bomba e negativa (-) no caso contrário;

$\frac{p_v}{\gamma}$: pressão ou tensão de vapor, mca.;

$h_{f_{suc}}$: perda de carga total na sucção, m.

Na Tabela 5.8 são apresentados valores da pressão atmosférica para altitudes desde o nível do mar até 3 mil metros de altura. A Tabela 5.9 mostra os valores de pressão de vapor e densidade da água para temperaturas variando de 15 °C a 40 °C.

Tabela 5.8 – Pressão atmosférica em função da altitude

Altitude (m)	Altura de coluna de água equivalente à pressão atmosférica (p_o), m
0	10,33
300	9,96
600	9,59
900	9,22

(*continua*)

Tabela 5.8 – Pressão atmosférica em função da altitude (*continuação*)

Altitude (m)	Altura de coluna de água equivalente à pressão atmosférica (p_o), m
1.200	8,88
1.500	8,54
1.800	8,20
2.100	7,89
2.400	7,58
2.700	7,31
3.000	7,03

Fonte: Silvestre (1973).

Tabela 5.9 – Pressão de vapor e densidade da água

Temperatura °C	Pressão de vapor ($\frac{p_v}{\gamma}$)		Densidade (γ) (adimensional)
	Hg (mm)	kg/cm²*	
15	12,7	0,0174	0,999
20	17,4	0,0238	0,998
25	23,6	0,0322	0,997
30	31,5	0,0429	0,996
35	41,8	0,0572	0,994
40	54,9	0,0750	0,992

* 1 kg/cm^2 = 10 mca.

Fonte: Silvestre (1973).

POTÊNCIA DOS EQUIPAMENTOS DE RECALQUE

A potência do equipamento motor-bomba pode ser calculada pela Equação 5.18.

$$P = \frac{H_{man} Q_{rec}}{75 \eta_m \eta_b} \quad (5.18)$$

em que:

P: potência do equipamento motor-bomba, CV;

H_{man}: soma das perdas totais nas tubulações e nas conexões de recalque e sucção, m;

Q_{rec}: vazão de recalque, L/s;

η_m: rendimento do motor, %;

η_b: rendimento da bomba, %.

A eficiência dos equipamentos de recalque pode variar segundo a potência por motivos construtivos. O rendimento dos motores elétricos e das bombas centrífugas com 1.750 rpm é apresentado por Azevedo Netto etal. (1998) e exposto nas Tabelas 5.10 e 5.11.

Tabela 5.10 – Rendimento de motores elétricos

HP	½	¾	1	1 1/2	2	3	5	10	20	30	50	100
η_m (%)	64	67	72	73	75	77	81	84	86	87	88	90

Fonte: Azevedo Netto et al. (1998).

Tabela 5.11 – Rendimento de bombas centrífugas

Q (L/s)	5	7,5	10	15	20	25	30	40	50	100	200
η_b (%)	52	61	66	68	71	75	80	84	85	87	88

Fonte: Azevedo Netto et al. (1998).

ASPECTOS RELACIONADOS A TRATAMENTO PRELIMINAR, VENTILAÇÃO E CONTROLE DE ODORES EM EEE

O projeto de engenharia de uma estação elevatória de esgoto deve levar em consideração aspectos relativos ao tratamento preliminar do esgoto, ventilação e controle de odores, de modo a permitir que a unidade opere de maneira confiável e com poucas interrupções para manutenção.

O tratamento preliminar do esgoto em EEE visa remover sólidos grosseiros, areia e gordura, pois sua presença interfere no funcionamento da unidade, causando, desgaste mecânico dos equipamentos, do bombeamento e das válvulas, do revestimento interno das tubulações etc.

A NBR 12.208 (ABNT, 1992) menciona quatro alternativas: grades de barras paralelas (limpeza manual ou mecânica), cesto, triturador e peneira. A seleção de uma dessas alternativas está relacionada às características do material a ser retido, à proteção dos dispositivos e equipamentos hidromecânicos presentes na EEE e ao custo de operação. Essa norma também recomenda que seja instalada a montante da estação elevatória sistema de gradeamento eletromecânico para vazões superiores a 250 L/s.

As Figuras 5.15 e 5.16 ilustram, respectivamente, cortes de EEE do tipo poço úmido que usam bombas submersíveis com cesto de retenção manual e com peneira vertical automatizada.

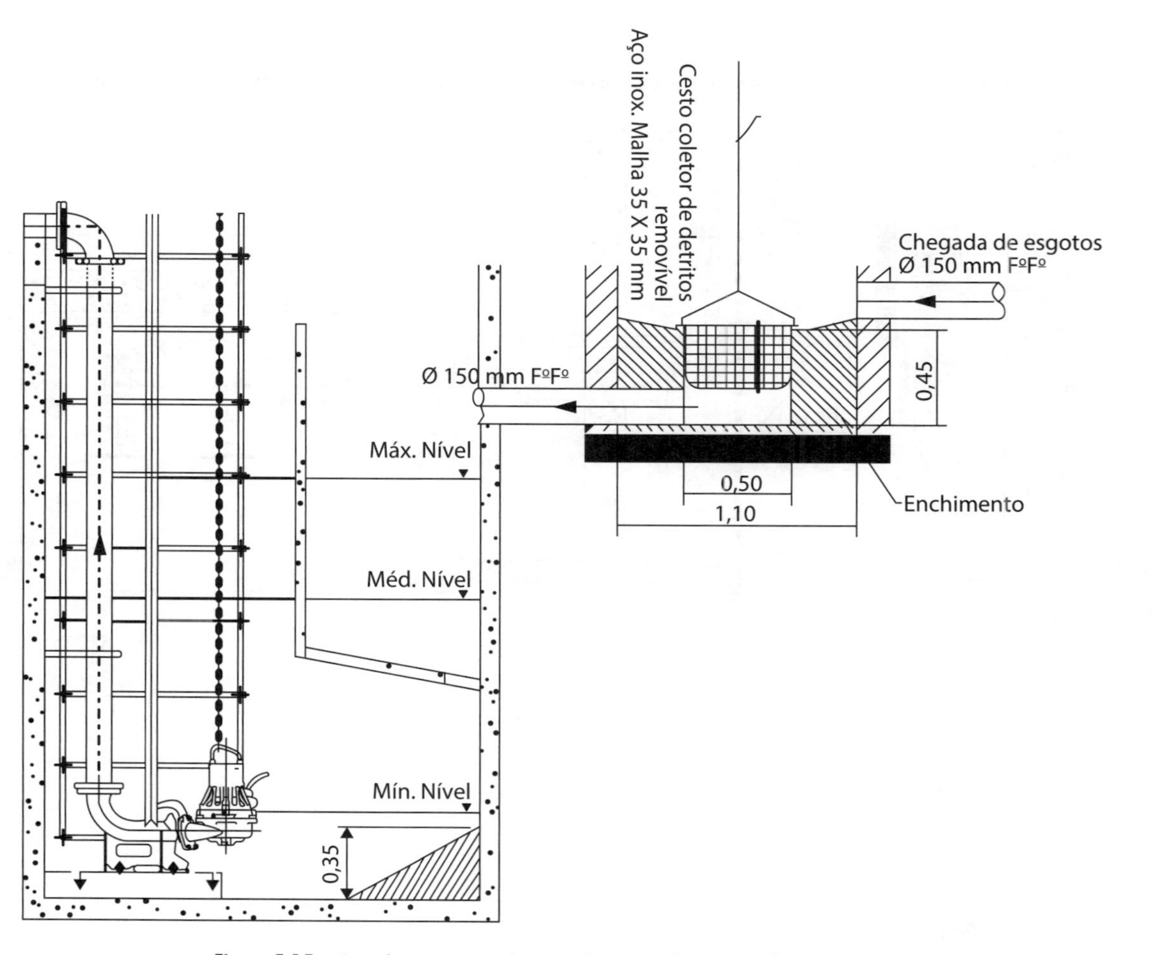

Figura 5.15 – Corte de uma estação elevatória de poço úmido com cesto (limpeza manual)

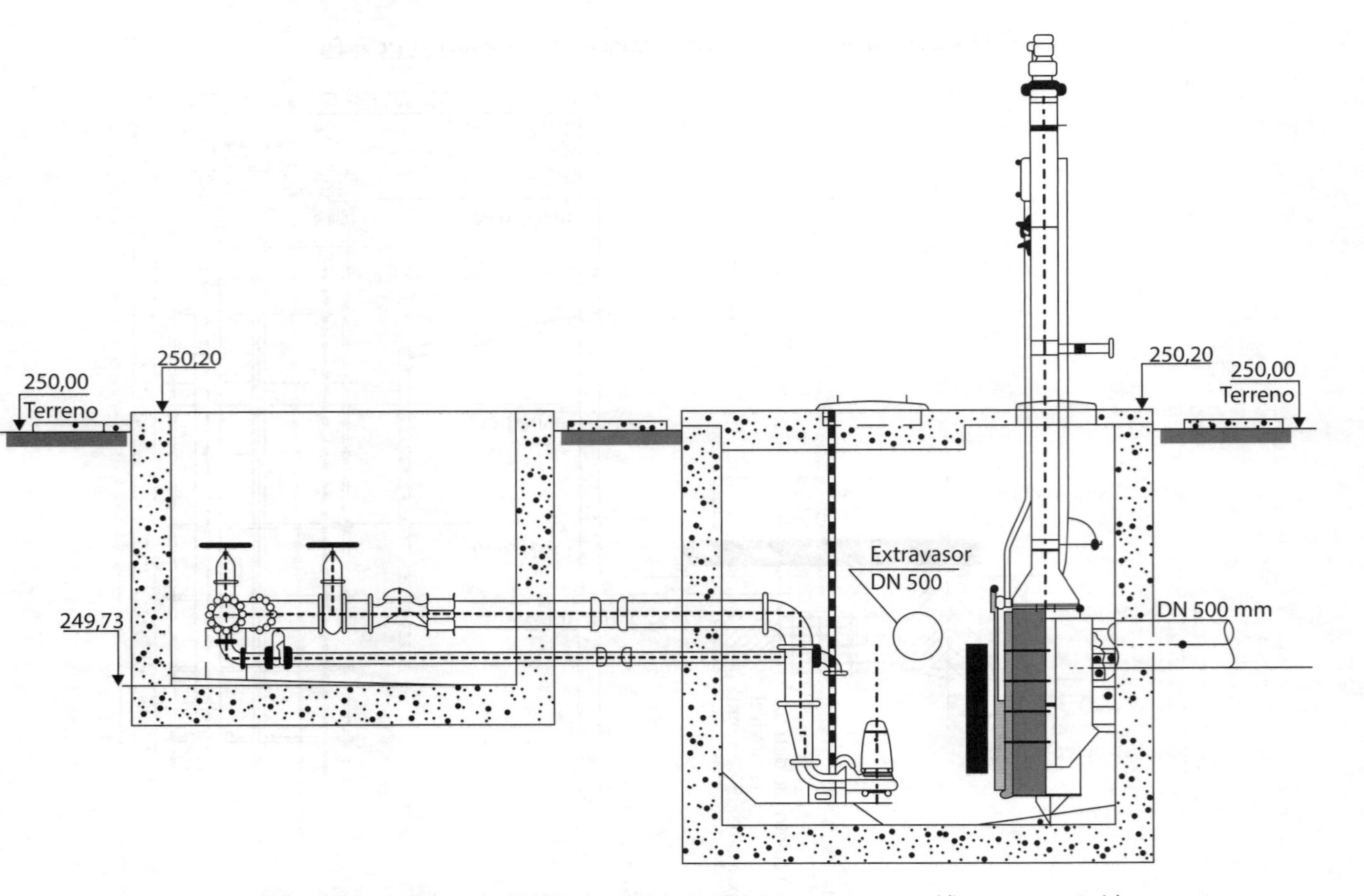

Figura 5.16 – Corte de uma estação elevatória de poço úmido com unidade de peneiramento vertical (limpeza automatizada)

A remoção de areia e de gordura de EEE muitas vezes é tarefa que exige atenção de projetistas e/ou engenheiros envolvidos na elaboração de novos projetos ou operação de EEEs existentes. Isso se dá porque a entrada desse material no poço de sucção ocasiona redução do volume efetivo e proporciona liberação de odores desagradáveis, em virtude da degradação da camada de escuma retida nessas unidades por tempo maior que o de detenção hidráulica do esgoto. Dentre as principais medidas a serem realizadas, destacam-se as seguintes:

- Sempre que possível, por razões topográficas, delimitação de área, características da EEE etc., implantar a montante do poço úmido desarenadores e caixas de retenção de gordura (Figura 5.17);
- Instalar, no barrilete de recalque, linha de *by-pass* para promover mistura do material sedimentado no fundo do poço úmido (Figura 5.18);
- Usar válvula hidráulica de descarga (*flush-valve*) acoplada à bomba submersível. Esse acessório, projetado pela Flygt, permite misturar areia e/ou gordura com o esgoto presente no poço úmido da EEE. É uma medida efetuada mediante a tubulação de *by-pass* com parcela do esgoto por essa válvula, ocasionando, assim, a formação de um jato violento que agita o conteúdo do poço úmido, deixando o conteúdo em suspensão, para ser retirado por meio de bombeamento (Figura 5.19).

A NBR 12.208 (ABNT, 1992), em seu item sobre ventilação, recomenda que EEEs devem prever condições ou dispositivos de segurança, de modo a evitar a concentração de gases que possam causar explosão, intoxicação ou desconforto aos operários e/ou à população circunvizinha.

Os principais grupos de compostos químicos responsáveis pela geração de maus odores em EEEs são nitrogênio, enxofre, ácidos, aldeídos e cetonas (WEF, 2007). Dentre as mais diversas substâncias químicas produzidas em EEEs, o sulfeto de hidrogênio (H_2S) destaca-se pelo mau odor ("ovo podre"), o qual pode estar presente em concentrações de até 100 ppm ou valores mais elevados (HOLYOAKE; KOTZE, 2010).

As mais importantes medidas de controle de odores em EEEs do tipo poço úmido implantadas em área urbana são estas (WEF, 2007):

- Ventilar adequadamente o poço úmido. A Environmental Protection Agency (2000) menciona que EEEs do tipo poço úmido, para operação contínua, devem ter doze renovações de ar por hora e, para operação intermitente, sessenta renovações de ar por hora.
- Efetuar alternância cíclica entre os conjuntos motor-bomba de operação e de reserva para manter tempos de detenção hidráulica idênticos.
- Projetar o poço úmido mais adequadamente, evitando a ocorrência de zonas mortas e incluindo lavagem automatizada do fundo para prevenir a deposição e o acúmulo de sólidos e de gordura.

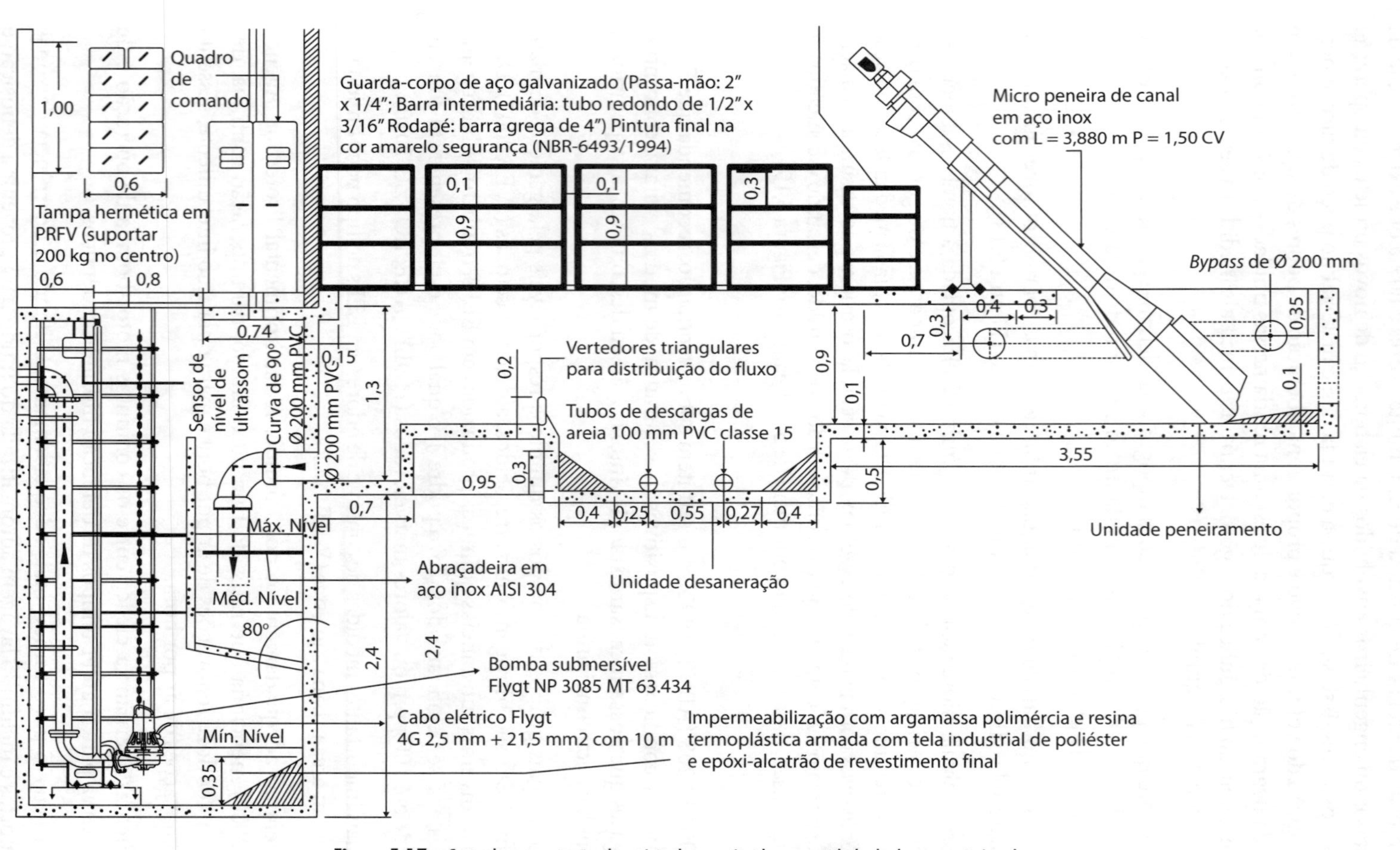

Figura 5.17 – Corte de uma estação elevatória de poço úmido com unidade de desarenação/gordura

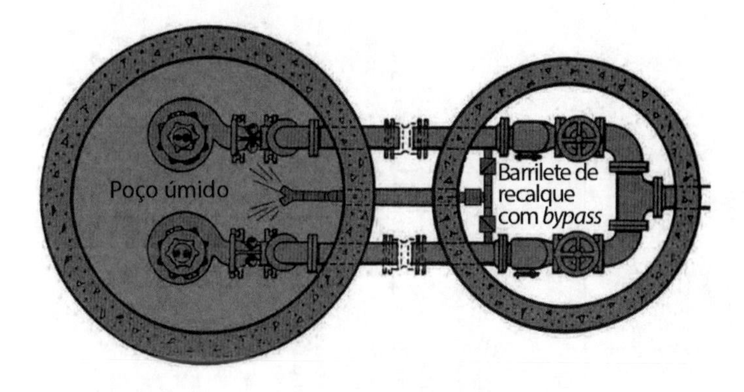

Figura 5.18 – Planta baixa de uma estação elevatória de poço úmido com linha de *bypass* para suspensão da areia

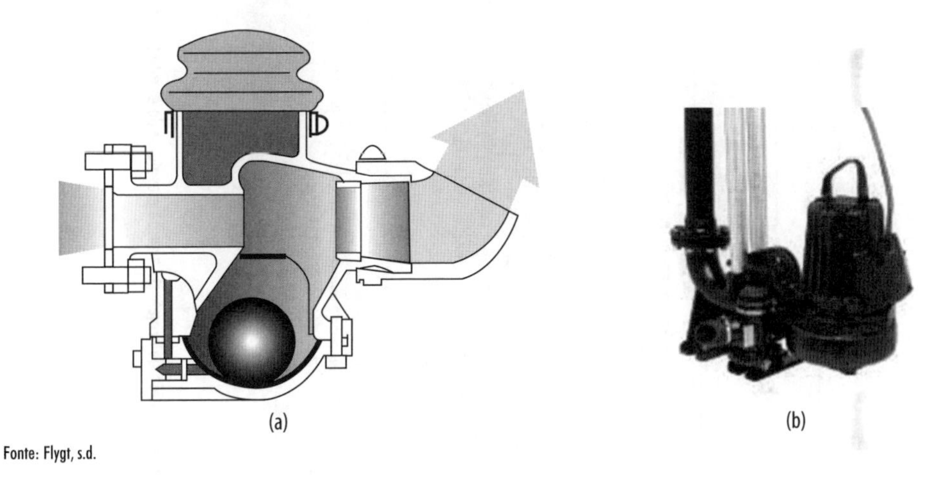

Fonte: Flygt, s.d.

Figura 5.19 – (a) Válvula hidráulica de descarga; (b) Equipamento submersível acoplado à válvula hidráulica para estação elevatória tipo poço úmido

- Aerar o poço úmido para minimizar condições de anaerobiose.
- Empregar tecnologias que envolvam o uso de produtos químicos (permanganato de potássio, cloreto férrico, peróxido de hidrogênio etc.), biofiltração em solos, filtros de carvão ativado, entre outros, mediante avaliação de seus custos.

Na Figura 5.20, observa-se um fluxograma de elaboração de projeto de estação elevatória de esgoto tipo poço úmido, com as principais formulações utilizadas para seleção do equipamento de bombeamento e determinação do volume do poço úmido.

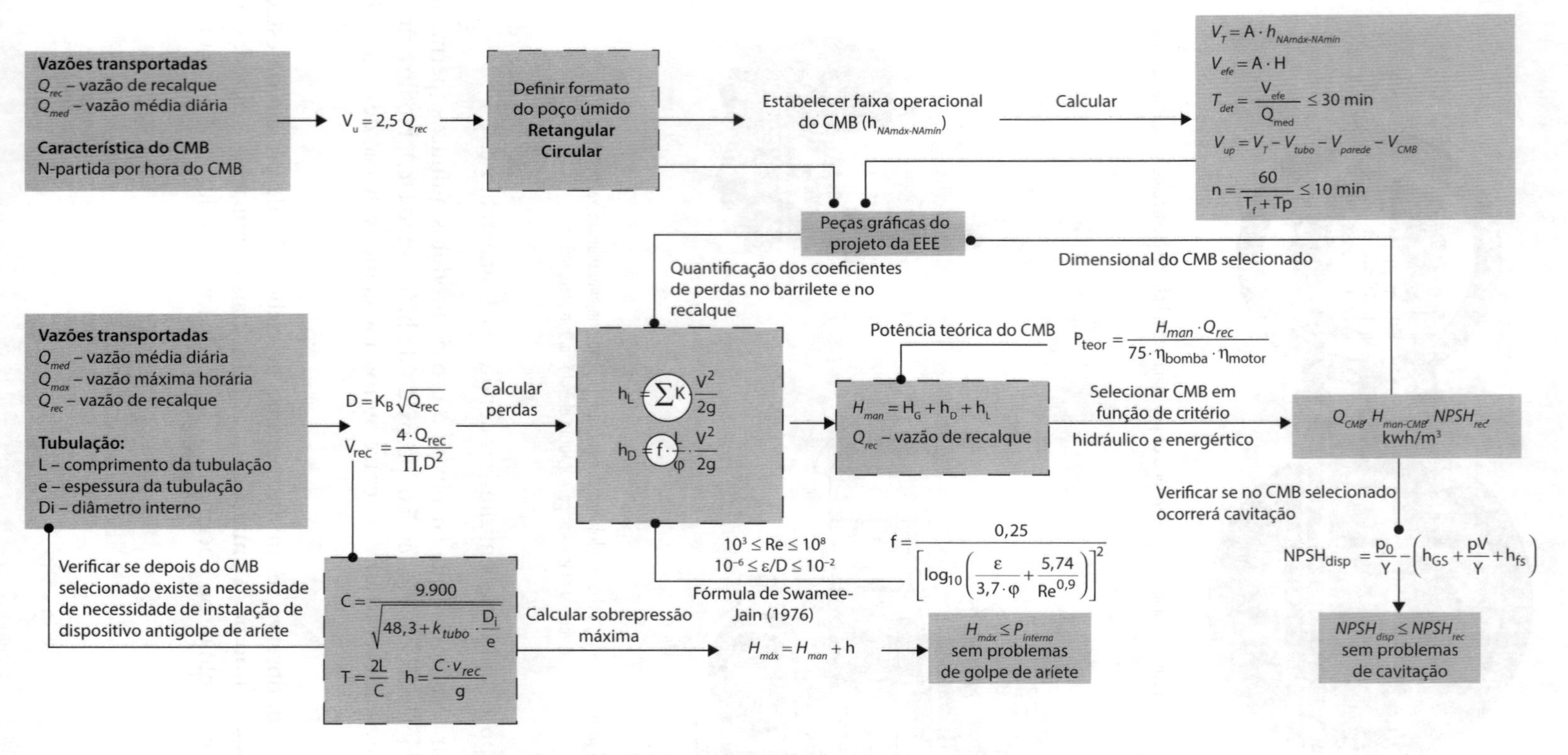

Figura 5.20 – Fluxograma de elaboração de projeto de estação elevatória de esgoto tipo poço úmido

DIMENSIONAMENTO DE UMA ESTAÇÃO ELEVATÓRIA

EXEMPLO 5.1

Dimensionar uma estação elevatória de esgoto domésticos de acordo com a NBR 12.208 (ABNT, 1992), utilizando os seguintes dados:

- vazão mínima: $Q_{mín} = 35{,}5$ L/s;
- vazão média diária: $Q_{méd} = 48{,}4$ L/s;
- vazão máxima horária: $Q_{máx} = 68{,}9$ L/s;
- vazão de recalque: $Q_{rec} = 70$ L/s;
- número de equipamentos de recalque previstos: dois, sendo um de reserva;
- bomba a ser adotada: bomba submersível;
- tubulação a ser adotada: tubo integral, de ferro fundido dúctil cimentados, ponta e bolsa, junta JGS, Saint-Gobain Canalização, série K7;
- diâmetro da tubulação de recalque: utilizar a fórmula de Bresse;
- desnível geométrico entre o nível mínimo no poço de sucção e o ponto de chegada ao poço de registro: 8,0 m (desnível geométrico total);
- comprimento da tubulação de recalque: 900 m;
- perdas de carga por atrito nas peças especiais e tubulações: utilizar a fórmula de Colebrook-White;
- altitude local: 600 m sobre do nível do mar (m.s.n.m).

Dimensionar:

1) Poço de sucção.
2) Altura manométrica total.
3) Verificar se existe necessidade de instalação de dispositivo de proteção contra o golpe de aríete.
4) Verificar se pode haver problemas de cavitação com a bomba a ser utilizada.
5) Calcular a potência do equipamento de recalque especificando a bomba e o diâmetro do rotor.

Solução:

1. Dimensionamento do poço de sucção

Nas bombas submersíveis, o motor é projetado para quinze partidas por hora. Por segurança, entretanto, convém considerar dez partidas por hora como máximo, resultando em um tempo de ciclo de seis minutos igual a 360 segundos.

1.a. Volume útil:

$$V_u = 2{,}5\ Q_{rec} = 2{,}5 \times 70 \times 10^{-3} \times 60 = 10{,}5\ m^3$$

1.b. Dimensões adotadas para o poço de sucção de seção retangular:

Largura do poço de sucção: 2,75 m; comprimento: 4,0 m; faixa operacional das bombas: 1,00 m; distância entre o $NA_{mín}$ e o fundo do poço: 1,40 m.

1.c. Volume total do poço de sucção:

$$V_T = 2{,}75 \times 1{,}0 \times 4{,}0 \cong 11{,}0\ m^3$$

1.d. Volume efetivo do poço de sucção:

$$V_{efe} = A \times H = 2{,}75 \times 4{,}0 \times 1{,}4 \cong 15{,}40\ m^3$$

1.e. Tempo de detenção máximo do esgoto no poço de sucção durante a vazão média:

$$T_{det} = \frac{V_{efe}}{Q_{méd}} = \frac{15{,}40}{60 \times 10^{-3} \times 48{,}4} \cong 5{,}30\ \text{min (Ok)}$$

O maior valor recomendado pela NBR 12.208 (ABNT, 1992) é de 30 minutos.

As dimensões do poço úmido dimensionado estão na Figura 5.21; a planta baixa está na Figura 5.22.

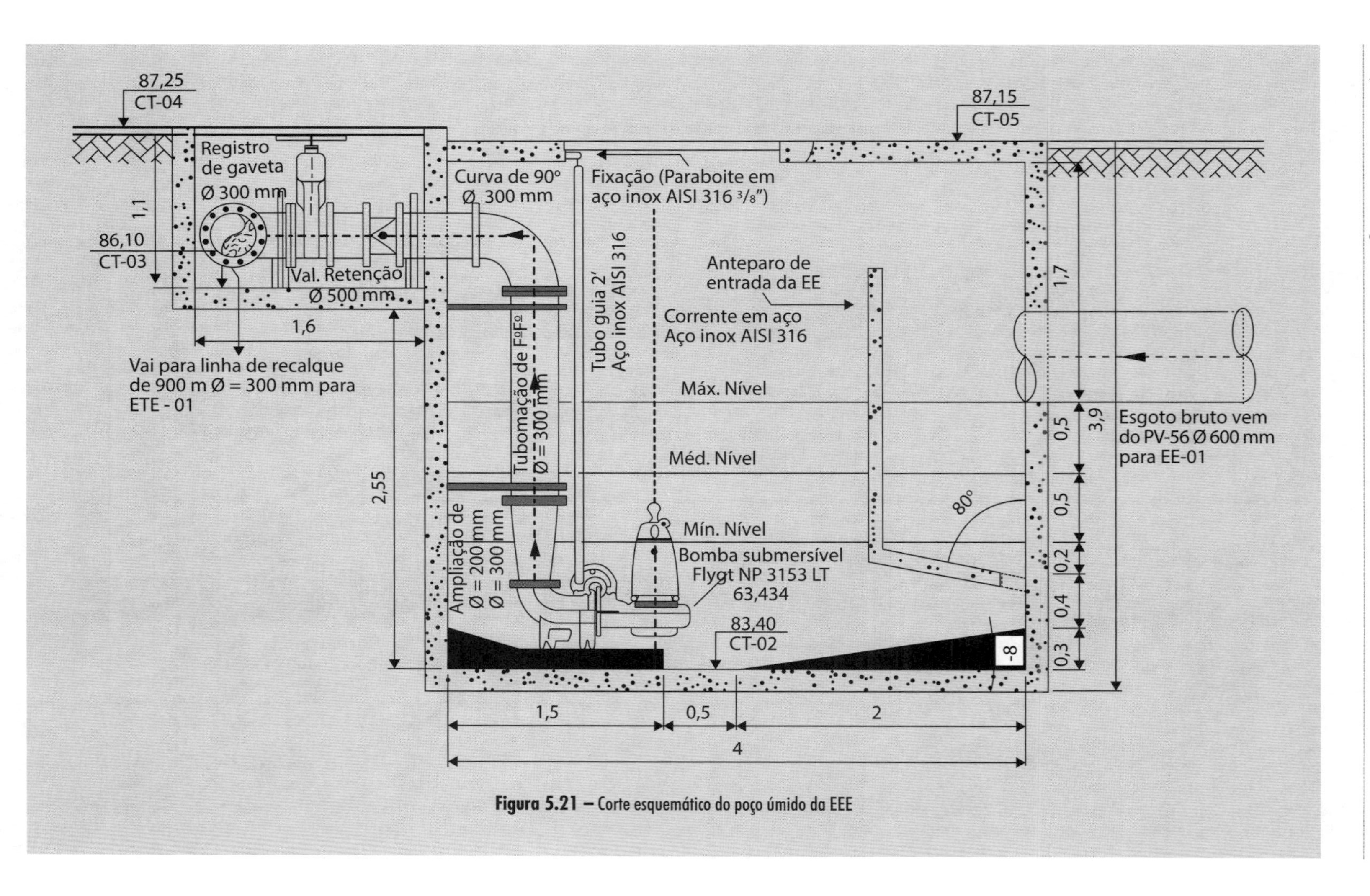

Figura 5.21 – Corte esquemático do poço úmido da EEE

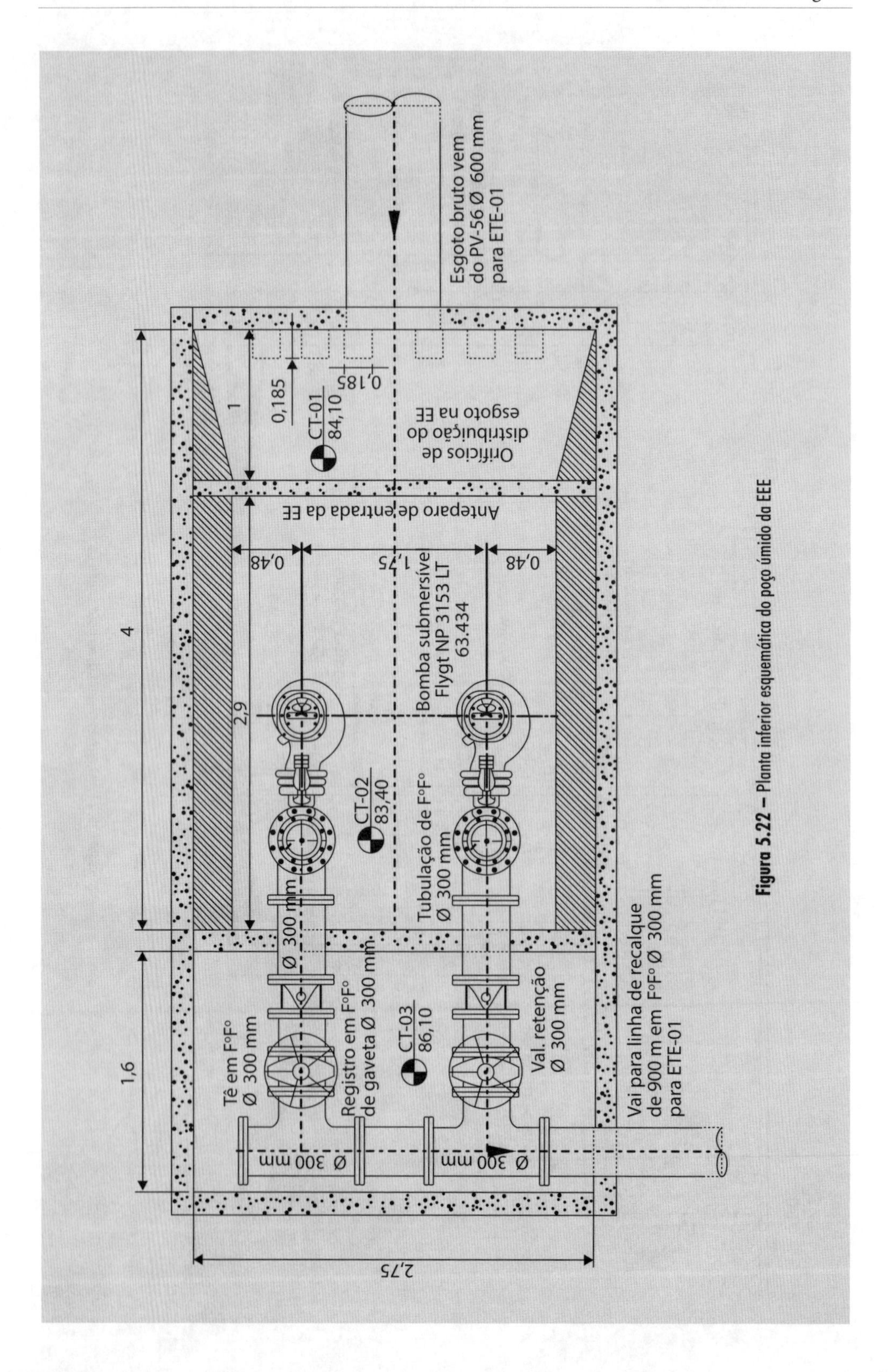

Figura 5.22 – Planta inferior esquemática do poço úmido da EEE

1.f. Dimensionamento da tubulação de recalque:

Estimativa do diâmetro econômico pela fórmula de Bresse.

$$D = K\sqrt{Q_{rec}} = 1,2\sqrt{70\times10^{-3}} \cong 0,317 \text{ m}$$

Serão adotados tubos de ferro fundido dúctil cimentado, integral, ponta e bolsa, junta JGS, DN 300, D_i=308,6 mm, Série K7, Saint-Gobain Canalização.

Velocidade de recalque:

$$V_{rec} = \frac{4.Q_{rec}}{\pi D_i^2} = \frac{4\times70\times10^{-3}}{\pi\times(0,3086)^2} \cong 0,94 \text{ m/s (Ok)}$$

Os seguintes limites de velocidade de recalque são recomendados pela NBR 12.208:

$$0,60 \text{ m/s} \le V_{rec} \le 3,00 \text{ m/s}$$

1.g. Determinação do volume útil projetado para a elevatória:

Volume ocupado pelos tubos:

$$V_{tubo} = 2\times1,3\frac{\pi.(0,30^2)}{4} \cong 0,18 \text{ m}^3$$

Volume ocupado pela parede de dissipação:

$$V_{parede} = 0,10\times2,75\times1,14 \cong 0,31 \text{ m}^3$$

Volume ocupado pelas bombas:

$$V_{bomba} = 2,0\times1,0\times\frac{\pi.0,50^2}{4} \cong 0,40 \text{ m}^3$$

Volume útil projetado:

$$V_{up} = V_T - V_{tubo} - V_{parede} - V_{bomba} = 11,0 - 0,18 - 0,31 - 0,40 \cong 10,11 \text{ m}^3$$

1.h. Períodos de funcionamento e parada da bomba durante a vazão mínima para o volume útil projetado:

$$T_f = \frac{V_{up}}{Q_{rec} - Q_{min}} = \frac{10,11}{60\times10^{-3}(70-35,5)} \cong 4,88 \text{ min (período de funcionamento)}$$

$$T_p = \frac{V_{up}}{Q_{mín}} = \frac{10,11}{60 \times 10^{-3}(35,5)} \cong 4,74 \text{ min (período de parada)}$$

O período de detenção máximo se dá quando a vazão de chegada for mínima. O resultado é satisfatório com T_p = 4,74 min, pois o período de detenção máximo usualmente considerado no poço de sucção varia de 10 a 20 minutos.

O ciclo de operação do motor ou o intervalo mínimo entre duas partidas consecutivas deve ser maior ou igual a seis minutos. Portanto, $T_f + T_p$ = 4,88 + 4,74 = 9,63 min (Ok).

O número máximo de partidas por hora do motor se dá quando a vazão de chegada for mínima.

$$n = \frac{60}{T_f + T_p} = \frac{60}{4,88 + 4,74} = 6,23 < 10 \text{ (Ok)}$$

2. Altura manométrica

2.a. Perdas de carga localizadas no recalque:

Quantidade	Peças e conexões	K	nk	V (m/s)	$\frac{KV^2}{2g}$ (m)
1	Curva 90° × ϕ = 200 mm	0,40	0,40	3,78	0,291
1	Ampliação gradual com flanges ϕ = 200 × ϕ =300 mm	0,30	0,30	3,78	0,218
1	Curva 90° × ϕ =300 mm	0,40	0,40	0,94	0,018
1	Válvula de retenção 300 mm	2,50	2,50	0,94	0,113
1	Registro de gaveta ϕ =300 mm	0,20	0,20	0,94	0,009
1	Tê de passagem direta ϕ =300 mm	0,60	0,60	0,94	0,027
1	Tê de passagem lateral ϕ = 300 mm	1,30	1,30	0,94	0,059
TOTAL		–	–	Σ = 0,735	

$$h_{f1} = \sum K \frac{v^2}{2g} \cong 0,74 \text{ m}$$

2.b. Perdas de carga na tubulação de recalque**:

Dados:

Vazão de recalque: Q_{rec} =70 L/s

Diâmetro interno da tubulação: D_i =308,6 mm

Viscosidade cinemática a 20 °C: $\nu = 10^{-6}$ m²/s

Rugosidade equivalente: k = 0,10 mm*

Comprimento da tubulação: L = 900 m

* Recomendação da Saint-Gobain Canalização (2006) para qualquer comprimento de tubo de ferro fundido.

** As normas da ABNT (1977a; 1977b) recomendam $K = 0{,}14$ mm para tubos de ferro fundido menores de 1.000 metros e $K = 0{,}20$ mm para tubos maiores de 1.000 metros.

Número de Reynolds:

$$Re = \frac{V \times D_i}{\nu} = \frac{0{,}94 \times 0{,}3086}{10^{-6}} \cong 288.810$$

Coeficiente de fricção pela fórmula de Colebrook-White (método iterativo):

$$\frac{1}{\sqrt{f}} = -2log\left(0{,}27\frac{k}{D_i} + \frac{2{,}51}{Re\sqrt{f}}\right) \therefore f \cong 0{,}01719$$

Coeficiente de fricção pela fórmula de Swamee-Jain (erro de menos de 1% da fórmula de Colebrook-White), apenas para motivo de comparação:

$$f = \frac{1{,}325}{\left[ln\left(\frac{k}{3{,}7 \times D_i} + \frac{5{,}74}{Re^{0{,}9}}\right)\right]^2} = \frac{1{,}325}{\left[ln\left(\frac{0{,}10 \times 10^{-3}}{3{,}7 \times 0{,}3086} + \frac{5{,}74}{288810^{0{,}9}}\right)\right]^2} \therefore f \cong 0{,}01728$$

Perda de carga unitária:

$$J_{unit} = f\frac{V_{rec}^2}{2gD_i} = \frac{0{,}01719 \times 0{,}94^2}{2 \times 9{,}81 \times 0{,}3086} \cong 0{,}00251 \text{ m/m}$$

Perda de carga na tubulação de recalque:

$$J_{rec} = 0{,}00251 \times 900 \cong 2{,}26 \text{ m}$$

Perda de carga total no recalque:

$$h_f = 0{,}74 + 2{,}26 \cong 3{,}0 \text{ m}$$

2.c. Altura manométrica total:

$$H_{man} = H_G + \Sigma h_f = 8{,}0 + 3{,}0 = 11{,}0 \text{ m}$$

3. Golpe de aríete

3.a. Celeridade da onda pela fórmula de Allievi:

Coeficiente que leva em conta o módulo de elasticidade da tubulação de ferro fundido (AZEVEDO NETTO et al., 1998):

$k = 1{,}0$

Espessura da tubulação de ferro fundido, Saint-Gobain Canalização (2006; 2008):

$e = 4{,}75 + 0{,}003\ \text{DN} = 4{,}75 + 0{,}003 \times 300 = 5{,}65\ \text{mm}$

Celeridade:

$$C = \frac{9.900}{\sqrt{48{,}3 + k\dfrac{D_i}{e}}} = \frac{9.900}{\sqrt{48{,}3 + 1{,}0 \times \dfrac{308{,}6}{5{,}65}}} \cong 976\ \text{m/s}$$

Período da tubulação:

$$T = \frac{2L}{C} = \frac{2 \times 900}{976} \cong 1{,}84\ \text{s}$$

Sobrepressão pela fórmula de Joukosky:

$$h = \frac{CV_{rec}}{g} = \frac{976 \times 0{,}94}{9{,}81} \cong 93{,}5\ \text{mca}$$

Sobrepressão máxima:

$H_{\text{máx}} = H_{man} + h = 11{,}0 + 93{,}5 = 104{,}5\ \text{mca} \cong 1{,}0\ \text{MPa}$ (Ok)

Não há necessidade de instalação de dispositivo antigolpe, pois a pressão interna máxima suportada pelo tubo integral de ferro fundido cimentado de recalque, DN 300, é de 4,3 MPa.

4. Cavitação

Dados:

Perda de carga total na sucção: $h_{fs} = 0{,}00$ m

Altura geométrica de sucção: $h_{Gs} = 0{,}00$ m

Temperatura média local: $T = 25°\text{C}$

Altitude local: 600 m.s.n.m.

4.a. Estimativa do NPSH disponível:

$$NPSH_{disp} = \frac{p_0}{\gamma} - \left(h_{Gs} + \frac{p_v}{\gamma} + h_{fs} \right)$$

em que:

h_{fs}: perda de carga total na sucção, m;

h_{Gs}: altura geométrica de sucção, m;

p_o: pressão atmosférica em função da altitude, m;

γ: densidade da água, adimensional;

$\frac{p_v}{\gamma}$: tensão de vapor, m.

$$\frac{p_0}{\gamma} = \frac{9,59}{0,997} \cong 9,62 \text{ m}^*$$

$$\frac{p_v}{\gamma} = 0,0032 \text{ kg/cm}^2 = 0,322 \text{ mca}^*$$

* Tabelas 5.7 e 5.8

$$NPSH_{disp} = 9,62 - (0,00 + 0,322 + 0,00) \cong 9,30 \text{ m}$$

Portanto, não há problemas de cavitação, pois, $NPSH_{disp} > NPSH_{req}$ ou 9,30 m > 8,98 m (Ok)

5. Potência do conjunto elevatório

5.a. Potência teórica:

$$P_{teor} = \frac{H_{man} \times Q_{rec}}{75_{\eta bomba} \times_{\eta motor}} = \frac{11 \times 70}{75 \times 0,85 \times 0,86} \cong 14,0 \text{ CV}$$

$\eta_{bomba} = 0,85$ e $\eta_{motor} = 0,86$, Tabelas 5.9 e 5.10.

5.b. Potência real:

Adotando-se folga de 9%, tem-se: P = 14 × 1,09 = 15,26 cv ≅ 15 HP

Adotam-se duas bombas submersíveis, sendo uma de reserva, marca Flygt, NP3153.181 LT, frequência 60 Hz; tensão 380 V; 1755 rpm; 3 fases; 4 polos, $NPSH_{req}$ = 8,98 m e potência nominal 15 HP.

6. Resumo do projeto da estação elevatória de esgoto

Tabela 5.12 – Resumo das condições do projeto da EEE

Informações do equipamento de bombeamento		Informações do poço úmido da EEE	
Tipo	**Submersível**	**Geometria do poço**	**Retangular**
Modo de operação	1+1 (reserva)	Dimensão (m)	4,0 × 2,75
Vazão de recalque (L/s):	72,13	$NA_{máx.}$-$NA_{mín,}$ (m)	1,00
Altura manométrica (m):	11,2	$V_U(m^3)$	10,50
Potência (kw):	11,0	V_T (m^3)	11,00
Rendimento (%)	73,3	V_{tubo} (m^3)	0,18
Rendimento específico (kwh/m³)	–	V_{parede} (m^3)	0,31
Frequência (Hz)	60	V_{bomba} (m^3)	0,40
Tensão de operação (v)	380	V_{up} (m^3)	10,11
$NPSH_d$ (m)	9,30	$V_{efetivo}$ (m^3)	15,40
$NPSH_R$ (m)	8,98	$T_{f+}T_P$ (min)	9,63
Modelo	NP 3153 HT 63-414	T_d (min)	5,30

Especificação técnica resumida do equipamento de bombeamento: de posse das informações da Tabela 5.11, o equipamento de bombeamento selecionado deve ser do tipo submersível em ferro fundido cinzento ASTM A-48, $DN_{saída}$ = 200 mm, P=11,2 kW, IP-68, 380 V, trifásico, 60 Hz, 10 m de cabo, impulsor tipo semiaberto de pás voltadas para trás com desenho autolimpante em ferro fundido cinzento ASTM A-48, Classe 35, com dureza não inferior a 45 HRC para operar sob a condição de Q = 70 L/s e H_{man} =11 mca. A curva desse equipamento de bombeamento pode ser vista em detalhe na Figura 5.23.

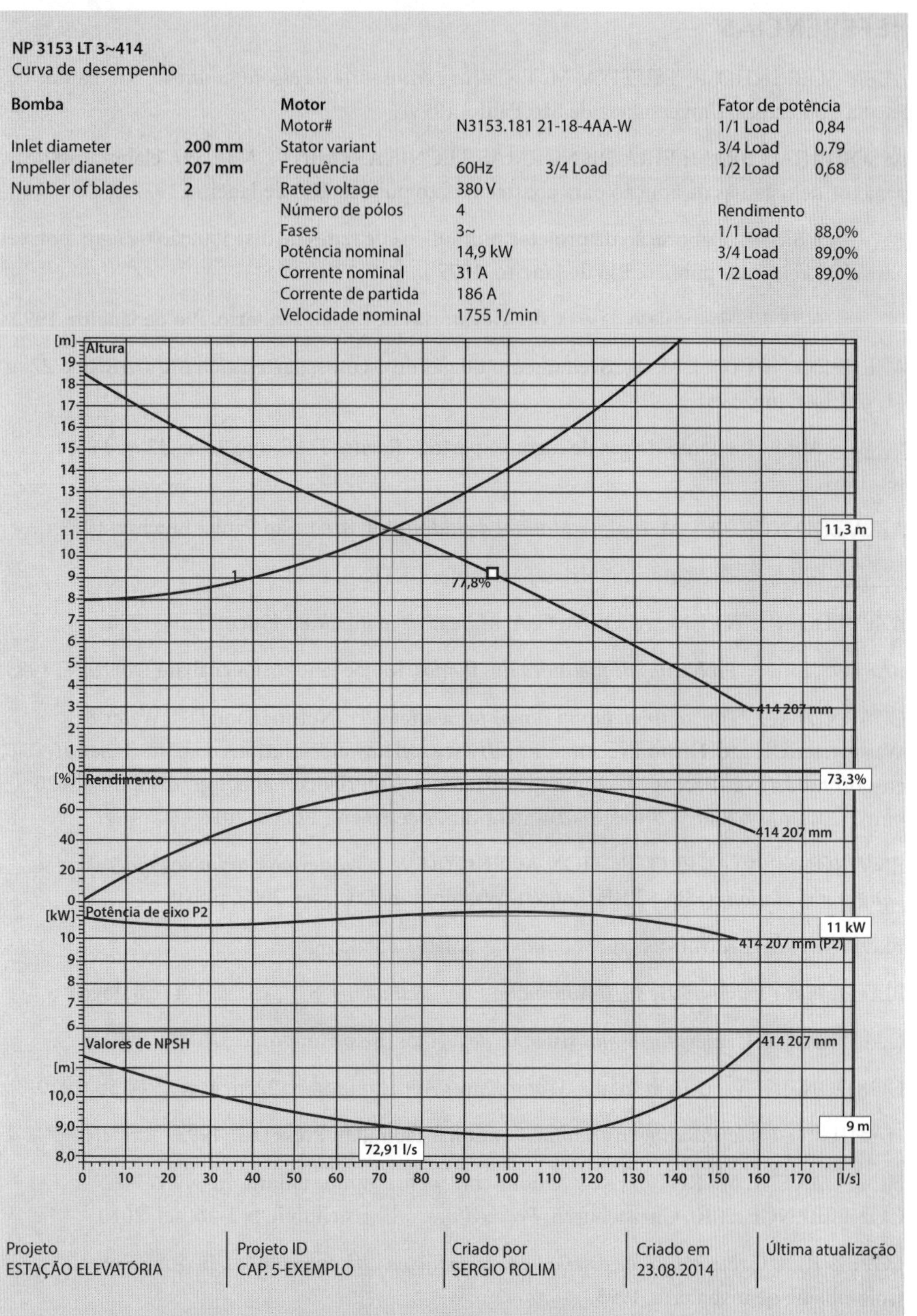

Figura 5.23 – Curva característica da bomba submersível para esgoto de fabricação da Flygt do Brasil (reproduzida para fins didáticos)

REFERÊNCIAS

ALEM SOBRINHO, P.; TSUTIYA, M. T. *Coleta e transporte de esgoto sanitário*. São Paulo: Escola Politécnica/Universidade de São Paulo, 1999.

ASSOCIAÇÃO BRASILEIRA DE NORMAS TÉCNICAS (ABNT). *NBR 591:* elaboração de projetos de sistemas de adução para abastecimento público. Rio de Janeiro, 1977a.

______. *NBR 594:* elaboração de projetos hidráulicos de redes de distribuição de água potável para abastecimento público. Rio de Janeiro, 1977b.

______. *NBR 12.208:* projeto de estações elevatórias de esgoto sanitário. Rio de Janeiro, 1992.

AZEVEDO NETTO, J. M. Aproveitamento do gás de esgotos, parte 1. *Revista DAE*, ano 22, n. 41, p. 15-44, jun. 1961.

______. Aproveitamento do gás de esgotos, parte 2. *Revista DAE*, ano 22, n. 42, p. 11-40, set. 1961.

AZEVEDO NETTO, J. M. et al. E. *Manual de hidráulica.* 8. ed. São Paulo: Blucher, 1998.

______. *Sistemas de esgotos sanitários*. São Paulo: CETESB, 1973.

AZEVEDO NETTO, J. M.; ACOSTA, G. A. *Manual de hidráulica.* México: Harla, 1976.

BASTOS, F. A. A. *Problemas de mecânica dos fluidos*. Rio de Janeiro: Guanabara Dois S.A., 1983.

CZARNOTA, Z. *TOP optimal pump sumps for wastewater*. Nottingham: ITT Water & Wastewater UK Ltd. Disponível em: <http://www.xylemwatersolutions.com/scs/ireland/en-gb/brands/flygt/Packaged%20pump%20stations/TOP/Documents/top%20optimal%20pum%20sumps%20for%20waste%20water.pdf>. Acesso em: 12 ago. 2015.

ENVIRONMENTAL PROTECTION AGENCY (EPA). *Wastewater technology fact sheet in-plant pump stations* (EPA 832-F-00-069). Washington, D.C., set. 2000. p. 1-9.

FLOWMATCHER. *Variable speed pumping.* S. I.1972 (catálogo).

FLYGT. *Flush Valves 4901, 4910 Automatic sump desludging.* S. I., s. d. p. 1-4 (catálogo).

GALLEGOS, P. C. *Elevatórias nos sistemas de esgotos*. Belo Horizonte: UFMG, 2001.

GORDON, J. L. Vortices at Intake. *Water Power Apr.*, London, v. 22, n. 4, p. 137-138, 1970.

HAMILL, L. *Understanding hydraulics*. London: Macmillan Press Ltd., 1995.

HOLYOAKE, K. M.; KOTZE, K. V. Odour control for pump stations. In: NZWWA CONFERENCE, 2010, Christchurch. *Proceedings...*, Christchurch, p. 1-16, set. 2010.

LÓPEZ, R. A. C. *Elementos de diseño para acueductos y alcantarillados*. Bogotá: Escuela Colombiana de Ingeniería, 1995.

MENDONÇA, S. R. *Projeto da rede de esgotos e estação elevatória da área periurbana da favela Beira-Rio, com capacidade para 5.000 habitantes*. João Pessoa: CAGEPA, 1984.

______. *Projeto da estação elevatória principal do sistema de esgotos de João Pessoa, Usina I, vazão de 1210 L/s*. João Pessoa: CAGEPA, 1986.

MENDONÇA, S. R.; MELO, J. R. C. *Projeto da estação elevatória do destino final dos esgotos sanitários do Estádio Governador José Américo de Almeida, com capacidade para 40.000 pessoas*. João Pessoa, 1975.

METCALF & EDDY, INC.; TCHOBANOGLOUS, G. *Wastewater engineering:* collection and pumping of wastewater. NewYork: McGraw-Hill Book Co., 1981.

NOGAMI, P. S. Estações elevatórias de esgotos. In: CETESB. *Sistemas de esgotos sanitários*. 2. ed. São Paulo: CETESB, 1977.

PORTO, R. de M. *Hidráulica básica*. São Carlos: EESC USP/Projeto REENGE, 1998.

RAJU, K. G. R. *Flow through open channels*. New Delhi: Tata McGraw-Hill Pub., 1981.

SAINT-GOBAIN CANALIZAÇÃO. *Linha Adução Água*. 2008. Disponível em: <www.saint-gobain-canalizacao.com.br>. Acesso em: 12 ago. 2015.

______. *Linha Integral Esgoto*. 2006. Disponível em: <www.saint-gobain-canalizacao.com.br>. Acesso em: (completar).

SANTORO, R. R. *Elevatórias padronizadas com bombas submersíveis*. São Paulo: SABESP, 1979.

SILVESTRE, P. *Hidráulica geral*. Rio de Janeiro: Livros Técnicos e Científicos, 1973.

STREETER, V. L.; WYLIE, E. B. *Mecânica dos fluidos*. 7. ed. São Paulo: McGraw-Hill, 1982.

WATER ENVIRONMENT FEDERATION (WEF). Chapter 13: Odor Control. In: WEF. *Operation of municipal wastewater treatment plants*. S.l.: WEF, 2007. p.13-1-13-47.

WATER ENVIRONMENT FEDERATION (WEF); AMERICAN SOCIETY OF CIVIL ENGINEERS (ASCE). *Design and construction of urban stormwater management systems*. MOP FD-20. New York: ASCE Publications, 1992. p. 113-182.

WATER POLLUTION CONTROL FEDERATION (WPCF). *Diseño de estaciones de bombeo de aguas residuales y aguas pluviales:* manual de practica n. FD-4. Washington: WPCF, 1984.

YEOMANS CHICAGO CORPORATION *Sump mixing and flushing an alternative to pump-mounted mix flush valves*. Aurora, 2008. Disponível em: <www.yccpump.com/assets/mix_flush_alternative.pdf>. Acesso em: 12 ago. 2015.

CAPÍTULO 6
CARGAS SOBRE TUBOS ENTERRADOS

Sérgio Rolim Mendonça

INTRODUÇÃO

O projeto estrutural de um coletor de esgoto ou de uma galeria de águas pluviais deve ser feito logo após a definição do tipo de material da tubulação a ser utilizada. Depois de definido esse material, é preciso elaborar uma análise estrutural sobre as cargas que atuarão no tubo, sua capacidade de suportar essas cargas e transferi-las para a base ou o berço.

A resistência estrutural do projeto de um coletor deve prever que a carga suportada por um tubo, assentado em uma vala, dividida por um adequado fator de segurança, deve ser igual ou maior que o somatório das cargas atuantes oriundas do peso do solo, das cargas móveis ou de qualquer carga adicional que a tubulação possa suportar. A carga de reaterro sobre um coletor depende da largura da vala, profundidade, peso específico do material de reaterro e das características de atrito.

Em 1913, A. Marston desenvolveu métodos para determinação da carga vertical em tubos enterrados causada pelas forças do solo, nos casos mais comuns encontrados na prática. Esses métodos, baseados na teoria e na experimentação, tiveram grande aceitação, sendo ainda hoje úteis e confiáveis. Análises recentes, além da observação real de comportamento das cargas no campo, têm mostrado que os projetos baseados na teoria de Marston produzem resultados satisfatórios, especialmente para tubos de pequeno diâmetro em valas estreitas. Para diâmetros maiores, os resultados são conservadores.

Em resumo, essa teoria provou que a carga em um tubo enterrado é igual ao peso do prisma do solo situado acima do tubo, chamado prisma interior, aumentado ou diminuído do esforço cortante que é transferido para o prisma pela ação dos prismas de solo adjacentes. A grandeza e a direção dessas forças de atrito são funções da compactação relativa entre prismas de solo interior e adjacentes.

A teoria de Marston admite as seguintes hipóteses:

- a carga a ser estimada é a carga que atuará quando a compactação definitiva estiver concluída;
- a grandeza das pressões laterais que induzirão ao esforço cortante entre os prismas de solo adjacente e interior é calculada de acordo com a teoria de Rankine;
- a coesão é considerada desprezível, com exceção do caso de túneis escavados.

O solo de reaterro tem a tendência de recalcar em relação ao solo original no qual a vala foi escavada. Esse movimento no sentido de cima para baixo induz o esforço cortante no sentido contrário, que suporta parte do peso do reaterro. A carga resultante no plano horizontal, no topo do coletor (geratriz superior externa), dentro da vala, é igual ao peso do reaterro menos o esforço cortante em virtude da ação dos prismas de solo adjacentes, conforme mostrado na Figura 6.1.

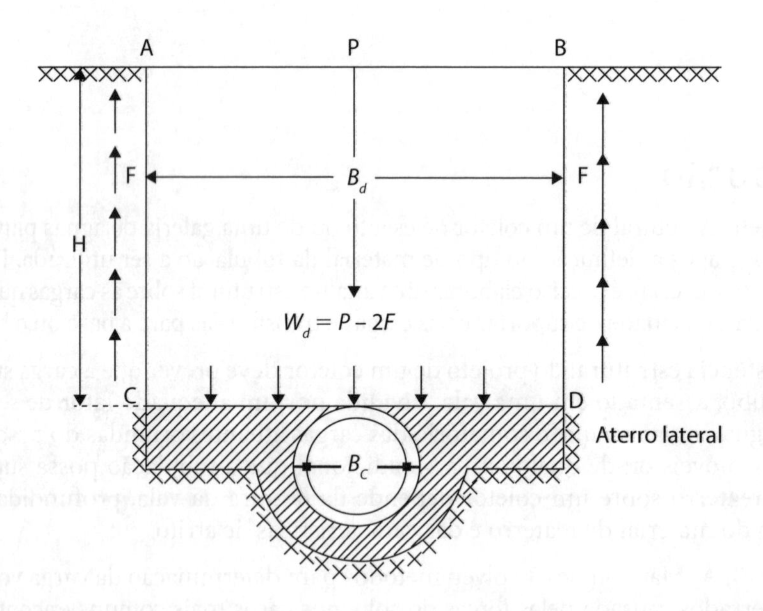

Figura 6.1 – Cargas sobre tubos enterrados (P: peso do prisma interior ABCD; F: esforço cortante em AC e BD; W_d: $P - 2F$; B_c: diâmetro externo do tubo; B_d: largura da vala)

FÓRMULA DE MARSTON

As valas usadas para assentamento de coletores podem ser classificadas em três tipos, conforme Figura 6.2.

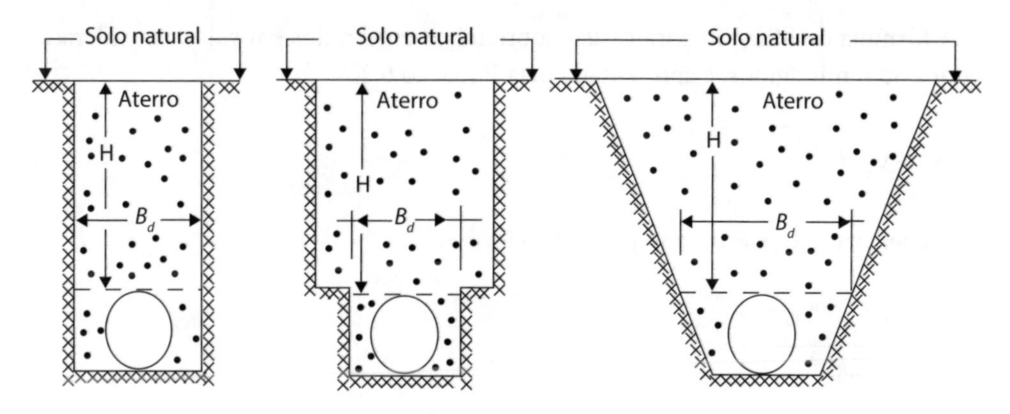

Figura 6.2 – Valas usadas para assentamento de coletores

As tubulações podem ser classificadas em dois tipos, conforme seu material: tubos flexíveis e rígidos ou semirrígidos.

Os tubos flexíveis são aqueles que, quando submetidos à compressão diametral, podem sofrer deformações superiores a 3% no diâmetro, medidas no sentido da aplicação da carga, sem que apresentem fissuras prejudiciais. Nesses tipos estão incluídos tubos de aço, tubos de PVC, tubos de ferro fundido dúctil, tubos sem revestimento, tubos de polietileno (PEAD) etc. Os tubos rígidos são aqueles que, quando submetidos à compressão diametral, podem sofrer deformações de até 0,1% no diâmetro, medidas no sentido de aplicação da carga, sem que apresentem fissuras prejudiciais. Exemplos: tubos de concreto simples e armado, manilhas de cerâmica etc. Os tubos semirrígidos são aqueles que, quando submetidos à compressão diametral, podem sofrer deformações de 0,1% até 3% no diâmetro, medidas no sentido de aplicação da carga, sem que apresentem fissuras prejudiciais. Os principais exemplos são os tubos de ferro fundido cinzento e os tubos de ferro fundido dúctil revestidos com cimento.

A fórmula de Marston para cargas sobre tubos enterrados em valas, considerados flexíveis, é dada pela Equação 6.1.

$$W_d = C_d \rho B_d B_c \qquad (6.1)$$

em que:

W_d: carga vertical sobre o tubo enterrado, resultante do aterro, kN/m;

C_d: coeficiente adimensional que mede o efeito das seguintes variáveis:

- quociente entre a profundidade e a largura da vala;
- esforço cortante entre os prismas do solo interior e adjacentes;
- tipo de material do reaterro.

ρ: densidade do material de reaterro, kN/m^3;

B_d: largura da vala na altura do topo (geratriz superior) da tubulação, m.

B_c: diâmetro externo da tubulação, m.

A fórmula de Marston para cargas sobre tubos enterrados em valas, considerados rígidos ou semirrígidos, é apresentada pela Equação 6.2.

$$W_d = C_d \rho B_d^{\,2} \tag{6.2}$$

O coeficiente C_d é estimado pela Equação 6.3.

$$C_d = \frac{1 - e^{-2k\mu'\frac{H}{B_d}}}{2k\mu'} \tag{6.3}$$

em que:

e: base dos logaritmos neperianos;

H: altura do material de reaterro acima do topo da tubulação, m.

k: coeficiente de Rankine, relação entre a pressão lateral e a vertical, apresentado pela Equação 6.4.

$$k = \frac{\sqrt{\mu^2 + 1} - \mu}{\sqrt{\mu^2 + 1} + \mu} = \frac{1 - \text{sen}\phi}{1 + \text{sen}\phi} \tag{6.4}$$

$\mu = tg\,\phi$: coeficiente de atrito interno do material de reaterro;

$\mu' = tg\,\phi'$: coeficiente de atrito entre o material de reaterro e os lados da vala (μ' pode ser igual ou menor que μ, mas nunca maior que μ);

$k\mu'$: na Tabela 6.1, são fornecidos os valores máximos de $k\mu'$ para diferentes tipos de material de reaterro.

O valor de C_d na Equação 6.3, para vários quocientes de H/B_d, pode também ser obtido por meio da Figura 6.3.

Tabela 6.1 – Valores de $k\mu'$ e densidade em função do tipo de aterro

$k\mu'_{máx}$	Tipo de reaterro	Classe	Densidade (kN/m³)
0,192	Material granulado sem coesão	A	17
0,165	Areia e cascalho	B	19
0,150	Material orgânico saturado	C	20
0,130	Argila comum	D	21
0,110	Argila saturada	E	22

Fonte: adaptada de WEF/ASCE (1992).

Os tubos rígidos, principalmente, são usados de maneira geral para coletores de esgoto de grande diâmetro e para galerias de drenagem de águas pluviais. Essas tubulações, de maneira geral, são assentadas a profundidades maiores do que a rede coletora e, consequentemente, suportam cargas maiores de reaterro. Neste capítulo, são considerados apenas os estudos sobre tubulações rígidas e semirrígidas. Estudos sobre tubulações flexíveis podem ser encontrados em detalhes em Grupo Hansen (1985).

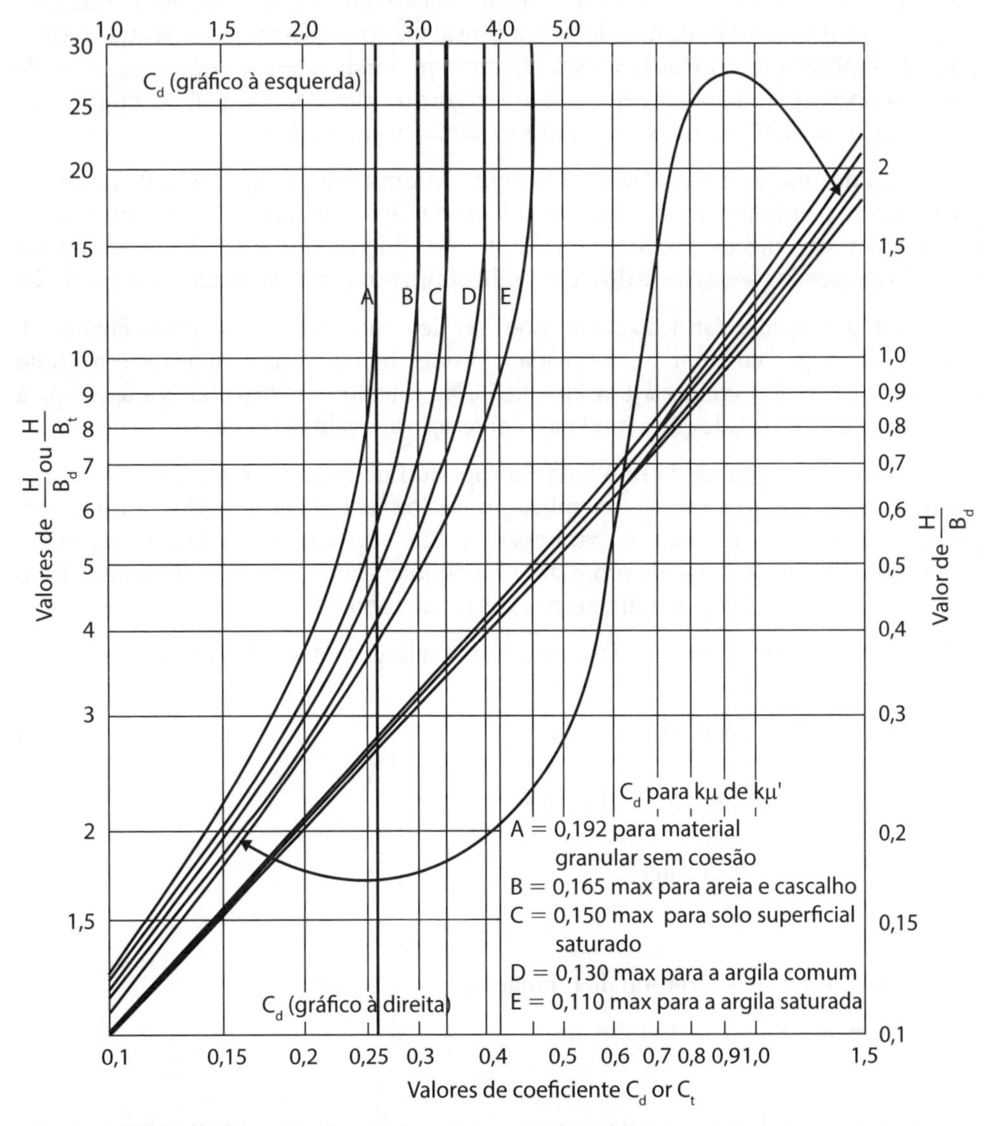

Fonte: adaptada de WEF/ASCE (1992).

Figura 6.3 – Diagrama para obtenção dos coeficientes C_d ou C_t^* para cargas de reaterro em tubulações completamente enterradas em valas

* Coeficiente e relação usados para túneis ou tubulações encamisadas.

LARGURA DA VALA

As equações de Marston (equações 6.1 e 6.2), para qualquer tipo de tubulação, mostram a importância que a largura da vala exerce no cálculo da carga em razão do reaterro. Essa influência, segundo autores norte-americanos, tem sido verificada nos Estados Unidos por meio de inúmeros testes experimentais. A largura da vala é, portanto, o fator de controle.

A largura da vala abaixo do topo do coletor também é importante. Não deve ser permitido ultrapassar o limite de segurança da resistência do tubo e a classe de berço a ser usada. A largura mínima da vala deve levar em consideração o assentamento das tubulações, juntas e compactação do reaterro. Para qualquer profundidade e qualquer diâmetro de tubulação, existe um valor limite em relação à largura da vala, além do qual nenhuma carga adicional é transmitida ao tubo. Esse limite é chamado *largura de transição.*

À medida que a largura da vala aumenta, admitindo-se que os outros fatores permaneçam constantes, a carga em um coletor rígido aumenta, de acordo com a teoria para tubos assentados em valas, até um limite. Ao atingir o limite, o cálculo passa a ser efetuado de acordo com a teoria dos tubos salientes, assunto não enfocado neste capítulo.

A largura na qual a transição ocorre pode ser determinada pelo gráfico da Figura 6.4. As curvas desse gráfico foram determinadas considerando-se o material de reaterro como sendo areia e cascalho, em que $k\mu' = k\mu = 0{,}165$. No entanto, o gráfico pode ser usado para outros tipos de solo, desde que a mudança em relação aos valores de $k\mu$ seja pequena.

Existe pouca pesquisa sobre o valor apropriado de relação de recalque pela relação de projeção ($r_{sd}p$) para uso na aplicação do conceito da largura de transição. Na prática, adotam-se como valores para esse produto $r_{sd}p$ +0,50 para tubos rígidos e 0 para tubos flexíveis. A razão de projeção p é definida pela relação entre a parte do tubo acima do terreno de apoio e o diâmetro externo do tubo.

Existem diferentes fórmulas para determinar a largura das valas, tais como:

$$B_d = D_i + 2\ (0{,}15 \text{ a } 0{,}30 \text{ m})\ (\text{Guerrin}) \tag{6.5}$$

$$B_d = 1{,}34\ D_i + 0{,}20 \text{ m}\ (\text{M. Dubosch}) \tag{6.6}$$

$$B_d = 1{,}50\ D_i + 0{,}30 \text{ m}\ (\text{Steel}) \tag{6.7}$$

em que:

B_d: largura da vala no topo da tubulação, m;

D_i: diâmetro interno do tubo, m.

O reaterro da vala influi diretamente nas cargas verticais que atuam sobre os tubos e na qualidade de reposição da pavimentação. Os métodos de compactação variam segundo os tipos de solos, geralmente divididos em três grupos: solos não coesivos, de coesão moderada e coesivos. Para solos não coesivos (material granulado sem coesão e areia e cascalho), os métodos de compactação por ordem decrescente de eficiência são: vibração, irrigação e compressão. A combinação desses métodos pode ser aplicada com bons resultados. Para solos de coesão moderada (material orgânico saturado), o método de compactação empregado é o da compressão, por meio de rolos compressores, caminhões carregados, máquinas pneumáticas etc. Para solos coesivos (argila comum e saturada), são usados processos de compactação por compressão, posteriormente conjugados com vibração.

O aterro deve ser cuidadosamente escolhido do material escavado, livre de detritos e de matéria orgânica. Quando o material de escavação não é de boa qualidade, deve ser substituído, de preferência, por material não coesivo (areia ou pó de pedra). A execução e a compactação do aterro precisam se dar em camadas máximas de 15 cm, principalmente, nos lados do tubo, e a uma altura máxima de 30 cm acima do topo (geratriz superior) do tubo.

Para tubos de PVC, caso não seja possível o controle da compactação, a tubulação deve ser totalmente envolvida por areia.

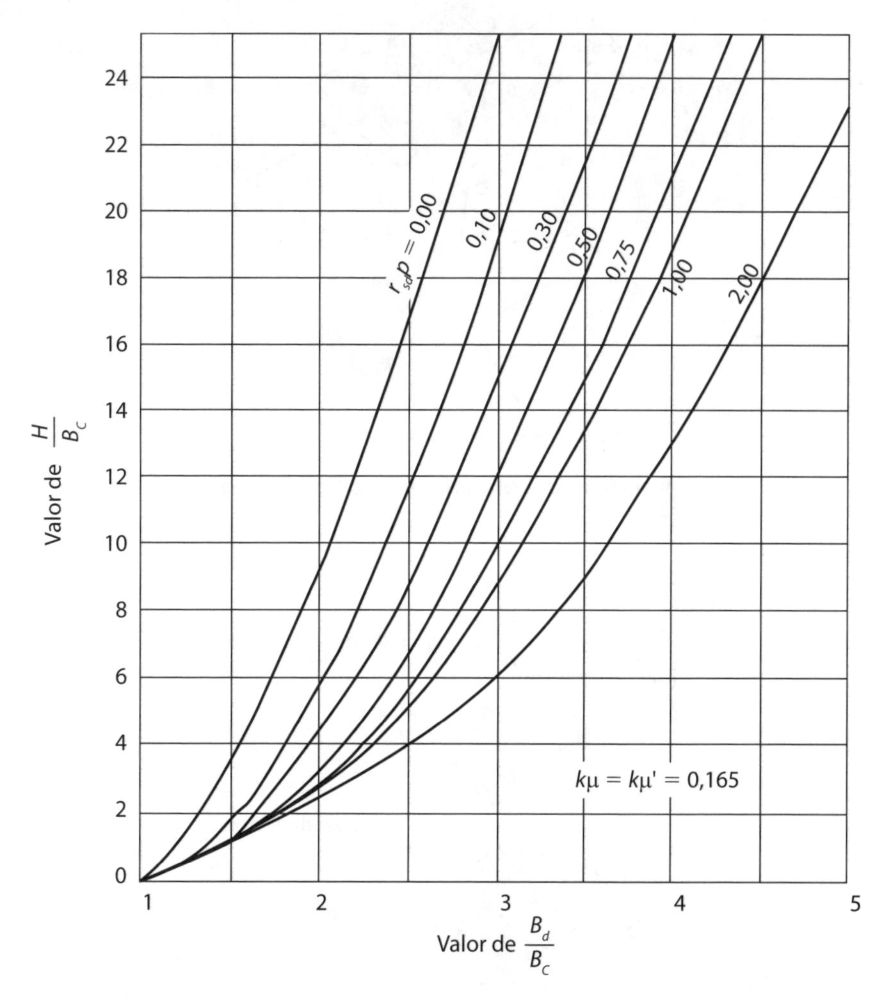

Fonte: adaptada de WPCF/ASCE (1992).

Figura 6.4 – Valores de B_d/B_c, nos quais as fórmulas para cálculo de resistência dos tubos e sua carga têm valores iguais

CARGAS MÓVEIS E FIXAS

As rodas de caminhões e de outros veículos transmitem cargas móveis aos tubos enterrados. As cargas móveis consideradas para o projeto estrutural de coletores podem ser classificadas em cargas concentradas e distribuídas, conforme as Figuras 6.5 e 6.6. A equação mais usada para o dimensionamento dessas cargas é de autoria de Boussineq, que desenvolveu a teoria relativa a tensões em um maciço elástico semi-infinito. Embora os solos, em sua maioria, sejam plásticos, e não elásticos, a teoria da plasticidade ainda não evoluiu ao ponto de permitir o tratamento rigoroso de certos problemas. Assim, a teoria de Boussineq pode ser aplicada com razoável precisão aos solos coesivos e, algumas vezes, a solos granulares.

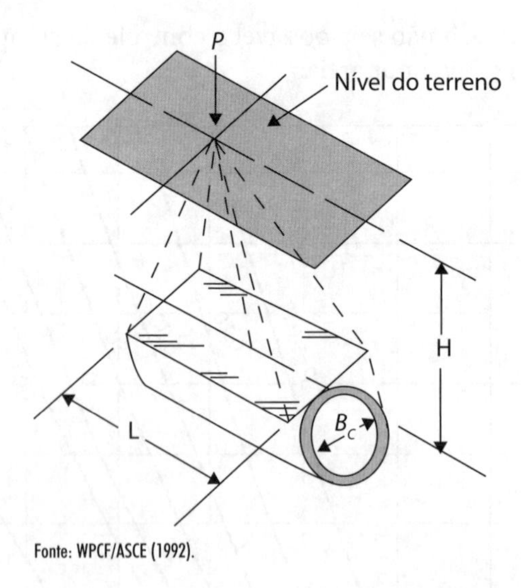

Fonte: WPCF/ASCE (1992).

Figura 6.5 – Carga concentrada verticalmente no eixo do tubo

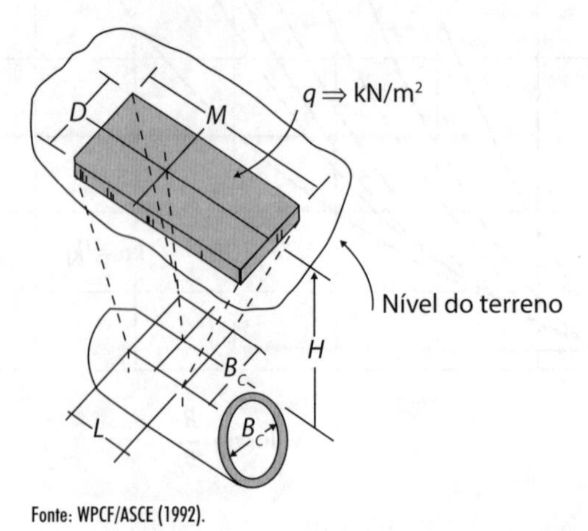

Fonte: WPCF/ASCE (1992).

Figura 6.6 – Carga distribuída verticalmente no eixo do tubo

A seguir, como é possível observar na Figura 6.7, a pressão vertical produzida nas camadas do solo se dissipam lateralmente com a profundidade. Apenas uma porção da pressão concentrada dos pneus é absorvida pela tubulação enterrada. Cargas móveis na superfície raramente influenciam o dimensionamento estrutural dos coletores de esgoto em virtude de suas grandes profundidades e pequenos diâmetros. Porém, as tubulações empregadas nos sistemas de águas pluviais devem ter sua resistência às cargas móveis verificada por causa de sua profundidade, que geralmente é pequena.

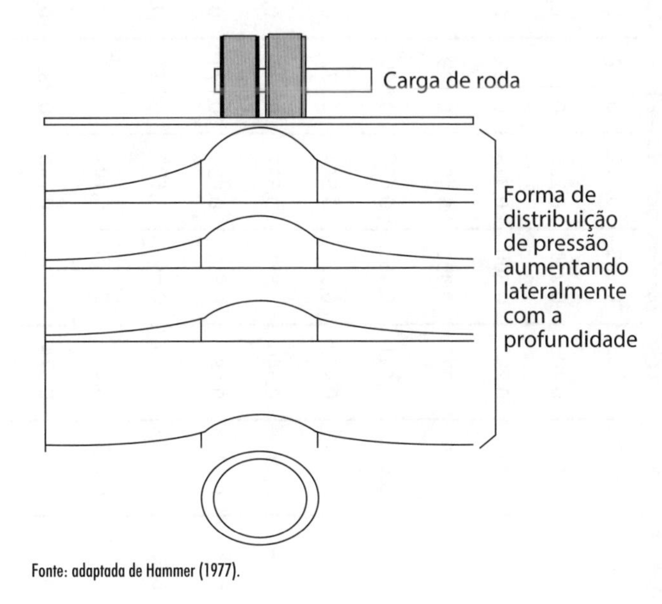

Fonte: adaptada de Hammer (1977).

Figura 6.7 – Cargas de roda e outras cargas móveis

A carga causada por uma carga concentrada está representada na Figura 6.5. O cálculo da carga de uma roda de caminhão é efetuado em função da Equação 6.8.

$$W_{sc} = C_s \frac{PF}{L} \tag{6.8}$$

em que:

W_{sc}: sobrecarga no coletor, kN/m;

P: carga concentrada no coletor, kN/m;

F: coeficiente de impacto;

L: comprimento do tubo, m;

Cs: coeficiente de carga (Tabela 6.2), função de *Bc/2H* ou *L/2H*; *Bc* e *L* são, respectivamente, o diâmetro externo e o comprimento do tubo;

Para tubos maiores que 1 m de comprimento, o valor adotado para *L* é também 1 m. Para tubos menores, adota-se para *L* seu valor real.

Tabela 6.2 – Valores do coeficiente de carga, C_s, para cargas móveis concentradas e distribuídas verticalmente no eixo dos tubos

$\frac{D}{2H}$ ou $\frac{B_c}{2H}$	$\frac{M}{2H}$ ou $\frac{L}{2H}$													
	0,1	0,2	0,3	0,4	0,5	0,6	0,7	0,8	0,9	1,0	1,2	1,5	2,0	5,0
0,1	0,019	0,037	0,053	0,067	0,079	0,089	0,097	0,103	0,108	0,112	0,117	0,121	0,124	0,128
0,2	0,037	0,072	0,103	0,131	0,155	0,174	0,189	0,202	0,211	0,219	0,229	0,238	0,244	0,248
0,3	0,053	0,103	0,149	0,190	0,224	0,252	0,274	0,292	0,306	0,318	0,333	0,345	0,355	0,360
0,4	0,067	0,131	0,190	0,241	0,284	0,320	0,349	0,373	0,391	0,405	0,425	0,440	0,454	0,460
0,5	0,079	0,155	0,224	0,284	0,336	0,379	0,414	0,441	0,463	0,481	0,505	0,525	0,540	0,548
0,6	0,089	0,174	0,252	0,320	0,379	0,428	0,467	0,499	0,524	0,544	0,572	0,596	0,613	0,624
0,7	0,097	0,189	0,274	0,349	0,414	0,467	0,511	0,546	0,584	0,597	0,628	0,650	0,674	0,688
0,8	0,103	0,202	0,292	0,373	0,441	0,499	0,546	0,584	0,615	0,639	0,674	0,703	0,725	0,740
0,9	0,108	0,211	0,306	0,391	0,463	0,524	0,574	0,615	0,647	0,673	0,711	0,742	0,766	0,784
1,0	0,112	0,219	0,318	0,405	0,481	0,544	0,597	0,639	0,673	0,701	0,740	0,774	0,800	0,816
1,2	0,117	0,229	0,333	0,425	0,505	0,572	0,628	0,674	0,711	0,740	0,783	0,820	0,819	0,868
1,5	0,121	0,238	0,345	0,440	0,525	0,596	0,650	0,703	0,742	0,774	0,820	0,861	0,894	0,916
2,0	0,124	0,244	0,355	0,454	0,540	0,613	0,674	0,725	0,766	0,800	0,849	0,894	0,930	0,956

Fonte: WEF/ASCE (1992).

A carga causada por uma carga distribuída sobre uma área de considerável extensão é apresentada pelas Figuras 6.6 e 6.7. O cálculo da carga distribuída é efetuado em função da Equação 6.9.

$$W_{sd} = C_s qFB_c \tag{6.9}$$

em que:

W_{sd}: carga no coletor, kN/m;

Cs: coeficiente de carga (Tabela 6.2), função de *D/2H* ou *M/2H*; *D* e *M* são a largura e o comprimento, respectivamente, da área sobre a qual a carga distribuída atua;

q: intensidade de carga distribuída, kN/m^2;

F: coeficiente de impacto;

B_c: diâmetro externo do tubo, m.

O fator de impacto *F* reflete a influência das cargas dinâmicas causadas pelo tráfego na superfície do solo. Na Tabela 6.3, são apresentados os valores de *F* para diferentes alturas de recobrimento, de acordo com as especificações da American Association of State Highway and Transportation Officials (AASHTO) para pontes rodoviárias.

Tabela 6.3 – Coeficientes de impacto recomendáveis para cálculo de cargas e tubos com recobrimento inferior a 1,00 m e sujeitos a cargas originadas de caminhões

Altura de recobrimento, *H* (m)	Coeficiente de impacto, *F*
0,00 a 0,30	1,3
0,30 a 0,60	1,2
0,60 a 0,90	1,1
> 0,90	1,0

Fonte: AASHTO.

As equações 6.8 e 6.9, com base em dados experimentais, pressupõem o coeficiente de impacto, *F*, igual à unidade para cargas estáticas. No caso de cargas móveis, rodas de veículos, por exemplo, o valor de *F* depende da velocidade do veículo, dos efeitos dinâmicos e, principalmente, das características de rugosidade da superfície de rolamento. A Tabela 6.4 fornece os valores usualmente sugeridos para o coeficiente de impacto, *F*.

Tabela 6.4 – Valores geralmente aceitos para *F*

Tipo de tráfego	Coeficiente de impacto, *F*
Rodovias	1,3
Ferrovias	1,4
Aeroportos	1,0 a 1,5

Na Tabela 6.5, são apresentadas as cargas rodoviárias médias transmitidas a tubos enterrados em função do diâmetro da tubulação e da altura de recobrimento, considerando o coeficiente de impacto, *F*.

Tabela 6.5 – Solicitações em razão de cargas rodoviárias (kN/m)

H (m)	Diâmetro interno do tubo (mm)							
	300	400	500	600	800	1.000	1.200	1.500
0,5	18,6	23,6	28,1	32,3	39,5	45,7	39,9	36,1
1,0	6,8	8,7	10,5	12,1	15,1	17,7	20,0	23,0
1,5	4,0	5,1	6,2	7,2	9,1	10,8	12,2	14,2
2,0	2,8	3,6	4,3	5,1	6,4	7,6	8,8	10,2
3,0	1,6	2,0	2,5	2,9	3,8	4,5	5,2	6,2
4,0	1,0	1,3	1,6	1,9	2,5	3,0	3,5	4,2
5,0	0,7	0,9	1,1	1,3	1,7	2,1	2,5	3,0
6,0	0,5	0,7	0,8	1,0	1,3	1,6	1,9	2,3
7,0	-	-	0,6	0,8	1,0	1,2	1,4	1,8
8,0	-	-	-	0,6	0,8	1,0	1,2	1,4
9,0	-	-	-	-	0,6	0,8	1,1	1,2
10,0	-	-	-	-	-	0,7	0,8	1,0

O Código Nacional de Trânsito fixa os seguintes valores para as cargas concentradas (*P*) sobre os pavimentos:

- peso bruto máximo por veículo ou combinação: 400 kN;
- peso máximo por eixo isolado: 100 kN;
- peso máximo por conjunto de dois eixos em tandem, com espaçamento entre os eixos de 1,20 m e 2,40 m: 170 kN.

No caso de vias submetidas a tráfego de veículos automotores, pode-se adotar $P_{máx}$ igual a 85 kN. Quando as tubulações passarem sob rodovias para uma carga concentrada por eixo de 320 kN, deve-se ter $P_{máx}$ igual a 160 kN.

TIPOS DE BASES PARA TUBOS ENTERRADOS EM VALAS

Se os coletores forem assentados colocando-se simplesmente as tubulações em uma vala de fundo plano, essa tubulação pode não ser capaz de suportar uma carga significativamente maior do que aquela suportada no teste de compressão diametral.

O teste de compressão diametral é padronizado pelas normas para determinar a resistência do tubo ao esmagamento. O equipamento de laboratório, apresentado à frente na Figura 6.8, carrega seções da tubulação a ser testada até que ocorra a ruptura. Normas publicadas pela ABNT listam a resistência mínima ao esmagamento requerida para vários tipos de materiais e diâmetros de tubos. Entretanto, se é preparado um leito no qual, pelo menos, um quarto do perímetro do tubo entre em contato com o fundo da vala e o material de reaterro seja cuidadosamente colocado nas laterais da tubulação, sua resistência aumenta significativamente.

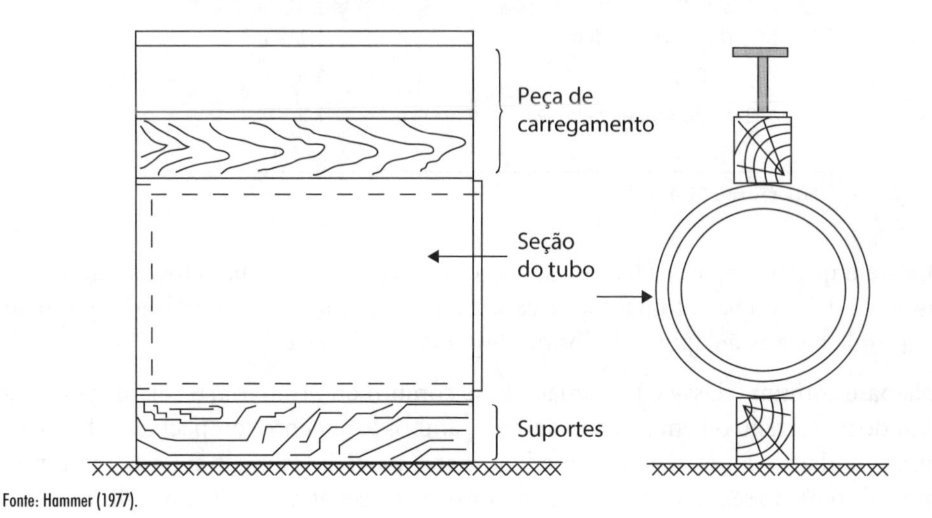

Fonte: Hammer (1977).

Figura 6.8 – Ensaio de compressão diametral à resistência do tubo ao esmagamento

A resistência de projeto para tubos rígidos enterrados é definida pela Equação 6.10.

$$RP = \frac{RT \times FC}{CS} \tag{6.10}$$

em que:

RP: resistência de projeto para tubos enterrados, kN/m;

RT: resistência teórica (carga de ruptura ou de fissura), kN/m;

FC: fator de carga (depende do tipo de base);

CS: coeficiente de segurança (depende do tipo do material).

A resistência de projeto deve ser sempre igual ou maior que a carga originada do aterro mais as cargas móveis. A resistência teórica depende das normas vigentes para cada tipo de material, classe e diâmetro da tubulação.

O fator de carga de acordo com a Iowa Engineering Experiment Station (IEES) possui valores em função do tipo de berço a ser utilizado, como apresentado na Tabela 6.6. O coeficiente de segurança geralmente utilizado para tubos cerâmicos vitrificados ou de concreto simples varia de 1,2 a 1,5. Para tubos de concreto armado, o coeficiente de segurança é igual 1,0; para uma carga que cause uma trinca de 0,2 mm, é considerado suficiente.

Tabela 6.6 – Valores do fator de carga segundo a IEES

Tipo de base	Fator de carga
Não recomendado	1,1
Base comum	1,5
Base de primeira classe	1,9
Base em concreto	2,2 a 3,4

Fonte: WPCF/ASCE (1972).

Existem quatro classes de bases usadas com mais frequência para tubos rígidos em valas. Uma delas é a base com fator de carga igual a 1,1 (não recomendável). Os outros três tipos de base estão apresentados nas Figuras 6.9, 6.10 e 6.11.

Na base comum (classe C), chamada base comum ou ordinária, o coletor pode ser assentado no terreno ou em colchão de areia, ambos levemente compactados, formando uma fundação conformada para adaptar-se à parte inferior do tubo com largura mínima de 60% do seu diâmetro interno. A vala deve ser aterrada até uma altura mínima de 15 cm acima do topo do tubo (geratriz externa superior), de modo a preencher todo espaço lateral e adjacente. A partir daí, deve ser completamente compactada em camadas de, no máximo, 15 cm. O material do reaterro precisa ser cuidadosamente escolhido do material escavado, livre de detritos, matéria orgânica e pedras, compactado para uma densidade máxima de 95%. O fator de carga adotado para classe C é 1,5.

Na base de primeira classe (classe B), o tubo pode ser assentado no terreno ou em colchão de areia, ambos cuidadosamente compactados, formando uma fundação conformada para adaptar-se à parte inferior do tubo com largura mínima de 72% de seu diâmetro interno. A vala deve ser cuidadosamente aterrada até uma altura mínima de 30 cm acima do topo do tubo, de modo a preencher todo espaço lateral e adjacente, sendo completamente compactada em camadas de, no máximo, 15 cm de espessura. O material do reaterro deve ser idêntico ao caso anterior. O fator de carga adotado para a classe B é 1,9.

Na base comum de concreto (classe A), o tubo é assentado em uma base de concreto simples ou armado. A tensão mínima de ruptura deve ser igual a 140 kg/cm^2. Cerca de 30% do diâmetro interno do tubo deve ser assentado no concreto, distando de sua geratriz externa inferior aproximadamente 25% do diâmetro do fundo da vala. A vala deve ser preenchida com reaterro, até uma altura mínima de 30 cm sobre a geratriz externa superior do tubo. A partir daí, deve ser compactada em camadas de, no máximo, 15 cm de espessura. O fator de carga para a classe A utilizada para concreto simples é igual a 2,2, com reaterro levemente compactado. Para concreto simples com reaterro cuidadosamente compactado, adota-se 2,8 para o fator de carga e 3,4 para concreto armado.

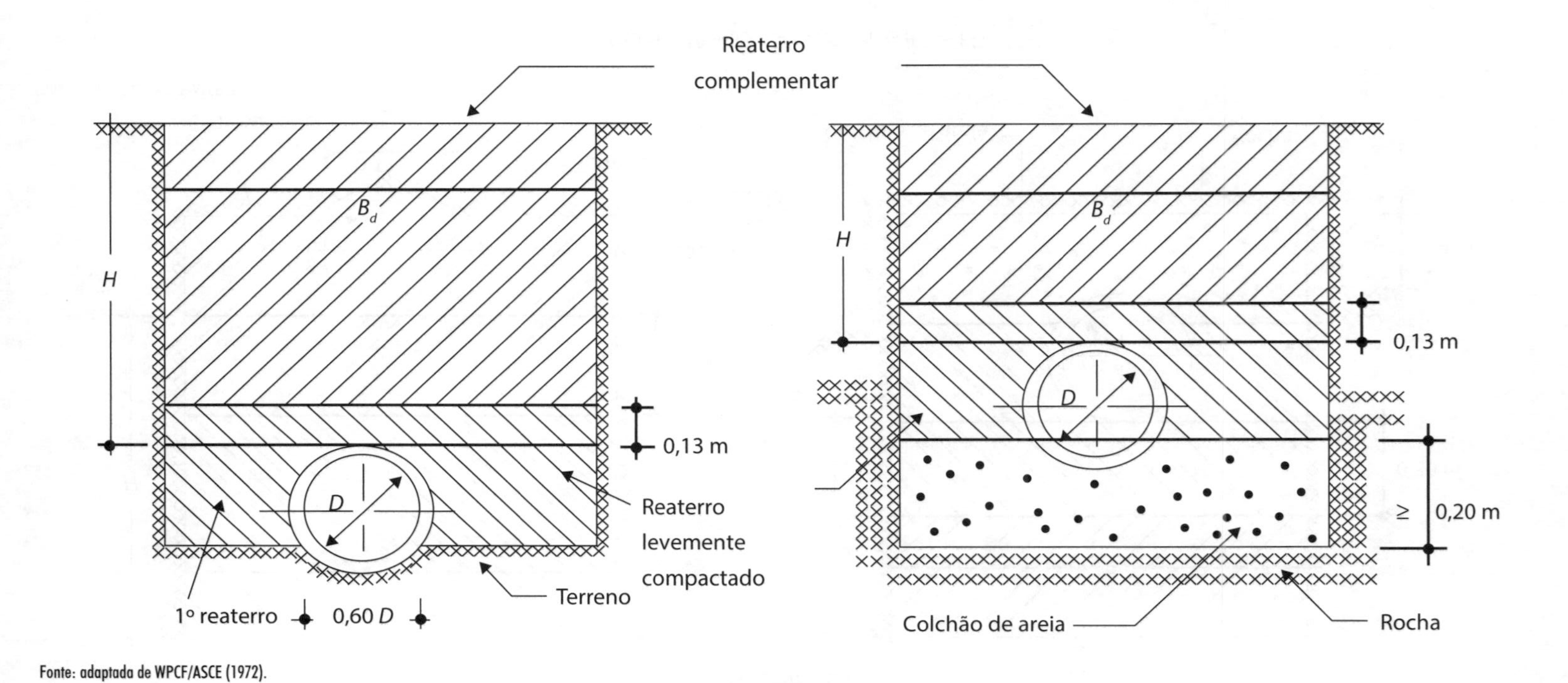

Fonte: adaptada de WPCF/ASCE (1972).

Figura 6.9 – Base comum (FC = 1,5)

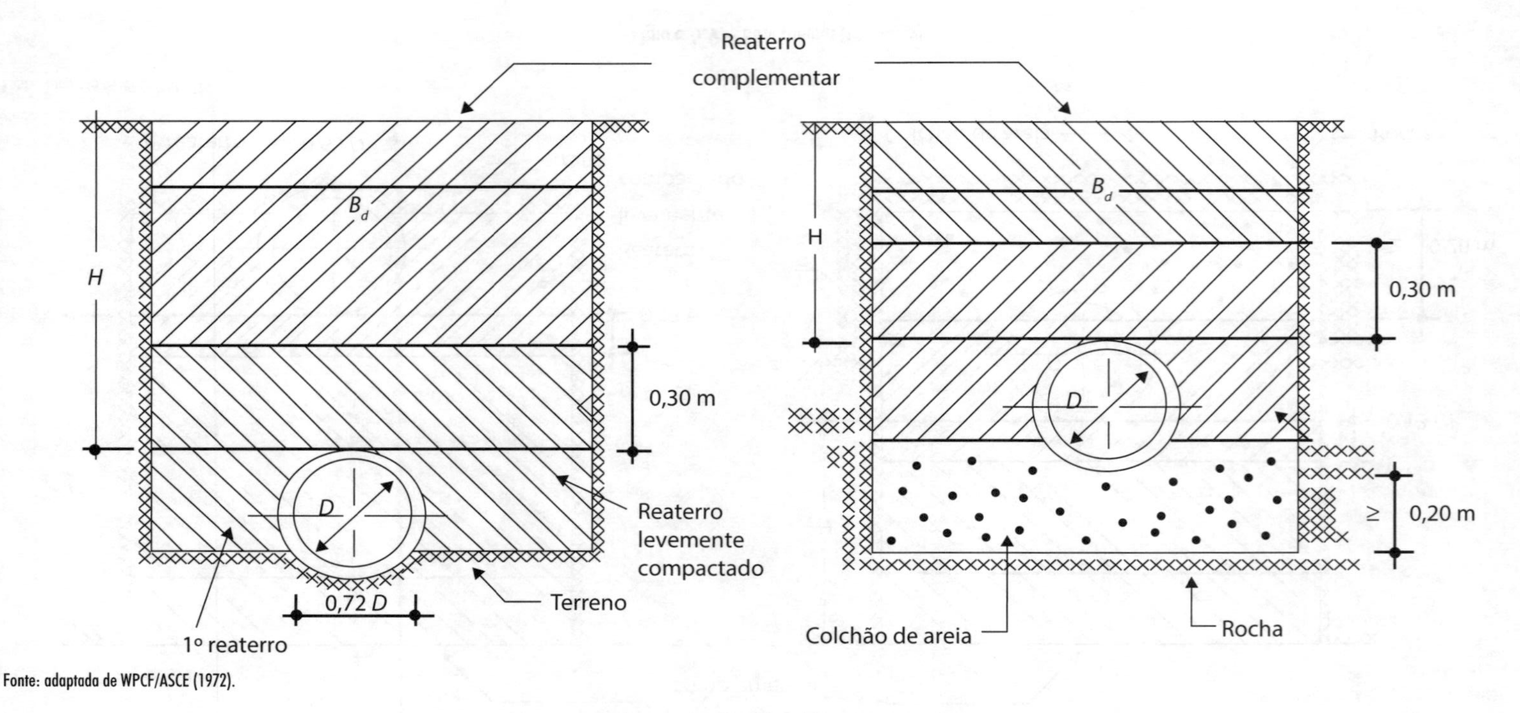

Fonte: adaptada de WPCF/ASCE (1972).

Figura 6.10 – Base de primeira classe (FC = 1,9)

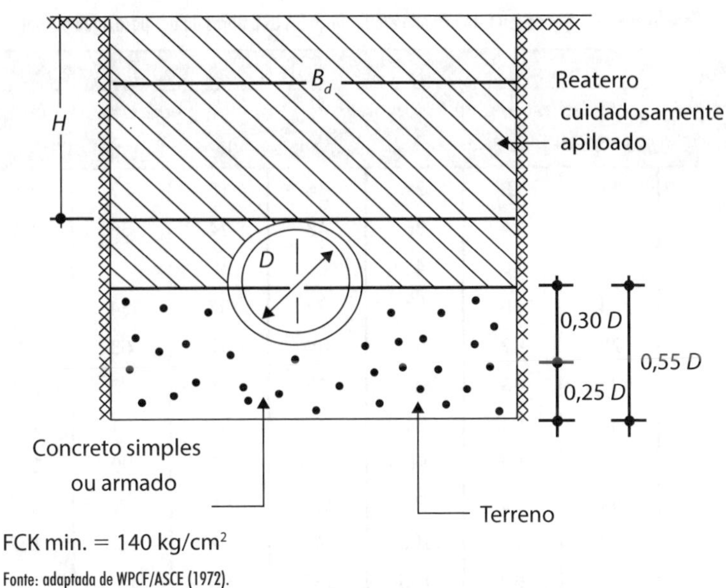

Fonte: adaptada de WPCF/ASCE (1972).

Figura 6.11 – Base de concreto (FC varia de 2,2 a 3,4)

RESISTÊNCIA À COMPRESSÃO DIAMETRAL EM FUNÇÃO DO TIPO DE MATERIAL

Nas Tabelas 6.7, 6.8, 6.9 e 6.10, são apresentadas cargas de ruptura e de trinca em função de classes, tipo e diâmetro do material de tubulação.

Tabela 6.7 – Tubos cerâmicos para esgoto*

Diâmetro nominal (mm)	75	100	150	200	250	300	375	400	450	500	600
Carga mínima de ruptura (kN/m)	14	14	14	15	16	17	20	22	25	28	35

* Nenhum tubo deve romper-se com carga inferior a 80% dos limites indicados nesta tabela.

Fonte: adaptada de ABNT (1977).

Tabela 6.8 – Tubos de concreto simples para água pluvial e esgoto sanitário

Diâmetro (DN) (mm)	Carga mínima de ruptura (kN/m)		
	Água pluvial		Esgoto sanitário
Classe	PS1	PS2	ES
200	16	24	36
300	16	24	36
400	16	24	36
500	20	30	45
600	24	36	54

Fonte: adaptada de ABNT (2007).

Tabela 6.9 – Tubos de concreto armado e/ou reforçados com fibras de aço para água pluvial

Diâmetro (DN) (mm)	Água pluvial							
	Carga mínima de fissura (kN/m)				Carga mínima de ruptura (kN/m)			
Classe	PA1	PA2	PA3	PA4	PA1	PA2	PA3	PA4
300	12	18	27	36	18	27	41	54
400	16	24	36	48	24	36	54	72
500	20	30	45	60	30	45	68	90
600	24	36	54	72	36	54	81	108
700	28	42	63	84	42	63	95	126
800	32	48	72	96	48	72	108	144
900	36	54	81	108	54	81	122	162
1.000	40	60	90	120	60	90	135	180
1.100	44	66	99	132	66	99	149	198
1.200	48	72	108	144	72	108	162	216
1.500	60	90	135	180	90	135	203	270
1.750	70	105	158	210	105	158	237	315
2.000	80	120	180	240	120	180	270	360

A relação entre a carga de ruptura e a carga de fissura é igual a 1,5.

Fonte: ABNT (2007).

Tabela 6.10 – Tubos de concreto armado e/ou reforçados com fibras de aço para esgoto sanitário

Diâmetro (DN) (mm)	Esgoto sanitário					
	Carga mínima de fissura (kN/m)			Carga mínima de ruptura (kN/m)		
Classe	EA2	EA3	EA4	EA2	EA3	EA4
300	18	27	36	27	41	54
400	24	36	48	36	54	72
500	30	45	60	45	68	90
600	36	54	72	54	81	108
700	42	63	84	63	95	126
800	48	72	96	72	108	144
900	54	81	108	81	122	162
1.000	60	90	120	90	135	180
1.100	66	99	132	99	149	198
1.200	72	108	144	108	162	216
1.500	90	135	180	135	203	270
1.750	105	158	210	158	237	315
2.000	120	180	240	180	270	360

A relação entre a carga de ruptura e a carga de fissura é igual a 1,5.

Fonte: ABNT (2007).

As tubulações usadas para esgoto sanitário devem ser revestidas internamente em virtude da agressividade das águas residuais. É muito importante que os tubos sejam especificados corretamente em função de cargas que devem suportar e que, por ocasião do recebimento, haja inspeção rigorosa no controle desse material.

EXEMPLO 6.1

Um coletor de esgoto de argila vitrificada com diâmetro nominal de 200 mm é assentado em uma vala com 60 cm de largura e 5,70 m de profundidade. O reaterro foi efetuado com argila comum. A partir desses dados, determina-se a resistência do tubo e a base que deve ser usada para um coeficiente de segurança igual a 1,5.

Dados:

$$H = 5{,}7 - 0{,}2 = 5{,}5 \text{ m}$$

$$\frac{H}{B_d} = \frac{5{,}5}{0{,}6} = 9{,}2$$

ρ: 21 kN/m^3 (densidade argila comum, Tabela 6.1)

$k\mu'$: 0,130 (argila comum, Tabela 6.1 ou Figura 6.3)

Coeficiente C_d:

Usando o gráfico da Figura 6.3, para $H/B_d = 9{,}2$ e curva D (argila comum), obtém-se $C_d = 3{,}5$. O coeficiente C_d também pode ser calculado analiticamente pela Equação 6.3.

$$C_d = \frac{1 - e^{-2\times 0{,}130\times 9{,}2}}{2\times 0{,}130} \cong 3{,}5$$

Carga em função do reaterro, Equação 6.2:

$$W_d = 3{,}5 \times 21 \times 0{,}6^2 \cong 26{,}5 \text{ kN/m}$$

Resistência teórica:

A carga mínima de ruptura para tubos cerâmicos é igual a 15 kN/m (Tabela 6.7).

Resistência de projeto:

É dada pela Equação 6.10. Adotando-se uma base de concreto simples, classe A, com reaterro cuidadosamente compactado e fator de carga, FC, igual a 2,8, com coeficiente de segurança igual a 1,5, a resistência de projeto é igual a:

$$RP = \frac{15 \times 2,8}{1,5} = 28 \text{ kN/m}$$

Como a resistência de projeto é maior que a carga em função do reaterro, esse tipo de base pode ser usada com segurança (28 kN/m > 15 kN/m).

■

EXEMPLO 6.2

Uma tubulação de concreto armado deve ser usada para coletar água pluvial com as seguintes características: diâmetro interno, $D_i = 800$ mm; profundidade do reaterro, $H = 1{,}50$ m; largura da vala, $B_d = 1{,}40$ m; reaterro de areia e cascalho; base comum; sobrecarga móvel concentrada sobre o pavimento, $P_{máx} = 45$ kN; comprimento do tubo, $L = 2{,}0$ m. Qual classe dessa tubulação deve ser utilizada?

Dados:

$$\frac{H}{B_d} = \frac{1,5}{1,4} = 1,1$$

ρ: 19 kN/m (densidade areia e cascalho, Tabela 6.1)

$k\mu'$: 0,165 (areia e cascalho, Tabela 6.1)

F: 1,3 (coeficiente de impacto, Tabela 6.4)

e: 5 cm (espessura adotada para a tubulação)

CS: 1,0 (coeficiente de segurança)

Coeficiente C_d:

Utilizando-se o gráfico da Figura 6.3 para H/B_d igual a 1,1 e a curva B (areia e cascalho, gráfico à direita), encontra-se C_d igual a 0,9.

Carga em função do reaterro:

Aplicando a equação 6.1, obtém-se:

$$W_d = 0,9 \times 19 \times (1,4)^2 \cong 33,5 \text{ kN/m}$$

Relação $B_c/2H$:

$$\frac{Bc}{2H} = \frac{0,90}{2 \times 1,5} = 0,30$$

Relação $L/2H$:

$$\frac{L}{2H} = \frac{1}{2 \times 1,5} = 0,33$$

Coeficiente de carga:

Na Tabela 6.2, para $B_c/2H$ igual a 0,30 e $L/2H$ igual a 0,33, por meio de interpolação, obtém-se C_s igual a 0,161.

Sobrecarga no coletor:

Utilizando-se a Equação 6.8 (para tubos maiores que 1 m, o valor máximo adotado para L é igual a 1 m), obtém-se:

$$W_{sc} = 0,161 \times \frac{45 \times 1,3}{1,0} \cong 9,4 \text{ kN/m}$$

Carga total no coletor:

$$W_t = 33,5 + 9,4 \cong 42,9 \text{ kN/m}$$

Resistência teórica:

De acordo com a Tabela 6.9, a carga mínima de trinca para tubos de concreto armado, diâmetro de 800 mm, classe PA1, para água pluvial, é 32 kN/m.

Resistência de projeto:

Para uma base comum, classe C, o fator de carga é igual a 1,5. Por meio da Equação 6.10, obtém-se:

$$RP = \frac{32 \times 1,5}{1,0} \cong 48 \text{ kN/m}$$

Como a resistência de projeto é maior que a carga originada do reaterro mais as cargas móveis, esse tipo de base pode ser usada com segurança (48 kN/m > 42,9 kN/m). O tubo de concreto armado, classe PA1, deve ser utilizado.

■

EXEMPLO 6.3

Com os mesmos dados do exemplo anterior, pode-se estimar a largura de transição da vala, usando-se o gráfico da Figura 6.4.

Relação H/B_c (B_c, diâmetro externo da tubulação):

$$\frac{H}{B_c} = \frac{1,5}{0,90} \cong 1,7$$

Largura de transição:

Por meio do gráfico da Figura 6.4, para H/B_c = 1,7 e $r_{sd}p$ = 0,50 (tubos rígidos), encontra-se para a largura da vala:

$$\frac{B_d}{B_c} = 1,6 \therefore B_d = 1,6 \times 0,90 \cong 1,4 \text{ m}$$

■

EXEMPLO 6.4

Qual é a capacidade de resistência de um tubo de concreto armado para esgoto sanitário, classe EA2, que deve ser assentado em base comum?

Dados:

Material:	concreto armado para esgoto sanitário;
D:	1.200 mm (diâmetro);
Classe EA2:	Tabela 6.10;
RT:	72 kN/m (resistência teórica);
FC:	1,5 (fator de carga);
CS:	1,0 (coeficiente de segurança).

Resistência de projeto:

Para um berço comum, classe C, o fator de carga é igual a 1,5. Por meio da Equação 6.10, obtém-se:

$$RP = \frac{72 \times 1,5}{1,0} \cong 108 \text{ kN/m}$$

■

EXEMPLO 6.5

Um coletor de esgoto sanitário de concreto armado, classe EA2, com diâmetro de 600 mm é assentado em uma vala com berço comum, largura de 1,10 m e altura do reaterro igual a 3,00 m. O reaterro foi efetuado com material granulado sem coesão e sujeito a tráfego rodoviário. Qual coeficiente de segurança empregado? Pode-se estimar a largura de transição da vala, admitindo-se a espessura do tubo igual a 6,5 centímetros.

Dados:

H:	3,00 m (altura do reaterro);
Bd:	1,10 m (largura da vala);
Material:	concreto armado para esgoto sanitário;
Classe EA2:	Tabela 6.10;
Diâmetro:	600 mm;
e:	6,5 cm (espessura adotada para a tubulação);
RT:	36 kN/m (resistência teórica);
FC:	1,5 (fator de carga);
Tipo de reaterro:	material granulado sem coesão;
ρ:	17 kN/m (densidade, Tabela 6.1);
*k*μ':	0,192 (material granulado sem coesão, Tabela 6.1).

Relação H/B_d:

$$\frac{H}{B_d} = \frac{3,00}{1,10} \cong 2,73$$

Coeficiente C_d:

$$C_d = \frac{1 - e^{-2\times0,192\times2,73}}{2\times0,192} \cong 1,7$$

Carga de reaterro sobre a tubulação enterrada:

$$W_d = 1,7\times17(1,1)^2 \cong 35,0 \text{ kN/m}$$

Cargas móveis:

W_{sc} = 2,9 kN/m (Tabela 6.5)

Carga total sobre o tubo:

$W_t = 35,0 + 2,9 \cong 37,9$ kN/m

Carga mínima de fissura no tubo EA2 (Tabela 6.10): 36 kN/m

Coeficiente de segurança:

Considerando a resistência de projeto igual à carga total de reaterro (RP = W_t), a Equação 6.10 pode ser escrita:

$$CS = \frac{RT \times FC}{W_t} = \frac{36 \times 1,5}{37,9} \cong 1,4$$

Diâmetro externo do tubo:

$$B_c = 0,60 + 2 \times 0,065 \cong 0,73 \text{ m}$$

Relação H/B_c:

$$\frac{H}{B_c} = \frac{3,00}{0,73} \cong 4,1$$

Relação $B_d/B_c \cong 2,1$ (gráfico da Figura 6.4 para a curva $r_{sd}p = 0,50$, tubos rígidos)

Largura de transição da vala:

$$B_d = 2,1 \times 0,73 \cong 1,53 \text{ m}$$

■

REFERÊNCIAS

AMANCO. *Manual técnico*. S.l.: Amanco Celfort Tubos, 2009.

ASSOCIAÇÃO BRASILEIRA DE NORMAS TÉCNICAS (ABNT). *EB – 5:* tubos cerâmicos para esgotos. Rio de Janeiro, 1977.

______. *NBR 7.367:* projeto e assentamento de tubulações de PVC rígido para sistema de esgotamento sanitário. Rio de Janeiro, 1988.

______. *NBR 8.890:* tubo de concreto de seção circular para águas pluviais e esgotos sanitários – Requisitos e métodos de ensaios. Rio de Janeiro, 2007.

______. *NBR 12.266, EB – 969:* projeto e execução de valas para assentamento de tubulação de água, esgoto ou drenagem urbana. Rio de Janeiro, 1992.

BROWN, S. A.; STEIN, S. M.; WARNER, J. C. *Urban drainage design manual:* hydraulic engineering circular n. Washington: U.S. Department of Transportation/Federal Highway Administration, 1996 (n. FHWA-SA-96-078).

GRUPO HANSEN. *Informativo Técnico Tigre:* ITT-03 Vinilfort. 1985.

HAMMER, M. J. *Water and wastewater technology*. New York, John Wiley & Sons, 1977. p. 328-336.

NINA, A. D. *Construção de redes de esgotos sanitários*. São Paulo: CETESB, 1975. p. 231-345.

SANTOS, M. J. M. *Drenagem urbana*. Belo Horizonte: Edições COTEC/DEH-UFMG, 1984.

STEEL, E. W.; MC GHEE, T. J. *Water supply and sewerage*. 5. ed. S. l.: McGraw-Hill, 1979. p. 331-353.

WATER POLLUTION CONTROL FEDERATION (WPCF); AMERICAN SOCIETY OF CIVIL ENGINEERS (ASCE) *Design and construction of sanitary and storm sewers*. MOP In. 9. Washington, DC, 1972. p. 185-228.

______. *Design and construction of urban stormwater management systems*. MOP FD-20. New York: ASCE Publications, 1992. p. 539-636.

______. *Gravity sanitary sewer design and construction*. MOP FD-5. Washington, DC, 1982. p. 166-222.

ZAIDLER, W. *Projetos estruturais de tubos enterrados*. São Paulo: Pini, 1983.

CAPÍTULO 7

LAGOAS DE ESTABILIZAÇÃO

Sérgio Rolim Mendonça

INTRODUÇÃO

Há muito tempo, teve-se a oportunidade de efetuar o estudo preliminar do projeto de uma estação de tratamento de esgoto (ETE) industrial de uma fábrica, cujo efluente continha elevada carga de matéria orgânica. Depois de concluído esse estudo e após análise de várias alternativas, a solução técnico-econômica mais viável a ser adotada para o projeto definitivo seria um sistema de lagoas de estabilização.

O efluente desse tratamento previa DBO_5 (não filtrada) da ordem de 30 mg/L para lançamento no corpo receptor que, no caso, era classificado como rio classe 2 (abastecimento para consumo humano, após tratamento convencional). Segundo a Resolução 357 do CONAMA (Brasil, 2005), o valor máximo de DBO_5 permitido para descarga nesse rio é 5 mg/L. O órgão ambiental local não aceitou a proposta. Em virtude do alto custo das demais alternativas, o proprietário não pôde arcar com os custos de quaisquer outros tipos de estação de tratamento e, por isso, o projeto definitivo não teve continuidade. A triste conclusão é que o efluente do esgoto bruto dessa fábrica continuou sendo despejado no rio por mais de dez anos. Ao se pensar um pouco, a poluição nesse corpo receptor seria muito menor se a solução inicial fosse adotada, quando mais adiante poderia ser efetuado um pós-tratamento nessa ETE para cumprir com as normas do CONAMA. O prejuízo ao meio ambiente seria muitas vezes menor.

Enquanto isso, as normas do Council of the European Communities (1991) consideram para efluentes de lagoas de estabilização a DBO_5 (filtrada) um valor igual ou menor que 25 mg/L e sólidos em suspensão (SS) inferior ou igual a 150 mg/L. Infelizmente, na grande maioria das cidades brasileiras, o esgoto doméstico continua sendo lançado diretamente nos corpos receptores sem nenhum tipo de tratamento.

A vocação irrefutável da sociedade no novo milênio se fundamenta na proteção ambiental e na utilização racional dos recursos naturais renováveis. Os sistemas que não dependem de equipamentos eletromecânicos sofisticados e custosos e que são menos complexos, além de não utilizarem energia elétrica na sua operação, são os ideais para serem utilizados, pois permitem investimentos e custos operacionais bem mais econômicos. Os principais sistemas naturais de tratamento de esgoto mais difundidos nos países de clima tropical são os *wetlands* naturais e artificiais, as lagoas de estabilização, os reatores anaeróbios de manta de lodo (UASBs), os filtros anaeróbios e aeróbios submersos e os tradicionais filtros biológicos, atualmente mais eficientes por causa de novos materiais de enchimento (HESPANHOL, apud MENDONÇA, 2001).

As políticas de gestão de recursos hídricos dos países apoiam a coleta e o tratamento de esgoto, a fim de proteger o ambiente aquático e a saúde pública. O reúso de esgoto também é um exemplo de solução inovadora para gestão das águas residuais.

As lagoas de estabilização são o método de tratamento de esgoto mais simples que existe. Consistem em tanques construídos artificialmente por escavações pouco profundas, cercados por taludes de terra. Geralmente, são mais eficientes quando possuem formas retangulares ou quadradas. Além disso, as lagoas de estabilização são um moderno sistema de recuperação de águas residuais e uma tecnologia de renovação de recursos em sintonia com o pensamento ambiental atual. Podem ser projetadas para atender a qualquer tipo de padrão de efluentes requeridos e tratam esgotos domésticos e grande variedade de resíduos industriais. Também são a melhor e mais barata opção para tratamento de águas residuais para reutilização na agricultura e na aquicultura (PEARSON, 1996).

Nos países desenvolvidos, mortes em consequência de doenças infecciosas e parasitárias correspondem a 8%, comparadas com 40% nos países em desenvolvimento (CEPIS, 1995). Os principais problemas de saúde pública nos países em desenvolvimento são os nematoides ou ovos de helmintos, e não os coliformes termotolerantes. O nematoide mais encontrado nas águas residuais é o *Ascaris lumbricoides*, popularmente conhecido como lombriga. Esse é o maior dos nematoides, e sua fêmea pode produzir cerca de 200 mil ovos por dia. Portanto, a solução mais importante para proteger a saúde pública, nos países em desenvolvimento, é a adoção de ETEs que possam eliminar, além dos coliformes, os ovos de helmintos a um custo mais baixo.

As lagoas de estabilização projetadas, construídas e operadas adequadamente, permitem a redução de seis ordens de magnitude de bactérias e três ordens de magnitude de nematoides. Elas também são o único sistema natural de tratamento de esgoto que pode cumprir com as diretrizes da Organização Mundial da Saúde (OMS) para irrigação irrestrita sem necessidade de desinfecção adicional. São, ainda, o sistema ideal para reúso de seus efluentes de esgoto sanitário na irrigação. Os sistemas convencionais de tratamento, como os lodos ativados e os filtros biológicos, que removem apenas duas ordens de magnitude de bactérias e de helmintos, não produzem efluentes para reutilização compatíveis com as diretrizes estabelecidas pela OMS. Ovos de helmintos e cistos de protozoários não são eliminados por nenhum processo sofisticado de tratamento de esgoto, mesmo quando são aplicadas cloração comum e/ou radiação ultravioleta nos efluentes tratados (MENDONÇA, 2001).

O tratamento de esgoto por meio das lagoas de estabilização tem três objetivos: remover das águas residuais a matéria orgânica que ocasiona a contaminação; eliminar os micro-organismos patogênicos que representam grave perigo para a saúde; e utilizar seu efluente para reúso, como agricultura, por exemplo.

Os fatores que influem sobre a qualidade desejada para o efluente das lagoas de estabilização, por sua vez, dependem da visão dos diferentes setores:

- saúde: número de micro-organismos patogênicos ou indicadores;
- meio ambiente: principais indicadores da contaminação: demanda bioquímica de oxigênio (DBO_5) e sólidos em suspensão (SS);
- reúso: dependendo do uso que se dá ao efluente, são definidos os critérios para a redução bacteriológica, parasitológica e de DBO_5 e SS (matéria orgânica).

São vantagens dos sistemas de lagoas de estabilização (MENDONÇA, 2001):

- o baixo custo;
- não necessitam de componentes importados;
- consumo energético nulo;
- simples de serem construídos e operados;
- confiáveis e fáceis de serem mantidos;
- podem absorver aumentos bruscos de cargas hidráulicas ou orgânicas;
- podem ser usados como sistemas reguladores para irrigação;
- adaptam-se facilmente a variações sazonais;
- podem tratar despejos industriais facilmente biodegradados (matadouros, laticínios, industrialização de frutas etc.);
- têm elevada estabilização da matéria orgânica;
- produzem efluente de alta qualidade com excelente redução de micro-organismos patogênicos.

São desvantagens dos sistemas convencionais de tratamento de esgoto:

- o alto custo;
- necessitam de componentes importados;
- apresentam construção complexa;
- precisam de operadores especializados;
- necessitam de manutenção especializada e peças de reposição;
- não funcionam quando são sobrecarregados (hidraulicamente ou por repentino aumento de matéria orgânica);
- apresentam elevado consumo de energia elétrica;
- têm baixa eliminação de ovos de helmintos e cistos de protozoários.

A única desvantagem das lagoas de estabilização é que requerem mais terreno que qualquer outro tipo de tratamento de esgoto. Entretanto, o problema principal não é o custo do terreno, mas sim sua disponibilidade.

Nos Estados Unidos, um terço das ETEs é composto de lagoas de estabilização. Para uma vazão de 3.780 m³/dia, apresenta-se na Tabela 7.1 o consumo de energia anual para vários tipos de tratamento.

Tabela 7.1 – Consumo de energia em vários processos de tratamento

Processo de tratamento	Consumo de energia (kWh/ano)
Lodos ativados	1.000.000
Lagoas aeradas	800.000
Biodiscos	120.000
Lagoas de estabilização	Zero

Fonte: adaptada de Mara (1998).

A relação existente entre bactérias e algas em uma lagoa de estabilização é apresentada na Figura 7.1. As bactérias decompõem a matéria orgânica, formando nitrogênio inorgânico (NH_3), fosfato (PO_4) e dióxido de carbono (CO_2). As algas usam esses compostos juntamente com a energia da luz solar para a fotossíntese, liberando oxigênio para o meio líquido. O oxigênio é, por sua vez, assimilado pelas bactérias, fechando assim o ciclo. O efluente de uma lagoa de estabilização contém algas suspensas e o excesso dos produtos finais da decomposição bacteriana.

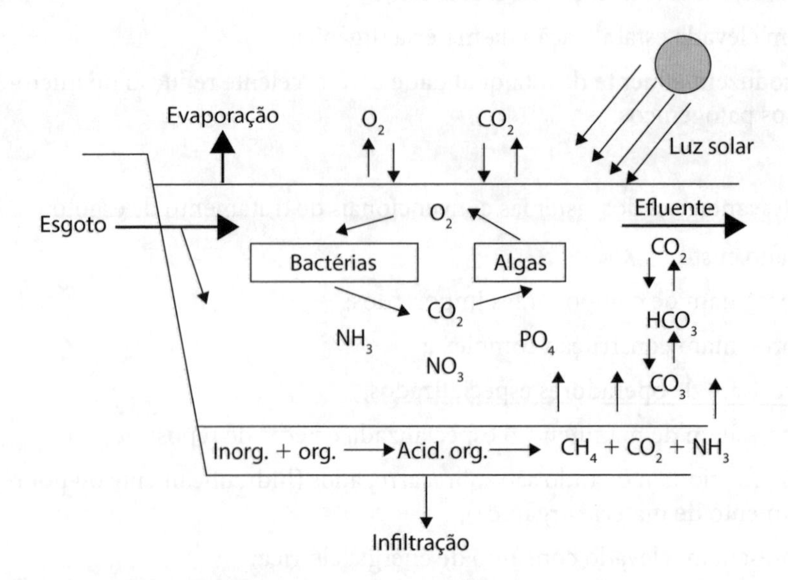

Figura 7.1 – Processo de estabilização em uma lagoa facultativa

As lagoas de estabilização podem ser classificadas em quatro tipos: anaeróbias, facultativas, de maturação e estritamente aeróbias ou de alta taxa.

As lagoas anaeróbias são projetadas, sempre que possível, em associação com lagoas facultativas ou areadas mecanicamente. Têm a finalidade de oxidar compostos orgânicos complexos no início do tratamento. Não dependem da ação fotossintética das algas, podendo assim ser construídas com profundidades maiores que as outras lagoas.

As lagoas facultativas funcionam por meio da ação de algas e bactérias com influência da luz solar e da fotossíntese. A matéria orgânica contida no esgoto é estabilizada; parte transforma-se em matéria mais estável em forma de células de algas e parte transforma-se em produtos inorgânicos finais que saem no efluente. Essas lagoas são chamadas facultativas em virtude das condições aeróbias mantidas na superfície, liberando oxigênio, e das condições anaeróbias mantidas na parte inferior, onde a matéria orgânica é sedimentada. É o tipo mais usado.

As lagoas de maturação têm a principal finalidade de reduzir coliformes termotolerantes (fecais) contidos no esgoto. São construídas sempre depois do tratamento completo, como uma lagoa facultativa primária ou secundária ou como uma estação de tratamento de algum processo anaeróbio (comumente um UASB) ou mesmo uma ETE convencional. Com adequado dimensionamento, é possível conseguir remoções de coliformes termotolerantes (fecais) superiores a 99,999%.

As lagoas estritamente aeróbias ou de alta taxa têm profundidades muito pequenas, variando normalmente de 0,3 m a 0,5 m e tendo como principal aplicação a produção e colheita de algas. São projetadas para o tratamento de esgoto decantado. Elas constituem um poderoso método para a produção de proteínas, sendo de cem a mil vezes mais produtivas que a agricultura convencional. Segundo Mara (1976), devem ser usadas apenas como método de tratamento de esgoto quando houver viabilidade do aproveitamento da produção de algas. Sua operação exige pessoal capacitado e seu uso é restrito a unidades experimentais. Maiores detalhes não são apresentados neste capítulo.

GRANDES SISTEMAS DE LAGOAS DE ESTABILIZAÇÃO

As lagoas de estabilização podem ser utilizadas tanto em pequenas comunidades (população a partir de mil habitantes) como em locais de grandes vazões de esgoto doméstico e/ou industrial.

Na Tabela 7.2, são apresentados grandes sistemas de lagoas de estabilização existentes no mundo.

Tabela 7.2 – Grandes sistemas de lagoas de estabilização tratando esgoto doméstico e/ou industrial

Localização	Característica	Área (ha)	Vazão (m^3/dia)
Auckland, Nova Zelândia	900.000 hab	530	210.000
Melbourne, Austrália	2.900.000 hab	310	350.000
Stockton, Califórnia, EUA	150.000 hab	250	250.000
Muskegon, Michigan, EUA	sistema combinado + irrigação	2 × 344	164.000
N. Sra. do Socorro, Sergipe	390.000 hab	42,6	47.000
Mendoza, Argentina	320.000 hab + reúso	285	121.000
San Juan, Lima, Peru	150.000 hab + reúso	20	21.600
Fortaleza, Ceará	sistema combinado	73,3	45.200
João Pessoa, Paraíba*	480.000 hab	50,4	102.000
Santa Rita, Paraíba*	despejos de cana-de-açúcar	46,4	14.400

*Projeto: Sérgio Rolim Mendonça (parte do sistema de lagoas de João Pessoa está apresentada na foto da capa do livro).

FATORES METEOROLÓGICOS, FÍSICOS, QUÍMICOS E MICROBIOLÓGICOS QUE INTERFEREM NO MECANISMO DE AUTODEPENDÊNCIA DAS LAGOAS

Existem vários fatores que afetam as condições hidráulicas e biológicas das lagoas de estabilização. Alguns deles podem ser levados em conta por ocasião da elaboração do projeto. Entretanto, existem outros fatores não controláveis pelo homem que são regulados por fenômenos meteorológicos, tais como: vento, temperatura, precipitação pluviométrica, radiação solar e evaporação. Além desses fatores, podem ser consideradas as variações locais, como, por exemplo, infiltrações e características do esgoto que recebe o tratamento. Todos esses fatores devem ser considerados para que seus efeitos sejam minimizados. Definições da escolha adequada da localização do sistema de lagoas e do projeto podem reduzir o impacto causado pelos fatores citados.

FENÔMENOS METEOROLÓGICOS

Ação dos ventos

A ação dos ventos é útil quando torna possível a homogeneização da massa líquida, que leva oxigênio da superfície às camadas mais profundas. Isso faz que o afluente e os micro-organismos sejam misturados em toda a extensão dessa massa. Os ventos auxiliam no movimento das algas, principalmente daquelas espécies desprovidas de movimento próprio e consideradas grandes produtoras de oxigênio. As algas verdes do gênero *Chlorella* são um bom exemplo. Quando a fotossíntese não é suficiente e existe um déficit de oxigênio, o vento pode contribuir para transferência e difusão de oxigênio da atmosfera para a massa líquida.

As lagoas devem ser construídas em lugares onde a ação dos ventos dominantes não esteja na direção das casas. Devem ser instaladas entre 500 m e 1.000 m de distância das comunidades, com o intuito de prevenir a inalação de maus odores pelos moradores, ocasionados por algum problema no funcionamento.

Na existência de ventos fortes no local onde foram construídas as lagoas, há formação de ondas na massa líquida que podem provocar erosão nos taludes internos. Esse fato ocorre geralmente em lagoas com grandes áreas com espelhos de água superiores a 10 hectares. Para prevenir esses efeitos, os taludes devem receber proteção de 30 cm abaixo e acima dos níveis mínimo e máximo de água. Os dispositivos de entrada e de saída das lagoas devem estar localizados de modo que a direção dos ventos predominantes seja do efluente para o afluente, a fim de evitar formação de curtos-circuitos e saída de sobrenadantes no efluente.

Temperatura

As reações físicas, químicas e bioquímicas que ocorrem nas lagoas de estabilização são muito influenciadas pela temperatura. Esse parâmetro se relaciona com a radiação solar, que varia principalmente segundo a latitude e afeta tanto a velocidade da fotossíntese como o metabolismo das bactérias responsáveis pela depuração do esgoto. Entretanto, somente 2% a 7% da radiação solar visível é utilizada pelas algas, as quais, para acelerar a fotossíntese, não necessitam de uma exposição contínua à energia solar.

No projeto das lagoas, são consideradas as condições mais adversas, ou seja, a temperatura mais baixa do ano. Uma queda de 10 °C na temperatura reduz a atividade microbiológica em aproximadamente 50%. A atividade de fermentação do lodo não ocorre significativamente em temperaturas abaixo de 17 °C. A produção ótima de oxigênio para algumas espécies de algas, nas lagoas facultativas, é obtida entre 20 °C e 25 °C, com valores limites, para mais e para menos, de 37 °C e 4°C, respectivamente. A partir de temperaturas próximas a 35 °C, a atividade fotossintética das algas decresce. As *Chlorophytas* (algas verdes) tendem a diminuir ou a desaparecer, e as *Euglenophytas* (euglenas) passam a predominar. Acima dos 35 °C, prevalecem as *Cyanophitas* (algas azuis) e, particularmente, as *Oscillatorias.* Além disso é provável que as lagoas com temperaturas mais altas sejam mais sensíveis a choques hidráulicos ou repentinos aumentos de carga orgânica, com a consequente redução de DBO_5. Os gêneros mais comuns de algas são apresentados na Figura 7.2.

A atividade bacteriana torna-se mais intensa em temperaturas mais altas, nas quais o oxigênio dissolvido é usado a uma taxa maior. Se a quantidade de oxigênio solicitada pelas bactérias não for compensada por uma produção mais alta de oxigênio pelas algas, condições anaeróbias podem prevalecer e o efluente pode tornar-se turvo, com o aparecimento de maus odores.

A variação da temperatura da água nas lagoas é menor do que a temperatura do ar, em virtude de a inércia da água ser maior que a do ar. A temperatura superficial da água é quase sempre inferior à do ar. As mudanças bruscas ou repentinas na tempera-

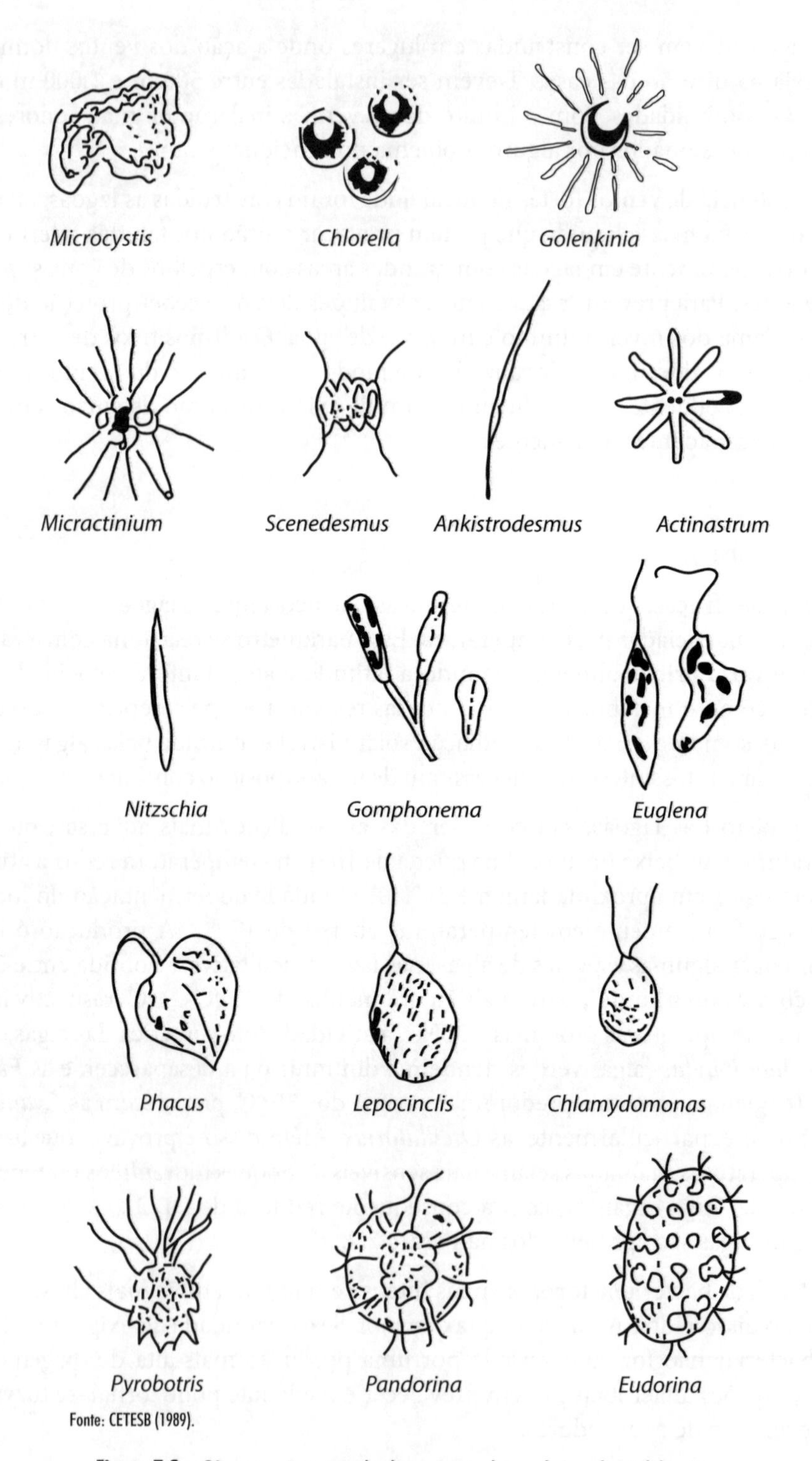

Fonte: CETESB (1989).

Figura 7.2 – Gêneros mais comuns de algas encontradas nas lagoas de estabilização

tura podem acarretar problemas de curta duração nas lagoas facultativas. A atividade das algas pode cessar depois de uma brusca variação na temperatura, que pode originar sedimentação parcial, fazendo que a coloração verdosa das algas seja diminuída e se verifique uma redução de eficiência. Uma súbita elevação de temperatura pode provocar um rápido aumento das atividades das bactérias aeróbias e facultativas e, consequentemente, maior consumo de oxigênio, que pode não ser suprido pelas algas. Nos meses mais frios, verificou-se que há um aumento na concentração de amônia e fósforo e uma diminuição de sólidos em suspensão. Todos esses fenômenos estão intimamente relacionados com o decréscimo da atividade das algas.

No caso das lagoas anaeróbias, foi comprovado que a temperatura da água durante a noite é praticamente constante para todo o volume da lagoa, com temperatura superficial levemente inferior à que a lagoa apresenta nas horas em que a temperatura ambiente é mais baixa. Portanto, durante a noite, um fluxo de calor é produzido a partir das camadas inferiores, com temperaturas levemente maiores para a superfície. Em algumas horas do dia, quando a temperatura ambiente supera a temperatura média da água, esta absorve energia, dando origem ao processo denominado estratificação térmica. O gradiente térmico é maior quanto mais elevada for a temperatura ambiente em relação à da água. A temperatura do efluente das lagoas anaeróbias é superior à temperatura média da água e inferior à temperatura superficial durante as horas diurnas. É mais conveniente usar as expressões *temperatura média da lagoa de estabilização* e *temperatura superficial da lagoa*, conforme seja o caso, em vez de *temperatura da lagoa*.

Precipitações atmosféricas

As precipitações atmosféricas (média e máxima) podem ter alguma influência na atuação e confiabilidade das lagoas. O tempo de retenção pode ser reduzido durante os períodos de chuva. Chuvas intensas podem diluir o conteúdo das lagoas rasas, afetando diretamente o alimento disponível para bactérias e algas na biomassa. O aumento repentino de vazão pode carrear no efluente grandes quantidades de sólidos, arraste significativo da população de algas e material inorgânico, principalmente argila. Para que esses problemas sejam minimizados, devem ser projetadas nas lagoas caixas de passagem com desvio lateral, que transportam as vazões excedentes, aquelas que ultrapassam a capacidade de tratamento das instalações, diretamente para o corpo receptor. Para evitar inundações, as lagoas devem ser dotadas de canais ou canaletas mantidas limpas e conservadas ao redor dos taludes externos para proteger sua estrutura.

Radiação solar

A energia solar é indispensável para a operação efetiva das lagoas facultativas, uma vez que contribui para a produção de oxigênio por meio da fotossíntese das algas. Entretanto, a ideia de que a velocidade de fotossíntese aumenta sem limite à medida que aumenta a radiação solar não é verdade. Na realidade, além de determinada intensidade de radiação, a taxa de aumento da fotossíntese diminui até que a produção de oxigênio alcance um nível constante; uma espécie de limite de saturação. A partir desse ponto, a produção de oxigênio fotossintético não aumenta, mesmo que a radiação solar aumente. Para baixas intensidades de luz, durante várias horas de sol quente em dia claro, a temperatura é o fator que favorece a produção de oxigênio.

Como já comentado, as lagoas facultativas dependem da radiação solar, que varia principalmente com a latitude, embora apenas de 2% a 7% da radiação solar visível seja utilizada pelas algas, que para acelerar a fotossíntese não necessitam de uma exposição contínua à energia solar.

Outro fator significativo é a temperatura atmosférica. As nuvens e nebulosidade reduzem a luz disponível em alguma extensão, porém, como já enfatizado, a luz solar direta não é essencial. A quantidade de luz solar disponível auxilia a determinar a área e a profundidade necessárias para uma operação adequada.

A energia utilizada pelas algas provém principalmente da parte visível do espectro de radiação solar, particularmente entre longitudes de onda ou calor de 4.000 a 7.000 angstroms (uma unidade de angstrom é igual a 10^{-8} cm). Para muitas algas, uma intensidade de radiação solar maior do que 20 $J/m^2.s$ afeta desfavoravelmente seu crescimento. Boas condições de crescimento de algas e de dispersão de oxigênio ocorrem nos primeiros 60 cm de profundidade.

Evaporação

A evaporação é uma perda de água que provoca maior concentração de substâncias poluentes nas lagoas, aumentando a salinidade do meio. O substrato concentrado acima de um valor determinado pode resultar em salinidade prejudicial ao equilíbrio osmótico nas paredes celulares dos micro-organismos e, em consequência, ao equilíbrio biológico. Está intimamente relacionada às condições climáticas locais, dependendo principalmente de ventos, grau higrométrico do ar e temperatura da água.

No estado de São Paulo, pode-se considerar evaporação média de 500 mm anuais, o que corresponde a uma redução de 5% do efluente. Dos levantamentos climatológicos disponíveis no Brasil – temperatura, precipitação atmosférica e evaporação –, verifica-se que a influência da evaporação na eficiência do funcionamento das lagoas pode ser considerada desprezível, com exceção das regiões quentes e semiáridas do Nordeste.

De acordo com Matsushita (1972), o maior déficit de precipitação/evaporação ocorre na região semiárida do Nordeste brasileiro, onde é possível observar uma concentração média da matéria orgânica da ordem de 5% e uma variação do volume da lagoa de 10% do volume do afluente do esgoto durante sua permanência na lagoa. Esses valores são verificados também nas regiões equatorial, central e centro-sul do Brasil, em um período de quatro a cinco meses ao ano. A World Health Organization (1987) admite que, para efeito de projeto, 10% do volume da lagoa facultativa se evapora, o equivalente a 7 mm/dia.

A evaporação combinada com a infiltração através de uma lagoa com fundo permeável determina a redução de vazão afluente e, em casos extremos, pode fazer que a vazão do efluente seja nula. O balanço hídrico é dado pela Equação 7.1.

$$Q_e = Q_a + (P + I_{sub}) - (E + I_{inf}) \quad (7.1)$$

em que:

Qe: vazão do efluente;

Qa: vazão do afluente;

P: precipitação que cai sobre a lagoa;

I_{sub}: infiltração da água subterrânea na lagoa (ocorre quando o nível freático está acima do fundo da lagoa);

E: evaporação;

I_{inf}: perdas por infiltração (ocorre quando o nível freático está abaixo do fundo da lagoa e não existe impermeabilização nela).

Todas as unidades da Equação 7.1 podem ser consideradas em m^3/dia ou L/s.

FATORES FÍSICOS

Os fatores físicos geralmente estão relacionados ao projeto das lagoas de estabilização, podendo ser controlados pelo projetista. São classificados em: área superficial, altura da lâmina líquida, curtos-circuitos e padrões de vazão e mistura nas lagoas.

Área superficial

As lagoas anaeróbias não são dimensionadas em função da área superficial, mas sim por meio de taxas volumétricas ou a partir de tempos de retenção previamente fixados que variam de 2 a 5 dias com taxas volumétricas entre 100 $gDBO_5/m^3$.dia e 300 $gDBO_5/m^3$.dia, no caso de esgoto doméstico. No Nordeste do Brasil, em Campina Grande (PB), pesquisas realizadas por Silva (1982) constataram que a carga orgânica volumétrica ideal para o funcionamento das lagoas anaeróbias, tratando esgoto doméstico, aproxima-se de 300 $gDBO_5/m^3$.dia para tempo de retenção variando entre um e dois dias, com redução de DBO_5 da ordem de 70% a 80% e temperatura da água variando de 25 °C a 27 °C.

A área superficial de uma lagoa facultativa é determinada em função da carga orgânica, que geralmente é expressa em termos de DBO_5, aplicada por dia. Em climas quentes, têm sido usadas com êxito cargas orgânicas variando de 150 kg DBO_5/ha.dia a 350 kg DBO_5/ha.dia para dimensionamento das lagoas facultativas.

Altura da lâmina líquida

As lagoas, logo após sua construção, devem ser enchidas com esgoto ou água proveniente do corpo receptor mais próximo por meio de bombeamento. A profundidade mínima deve ser de 1 m para evitar a proliferação de plantas aquáticas e eliminar a possibilidade de grande parte de sua superfície ser coberta por vegetação antes de serem postas em funcionamento. A penetração da luz solar pode ser dificultada se houver desenvolvimento de plantas, podendo a eficiência da lagoa cair a um nível inaceitável. Em consequência, existe ainda a possibilidade de proliferação de insetos na superfície da lagoa.

Quando a taxa de infiltração do solo que cobre o fundo da lagoa for grande, pode haver possibilidade de contaminação do nível freático, dificultando a regularização do nível de água da lagoa. A impermeabilização do fundo da lagoa deve ser efetuada sempre que o solo apresentar, em sua composição, menos de 15% de argila, terra violácea ou natural. Essa impermeabilização é realizada com argila compactada ou geomembranas na sua cobertura. Em solos permeáveis, pode existir redução gradual da taxa de infiltração, à medida que os vazios são ocupados pelo lodo produzido durante o processo, por meio da colmatação que deve ocorrer no fundo das lagoas com o passar do tempo.

Curtos-circuitos

A ocorrência de curtos-circuitos nas lagoas é a causa de vários problemas, tais como aparição de zonas mortas ou estagnadas que reduzem o volume efetivo e a área superficial da lagoa, com a possibilidade de produção de maus odores nas áreas sobrecarregadas. A redução da eficiência nesses casos torna-se uma consequência inevitável. O esgoto deve ser introduzido nas lagoas abaixo da superfície e a uma pequena distância da sua borda. É recomendável que sejam previstas duas ou mais entradas na lagoa por tubulações e que a localização da saída esteja à maior distância possível da mais próxima entrada. A saída das lagoas deve estar localizada em sentido contrário à direção dos ventos dominantes e, assim, facilitar a diminuição de materiais flutuantes na direção do corpo receptor. As correntes de água induzidas pelos ventos são mais propensas à formação de curtos-circuitos do que propriamente onde estão localizadas as posições relativas de entrada e saída. Lagoas com formas irregulares também contribuem para a formação de curtos-circuitos.

Mistura

A distribuição do esgoto em uma lagoa deve ser o mais uniforme possível, para que se possa utilizar todo o volume da lagoa projetada para o tratamento, obtendo-se com isso o tempo de retenção ideal. Dessa maneira, é possível evitar a formação de curtos-circuitos ou correntes preferenciais e zonas mortas, onde o esgoto poderia ficar estagnado.

Nas lagoas com grandes espelhos de água, principalmente as lagoas de maturação ou as facultativas, podem ser instaladas cortinas de lona plástica ou concreto, em forma de canais independentes ou de chicanas de fluxo horizontal. Estas têm a finalidade de obter maior eficiência no tratamento, pois assim dirige-se o fluxo de esgoto afluente cuidadosamente na lagoa e aumenta-se a relação comprimento/largura, impedindo ou prevenindo qualquer tendência à estratificação. Nas Figuras 7.3 e 7.4, são apresentados detalhes de esquemas e fixação de chicanas nas lagoas de estabilização (CETESB, 1989).

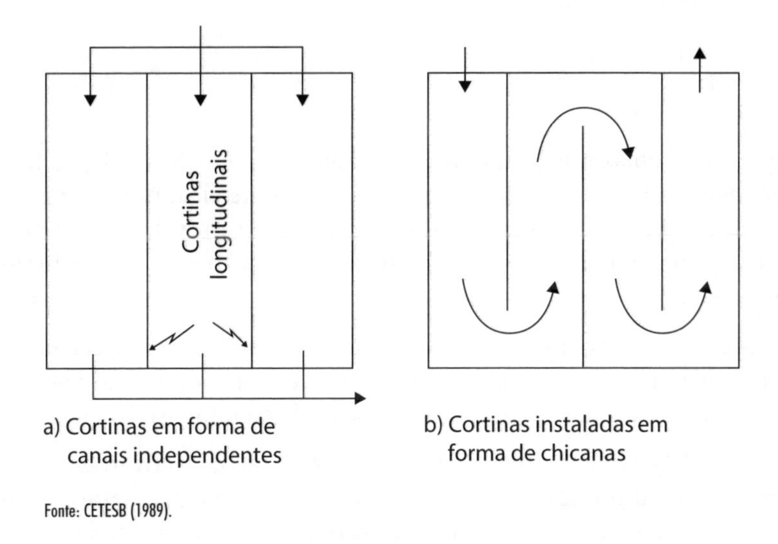

Fonte: CETESB (1989).

Figura 7.3 – Esquemas possíveis de emprego de chicanas em lagoas de estabilização

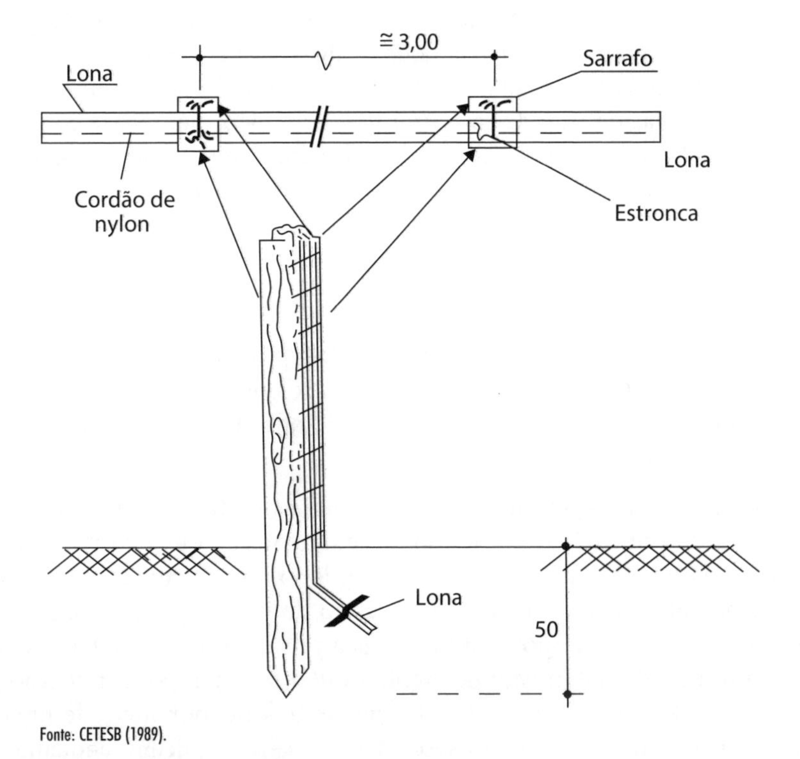

Fonte: CETESB (1989).

Figura 7.4 – Detalhe de fixação de lonas plásticas em lagoas de estabilização

FATORES QUÍMICOS

Os principais fatores químicos que podem influenciar um sistema de lagoas são: pH, materiais tóxicos e oxigênio dissolvido.

Valor de pH

As lagoas anaeróbias e as facultativas são operadas com eficiência, ao tratar esgoto doméstico, quando possuem valores de pH ligeiramente alcalinos. Os despejos líquidos industriais, com concentrações de matéria orgânica e valores extremos de pH, precisam passar previamente por tanques de neutralização para sua correção antes da entrada na lagoa.

As lagoas anaeróbias, em países de clima tropical, com tempos de retenção variando de um a cinco dias, têm funcionamento satisfatório, com pH ótimo variando de 7,0 a 7,2 e predomínio da fase metanogênica sobre a fase ácida com formação de ácidos voláteis.

No caso das lagoas facultativas, quando a cor da lagoa está verde-escura, seu pH provavelmente é alcalino. Se a cor estiver verde-amarela ou pálida, este é um indicativo de que já foi iniciado o processo de acidificação. O pH de uma lagoa facultativa varia ao longo do dia nas diferentes camadas da massa líquida, prevalecendo valores mais elevados na superfície. Durante as primeiras horas da manhã, os valores de pH são baixos em virtude do excesso de gás carbônico (CO_2) produzido pela respiração bacteriana aeróbia durante a noite. Tornam-se mais elevados em períodos compreendidos entre as 14 horas e 16 horas, ocasião em que as algas se encontram em plena atividade fotossintética durante a luz do dia. Durante a noite, o pH volta a diminuir sensivelmente porque as algas deixam de consumir gás carbônico, além deste continuar a ser produzido pelas bactérias. Para valores de pH acima de 9, ocorre uma redução da mortandade das bactérias entéricas da espécie *Escherichia coli.*

Materiais tóxicos

Os materiais tóxicos, tais como metais pesados, pesticidas, desinfetantes, sulfitos, despejos líquidos industriais de antibióticos e outros resíduos industriais, devem ser eliminados, pré-tratados e/ou notificados ao órgão oficial de controle ambiental, antes de entrarem nas lagoas.

As lagoas de estabilização são excelentes sistemas de tratamento para a remoção de metais pesados por meio do processo de sedimentação que ocorre naturalmente. Entretanto, essas substâncias vão contaminar o lodo a ser formado no fundo dessas lagoas, ocasionando outro problema por ocasião de sua limpeza. As lagoas de estabilização, de maneira geral, são mais sensíveis à presença de substâncias tóxicas que qualquer outro tipo de tratamento de esgoto sanitário. O tempo de retenção permite adaptação gradual da biomassa às substâncias inibidoras por meio de uma seleção natural. As espécies mais resistentes sobrevivem e se multiplicam, enquanto as mais sensíveis são eliminadas.

Oxigênio dissolvido

O oxigênio dissolvido (OD) é o melhor indicador de uma operação satisfatória em uma lagoa facultativa ou de maturação. A principal fonte de OD utilizado pelos micro-organismos, na estabilização da matéria orgânica e nas suas funções respiratórias, é o oxigênio produzido pela ação fotossintética das algas. Entretanto, a concentração de oxigênio dissolvido pode cair a menos de um miligrama por litro durante a madrugada e também depois de um dia claro e ensolarado. A completa redução de oxigênio pode ocorrer também durante a noite em razão de uma excepcional explosão no crescimento de algas.

A camada superficial aeróbia serve para evitar que gases malcheirosos produzidos pela camada anaeróbia sejam liberados. As lagoas facultativas podem apresentar problemas de odor de vez em quando, embora exista a presença de oxigênio dissolvido na camada superficial. Por exemplo, o desenvolvimento de algas verde-azuladas se dá em consequência da elevada temperatura da água, ou em razão de placas de lodo que vão à superfície da lagoa por causa do rápido aumento da temperatura do fundo, principalmente acima de 22 °C, ou porque houve uma forte liberação de gás.

FATORES MICROBIOLÓGICOS: NUTRIENTES

As algas e as bactérias precisam de uma fonte de nutrientes para que cresçam e se multipliquem. Vários elementos são necessários, principalmente carbono, nitrogênio e fósforo, que são requeridos em maior quantidade. O esgoto doméstico contém todos os nutrientes necessários para manter uma comunidade de bactérias e algas. Quando a matéria orgânica é suficiente para um ótimo crescimento bacteriano, automaticamente também é adequada para que haja um desenvolvimento da população de algas.

As algas podem ser expressas pelas fórmulas empíricas $C_{106}H_{180}O_{45}N_{16}P_{1}$ e $C_{106}H_{263}O_{110}N_{16}P_{1}$, e sua relativa proporção de C: N: P (carbono/nitrogênio/fósforo) é de 40: 7: 1. A proporção, no esgoto doméstico, é de apenas 11,4: 3: 1. O carbono é o fator limitante no esgoto doméstico, isto é, quando a DBO_5 é completamente reduzida, ainda resta um pouco de nitrogênio e fósforo. A razão C: N: P nos despejos industriais pode variar consideravelmente e, em alguns casos, é necessária a adição artificial de nitrogênio e/ou fósforo no balanço requerido para promover o crescimento de algas.

PADRÕES DE VAZÃO E MISTURA NAS LAGOAS

Todos os tanques e lagoas usados para tratamento de águas residuais podem ser denominados reatores. Os padrões de vazão dependem das condições de mistura, as quais, por sua vez, dependem da forma do reator, da energia de entrada por unidade de volume, da dimensão ou escala de tratamento e de outros fatores. Esses padrões afetam o tempo de exposição para o tratamento e a distribuição do substrato no reator. Os padrões típicos de vazão e mistura incluem os reatores descontínuos e os reatores com vazão contínua. Os reatores com vazão contínua podem ser classificados em: fluxo em pistão, mistura completa, fluxo disperso e combinações em série ou em paralelo dos tipos já citados.

REATORES DESCONTÍNUOS

Os reatores descontínuos são sistemas fechados sem vazão contínua. São frequentemente usados em estudos de laboratório e também são chamados de reatores em batelada.

REATORES COM VAZÃO CONTÍNUA

Fluxo em pistão

O fluxo em pistão é aquele no qual todo elemento de vazão deixa o reator na mesma ordem em que entrou. Não existe dispersão nem mistura. Todo elemento de vazão é exposto ao tratamento no mesmo período, chamado tempo teórico de retenção. As substâncias biodegradáveis reduzem a concentração durante sua passagem por meio do reator em razão da atividade bioquímica. A remoção do substrato para uma equação de primeira ordem é dada em função da Equação 7.2.

$$S_e/S_o = e^{-K_1 t} \quad (7.2)$$

em que:

S_o: concentração inicial do substrato, mg/L;

S: concentração final do substrato, mg/L;

K_1: taxa constante de remoção do substrato, dia^{-1};

t: tempo de retenção hidráulica, dia.

Mistura completa

A mistura completa é aquela na qual todos os elementos da vazão são instantânea e totalmente misturados no reator, de modo que seu conteúdo seja perfeitamente homogêneo em todos os pontos desse reator. Em consequência, a concentração do efluente é igual à concentração do reator. A mistura completa é dada apresentada pela equação 7.3. As unidades são as mesmas apresentadas anteriormente.

$$S_e / S_o = 1/\left(1 + K_1 t\right) \quad (7.3)$$

Fluxo disperso

O fluxo disperso está caracterizado como aquele em que cada elemento de vazão tem um tempo de retenção diferente para cada período. É chamado também de fluxo arbitrário e está compreendido entre dois limites, o fluxo em pistão ideal e a mistura completa. O número de dispersão, *d*, caracteriza as condições de mistura em um reator e é dado pela Equação 7.4.

$$d = D / UL = Dt / L^2 \tag{7.4}$$

em que:

d: número de dispersão (adimensional);

D: coeficiente de dispersão axial ou longitudinal, m^2/h;

U: velocidade média do fluxo, m/h;

L: comprimento do reator, m;

t: tempo de retenção hidráulica, h.

A velocidade média de fluxo está definida pela Equação 7.5.

$$U = Q / 24Wh \tag{7.5}$$

em que:

Q: vazão do fluxo, m^3/s;

W: largura do reator, m;

H: profundidade do reator, m.

Por definição, a dispersão está ausente no fluxo em pistão ideal. Por isso $D = 0$ (zero) e $d = D/UL = 0$ (zero). Por outro lado, a dispersão é infinita na mistura completa ideal, quando *D* (infinito) e $d = D/UL = \infty$ (infinito). Consequentemente, o fluxo disperso varia de 0 a ∞. A Figura 7.5 apresenta esquemas dos vários tipos de reator.

Os principais fatores que afetam a dispersão nas unidades de tratamento de esgoto, segundo Arceivala et al. (2007), são:

- escala do fenômeno da mistura;
- geometria da unidade;
- potência unitária por unidade de volume (mecânica ou pneumática);
- tipo de disposição de entradas e saídas;
- velocidade de entrada e suas flutuações;
- as diferenças de densidade e temperatura entre a vazão afluente e o conteúdo do reator.

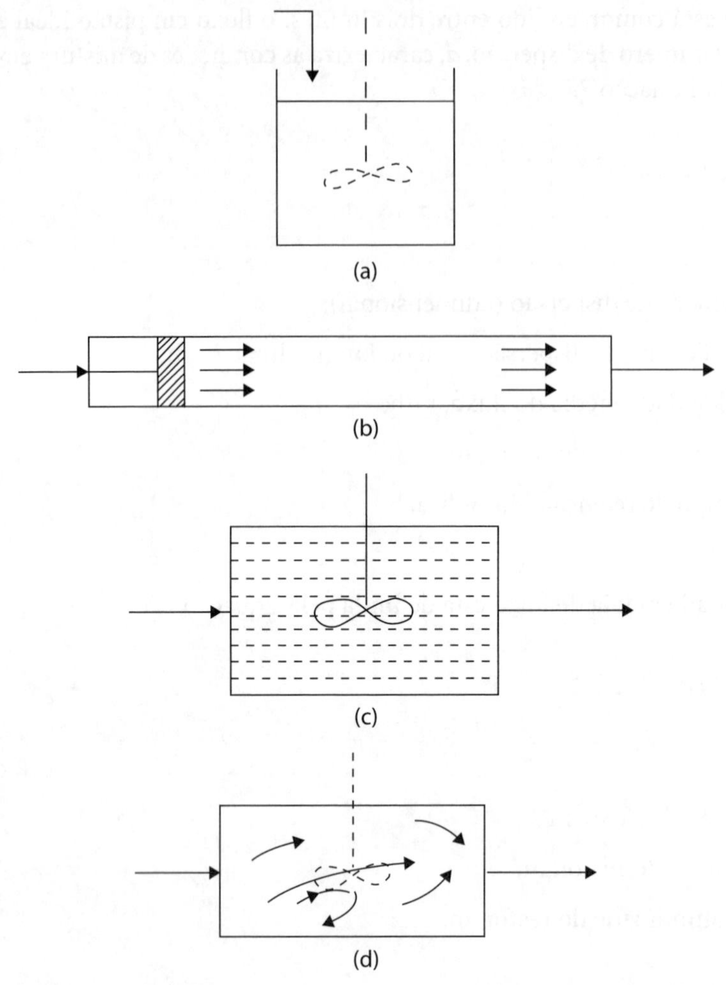

Fonte: Arceivala; asolekar (2007).

Figura 7.5 – Diferentes tipos de reator: (a) descontínuo; (b) fluxo pistão; (c) mistura completa; (d) fluxo disperso

Foi observado que variação de temperatura entre 12 °C e 20 °C não tem efeito significativo nas condições de dispersão nos reatores.

O fluxo disperso é governado pela equação de Wehner-Wilhelm (1958) e trazida à engenharia sanitária por Thirimurthy (1969). É apresentado pela Equação 7.6.

$$\frac{S_e}{S_o} = \frac{4ae^{1/2d}}{(1+a)^2 e^{a/2d} - (1-a)^2 e^{-a/2d}} \tag{7.6}$$

em que:

a: variável adimensional dada pela Equação 7.7.

As demais unidades já foram apresentadas anteriormente.

$$a = \sqrt{1+4K_1 td} \tag{7.7}$$

Na Figura 7.6, há um gráfico por meio do qual é possível estimar as porcentagens de DBO_5 removida e remanescente para fluxo em pistão e mistura completa usando a equação de Wehner-Wilhelm.

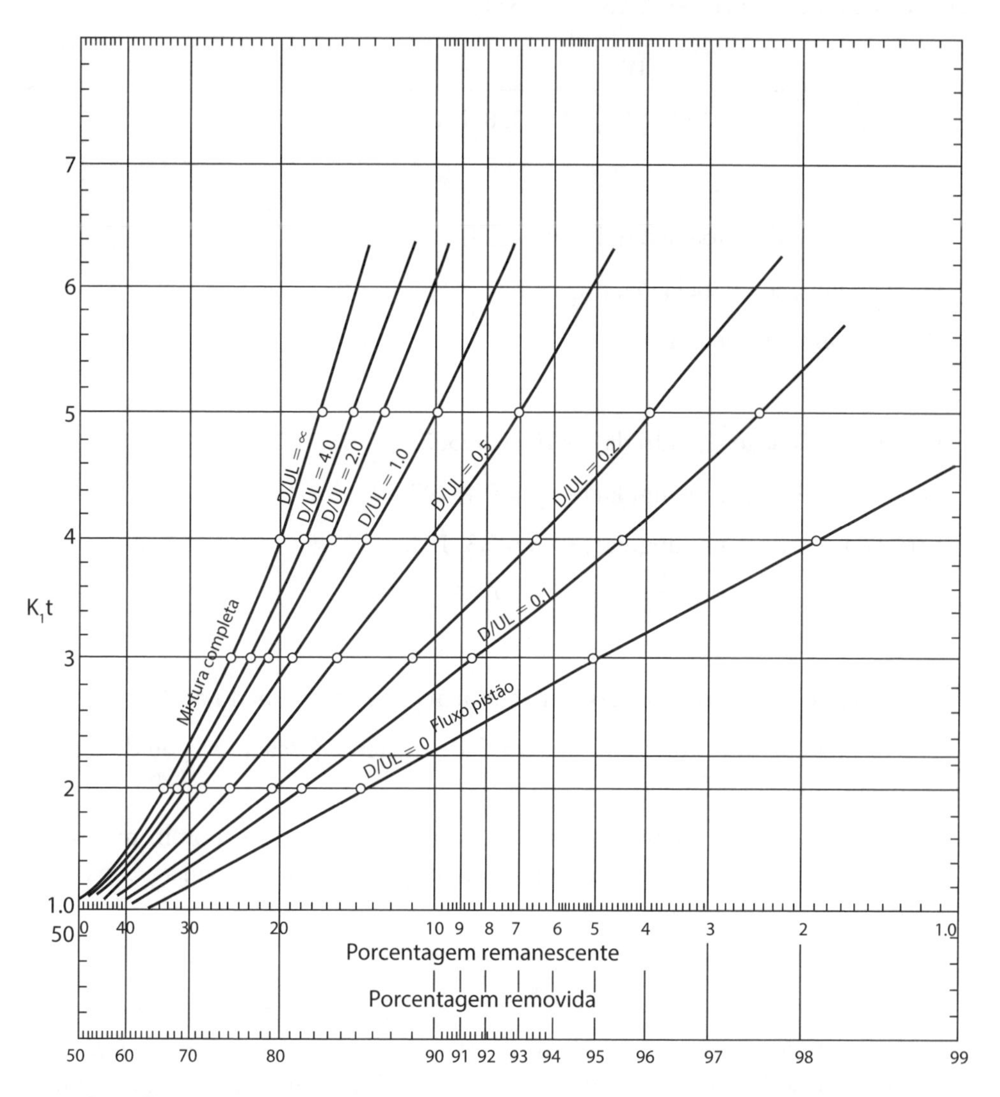

Figura 7.6 – Determinação da eficiência de remoção do substrato usando a equação de Wehner-Wilhelm (1958)

A Equação 7.6 pode ser simplificada porque o segundo termo de seu denominador é muito pequeno, podendo ser desprezível como aproximação. Ele é apresentado na Equação 7.8. Essas duas equações são indicadas apenas para fluxo em pistão e, por isso, devem ser usadas quando o número de dispersão, *d*, for menor que 2 (THIRIMURTHY, 1974).

$$\frac{S_e}{S_o} = \frac{4ae^{(1-a)/2d}}{(1+a)^2} \tag{7.8}$$

Vários autores apresentaram diferentes equações para a estimativa do coeficiente de dispersão, como Polprasert e Bhattarai (1985), Yánez (1988), Agunwamba et al. (1992) e Sáenz (1992). A equação 7.9 é um modelo simples com alta correlação e que depende de uma só variável (YÁNEZ, 1988).

$$d = \frac{L/W}{-0,26118 + 0,25392(L/W) + 1,01368(L/W)^2} \tag{7.9}$$

em que:

d: número de dispersão (adimensional);

L: comprimento da lagoa, m;

W: largura da lagoa, m.

Para $L/W = 1$ (lagoa quadrada) $\rightarrow d = 0,99362$.

Para $L/W = 2$ (lagoa retangular) $\rightarrow d = 0,46497$.

Para $L/W = 3$ (lagoa retangular) $\rightarrow d = 0,31173$.

Para $L/W = 4$ (lagoa retangular) $\rightarrow d = 0,23566$.

Na prática, o número de dispersão, d, também pode ser estimado de duas maneiras:

1) Por meio de traçadores em uma unidade existente (escala real) ou de um adequado modelo reduzido.
2) Usando métodos empíricos, os quais são menos perfeitos, porém muito úteis para a estimativa do provável número de dispersão, antes da construção de uma unidade de tratamento.

Segundo Arceivala et al. (2007), o coeficiente de dispersão, d, varia de 0,2 a 0,7, em um arranjo de duas lagoas facultativas em série, e de 0,10 a menos em três lagoas facultativas em série. Arceivala (1981), Propalsert e Bhattarai (1985) e Agunwamba et al. (1992) realizaram pesquisas com traçadores e obtiveram resultados, apresentados na Tabela 7.3, de correlações empíricas entre o coeficiente de dispersão axial, D, e a largura da unidade, W.

Foi comprovado, em todos os casos, que nas unidades que possuíam chicanas de fluxo horizontal invariavelmente se obtinham maiores valores para o coeficiente de dispersão longitudinal, D, comparado com o obtido em lagoas com a mesma largura não dotados de chicanas. O motivo principal é que, quando existem chicanas de fluxo horizontal, o fluxo do esgoto tem que fazer curvas, aumentando com esse movimento a dispersão.

Tabela 7.3 – Estimativa do coeficiente de dispersão, *d*, usando diferentes métodos

Autor	Número de lagoas em série e dimensões		
	1	2	3
	W = 314 m	*W* = 104,7 m	*W* = 104,7 m
	L = 1000 m	*L* = 1000 m	*L* = 3000 m
Arceivala (1981)	4,7	1,6	0,35
Polprasert e Bhattarai (1985)	0,67	0,08	0,03
Agunwamba et al. (1992)	0,15	0,05	0,03
Soares e Bernardes (2001)	0,33	0,10	0,03

Fonte: adaptada de Arceivala et al. (2007).

EXEMPLO 7.1

Estimar a eficiência esperada de redução de DBO_5 em uma lagoa facultativa para diferentes valores do número de dispersão $d = D/UL$, igual a 0,1; 0,2; 0,5; 1,0; 2,0 e 4,0. Calcular também a eficiência, usando as equações de fluxo em pistão e mistura completa. Adotar para a taxa constante de remoção de DBO_5, K_1 = 0,422 dia^{-1} e o tempo de retenção t = 12,1 dias.

Solução:

a) Eficiência utilizando a equação de fluxo em pistão:

$$S_e/S_o = e^{-K_1 t} = e^{-0,422\times 12,1} = 0,006$$

$$E = 100(1-0,006) \cong 99,4\%$$

b) Eficiência utilizando a equação de mistura completa:

$$S_e/S_o = (1+K_1 t)^{-1} = (1+0,422\times 12,1)^{-1} = 0,164$$

$$E = 100(1-0,164) \cong 83,6\%$$

c) Equação de fluxo disperso usando-se a equação de Wehnen-Wilhelm:

Foram utilizadas as seguintes equações para determinação dos valores do quadro da eficiência de DBO_5.

$$\frac{S_e}{S_o} = \frac{4ae^{1/2d}}{(1+a)^2 e^{a/2d} - (1-a)^2 e^{-a/2d}}$$

$$a = \sqrt{1 + 4K_1td}$$

$$E = 100\left(1 - S_e/S_o\right)$$

Os resultados apresentados a seguir podem ser obtidos diretamente utilizando as equações 7.2, 7.3 e 7.6, ou por meio do gráfico da Figura 7.6.

d = D/UL	0	0,1	0,2	0,5	1,0	2,0	4,0	∞
Eficiência (%)	99,3*	97,8	96,3	93,2	90,4	87,9	86,1	83,6**

* Fluxo em pistão.
** Mistura completa.

EXEMPLO 7.2

Estimar a eficiência de remoção de DBO_5 em uma lagoa facultativa sem chicanas e com chicanas. Os seguintes dados devem ser utilizados: $S_0 = 242$ mg/L; $Q = 5550$ m³/dia; $h = 2{,}0$ m; $t = 12{,}1$ dias; $K_1 = 0{,}422$ dia^{-1} e $L = 3\ W$. Utilizar a Tabela 7.3 para o valor do coeficiente de dispersão d (ARCEIVALA, 1981).

Solução: alternativa (A), sem chicanas

a) Área da lagoa:

$$A = Qt/h = (5550 \times 12{,}1)/2 \cong 33.578\ \text{m}^2$$

b) Dimensões da lagoa:

Largura da lagoa para $L/W = 3$

$$W = \sqrt{A/3} = \sqrt{33.578/3} \cong 105{,}8\ \text{m}$$

Comprimento da lagoa: $L = 3W = 3 \times 105{,}8 \cong 317{,}4$ m

c) Número de dispersão:

$d = 4{,}7$ (mistura completa, Tabela 7.3, Arceivala, 1981)

d) Eficiência pela Equação 7.3 (mistura completa):

$$S_e/S_o = (1 + K_1t)^{-1} = (1 + 0{,}422 \times 12{,}1)^{-1} = 0{,}1638$$

$$E = 100(1 - 0{,}1638) \cong 83{,}6\%$$

Solução: alternativa (B), com duas chicanas

a) Largura da lagoa:

$$W = 105,8 / 3 \cong 35,3 \text{ m}$$

b) Comprimento da lagoa:

$$L = 317,4 \times 3 \cong 952,2 \text{ m}$$

c) Número de dispersão:

$d = 0,35$ (fluxo em pistão, Tabela 7.3, Arceivala, 1981)

d) Eficiência usando a equação de Wehner-Wilhelm:

$$a = \sqrt{1 + 4K_1 td} = \sqrt{1 + 4 \times 0,422 \times 12,1 \times 0,35} \cong 2,85$$

$$\frac{S_e}{S_o} = \frac{4ae^{1/2d}}{(1+a)^2 e^{a/2d} - (1-a)^2 e^{-a/2d}}$$

$$\frac{S_e}{S_o} = \frac{4 \times 2,85e^{1/2\times0,35}}{(1+2,85)^2 e^{2,85/2\times0,35} - (1-2,85)^2 e^{-2,85/2\times0,35}} \cong 0,0543$$

$$E = (1 - 0,05433) \times 100 \cong 94,6\%$$

e) Esquema para a lagoa sem chicanas (mistura completa):

f) Esquema para a lagoa com duas chicanas (fluxo em pistão)

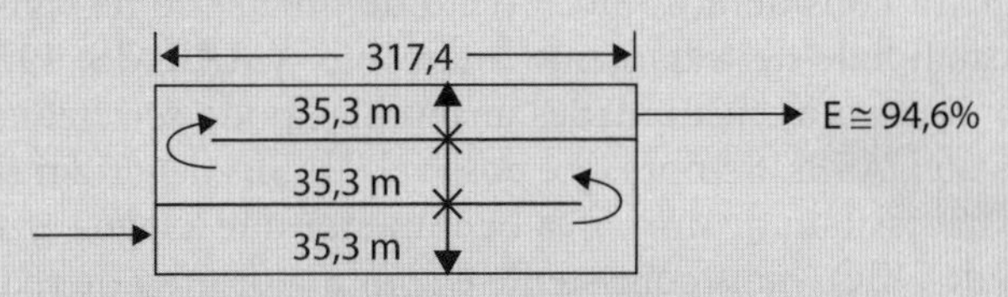

Pode-se concluir com segurança que a lagoa facultativa funciona com fluxo em pistão se forem adotadas duas chicanas de fluxo horizontal. Também foi verificado que a eficiência com fluxo em pistão é bem maior que com mistura completa.

É importante observar que este exemplo é teórico. Na prática, só é recomendável a utilização de chicanas em lagoas secundárias ou de maturação para evitar acúmulo de lodo na entrada da lagoa primária.

■

MODELOS EMPREGADOS PARA O PROJETO DAS LAGOAS DE ESTABILIZAÇÃO

Os modelos utilizados para dimensionamento das lagoas de estabilização podem ser classificados como empíricos e racionais. Os modelos empíricos são baseados na observação de algumas características físicas e operacionais das lagoas que funcionam adequadamente e apresentam bons índices de eficiência. Entretanto, não se estabelecem relações entre suas características funcionais e os fatores que intervêm no processo de depuração do esgoto. Os modelos empíricos têm aplicação limitada e são obtidos exclusivamente a partir de observação experimental. Sua grande vantagem é que são simples e não necessitam de parâmetros difíceis de serem obtidos. A principal característica de um modelo racional é seguir uma teoria racional sobre o funcionamento das lagoas. Na prática, são utilizadas lagoas piloto ou ensaios de laboratório para determinar os coeficientes que interferem nos processos característicos de cada uma. Esses parâmetros são relacionados com os resultados de operação, passo em que são desenvolvidas expressões ou correlações matemáticas que descrevem o fenômeno e permitem reproduzi-lo em condições controladas. Geralmente um dos fatores interferentes utilizados no desenvolvimento dos modelos racionais é a temperatura da massa líquida.

Existe grande variedade de equações e critérios de projeto utilizados para dimensionamento das lagoas de estabilização. Muitos deles fornecem resultados incoerentes em comparação com outros similares. Neste capítulo, são apresentados apenas os critérios fundamentados em experiências exitosas em laboratório e em escala real. Mais detalhes podem ser obtidos em Mendonça (2001).

PROJETO E DIMENSIONAMENTO DE LAGOAS ANAERÓBIAS

"O pré-tratamento por lagoas anaeróbias em países de clima tropical é tão vantajoso que a primeira consideração no projeto de uma série de lagoas deveria sempre incluir a possibilidade de tratamento anaeróbio" (MARAIS, 1970). Atualmente, o pré-tratamento de esgoto em unidades anaeróbias pode ser efetuado por meio de lagoas anaeróbias ou UASBs. Sempre que possível, UASBs deveriam ser a escolha preferencial, porque necessitam de uma área bem menor que a lagoa anaeróbia e podem fornecer redução de DBO_5 mais consistente e com maior grau de redução de matéria orgânica durante o ano, comparado com uma lagoa anaeróbia. Além disso, a coleta de gás é mais fácil em UASBs, embora as lagoas anaeróbias possam ser cobertas com lonas para o gás ser coletado com facilidade. Entretanto, existem desvantagens de usar UASBs em vez de lagoas anaeróbias, pois os primeiros podem ser profundamente afetados por sobrecargas hidráulicas e orgânicas repentinas, com consequente destruição da manta de lodo, causando prejuízos operacionais em razão de sua lenta recuperação. Nesse período, obviamente, o tratamento fica fora do controle, com redução na sua eficiência.

A matéria orgânica depositada na parte inferior das lagoas anaeróbias passa pelas fases de liquefação e gaseificação. Durante a liquefação, as bactérias facultativas, formadoras de ácidos, convertem carboidratos, proteínas e ácidos graxos por meio da hidrólise. Com isso, há uma mudança da forma da matéria orgânica sem haver redução de DBO_5. O material obtido pela liquefação por meio da difusão sobe até as camadas superiores, desde que não haja condições favoráveis para a gaseificação. Na fase de gaseificação ou fermentação ácida, as bactérias estritamente anaeróbias, formuladoras de metano (CH_4), reduzem a DBO_5. Há duas condições básicas para existir atividade anaeróbia nas lagoas de estabilização: inexistência de oxigênio dissolvido (OD) na zona inferior e temperatura maior que 15 °C. Dessa forma, a remoção de DBO_5 é mais provável em países de clima tropical com lagoas relativamente profundas. Os sulfatos contidos no esgoto são reduzidos a sulfetos pelas bactérias que utilizam sulfato em suas reações catabólicas. As bactérias típicas desse grupo são as da espécie *Desulfovibrio sp*. Para que haja condições favoráveis para seu desenvolvimento, é necessário que a concentração de oxigênio seja inferior a 0,16 mg/L, praticamente condições anaeróbias, e que as temperaturas sejam superiores a 15 °C. A concentração máxima de sulfetos ocorre bem próxima ao amanhecer, quando o oxigênio dissolvido é mínimo e a anaerobiose é máxima.

A grande vantagem das lagoas anaeróbias é poder oxidar elevadas cargas orgânicas com boa redução de DBO_5 e SS, em áreas bastante reduzidas. Por isso, as lagoas anaeróbias devem sempre ser incluídas em qualquer sistema de lagoas de estabilização (com exceção de pequenas comunidades com menos de mil habitantes). Sua principal desvantagem são os maus odores produzidos, principalmente, pela liberação de gás sulfídrico (H_2S). Maus odores não são um sério problema se as cargas de projeto recomendadas não forem excedidas e se a concentração de sulfatos no esgoto doméstico bruto for menor que 500 mg/L (GLOYNA; ESPINOSA, 1969). Além disso, uma pequena quantidade de sulfatos pode ser benéfica por ser letal ao *Vibrio cholerae* (ORAGUI et al., 1993).

MÉTODO SUL-AFRICANO

O método sul-africano, citado por Gloyna (1971), apresenta uma equação empírica para a estimativa de efluente de uma lagoa anaeróbia (Equação 7.10).

$$S_e = \frac{S_o}{\left[K_n\left(S_e / S_o\right)^n t\right]+1} \tag{7.10}$$

em que:

S_o: DBO_5 do afluente, mg/L;

S_e: DBO_5 do efluente, mg/L;

K_n: coeficiente de velocidade de remoção de DBO_5, dia^{-1};

t: tempo de retenção hidráulica, dia;

n: expoente a ser determinado por experimentação.

Na Tabela 7.4, estão apresentados os dados levantados por Gloyna (1971), em Zâmbia.

Tabela 7.4 – Remoção teórica de DBO_5 em lagoas anaeróbias*

Tempo de retenção (dia)	DBO_5 remanescente (%)	Redução de DBO_5 (%)
0,12	80	20
0,40	70	30
0,71	65	35
1,30	60	40
2,40	55	45
4,70	50	50
9,40	45	55

* Dados baseados em sistemas mistos (tanques sépticos, latrinas e lagoas anaeróbias, em Zâmbia), para $n = 4,8$ e $K_n = 6$ dias a 22 °C.

Fonte: adaptada de Gloyna (1971).

MÉTODO EM FUNÇÃO DO TEMPO DE RETENÇÃO OU DA CARGA VOLUMÉTRICA

O tempo de retenção para lagoas anaeróbias, que tratam esgoto doméstico, varia de dois a cinco dias. Períodos de retenção acima de cinco dias não são recomendados para esgoto doméstico, porque a lagoa anaeróbia pode funcionar com carga orgânica muito pequena, reduzindo sua eficiência e possibilitando a produção de maus odores por conta do desequilíbrio do processo anaeróbio. Em experiências realizadas na Índia, as lagoas anaeróbias com períodos de retenção variando entre dois e cinco dias, com temperaturas ente 25 °C e 30 °C, apresentam reduções de DBO_5 entre 60% e 70% (ARCEIVALA, 1981). Na Tabela 7.5, são apresentados esses resultados em detalhes.

Tabela 7.5 – Resultados obtidos com lagoas anaeróbias que tratam esgoto doméstico com períodos de retenção menores que cinco dias

Temperatura da lagoa anaeróbia (°C)	Tempo de retenção (dia)	Provável eficiência de remoção de DBO_5 (%)
10-15	4-5	30-40
15-20	3-4	40-50
20-25	2,5-3	40-60
25-30	2-5	60-70

Fonte: adaptada de Arceivala (1981).

Em Campina Grande (PB), pesquisas realizadas em estações de tratamento piloto, em lagoas anaeróbias com períodos de retenção que variavam de 0,8 a cinco dias e temperaturas do esgoto entre 25 °C e 27 °C, tiveram redução de DBO_5 entre 70% a 80% (SILVA, 1982). As lagoas anaeróbias com períodos de retenção entre dois e cinco dias tratando esgoto doméstico podem receber cargas orgânicas volumétricas entre 100 $gDBO_5/m^3$.dia e 300 $gDBO_5/m^3$.dia. Esses valores estão na mesma faixa dos tanques sépticos. Essas cargas não são necessariamente cargas limitadoras, pois valores mais elevados podem ser utilizados com despejos líquidos mais concentrados. Segundo Silva (1982), o ideal para esgoto doméstico é que a carga orgânica volumétrica se aproxime ao valor de 300 $gDBO_5/m^3$.dia para a região Nordeste do Brasil. Isso implica na adoção de um tempo de retenção de um dia para esgoto doméstico bruto com concentração de DBO_5 igual a 300 mg/L. Cargas maiores que 300 $gDBO_5/m^3$.dia podem ser adotadas para despejos líquidos industriais com elevadas cargas orgânicas, se o conteúdo de sulfatos não exceder 500 mg/L.

Na Tabela 7.6, são apresentadas sugestões de Mara (2004) para a redução de DBO_5 em lagoas anaeróbias.

Tabela 7.6 – Redução de DBO_5 em lagoas anaeróbias em função da temperatura do esgoto

Temperatura (°C)	Carga orgânica volumétrica ($gDBO_5/m^3$.dia)	Redução de DBO_5 (%)
< 10	100	40
10 a 20	20T* – 100	2T + 20
> 20	300	60 – 70

* T: temperatura do esgoto.

Fonte: adaptada de Mara (2004).

A eficiência das lagoas anaeróbias pode aumentar com a elevação da temperatura, porém não existem suficientes dados de campo disponíveis para que se possa desenvolver uma equação empírica confiável para seu dimensionamento.

A área das lagoas anaeróbias é obtida por meio da Equação 7.11.

$$A = \frac{Q_{med} t}{h} \tag{7.11}$$

em que:

A: área do nível médio, m^2;

Q_{med}: vazão média de contribuição, m^3/dia;

t: tempo de retenção hidráulica, dia;

h: profundidade útil, m.

A área superficial não é importante nas lagoas anaeróbias, e sim sua profundidade. Por isso, as lagoas anaeróbias podem ser dimensionadas em função de sua carga orgânica ou tempo de retenção. Entretanto, alguns autores apresentam cargas orgânicas superficiais para lagoas anaeróbias que variam de 280 $kgDBO_5$/ha.dia a 4.500 $kgDBO_5$/ha.dia (ECKENFELDER, 1970). A estimativa da carga volumétrica pode ser efetuada pelas equações 7.12 e 7.13.

$$\lambda_v = \frac{S_o Q_{med}}{Ah} \tag{7.12}$$

$$\lambda_v = \frac{S_o}{t} \tag{7.13}$$

em que:

λ_v: carga orgânica volumétrica, $gDBO_5/m^3$.dia.

As demais variáveis foram definidas anteriormente.

O ideal é que as lagoas anaeróbias tenham forma quadrada, porque, como possuem pequena área, desse modo o padrão de mistura não influencia o seu funcionamento. Sua profundidade varia entre 3 m e 5 m; e a área do nível médio não deve exceder 5 hectares. Recomenda-se que sua limpeza seja efetuada pelo menos a cada cinco anos.

Em virtude da grande redução de DBO_5 na lagoa anaeróbia, o projeto de um sistema de lagoas em série, composto de lagoa anaeróbia e facultativa (também conhecido como sistema australiano), deve incluir sempre uma lagoa anaeróbia de reserva a ser utilizada durante a limpeza da anaeróbia, para não sobrecarregar a lagoa facultativa.

PROJETO E DIMENSIONAMENTO DE LAGOAS FACULTATIVAS

As lagoas facultativas podem receber esgoto bruto ou decantado, seja ele o efluente de uma lagoa anaeróbia, de um UASB, de uma lagoa aerada ou de qualquer outro tipo de tratamento. Por isso, as lagoas facultativas podem funcionar como lagoas primárias ou secundárias. Quando seu afluente é o esgoto bruto, funcionam como lagoas primárias; quando recebem esgoto pré-tratado, funcionam como lagoas secundárias.

Existe uma elevada concentração de distintas espécies de microalgas nas lagoas facultativas, como visto na Figura 7.2 (página 226), principalmente de microalgas que têm mobilidade e contêm cerca de 1.000 μg a 3.000 μg de clorofila por litro. Por isso, as lagoas facultativas, funcionando adequadamente, devem sempre ter cor verde-escura. A simbiose entre bactérias e algas é uma realidade. As algas produzem oxigênio (O_2) que é usado pelas bactérias heterotróficas, as quais produzem gás carbônico (CO_2), que, por sua vez, é usado pelas algas. A quantidade de algas nas lagoas de estabilização varia entre 30 mg/L e 40 mg/L (peso seco), ou 10^4 a 10^6 algas por mililitro. Na prática, a produção de 150 kg algas/ha.dia fornece aproximadamente 200 kgO_2/ha.dia, ou seja, cerca de 1,3 gO_2/g de matéria seca de algas produzidas (ARCEIVALA, 1981).

A intensa digestão anaeróbia e produção de gás carbônico (CO_2) e metano (CH_4) é responsável pela remoção de até 30% de DBO_5 nas lagoas facultativas. A DBO_5 do efluente ocorre principalmente por causa das algas, em um valor entre 60% e 90%. Esse tipo de matéria orgânica é bastante diferente da DBO_5 do esgoto sanitário bruto.

O esquema típico de lagoas de estabilização para tratamento do esgoto doméstico é chamado sistema australiano e consiste em duas lagoas em série, sendo a primeira anaeróbia e a segunda facultativa, como apresentado na Figura 7.7. Um sistema desse tipo sempre tem área total menor do que se fosse adotada somente uma lagoa facultativa (redução aproximada de 30% em relação à área total do sistema). Além disso, a eficiência de redução de DBO_5 do sistema australiano também é maior do que a utilização de apenas uma lagoa facultativa. Porém, o esquema ideal de tratamento seria um sistema com três tipos de lagoas de estabilização em série: anaeróbia, facultativa e de maturação, como apresentado na Figura 7.8. Com esse sistema, também é possível obter grande redução de coliformes termotolerantes (fecais) no efluente final.

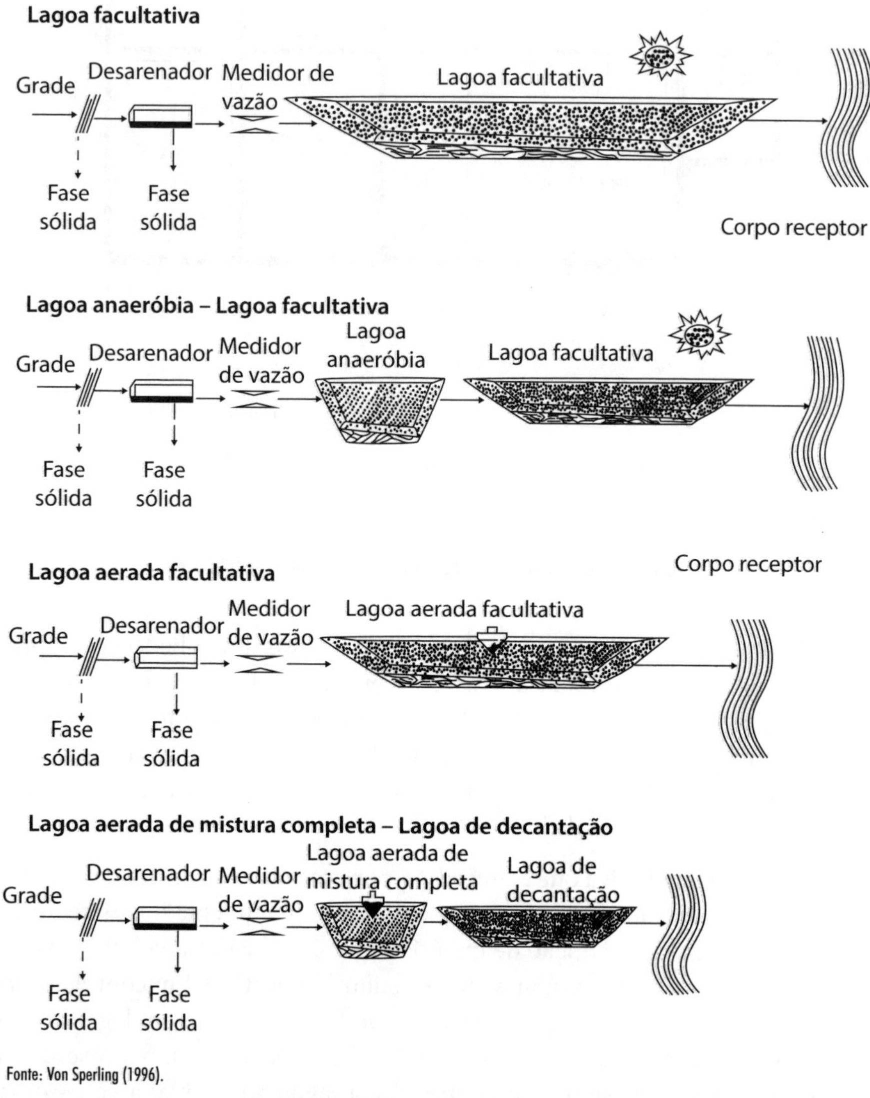

Fonte: Von Sperling (1996).

Figura 7.7 – Sistemas de lagoas de estabilização

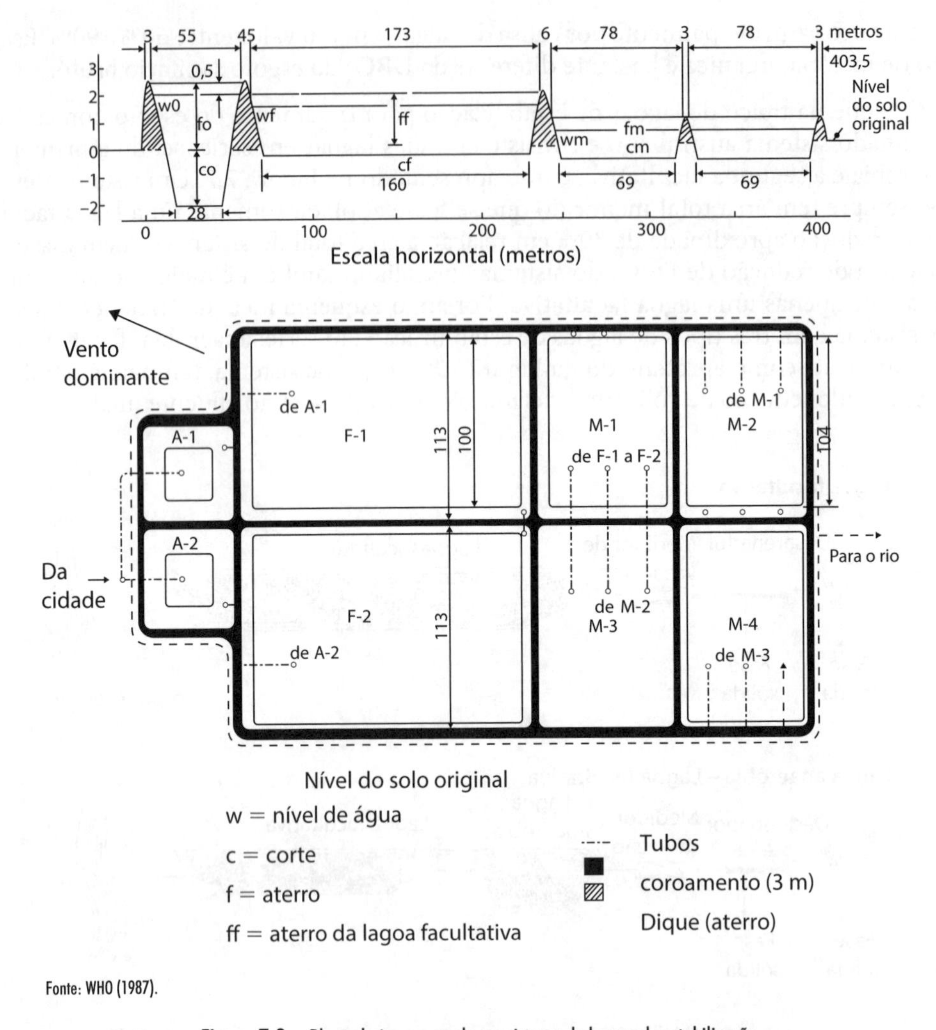

Fonte: WHO (1987).

Figura 7.8 – Planta baixa e corte de um sistema de lagoas de estabilização

A relação de áreas entre lagoas anaeróbias e facultativas deve obedecer sempre a relação menor que 3:1 para compensar variações bruscas de DBO_5, como, por exemplo, sobrecargas orgânicas (GLOYNA, 1971). Pré-tratamento de esgoto doméstico bruto por meio de uma lagoa anaeróbia afeta significativamente o comportamento da lagoa primária facultativa, pois reduz a carga de DBO_5 afluente e muda a natureza dos sólidos sedimentáveis na camada de lodo.

O lodo na lagoa facultativa que é precedido por uma lagoa anaeróbia tem um reduzido potencial de fermentação, de modo que pouco lodo aumenta inclusive durante o verão, em razão da grande redução de matéria orgânica na lagoa anaeróbia. Além disso, o lodo é de consistência granular e tende a subir à superfície. Em contraste, grande quantidade de lodo com consistência pegajosa pode ser formada em lagoas facultativas que recebem esgoto doméstico não tratado (GLOYNA, 1971). No caso de existir um sistema de lagoas de estabilização que inclua lagoa anaeróbia, a carga orgânica superficial aplicada no dimensionamento da lagoa facultativa deve ser 20% menor do que a carga máxima superficial permissível por causa do incremento de amônia proveniente do processo anaeróbio (YÁNEZ, 1993). As cargas orgânicas superficiais acima de 350 kgDBO_5/ha.dia, aplicadas às lagoas facultativas, produzem brusca redução dos níveis de clorofila em virtude do decréscimo da população de algas, para temperaturas entre 25 °C e 27 °C na região Nordeste do Brasil, afetando consideravelmente a eficiência dessas lagoas (SILVA, 1982).

A grande vantagem das lagoas facultativas é que não produzem maus odores (se forem projetadas e operadas adequadamente). Sua maior desvantagem é a necessidade de grandes áreas. A redução de DBO_5 das lagoas facultativas é da ordem de 70% a 90%.

MÉTODO EM FUNÇÃO DA LATITUDE

A latitude é um fator preponderante na escolha da carga orgânica superficial para dimensionamento das lagoas facultativas. Como primeira aproximação para o projeto de lagoas facultativas, pode ser usada a Equação 7.14, proposta por Arceivala et al. (1970).

$$\lambda_s = 375 - 6{,}25L \qquad (7.14)$$

em que:

λ_S: carga orgânica máxima superficial, kg.DBO_5/ha.dia;

L: latitude, graus.

Na Figura 7.9, são apresentadas as cargas orgânicas recomendadas para lagoas facultativas na Índia, em função da latitude, estimadas por meio da Equação 7.14. É muito importante o estabelecimento da carga orgânica superficial máxima, a fim de que fiquem asseguradas as seguintes condições essenciais para seu adequado funcionamento (CETESB, 1989):

- A operação deve ser processada sem o desprendimento de maus odores. Para isso, a demanda de oxigênio solicitada pelas bactérias não deve exceder a capacidade de reoxigenação resultante da fotossíntese e da reaeração superficial.
- A qualidade do efluente obtida em uma primeira lagoa determina a área da lagoa seguinte, isto é, quanto menos eficiente for a remoção de DBO_5 na lagoa primária, maiores serão as dimensões de uma ou das demais lagoas seguintes.

MÉTODO EM FUNÇÃO DA CARGA SUPERFICIAL

Existem diferentes equações utilizadas para calcular a carga orgânica superficial, a qual é incrementada com a temperatura. A Equação 7.15, apresentada por Mara (1987), representa a carga orgânica superficial máxima que pode ser aplicada a uma lagoa facultativa antes que entre em decaimento, isto é, que se converta em uma lagoa anaeróbia.

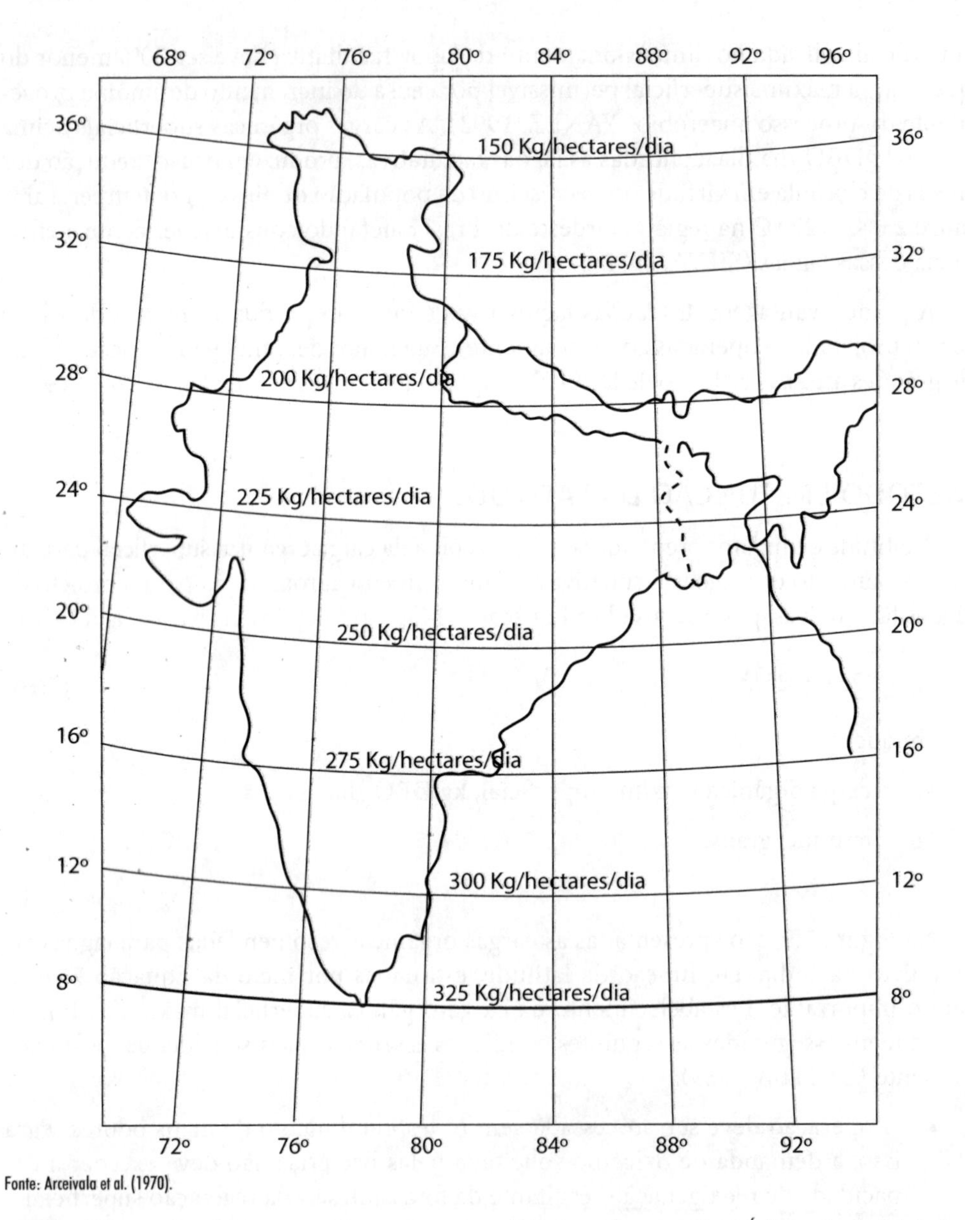

Fonte: Arceivala et al. (1970).

Figura 7.9 – Cargas orgânicas recomendadas para lagoas de estabilização em diversas regiões da Índia, em função da latitude

$$\lambda_{máx} = 350\ (1{,}107 - 0{,}002T)^{T-25} \quad (7.15)$$

em que:

$\lambda_{máx}$: carga orgânica superficial máxima, kg DBO_5/ha.dia;

T: temperatura média mensal mínima da água, °C.

A Equação 7.15 foi elaborada em função de extensas pesquisas realizadas durante pouco mais de vinte anos pela Universidade Federal da Paraíba, em Campina Grande, sob o comando dos professores David Duncan Mara e Salomão Anselmo Silva. É interessante observar que os resultados obtidos por meio das equações 7.14 e 7.15 são praticamente idênticos, embora tenham uma diferença de dezessete anos uma da outra. Pode-se concluir, com segurança, que as cargas orgânicas superficiais nas lagoas facultativas, além de serem muito influenciadas pela temperatura, são também extremamente dependentes da latitude local, pois ela está diretamente relacionada à intensidade de irradiação solar, que, por sua vez, influencia a fotossíntese realizada pelas algas.

A área das lagoas facultativas é estimada por meio da Equação 7.11 e a carga orgânica superficial pode ser calculada em função das equações 7.16 ou 7.17 (MARA, 1976).

$$\lambda_s = \frac{10 S_o Q_{méd}}{A} \tag{7.16}$$

$$\lambda_s = \frac{10 S_o h}{t} \tag{7.17}$$

em que:

λ_s: carga orgânica superficial, kgDBO$_5$/ha.dia.

As demais variáveis já foram definidas anteriormente.

A eficiência de redução de DBO$_5$ das lagoas facultativas pode ser estimada pela Equação 7.18.

$$E = \frac{100 K_1 t}{1 + K_1 t} \tag{7.18}$$

em que:

E: eficiência de redução de DBO$_5$, %;

K^1: coeficiente de velocidade de remoção de DBO$_5$, dia^{-1};

t: tempo de retenção hidráulica, dia.

O coeficiente de velocidade de remoção de DBO$_5$ para lagoas facultativas pode ser estimado por meio das equações 7.19 (MARA, 1976) e 7.20 (LIMA, 1984).

$$K_1 = 0{,}3\,(1{,}05)^{T\text{-}20} \tag{7.19}$$

$$K_1 = 0{,}796 t^{-0{,}355} \times 1{,}085^{T-26} \tag{7.20}$$

Todas as variáveis foram definidas anteriormente.

Não existem equações empíricas para a estimativa do valor de K_1 para lagoas de maturação. Entretanto, pode-se admitir K_1 como igual a 0,07 dia^{-1} a 20 °C (WHO, 1987). Para correção da temperatura, a equação de Hoff-Arrhenius (7.21) é muito usada. Na prática, considera-se que a eficiência de remoção de DBO_5 em lagoas de maturação varia de 10% a 25%.

$$K_{1_T} = K_{1_{20\,°C}} \times 1{,}07^{T-20} \tag{7.21}$$

Todas as variáveis foram definidas anteriormente.

As lagoas facultativas têm profundidades que variam normalmente de 1,5 m a 2,5 m, com áreas relativamente grandes. A profundidade mínima das lagoas primárias deve ser igual a 1,5 m, enquanto as facultativas secundárias devem ter profundidades superiores a 1,2 m. O ideal é que tenham seção retangular e que o comprimento exceda de duas a três vezes a largura do nível médio. O período de retenção das lagoas facultativas varia de sete a 110 dias para temperaturas entre 25 °C e 5 °C (ARCEIVALA, 1973). O tempo de retenção mínimo para a região Nordeste brasileira é de seis dias (SILVA, 1982). O Banco Mundial, segundo Broome (1986), admite cinco dias como período de retenção mínimo das lagoas facultativas. O tempo de limpeza das lagoas facultativas varia de doze a vinte anos. A área máxima de uma lagoa facultativa não deve exceder 15 hectares.

PROJETO E DIMENSIONAMENTO DE LAGOAS DE MATURAÇÃO

A Equação 7.22, chamada teorema de Marais (1974), é usada para a estimativa da quantidade de coliformes fecais (termotolerantes) que saem do efluente final de um sistema de lagoas de estabilização em série.

$$N_e = \frac{N_i}{\left(1 + K_b t\right)^n} \tag{7.22}$$

em que:

N_e: número de coliformes fecais do efluente ($Ne \leq 1000$ CF/100 mL);

N_i: número de coliformes fecais do afluente (varia de 10^7 a 10^8 CF/100 mL);

K_b: coeficiente de velocidade de decaimento bacteriano, dia^{-1};

t: tempo de retenção da(s) lagoa(s) de maturação, dia;

n: número de lagoas de maturação em série.

Os principais fatores que influem no decaimento das bactérias são: temperatura da água, radiação solar, pH, demanda bioquímica de oxigênio (DBO_5), nutrientes, oxigênio dissolvido (OD), concentração de algas, competição, predação e sedimentação.

Admitindo-se que entrem na lagoa anaeróbia de 10^7 a 10^8 CF/100 mL, que sua redução nessa lagoa seja desprezível e que a lagoa facultativa reduza 99% de CF, a quantidade de coliformes fecais (termotolerantes) que deve ingressar na primeira lagoa de maturação é de 10^5 a 10^6 CF/100 mL. Esse é o valor de N_i na Equação 7.22, n é o número de lagoas de maturação e t, o tempo de retenção da cada lagoa de maturação. O valor de N_e é definido em função dos requerimentos ambientais.

As lagoas de maturação são sempre dimensionadas em série, e todas devem ter as mesmas dimensões. Mara (1976) sugere que a vazão máxima do afluente de cada série de lagoas de maturação deve ser menor do que 5.000 m^3/dia (preferivelmente menor do que 2.500 m^3/dia). O período de retenção das lagoas de maturação varia de três a dez dias para duas ou mais lagoas em série (WHO, 1987). Quando se adota apenas uma lagoa de maturação em um sistema de lagoas, seu tempo de retenção mínimo deve ser igual a cinco dias. A área das lagoas de maturação é estimada pela Equação 7.11.

Essas lagoas têm profundidade menor que as lagoas facultativas, variando de 1 m a 1,5 m. A área máxima de seu nível médio não deve exceder dois hectares. Em países de clima tropical, uma lagoa de estabilização pode ser considerada de maturação quando sua carga orgânica superficial for menor que 150 $kgDBO_5$/ha.dia.

COEFICIENTE DE VELOCIDADE DE DECAIMENTO BACTERIANO

É muito importante lembrar que o valor do coeficiente de redução bacteriana, K_b, varia para cada tipo de micro-organismo e também entre diferentes cadeias do mesmo micro-organismo. Por exemplo, o valor de $K_b = 2{,}0$ dia^{-1} para *Escherichia coli* não se aplica para a redução de outros patógenos. No caso de *Salmonella typhi*, foi verificado que $K_b = 0{,}8$ dia^{-1} é um valor suficiente para seu decaimento. Além disso, K_b é dependente da temperatura. Também deve ser observado que as bactérias do grupo coliforme não são necessariamente patogênicas, sendo consideradas somente como um indicador de risco de infecção. Por isso, não é correto generalizar quando se adota um valor para K_b. Sua aplicação em relação a outros micro-organismos deve ser exercida com cautela até que o fenômeno envolvido seja bem compreendido.

Conforme foi observado por Cavalcanti (1994), Mendonça (2001) e vários outros pesquisadores, foram encontrados diferentes valores de K_b a 20 °C, variando de 0,623 a 2,6 dia^{-1}, valores esses incluídos nas equações 7.23, 7.24, 7.25, 7.26 e 7.27. Todas essas equações são úteis e válidas para a estimativa do coeficiente K_b. Publicações recentes estão levando em consideração as complexas reações físicas e bioquímicas que ocorrem nas lagoas para que seja possível a avaliação da redução bacteriana no seu meio. Von Sperling (2002b) apresentou a Equação 7.28, em que estão incluídas outras variáveis, tais como profundidade da lagoa e tempo de retenção.

Slanetz-Marais (1970) $$K_b = 2{,}6\ (1{,}19)^{T-20} \quad (7.23)$$

Arceivala (1981) $$K_b = 1{,}2\ (1{,}19)^{T-20} \quad (7.24)$$

Sáenz (1992) $$K_b = 0,623\ (1,04)^{T-20} \quad (7.25)$$

IMTA (1992) $$K_b = 0,84\ (1,07)^{T-20} \quad (7.26)$$

Yánez (1993) $$K_b = 1,1\ (1,07)^{T-20} \quad (7.27)$$

Von Sperling (2002b) $$K_b = 0,92h^{-0,88}t^{-0,33}\ (1,07)^{T-20} \quad (7.28)$$

A equação apresentada por Yánez (1993) foi elaborada levando em consideração a taxa de mortalidade líquida e a caracterização do submodelo hidráulico por meio do fator de dispersão. Essa taxa é uma reação de primeira ordem que caracteriza a lei de Chick e é desenvolvida com provas específicas em equilíbrio descontínuo ou em reatores com fluxo em pistão que funcionam de forma estável em condições de estabilização. Em ambos os casos, a mortalidade bacteriana se comporta exatamente de acordo com a mesma formulação matemática.

Quando o efluente final do sistema de lagoas de estabilização é usado para irrigação ou descarga em corpos de água, devem ser observados os critérios locais ou nacionais para a demanda bioquímica de oxigênio (DBO_5), sólidos em suspensão (SS) e coliformes fecais (CF).

REDUÇÃO DE PATÓGENOS USANDO O CRITÉRIO DE FLUXO DISPERSO PELO MÉTODO DE YÁNEZ

O número de dispersão é estimado pela Equação 7.9, adotando-se um valor para a relação comprimento/largura (L/W). O coeficiente de redução bacteriana K_b pode ser calculado pela Equação 7.27. O coeficiente adimensional a é estimado por meio da Equação 7.7, substituindo-se o valor de K_1 por K_b depois da definição do valor do tempo de retenção da lagoa de maturação. A Equação 7.8 pode ser modificada para a Equação 7.29 para a estimativa da quantidade de coliformes termotolerantes (fecais) que saem no efluente da lagoa de maturação.

$$\frac{N_e}{N_i} = \frac{4ae^{(1-a)/2d}}{(1+a)^2} \quad (7.29)$$

As unidades foram definidas anteriormente.

REMOÇÃO DE OVOS DE HELMINTOS

Em julho de 1985, foi realizada em Endelberg, na Suíça, uma reunião com especialistas em higiene do meio e epidemiologistas para avaliação dos aspectos sanitários do uso de águas residuais e excretas na agricultura e aquicultura. Chegou-se à conclusão de que as diretrizes vigentes eram insatisfatórias, porque algumas eram injustificadamente irrestritas e não abarcavam a ampla variedade de agentes patogênicos transmitidos por meio do esgoto. Por essa razão, não protegiam devidamente a saúde pública, sobretudo quando a questão era a helmintíase. Foram então sugeridas diretrizes provisórias sobre a qualidade das águas residuais nas quais se incluiriam limites do conteúdo de helmintos. As diretrizes atuais da Organização Mundial da Saúde (WHO, 2006) sobre a qualidade microbiológica do esgoto empregado na agricultura e na aquicultura recomendam que as águas residuais tratadas devem conter:

- Reúso agrícola (irrigação de cultivos):

  (a) Irrigação restrita:

  $\leq 10^5$ *Escherichia coli* por 100 mL;

  ≤ 1 ovo de nematoide intestinal humano por litro (reduzido para $\leq 0{,}1$ ovo por litro para crianças expostas menores de 15 anos).

  (b) Irrigação irrestrita:

  ≤ 1.000 *E. coli* por 100 mL, e mesmos valores para ovos de nematoides.

- Reúso em aquicultura (peixe e culturas vegetais aquáticas):

  Nematoides não são importantes, porém trematódeos sim (*Schistosoma* spp, *Clonorchis sinensis* e *Fasciolopsis buski*);

  Zero ovo viável de trematódeos por litro de esgoto tratado;

  $\leq 10^4$ *E. coli* por 100 mL para água usada em aquicultura.

Os ovos de helmintos são removidos por meio de sedimentação. Geralmente a grande maioria é eliminada na lagoa anaeróbia ou na lagoa facultativa. O esgoto bruto contém, em média, 600 ovos de nematoides intestinais por litro. Dependendo do número de ovos de helmintos presentes no esgoto doméstico bruto e dos tempos de retenção das lagoas anaeróbias e facultativas, pode tornar-se necessária a incorporação de uma lagoa de maturação ao sistema, para assegurar que o efluente final contenha menos de um ovo de nematoide intestinal humano por litro como valor máximo, por exemplo.

Ayres et al. (1992) estabeleceram a equação empírica 7.30 para a estimativa da redução de ovos de helmintos nas lagoas de estabilização em função de dados obtidos no Brasil, na Índia e no Quênia.

$$R = 100\left(1 - 0{,}14e^{-0{,}38t}\right) \quad (7.30)$$

em que:

R: remoção de ovos de helmintos, %;

t: tempo de retenção da lagoa, dia.

A Equação 7.31 é recomendada para projeto, pois corresponde a um limite de confiança de 95%. É aplicada sequencialmente a cada lagoa em série, de tal maneira que o número de ovos de helmintos do efluente final possa ser estimado.

$$R = 100\left[1 - 0{,}41e^{\left(-0{,}49t + 0{,}0085t^2\right)}\right] \tag{7.31}$$

As unidades foram definidas anteriormente.

Na Tabela 7.7, são apresentadas sugestões de limites de DBO_5 e CF para vários usos de efluentes. A Tabela 7.8 mostra vários resultados de uma série de cinco tanques de estabilização de águas residuais da cidade de Campina Grande (PB), no Nordeste brasileiro.

Tabela 7.7 – Qualidade de efluentes sugeridos para irrigação agrícola

Reúso	DBO_5 (mg/L)	Coliformes fecais (CF/100 mL)
Irrigação de árvores, algodão e outras colheitas não comestíveis.	60	50.000
Irrigação de árvores frutíferas de cítricos, forragem e nozes.	45	10.000
Irrigação de árvores frutíferas, cana-de-açúcar, verduras cozidas e campos desportivos.	35	1.000
Descargas em corpos de água.	25	5.000
Irrigação não restringida, incluindo parques e jardins.	25	1.000

Fonte: Arthur (1983).

Tabela 7.8 – Resultado de uma série de cinco tanques de estabilização de águas residuais na região Nordeste brasileira (temperatura média do esgoto: 26 °C)

Amostra	Tempo de retenção (dia)	DBO_5 (mg/L)	Sólidos em suspensão (mg/L)	Coliformes fecais (CF/100mL)	Ovos de nematoides intestinais
Águas residuais brutas	–	240	305	$4{,}6 \times 10^7$	804
Efluente procedente de:					
tanque anaeróbio	6,8	63	56	$2{,}9 \times 10^6$	29
tanque facultativo	5,5	45	74	$3{,}2 \times 10^5$	1
tanque de maturação 1	5,5	25	61	$2{,}4 \times 10^4$	0
tanque de maturação 2	5,5	19	43	450	0
tanque de maturação 3	5,8	17	45	30	0

Fonte: Mara e Cairncross (1990).

EXEMPLO 7.3

Projetar um sistema de lagoas de estabilização em série destinado ao tratamento de esgoto sanitário de uma cidade, para servir a uma população de 18 mil habitantes até o ano 2035. O tratamento deve ser efetuado por meio de uma lagoa anaeróbia, uma facultativa e uma ou mais lagoas de maturação. O efluente do sistema deve ser destinado à irrigação não restringida, incluindo parques e jardins. Os requerimentos exigidos para o efluente final são: DBO_5 < 25 mg/L e coliformes termotolerantes (fecais) < 5.000 CF/100 mL. Os dados disponíveis para o projeto são:

• Vazão média do sistema	$Q_{méd} = 3.600 m^3/dia$
• Concentração de DBO_5 do esgoto sanitário bruto	$S_o = 250$ mg/L
• Latitude da cidade	10° 58′
• Temperatura média anual do esgoto	$T = 23$ °C
• Profundidade da lagoa anaeróbia	$h_{ana} = 3,0$ m
• Carga volumétrica da lagoa anaeróbia	$\lambda_v = 140$ $gDBO_5/m^3.dia$
• Eficiência esperada na lagoa anaeróbia	$E_{ana} = 65\%$
• Profundidade da lagoa facultativa secundária	$h_{fac} = 1,8$ m
• Profundidade da(s) lagoa(s) de maturação	$h_{mat} = 1,2$ m
• Número de CF no efluente do esgoto bruto	$N_i = 10^8$ CF/100 mL
• Número de ovos de helmintos no esgoto bruto	800 ovos/L

Solução:

Lagoa anaeróbia

Tempo de retenção: $t = \dfrac{S_o}{\lambda_v} = \dfrac{250}{140} \cong 1,8$ dias

Área do nível médio: $A = \dfrac{Q_{méd}t}{h} = \dfrac{3.600 \times 1,8}{3,0} \therefore A \cong 2.160 \text{ m}^2$

Concentração de DBO_5 do efluente: $S_e = S_o(1 - E/100) = 250(1 - 0,65) \therefore S_e$ 88 mg/L

Foi considerada desprezível a redução de coliformes termotolerantes (fecais) na lagoa anaeróbia.

Largura e comprimento do nível médio: L = 46,5 m e W = 46,5 m (seção quadrada)

Utilizam-se duas lagoas anaeróbias em paralelo, sendo uma de reserva.

Redução de ovos de helmintos: $R = 100\left[1 - 0,41e^{\left(-0,49t + 0,0085t^2\right)}\right]$

$$R = 100\left\{1 - 0,41e^{\left[-0,49\times1,8+0,0085\times(1,8)^2\right]}\right\} \therefore R \cong 82,4\%$$

Quantidade de ovos de helmintos no efluente:

Número de helmintos = 800 (1 – 0,824) ≅ 140,8 ovos/L

Lagoa facultativa

Estimativa da carga superficial máxima pela Equação 7.14:

$$\lambda_{máx} = 375 - 6,25L = 375 - 6,25\times10,97 \cong 306 \text{ kgDBO}_5\text{ / ha.dia}$$

Estimativa da carga superficial máxima pela Equação 7.15:

$$\lambda_{máx} = 350\left(1,107 - 0,002T\right)^{T-25} = 350(1,107 - 0,002\times23)^{23-25}$$
$$\cong 311 \text{ kgDBO}_5\text{ / ha.dia}$$

Foi adotada λ_{max} = 245 kgDBO_5/ha.dia

Por medida de segurança a carga orgânica superficial aplicada no dimensionamento da lagoa facultativa deve ser 20% menor do que a carga máxima superficial permissível em virtude do incremento de amônia proveniente do processo anaeróbio (YÁNEZ, 1993).

Tempo de retenção: $t = \dfrac{10S_0h}{\lambda_s} = \dfrac{10\times88\times1,8}{245} \cong$ 6,4 dias

Adota-se para o tempo de retenção: t = 7,5 dias.

Área do nível médio da lagoa: $A = \dfrac{Q_{med}}{h}t = \dfrac{3.600\times7,5}{1,8} \cong$ 15.000 m²

Relação comprimento largura: L/W = 2 (seção retangular)

Largura do nível médio: $W = \sqrt{\dfrac{A}{2}} = \sqrt{\dfrac{15.000}{2}} \cong$ 86,6 m

Comprimento do nível médio: $L = \dfrac{A}{W} = \dfrac{15.000}{86,6} \cong$ 173,2 m

Coeficiente de velocidade de remoção de DBO_5 (Equação 7.20):

$$K_1 = 0,796t^{-0,355}\times1,085^{(T-26)} = 0,796\times7,5^{-0,355}\times1,085^{(23-26)} \cong 0,30477 \text{ dia}^{-1}$$

Eficiência da lagoa na redução de DBO_5:

$$E = \frac{100K_1t}{1+K_1t} = \frac{100\times0,30477\times7,5}{1+0,30477\times7,5} \therefore E = 69,6\%$$

Concentração de DBO_5 do efluente: $S_e = S_o(1 - E/100) = 88(1 - 0{,}696) \therefore S_e \cong 26{,}6$ mg/L

Número de dispersão, Equação 7.9 para $L/W = 2$: $d = 0{,}46497$

Coeficiente de velocidade de decaimento bacteriano, Equação 7.27:

$$K_b = 1{,}1\,(1{,}07)^{T-20} = 1{,}1 \times 1{,}07^{23-20} \cong 1{,}34755 \text{ dia}^{-1}$$

Coeficiente adimensional a, Equação 7.7:

$$a = \sqrt{1 + 4K_b td} = \sqrt{1 + 4 \times 1{,}34755 \times 7{,}5 \times 0{,}46497} \cong 4{,}44939$$

Concentração de CF no efluente da lagoa:

$$N_e = N_i \frac{4ae^{(1-a)/2d}}{(1+a)^2} = 10^8 \frac{4 \times 4{,}44939 \times e^{(1-4{,}44939)/2\times 0{,}46497}}{(1+4{,}44939)^2}$$

$$\cong 1.468.092 \text{ CF}/100 \text{ mL}$$

Redução de ovos de helmintos: $R = 100\left[1 - 0{,}41e^{\left(-0{,}49t + 0{,}0085t^2\right)}\right]$

$$R = 100\left\{1 - 0{,}41e^{\left[-0{,}49\times 7{,}5 + 0{,}0085\times(7{,}5)^2\right]}\right\} \therefore R \cong 98{,}3\%$$

Quantidade de ovos de helmintos no efluente:

Número de helmintos = 140,8 (1 – 0,983) ≅ 2,39 ovos/L

Primeira lagoa de maturação

Profundidade adotada: $h_{mat} = 1{,}2$ m

Tempo de retenção adotado: $t = 5{,}0$ dias

Área da lagoa: $A = \dfrac{Q_{méd}t}{h} = \dfrac{3.600 \times 5{,}0}{1{,}2} \therefore A \cong 15.000 \text{ m}^2$

Relação comprimento largura: $L/W = 3$ (seção retangular)

Largura do nível médio: $W = \sqrt{\dfrac{A}{3}} = \sqrt{\dfrac{15.000}{3}} \cong 70{,}7$ m

Comprimento do nível médio: $L = \dfrac{A}{W} = \dfrac{15.000}{70{,}7} \cong 212{,}2$ m

Coeficiente de velocidade de remoção de DBO_5:

A eficiência de remoção de DBO_5 nas lagoas de maturação é muito pequena em razão de sua baixa carga. Adotando-se K_1 igual a 0,07 dia^{-1} a 20 °C (WHO, 1987) e corrigindo-se esse coeficiente para 23 °C pela Equação 7.21, tem-se:

$$K_{1_T} = K_{1_{20\,°C}} \times 1,07^{T-20} = 0,07 \times 1,07^{23-20} \cong 0,08575 \text{ dia}^{-1}$$

Eficiência da lagoa na redução de DBO_5:

$$E = \frac{100K_1t}{1+K_1t} = \frac{100 \times 0,08575 \times 5,0}{1+0,08575 \times 5,0} \therefore\ E \cong 30,0\%$$

Adota-se $E = 25,0\%$

Concentração de DBO_5 do efluente:

$S_e = S_o(1 - E/100) = 26,6(1 - 0,250) \therefore S_e \cong 20,0\text{mg/L}$

Número de dispersão, Equação 7.9, para $L/W = 3$: $d = 0,31173$

Coeficiente de velocidade de decaimento bacteriano, Equação 7.27:

$$K_b = 1,1\ (1,07)^{T-20} = 1,1x1,07^{23-20} \cong 1,34755$$

Coeficiente adimensional a, Equação 7.7:

$$a = \sqrt{1+4K_btd} = \sqrt{1+4 \times 1,34755 \times 5,0 \times 0,31173} \cong 3,06618$$

Concentração de CF no efluente da lagoa:

$$N_e = N_i \frac{4ae^{(1-a)/2d}}{(1+a)^2} = 1.468.092 \frac{4 \times 3,06618 \times e^{(1-3,06618)/2 \times 0,31173}}{(1+3,06618)^2} \cong 39.606 \text{ CF/100 mL}$$

Redução de ovos de helmintos: $R = 100\left[1 - 0,41e^{\left(-0,49t+0,0085t^2\right)}\right]$

$$R = 100\left\{1 - 0,41e^{\left[-0,49 \times 5,0 + 0,0085 \times (5,0)^2\right]}\right\} \therefore\ R \cong 95,6\%$$

Quantidade de ovos de helmintos no efluente:

Número de helmintos = 2,39 (1 – 0,956) ≅ 0,11 ovo/L

Segunda lagoa de maturação

Profundidade adotada: $h_{mat} = 1,2$ m

Tempo de retenção adotado: $t = 5,0$ dias

Área da lagoa: $A = \frac{Q_{méd}t}{h} = \frac{3.600 \times 5,0}{1,2} \therefore A \cong 15.000 \text{ m}^2$

Relação comprimento largura: $L/W = 3$ (seção retangular)

Largura do nível médio: $W = \sqrt{\frac{A}{3}} = \sqrt{\frac{15.000}{3}} \cong 70,7 \text{ m}$

Comprimento do nível médio: $L = \frac{A}{W} = \frac{15.000}{70,7}$ 212,2 m

Coeficiente de velocidade de remoção de DBO_5:

A eficiência de remoção de DBO_5 nas lagoas de maturação é muito pequena em razão de sua baixa carga. Adotando-se K_1 igual a 0,07 dia^{-1} a 20 °C (WHO, 1987) e corrigindo-se esse coeficiente para 23 °C pela Equação 7.21, tem-se:

$$K_{1_T} = K_{1_{20°C}} \times 1,07^{T-20} = 0,07 \times 1,07^{23-20} \cong 0,08575 \text{ dia}^{-1}$$

Eficiência da lagoa na redução de DBO_5:

$$E = \frac{100K_1t}{1+K_1t} = \frac{100 \times 0,08575 \times 5,0}{1+0,08575 \times 5,0} \therefore E \cong 30,0\%$$

Adota-se $E = 10,0\%$

Concentração de DBO_5 do efluente: $S_e = S_o(1 - E/100) = 20,0(1 - 0,100) \therefore S_e \cong 18,0$ mg/L

Número de dispersão, Equação 7.9 para $L/W = 3$: $d = 0,31173$

Coeficiente de velocidade de decaimento bacteriano, Equação 7.27:

$$K_b = 1,1\,(1,07)^{T-20} = 1,1 \times 1,07^{23-20} \cong 1,34755$$

Coeficiente adimensional a, Equação 7.7:

$$a = \sqrt{1+4K_btd} = \sqrt{1+4 \times 1,34755 \times 5,0 \times 0,31173} \cong 3,06618$$

Concentração de CF no efluente da lagoa:

$$N_e = N_i\frac{4ae^{(1-a)/2d}}{(1+a)^2} = 39.606\frac{4 \times 3,06618 \times e^{(1-3,06618)/2\times 0,31173}}{(1+3,06618)^2} \cong 1.068 \text{ CF/100 mL}$$

Redução de ovos de helmintos: $R = 100\left[1-0,41e^{\left(-0,49t+0,0085t^2\right)}\right]$

$$R = 100\left\{1-0,41e^{\left[-0,49\times 5,0+0,0085\times(5,0)^2\right]}\right\} \therefore R \cong 95,6\%$$

Quantidade de ovos de helmintos no efluente:

Número de helmintos = 0,11 (1 – 0,956) ≅ 0,005 ovo/L

Dados finais do sistema de lagoas de estabilização:

Concentração de DBO_5 do efluente: $S_0 \cong 18$ mg/L

Redução de DBO_5 do efluente: $E = 100(250-18)/250 \cong 92,8\%$

Quantidade de coliformes termotolerantes (fecais) do efluente: $N_e \cong 1.068$ CF/100 mL

Quantidade de ovos de helmintos no efluente: número de ovos ≅ zero ovo/L

■

Observação

O ideal é que o sistema de lagoas de estabilização em série dimensionado anteriormente seja dividido em dois ou três módulos (trens) de lagoas em paralelo, para que possa operar em função do crescimento gradativo da população. Os custos iniciais são reduzidos com a construção por etapas e as lagoas funcionam com cargas mais apropriadas e com maior eficiência.

Sempre que for possível a utilização de sistemas de lagoas de estabilização para o tratamento de esgoto sanitário de uma cidade, seria interessante que também fosse estudada a possibilidade do reúso de seus efluentes tratados na agricultura ou na aquicultura. Além de reduzir a poluição ambiental com a diminuição parcial ou total das cargas orgânicas que seriam lançadas nos corpos receptores, também seria possível criar postos de trabalho na agricultura e/ou aquicultura a custos mais reduzidos por meio de um desenvolvimento mais sustentável.

As empresas prestadoras de serviço poderiam:

- coordenar o manejo eficiente do esgoto tratado para otimizar seu uso e reduzir ao máximo sua descarga em ambientes naturais;
- localizar os sistemas integrados de tratamento e reúso em zonas com potencial agrícola (áreas periurbanas, por exemplo) que poderiam gerar alimentos e emprego;
- utilizar tecnologia custo-benefício para remover, principalmente, os organismos patogênicos do esgoto até alcançar a qualidade sanitária requerida para seu novo uso;
- negociar uma distribuição do custo do tratamento entre a população atendida e os agricultores beneficiados pelo reúso.

REFERÊNCIAS

AGUNWAMBA, J. C. et al. Prediction of the dispersion number in waste stabilization ponds. *Water Research*, v. 26, n. 85, 1992.

ARCEIVALA, S. J. *Simple waste treatment methods, aerated lagoons, oxidation ditches, stabilization ponds in warm and temperate climates*. Ankara: Middle East Technical University, 1973.

______. *Wastewater treatment and disposal:* engineering and ecology in pollution control. New York: Marcel Dekker, Inc., 1981.

______. *Wastewater treatment for pollution control*. New Delhi: Tate McGraw-Hill Pub. Co. Ltd., 1986.

ARCEIVALA, S. J.; ASOLEKAR, S. R. *Wastewater treatment for pollution control and reuse*. 3. ed. New Delhi: Tata McGraw-Hill Professional, 2007.

ARCEIVALA, S. J. et al. *Waste stabilization ponds:* design, construction and operation in India. Nagpur: National Environmental Engineering Research Institute, 1970.

ARTHUR, J. P. *Notes on the design and operation of waste stabilization ponds in warm climates of developing countries*. Washington: World Bank, 1983 (Technical Paper n. 7).

AUERSWALD, W. A. *Estudo de lagoas facultativas na região Nordeste do Brasil*. 1979. Dissertação (Mestrado em Ciências) - Universidade Federal da Paraíba, Campina Grande, 1979.

AYRES, R. M. et al. A design equation for human intestinal nematode egg removal in waste stabilization ponds. *Water Research*, v. 26, n. 6, p. 863-5, 1992.

AZEVEDO NETTO, J. M. et al. *Lagoas de estabilização*. 2. ed. São Paulo: CETESB, 1975.

BRASIL. Resolução Conama 357, de 17 de março de 2005. Dispõe sobre a classificação dos corpos de água e diretrizes ambientais para o seu enquadramento, bem como estabelece as condições e padrões de lançamento de efluentes, e dá outras providências. *Diário Oficial da União*, Brasília, DF, 18 mar. 2005.

BROOME, J. Waste treatment and resource recovery. In: THE WORLD BANK. *Information and Training for Low-Cost Water Supply and Sanitation:* pub. 5.4. Washington: The World Bank, 1986.

BURGERS, L. *Temperature behaviour in waste stabilization ponds under tropical conditions*. Lima: PAHO/CEPIS Report, 1982.

CAVALCANTI, P. F. F. *Integrated application of the UASB reactor and ponds for domestic sewage treatment in tropical regions*. 2003. 141 f. Tese (Doutorado) - Wageningen Agricultural University, Holanda, 2003.

CAVALCANTI, C. de P. T. et al. Variação de coliformes fecais e diversidade de algas em lagoas de estabilização em série tratando esgoto doméstico, Guarabira, PB. In: CONGRESSO BRASILEIRO DE MICROBIOLOGIA, 16, 1991, Santos. *Anais...* Santos: SBM, 1991.

CEPIS. *Comunicação pessoal de Julio Moscoso*. Lima: Centro Panamericano de Ingeniería Sanitaria y Ciencias del Ambiente/OPS/OMS, 1995.

CETESB. *Operação e manutenção de lagoas anaeróbias e facultativas*. São Paulo: Companhia de Tecnologia de Saneamento Ambiental, 1989. (Série Manuais).

COUNCIL OF THE EUROPEAN COMMUNITIES. Council Directive 91/271/EEC of 21 May 1991 concerning urban waste-water treatment, as amended by Directive 98/15/EC. *Official Journal*, L 135, p. 0040-0052, 30 maio 1991.

CROOK, J.; OKUN, D. A.; PINCINCE, A. B. *Water reuse*. Project 92-WRE-1. Alexandria: Water Envuronment Research Foundation, 1994.

ECKENFELDER JR., W. W. *Industrial water pollution control*. New York: McGraw-Hill, 1966.

______. *Water quality engineering for practicing engineers*. New York: Barnes and Nobles, 1970.

ENVIRONMENTAL PROTECTION AGENCY (EPA). *Principles of design and operations of wastewater treatment pond systems for plant operators, engineers, and managers* (EPA/600/R-11/088). Cincinatti, 2011.

______. *Performance and upgrading of wastewater stabilization ponds*, Environmental Protection Agency (EPA 600/9-79-011). Cincinatti: Office of Research and Development, 1979.

ESPANHA. Ministerio de Obras Públicas y Transportes (MOPT). *Depuración por lagunaje de aguas residuales:* manual de operadores. Madrid, 1991.

FERREIRA, I. V. L. *Contribuição ao estudo do ciclo de enxofre en lagoas profundas em série*. 1988. Dissertação (Mestrado) – Universidade Federal da Paraíba, Campina Grande, 1988.

FLORENTINO, I. Q. B. *Caracterização do sistema de lagoas de estabilização do município de Guarabira, PB*. 1992. Dissertação (Mestrado) – Universidade Federal da Paraíba, Campina Grande, 1992.

FLORENTINO, E. R. et al. Coliformes fecais e *Ascaris lumbricoides* no ciclo diário do esgoto bruto e efluente final de um sistema de lagoas de estabilização, Guarabira, PB. In: CONGRESSO BRASILEIRO DE MICROBIOLOGIA, 16., 1991, Santos. *Anais*... Santos: SBM, 1991.

FLORENTINO, I. Q. B. et al. Remoção de matéria orgânica, bactérias indicadoras e helmintos no sistema de lagoas de estabilização de Guarabira, PB. In: REUNIÃO ANUAL DA SOCIEDADE BRASILEIRA PARA O PROGRESSO DA CIÊNCIA, 43., 1991, Rio de Janeiro. *Anais*... Rio de Janeiro: SBPC, 1991.

FUKS, J. L.; RAMOS, J. C. Mantenimiento de equipos de los sistemas de agua potable y alcantarillado. In: CEPIS. *Manual DTIAPA* n. *C-13*. Lima, 1985.

GLOYNA, E. F. *Estanques de estabilización de aguas residuales*. Washington: OPS, 1973. (Serie de Monografías, n. 60).

______. *Waste stabilization ponds*. Geneve: World Health Organization, 1971.

______. *Waste stabilization pond design*. In: Ponds as a Wastewater Treatment Alternative, WATER RESOURCES SYMPOSIUM, 9, 1976, Austin. *Proceedings*... Austin: University of Texas, 1976.

GLOYNA, E.; ESPINOSA, E. Sulphide production in stabilization ponds. *Journ. ASCE*, San. Eng. Division, n. 95, p. 607-628, 1969.

HAMMER, M. J. *Water and wastewater technology*. New York: Wiley and Sons, 1977.

HESS, M. L. Lagoas Anaeróbias. In: AZEVEDO NETTO, J. M. et al. *Lagoas de estabilização*. 2. ed. São Paulo: CETESB, 1975. p. 67-75.

IMHOFF, K.; IMHOFF, K. R. *Manual de tratamento de águas residuárias*. São Paulo: Blucher, 1986.

INSTITUTO MEXICANO DE TECNOLOGÍA DEL AGUA (IMTA). *Manual de agua potable y saneamiento (lagunas de estabilización)*. México: Instituto Mexicano de Tecnología del Agua/Coordinación de Tecnología Urbano Industrial, 1992.

______. *Manual de diseño de agua potable, alcantarillado y saneamento:* Libro II, Projecto, 3ª Sección: Potabilización y Tratamiento. México, 1994.

KELLNER, E.; PIRES, E. C. *Lagoas de estabilização:* projeto e operação. Rio de Janeiro: ABES, 1998.

LEÓN, S. G.; MOSCOSO, J. C. *Curso de tratamiento y uso de aguas residuales*. Lima: OPS/CEPIS/PUB96.20, 1996.

LIMA, A. F. *Avaliação da eficiência das lagoas facultativas fotossintéticas. Engenharia Sanitária*, Rio de Janeiro, v. 23, n. 1, p. 62-64, 1984.

LIMA, L. M. R. et al. Diversidade de algas no sistema, de lagoas de estabilização de Guarabira, PB. In: REUNIÃO ANUAL DA SOCIEDADE BRASILEIRA PARA O PROGRESSO DA CIÊNCIA, 43., 1991, Rio de Janeiro. *Anais*... Rio de Janeiro: SBPC, 1991.

MARA, D. D. *Domestic wastewater treatment in developing countries*. London: Earthscan, 2004.

______. *Sewage treatment in hot climates*. London: John Wiley & Sons, 1976.

______. Waste stabilization ponds and wastewater storage and treatment reservoirs: the low-cost production of microbiologically safe effluents for agricultural and aquacultural reuse. In: *Wastewater Reclamation and Reuse*. Flórida: CRC Press, 1998. v. 10.

______. Waste stabilization ponds: problems and controversies. *Water Quality International*, n. 1, p. 20-22, 1987.

MARA, D. D.; SILVA, S. A. *Tratamentos biológicos de aguas residuárias:* lagoas de estabilização. Rio de Janeiro: ABES, 1979.

MARA, D. D.; CAIRNCROSS, S. *Directrices para el uso sin riesgos de aguas residuales y excretas en agricultura*. Genève: OMS, 1990.

MARAIS, G. V. R. Dynamic behaviour of oxidation ponds. In: Proceedings of the Second International Symposium on Waste Treatment Lagoons, R. E. McKinney, p. 15-46, Lawrence, KS, University of Kansas, Estados Unidos, 1970.

______. *Journal of the Environmental Engineering Division*. S.l.: ASCE, 1974. 100, 119.

MATSUSHITA, A. T. *Estudo Experimental sobre lagoas de estabilização para esgoto sanitário.* 1972. Dissertação (Mestrado) – Escola de Engenharia de São Carlos da Universidade de São Paulo, São Carlos, 1972.

McGARRY, M. G.; PESCOD, M. B. Stabilization pond design criteria for tropical asia. In: INTERNATIONAL SYMPOSIUM ON WASTE TREATMENT LAGOONS, 2., 1970, Kansas City. *Proceedings*... Kansas City: EEUU, 1970. p. 114-132.

MENDONÇA, S. R. *Diagnóstico dos sistemas de esgotos sanitários do estado da Paraíba*. João Pessoa: CAGEPA, 1980.

______. Factores físicos, químicos y microbiológicos que intervienen en el mecanismo de autodependencia de las lagunas. In: TALLER SOBRE LAGUNAS DE ESTABILIZACIÓN – Proyecto, Construcción y Operación, 1992, México. *Anais*... México: OPS/OMS/Universidad Autónoma de México, 1992.

______. Lagoas de estabilização e aeradas mecanicamente. In: SEMINÁRIO SOBRE SANEAMENTO DE BAIXO CUSTO, 1991, São Paulo. *Anais*... São Paulo: Depto. de Eng. Hid. e Sanitária da USP, 1991.

______. *Sistemas de lagunas de estabilización:* cómo utilizar aguas residuales tratadas en sistemas de regadío. 2. ed. Bogotá: McGraw-Hill, 2001.

______. Sistemas de lagunas de estabilización para tratamiento de aguas residuales: consideraciones técnicas. In: SEMINARIO INTERNACIONAL DE TRATAMIENTO DE AGUAS RESIDUALES. 1989, Culiacán. *Anais*... Culiacán: JAPAC/ANOAPA/OPS/OMS, 1989.

______. Systems of stabilization ponds in Latin America and in the Caribbean. In: WEFTEC 2000 WORKSHOP – Natural Systems for Wastewater Treatment, 106., 2000, Anaheim. *Proceedings*... Anaheim: WEF, 2000.

______. *Tópicos avançados em sistemas de esgotos sanitários*. Rio de Janeiro: ABES, 1987.

______. *Waste stabilization ponds in Paraiba state, Brazil*. In: WEDC CONFERENCE – Collaboration in Water and Wastewater Engineering for Developing Countries, 5., 1979, Loughborough. *Proceedings*... Loughborough: WEDC Group, 1979. p. 29-36.

MENDONÇA, S. R. et al. *Lagoas de estabilização e aeradas mecanicamente:* novos conceitos. João Pessoa: Edição do autor, 1990.

McGARRY, M. G.; PESCOD, M. B. Stabilization pond design criteria for tropical Asia. In: INTERNATIONAL SYMPOSIUM ON WASTE TREATMENT LAGOONS, 2., 1970, Kansas City. *Proceedings*... Kansas City: Estados Unidos, 1970. p. 114-132.

MONTEGGIA, L. O.; ALEM SOBRINHO, P. Lagoas anaeróbias. In: CAMPOS, José Roberto (org.). *Tratamento de esgotos sanitários por processo anaeróbio e disposição controlada no solo.* Rio de Janeiro: PROSAB, FINEP, CNPq, CEF, CAPES, Ministério de Ciência e Tecnologia, 1999.

NEEL, J.; McDERMOTT, J.; MONDAY, C. Experimental lagooning of raw sewage in Fayette, *Jour. WPCF*, n. 33, 1961.

NOYOLA, A.; MORGAN-SAGASTUME, J. M.; GÜERECA, L. P. *Selección de tecnologías para el tratamiento de aguas residuales municipales:* guía de apoyo para ciudades pequeñas y medianas. México: UNAM/IDRC/CRDI, 2013.

NUNES, J. A. *Tratamento biológico de águas residuárias*. 3. ed. Aracaju: J. Andrade, 2012.

OAKLEY, S. *Lagunas de estabilización en Honduras:* manual de diseño, construcción, operación y mantenimiento, monitoreo y sostenibilidad. Tegucigalpa: FHIS/USAID/RRAS-CA, 2005.

ORAGUI, J. I. et al. *Vibrio cholerae* 01 (El Tor) Removal in Waste Stabilization Ponds in Northeast Brazil. *Water Research*, v. 27, n. 4, p. 727-728, abr. 1993.

OSWALD, W. Complete waste treatment ponds. In: International Conference - Advances in Water Pollution Research, 6., 1972, Jerusalem. *Proceedings...* Jerusalem: Israel, 1972.

PEARSON, H. W. Expanding the horizons of pond technology and application in an environmentally conscious world. *Water Science and Technology*, v. 33, n. 7, p. 1-9, 1996.

PERU. Ministerio de Transportes, Comunicaciones, Vivienda y Construcción (MTC). *Reglamento nacional de construcciones, norma s.090, plantas de tratamiento de aguas residuales*. Lima, 1997.

POLPRASERT, C.; BHATTAR, K. K. Dispersion model for waste stabilization ponds. *Journal of the Environmental Engineering Division*, ASCE, v. 111 (EE1), p. 45-58, 1985.

RICH, L. G. *Low-maintenance mechanically simple wastewater treatment systems*. New York: Mc-Graw-Hill Book Co., 1980.

ROMERO, J. A. R. *Acuitratamiento por lagunas de estabilización*. Bogotá: Editorial Escuela Colombiana de Ingeniería, 1994.

SÁENZ, F. R. *Lagunas de estabilización y otros sistemas simplificados para el tratamiento de aguas residuales:* manual DTIAPA N.C-14. Lima: CEPIS/OPS/OMS, 1985.

______. *Predicción de la calidad del efluente en lagunas de estabilización*. Washington, D.C.: OPS/OMS/Programa HPE, 1992.

SAQQAR, M. M.; PESCOD, M. B. Performance evaluation of anoxic and facultative wastewater stabilization ponds. *Water Science and Technology*, v. 33, n. 7, p. 141-145, 1996.

SELCUK, S. *M. S. Thesis*. Ankara: Middle East Tech, Univ., 1974.

SILVA, S. A. *On the treatment of domestic sewage in waste stabilization ponds in Northeast Brazil*. Ph. D. Thesis, Dandee University, 1982.

SLANETZ, L.W.; MARAIS, G. V. R. Survival of enteritic bacteria and viruses in municipal sewage lagoons. In: INTERNATIONAL SYMPOSIUM ON WASTE TREATMENT LAGOONS, 2., 1970, Kansas City. *Proceedings...* Kansas City: EEUU, 1970.

THIRIMURTHY, D. Design principle of waste stabilization ponds. *Journal of the Sanitary Engineering Division*, ASCE, v. 95, n. SA2, p. 311-329, 1969.

______. Design criteria for waste stabilization ponds. *Journal WPCF*, v. 46, n. 9, p. 2094-2106, 1974.

VARGAS, C.; SÁNCHEZ, A. *Puesta en marcha y primer etapa de experimentación en las lagunas de estabilización de Melipilla* (Publicación I-24). Santiago: Universidade de Chile, 1972.

VIDAL, W. L. *Aperfeiçoamentos hidráulicos no projeto de lagoas de estabilização:* visando

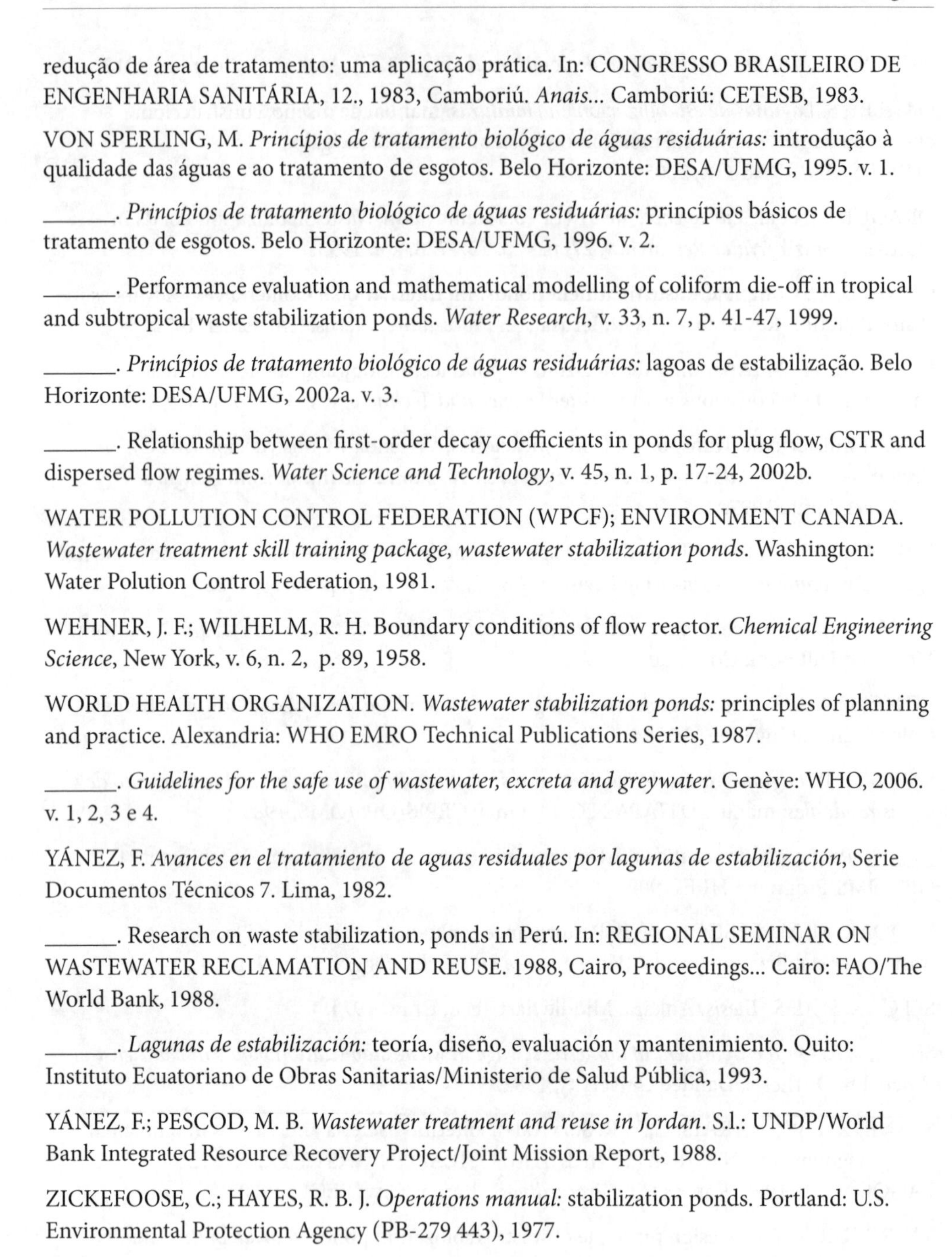

redução de área de tratamento: uma aplicação prática. In: CONGRESSO BRASILEIRO DE ENGENHARIA SANITÁRIA, 12., 1983, Camboriú. *Anais*... Camboriú: CETESB, 1983.

VON SPERLING, M. *Princípios de tratamento biológico de águas residuárias:* introdução à qualidade das águas e ao tratamento de esgotos. Belo Horizonte: DESA/UFMG, 1995. v. 1.

______. *Princípios de tratamento biológico de águas residuárias:* princípios básicos de tratamento de esgotos. Belo Horizonte: DESA/UFMG, 1996. v. 2.

______. Performance evaluation and mathematical modelling of coliform die-off in tropical and subtropical waste stabilization ponds. *Water Research*, v. 33, n. 7, p. 41-47, 1999.

______. *Princípios de tratamento biológico de águas residuárias:* lagoas de estabilização. Belo Horizonte: DESA/UFMG, 2002a. v. 3.

______. Relationship between first-order decay coefficients in ponds for plug flow, CSTR and dispersed flow regimes. *Water Science and Technology*, v. 45, n. 1, p. 17-24, 2002b.

WATER POLLUTION CONTROL FEDERATION (WPCF); ENVIRONMENT CANADA. *Wastewater treatment skill training package, wastewater stabilization ponds*. Washington: Water Polution Control Federation, 1981.

WEHNER, J. F.; WILHELM, R. H. Boundary conditions of flow reactor. *Chemical Engineering Science*, New York, v. 6, n. 2, p. 89, 1958.

WORLD HEALTH ORGANIZATION. *Wastewater stabilization ponds:* principles of planning and practice. Alexandria: WHO EMRO Technical Publications Series, 1987.

______. *Guidelines for the safe use of wastewater, excreta and greywater*. Genève: WHO, 2006. v. 1, 2, 3 e 4.

YÁNEZ, F. *Avances en el tratamiento de aguas residuales por lagunas de estabilización*, Serie Documentos Técnicos 7. Lima, 1982.

______. Research on waste stabilization, ponds in Perú. In: REGIONAL SEMINAR ON WASTEWATER RECLAMATION AND REUSE. 1988, Cairo, Proceedings... Cairo: FAO/The World Bank, 1988.

______. *Lagunas de estabilización:* teoría, diseño, evaluación y mantenimiento. Quito: Instituto Ecuatoriano de Obras Sanitarias/Ministerio de Salud Pública, 1993.

YÁNEZ, F.; PESCOD, M. B. *Wastewater treatment and reuse in Jordan*. S.l.: UNDP/World Bank Integrated Resource Recovery Project/Joint Mission Report, 1988.

ZICKEFOOSE, C.; HAYES, R. B. J. *Operations manual:* stabilization ponds. Portland: U.S. Environmental Protection Agency (PB-279 443), 1977.

CAPÍTULO 8

LIMPEZA E DESTINO FINAL DOS LODOS PRODUZIDOS NAS LAGOAS DE ESTABILIZAÇÃO

Luciana Coêlho Mendonça

INTRODUÇÃO

Há muito tempo, sistemas de lagoas de estabilização têm sido considerados uma opção para o tratamento adequado de esgoto de regiões em desenvolvimento em todo o mundo. Além de ser uma tecnologia de tratamento simples e de baixo custo, os efluentes e os lodos produzidos nas lagoas também podem ser valorizados para reúso na agricultura e na aquicultura, de acordo com as recomendações da Organização Mundial da Saúde (OMS). Essa valorização pode ser um componente primordial para a sustentabilidade operacional a longo prazo de ETEs em municípios que utilizam esse tipo de tratamento.

Geralmente a limpeza dos lodos que são gerados no fundo das lagoas não está prevista no planejamento operacional dos sistemas de lagoas. Além disso, o planejamento da remoção de lodo e seu custo para utilização desses resíduos nunca estão incluídos no orçamento anual da empresa operadora do sistema. Para que o sistema seja sustentável, a remoção de lodo deve ser sempre integrada à fase de projeto e relacionada com os custos de operação e manutenção das lagoas (OAKLEY; MENDONÇA; MENDONÇA, 2012).

Três fatores contribuem para a acumulação de lodo nas lagoas: (a) a quantidade de areia que chega no esgoto bruto; (b) os demais sólidos inorgânicos contidos no esgoto; e (c) os resíduos inertes gerados dentro da lagoa pela degradação da matéria orgânica. Os sólidos minerais pesados – a areia, principalmente – são constituídos de sólidos inorgânicos com diâmetros iguais ou maiores que 0,2 mm, cuja gravidade específica varia de 2,00 a 2,67. A quantidade de areia no esgoto varia consideravelmente entre comunidades. A Tabela 8.1 apresenta dados de Arceivala (1981) relativos à quantidade de areia por 1.000 m³ em três países.

Tabela 8.1 – Quantidade de areia nos esgotos

País	Areia nos esgotos ($m^3/1000\ m^3$)
Estados Unidos	0,025
África do Sul	0,05
Índia	0,06

Fonte: Arceivala (1981).

De 5% a 10% do volume de lodo acumulado na lagoa é areia. O maior problema da areia é que tende a se acumular no início da entrada da lagoa. Na prática, a quantidade de areia chega a ultrapassar, durante vazões de pico, o valor de $0,1\ m^3/1000\ m^3$ de esgoto. Considerando um conteúdo de areia igual a $0,1\ m^3/1000\ m^3$ e assumindo uma quota *per capita* de esgoto igual a 250 L/hab.dia, o acúmulo total de areia é igual a $0,00913\ m^3$/hab.ano, que corresponde a aproximadamente 9% do lodo acumulado na lagoa (9,13%). Em função desses dados, alguns autores consideram que não é necessária a instalação de gradeamento nem de desarenadores antes do tratamento. Entretanto, nos países de clima tropical, com chuvas intensas e poucas ruas pavimentadas, torna-se muito importante a implantação de tratamento preliminar antes de qualquer tipo de estação de tratamento de esgoto para diminuir a entrada de areia que é carreada para o tratamento.

As lagoas de estabilização, comparadas com os principais métodos de tratamento de esgoto existentes, levam uma vantagem muito grande em relação ao processamento de lodo. Enquanto nos sistemas de lodos ativados convencionais e filtros biológicos a necessidade de remoção de lodo é contínua e o lodo produzido ainda precisa ser processado, nas lagoas o lodo já está digerido e sua remoção é muito mais lenta.

Na Tabela 8.2, são apresentados dados de processamento de lodo nos principais sistemas de tratamento de esgoto.

Tabela 8.2 – Processamento de lodo nos principais sistemas de tratamento de esgoto

Sistemas de tratamento	Frequência de remoção	Processamento usual do lodo			
		Adensamento	Digestão	Desidratação	Disposição final
Tratamento primário	variável (a)	x	x	x	x
Lagoa facultativa	> 20 anos				
Lagoa anaeróbia – lagoa facultativa	> 20 anos				

(*continua*)

Tabela 8.2 – Processamento de lodo nos principais sistemas de tratamento de esgoto (*continuação*)

Sistemas de tratamento	Frequência de remoção	Processamento usual do lodo			
		Adensamento	Digestão	Desidratação	Disposição final
Lagoa aerada facultativa	> 10 anos				
Lagoa aerada de mistura completa – lagoa de decantação	< 5 anos				
Lodos ativados – convencional	~ contínua	x	x	x	x
Lodos ativados – aeração prolongada	~ contínua	x		x	x
Lodos ativados – fluxo intermitente	~ contínua	x		x	x
Filtro biológico – baixa carga	~ contínua	x		x	x
Filtro biológico – alta carga	~ contínua	x	x	x	x
Biodiscos	~ contínua	x		x	x
UASB	variável			x	x
Fossa séptica – filtro anaeróbio	variável			x	x
Infiltração lenta					
Infiltração rápida					
Infiltração subsuperficial					

(a) Remoção algumas vezes por dia em decantadores primários convencionais e uma vez a cada seis ou doze meses em fossas sépticas.

Fonte: Von Sperling (1995).

Nas Tabelas 8.3 e 8.4, são apresentados dados sobre acumulação de lodo em lagoas, observados por vários pesquisadores.

Tabela 8.3 – Taxa de acumulação de lodo em lagoas de estabilização

Tipo de lagoa	Localização	Acúmulo de lodo (cm/ano)	Frequência de limpeza (ano)	Fonte
Anaeróbia	Amã, Jordânia	5,5 a 45,8	3 a 4	Pescod (1995)
	Mairiporã, SP	2,18	7	Uehara e Vidal (1989)
	Tatuí, SP	5,70	3	
Facultativa secundária	Mairiporã, SP	1,22	7	
	Mairiporã, SP	2,77	3	
Facultativa primária	Cidade de Deus, RJ	3,10	20	Jordão e Pessôa (1995)
Primária	–	1,5 a 8,5	3 a 10	Carré et al. (1990)

Fonte: adaptada de Kellner e Pires (1998).

REMOÇÃO DE LODOS DAS LAGOAS DE ESTABILIZAÇÃO

A remoção de lodos das lagoas deve ser uma tarefa planejada e obrigatória, e sua realização precisa ser orientada por estudos de engenharia e custos de limpeza. Esses custos devem estar incluídos nos gastos de operação e manutenção da empresa prestadora de serviços ao longo dos anos e precisam ser amortizados por tarifas justas cobradas dos usuários. Os lodos produzidos nas lagoas devem ser removidos com frequência de dois a cinco anos nas lagoas anaeróbias, de cinco a dez anos nas lagoas facultativas primárias e de dez a vinte anos nas lagoas facultativas secundárias.

Valores comumente usados para a estimativa do volume de lodo em lagoas de estabilização variam de 0,03 m³/hab.ano a 0,05 m³/hab.ano (GLOYNA, 1971; MARA, 1976; MENDONÇA et al., 1990). O período ideal para a limpeza das lagoas é quando o volume de lodo corresponder a um terço do volume da lagoa (IMTA, 1994). Isso ocorre a cada *n* anos, em que *n* em que ser estimado pela Equação 8.1.

$$n = \frac{Ah}{3K_{lodo}P} \quad (8.1)$$

em que:

n: período de limpeza do lodo, ano;

A: área do nível médio da lagoa, m²;

K_{lodo}: taxa de acumulação do lodo, m³/hab.ano;

P: população contribuinte, hab.

Tabela 8.4 – Taxa de acumulação de lodo para vários tipos de lagoas

Taxa de acumulação do lodo			Tipo de lagoa/observação	Referência
L/hab.dia	m³/hab.ano*	cm/ano		
0,25 a 0,4	0,09 a 0,15	–	Facultativa (Alasca e Canadá)	Clark et al. (1970)
0,34	0,12	9,1	Anaeróbia	Gloyna (1973)
0,26 0,13	0,09 0,05	– –	Anaeróbia Lodo após secagem (45% ST)	Hess (1975)
0,08 a 0,11	0,03 a 0,05	–	Anaeróbia	Mendonça (1990)
0,3 a 0,4	0,11 a 0,15	–	Anaeróbia	Silva e Mara (1979)
0,08 a 0,22	0,03 a 0,08	–	Facultativa	Arceivala (1981)
0,1	0,04	–	Facultativa primária (RJ) (lodo ao ar seco)	Da Rin e Nascimento (1988)
–	–	2,2 – 5,7	Anaeróbias (SP)	Silva (1983)
–	–	1,2 – 2,8	Facultativas (SP)	Silva (1983)
–	–	3,9	Anaeróbia (SP)	Tsutyia e Cassetari (1995)

(continua)

Tabela 8.4 – Taxa de acumulação de lodo para vários tipos de lagoas (*continuação*)

Taxa de acumulação do lodo			Tipo de lagoa/observação	Referência
L/hab.dia	m^3/hab.ano*	cm/ano		
–	–	4,6	Anaeróbia	Saqqar e Pescod (1995)
–	–	2,2	Facultativa (SP)	Tsutyia e Cassetari (1995)
–	–	2,4	Facultativa primária (México)	Nelson e Jiménez (1999)
–	–	5,3 – 7,7	Anaeróbias (ES)	Nascimento et al. (1999)
–	–	3	Facultativa	Howard (1967)
–	–	62	Anaeróbia, 7 meses em operação (França)	Paing et al. (1999)

* Conversão pelo autor em função da taxa de acumulação do lodo em L/hab.dia

Fonte: adaptada de Gonçalves (1999).

EXEMPLO 8.1

Estimar o tempo necessário para a limpeza de lodos de uma lagoa anaeróbia que atenderá a uma população de 18 mil habitantes, com área do nível médio igual a 0,216 ha e profundidade útil de 3,0 m. Admitir taxa de acumulação do lodo, K_{lodo}, igual a 0,04 m^3/hab.ano. Qual o valor do volume de lodos que deve ser retirado da lagoa?

Tempo necessário para a limpeza de lodos:

$$n = \frac{2.160 \times 3}{3 \times 0,04 \times 18.000} \cong 3 \text{ anos}$$

Volume do lodo a ser retirado da lagoa anaeróbia:

$$V = PnK_{lodo} = 18.000 \times 3 \times 0,04 \cong 2.160 \text{ m}^3$$

Segundo Mara (2004), é mais vantajosa a retirada do lodo das lagoas anaeróbias anualmente e no mesmo mês do que a cada *n* anos, para que as lagoas funcionem com maior eficiência.

■

EXEMPLO 8.2

Estimar o tempo necessário para a limpeza de lodos de uma lagoa facultativa secundária que atenderá a uma população de 18 mil habitantes, com área do nível médio igual a 1,5 ha e profundidade útil de 1,8 m. Admitir taxa de acumulação do lodo, K_{lodo}, igual a 0,04 m³/hab.ano. Qual o valor do volume de lodos que deve ser retirado da lagoa?

Tempo necessário para a limpeza de lodos:

$$n = \frac{15.000 \times 1,8}{3 \times 0,04 \times 18.000} \cong 12,5 \text{ anos}$$

Volume do lodo a ser retirado da lagoa facultativa:

$$V = PnK_{lodo} = 18.000 \times 12,5 \times 0,04 \cong 9.000 \text{ m}^3$$

■

Na Figura 8.1, mostra-se claramente que as lagoas facultativas com tempos de retenção de dez dias ou mais podem operar por aproximadamente oito anos sem ultrapassar 25% do volume da lagoa com lodo acumulado. Outro ponto importante que se nota nessa figura é que qualquer lagoa que tenha um período de retenção menor que dez dias pode ter problemas de acumulação de lodos em poucos anos (OAKLEY, 2005).

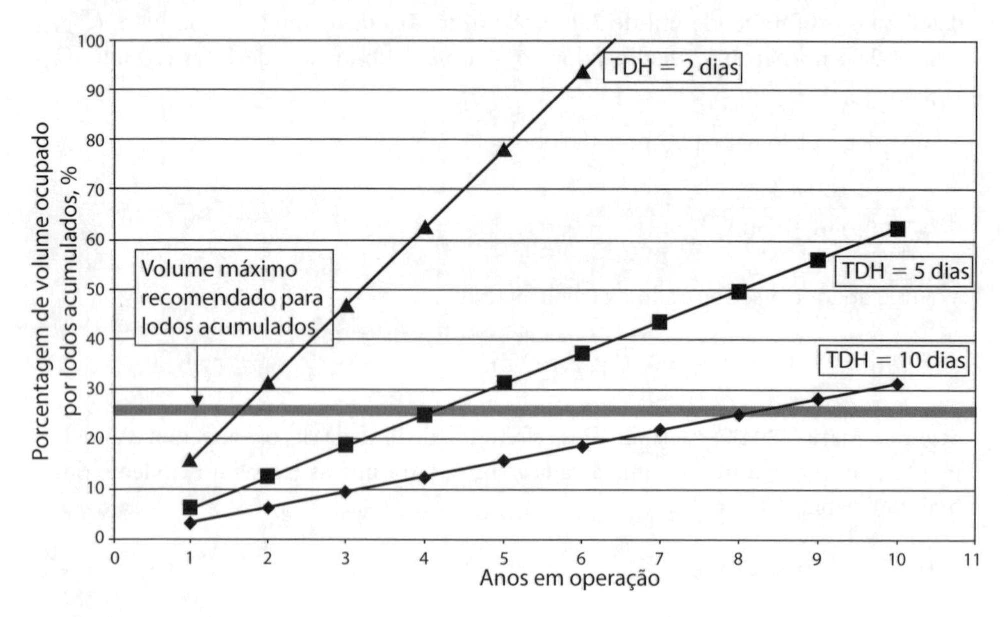

Fonte: adaptada de Oakley (2005).

Figura 8.1 – Acumulação de lodos em lagoas facultativas primárias em função do tempo de detenção hidráulica (TDH). Valores admitidos: GE_L (densidade do lodo) = 1,05%; ST = 15%; SS = 200 mg/L; SV = 65% com 50% digeridos

EQUIPAMENTOS PARA DETERMINAÇÃO DA CAMADA DE LODO NAS LAGOAS EM FUNCIONAMENTO

Existem vários tipos de equipamentos que podem ser utilizados para medir a altura da camada de lodo nas lagoas. Um dos métodos mais simples, chamado teste da toalha branca de Malan (1964), é a introdução, em várias partes das lagoas, de uma vara rígida de madeira com diâmetro circular em cuja extremidade enrola-se um pano branco com comprimento, a partir de sua ponta, de 1,00 m a 1,50m. Essa vara é introduzida verticalmente na lagoa até alcançar o fundo e depois retirada vagarosamente. A profundidade da camada de lodo é claramente visível em virtude do acúmulo de partículas do lodo no tecido branco. Obviamente, a camada de lodo deve ser medida em vários pontos da lagoa, podendo dessa maneira ser calculada sua profundidade média.

Outro equipamento usado pela UFES (GONÇALVES, 1999) é bastante simples e composto de duas hastes, uma de PVC e outra de alumínio, conectáveis entre si e com escalas métricas. Esse equipamento tem apresentado boa precisão nos testes de campo utilizados. A haste de PVC possui conectada à sua extremidade um disco circular com 300 mm de diâmetro e é utilizada para determinar a profundidade da interface sólido-líquido (superfície da camada de lodo). Uma vez localizada a superfície da camada de lodo por meio da haste de PVC, é introduzida em seu interior a haste metálica que deve perfurar toda a camada de lodo, detendo-se ao encontrar o fundo da lagoa. A diferença entre as duas medições realizadas representa a espessura da camada de lodo. Outros equipamentos eletrônicos mais sofisticados também podem ser usados, como, por exemplo, ecobatímetros, pH-metros e medidores de sólidos em suspensão.

PRINCIPAIS OBJETIVOS E MÉTODOS UTILIZADOS PARA REMOÇÃO DE LODOS

Os principais objetivos para a remoção de lodos são: minimizar custos e proteger a saúde pública e o meio ambiente; permitir o funcionamento adequado da estação de tratamento durante o período de limpeza; dar solução sanitariamente adequada para sua disposição final.

A remoção dos lodos das lagoas pode ser efetuada por via úmida ou via seca. Os processos utilizados por via úmida são: (a) sistema a vácuo por meio de caminhão limpa-fossa; (b) tubulação de descarga hidráulica, (c) dragagem; (d) bombeamento a partir da balsa; e (e) sistema robotizado. A remoção de lodos por via úmida pode ser efetuada utilizando-se uma bomba de lodos montada em uma balsa. O lodo bombeado é descarregado dentro de uma lagoa de lodos adjacente ou em alguma área de terreno disponível próximo ao local; depois de secos são encaminhados em caminhões-tanques a aterros sanitários, terrenos agrícolas ou outro lugar adequado para sua disposição final (GONÇALVES, 1999).

Em dois estudos de caso na França, Carré et al. (1990) e Picot e et al. (2005) apresentaram resultados detalhados de remoção de lodo úmido de lagoas de estabilização. No entanto, a tecnologia utilizada nesses estudos de caso (bombas de lodo, caminhões a vácuo, centrífugas para desidratação) geralmente não está disponível em regiões em desenvolvimento. O custo final da remoção de lodo com sólidos totais de 10% variou de 13 dólares a 114 dólares por metro cúbico (montante cotado em 2009), mostrando-se um custo insustentável para cidades ou municípios pobres. Infelizmente, há poucos dados publicados na literatura de projeto e de custo de remoção de lodo seco de lagoas em regiões em desenvolvimento.

O principal inconveniente desse método é a grande quantidade de lodo obtido durante a limpeza que necessita secar antes de sua utilização, havendo necessidade de disponibilidade de grandes áreas para a construção de leitos de secagem de lodo. Esse método tende a ser utilizado quando existe apenas uma célula de lagoa ou não se dispõe de outra unidade que substitua a lagoa que está desativada durante a operação de limpeza. Neste estudo, não se entra em detalhes sobre os processos por via úmida por serem solução bem mais custosa que a limpeza por via seca.

Na remoção a seco, a lagoa é retirada de operação e drenada, e o lodo seco é retirado manualmente com pás e carros de mão e/ou com equipamentos pesados, como tratores e escavadeiras. Por esse método, o lodo seca dentro da lagoa e, quando atinge cerca de 30% de sólidos totais (ST), pode ser removido. Na opção de uso de equipamentos pesados, obtém-se maior rendimento da remoção do lodo e a lagoa pode voltar a funcionar mais brevemente, em comparação com a remoção manual. Para que os tratores não fiquem atolados no fundo da lagoa, deve-se evitar sua entrada nela quando o lodo ainda estiver pastoso (20% < ST < 30%). Pode-se ainda bombear o lodo, quando é inviável a desativação prolongada da lagoa.

A limpeza (esvaziamento, secagem do lodo e remoção) manual ou por meio de tratores, por via seca, leva geralmente de quatro a seis meses para ser concluída e deve ser efetuada nos meses mais quentes do ano. Durante esse período, o afluente da lagoa em limpeza é direcionado a outra lagoa, desde que avaliada a capacidade de degradação dessa unidade, de modo a não comprometer seu funcionamento, ou a um corpo hídrico próximo, com aval do órgão ambiental, pois pode haver mortandade de peixes, liberação de maus odores e comprometimento da capacidade de autodepuração do corpo receptor.

No trabalho de Oakley et al (2011), foi observado que a secagem do lodo foi acelerada pela evapotranspiração de plantas (*Ludwigia octavalvis*) enraizadas no lodo, e sua remoção foi realizada com uma escavadeira hidráulica que entrou na lagoa. Isso ocorreu porque plantas enraizadas no lodo também formam caminhos para a infiltração de água a ser drenada (METCALF & EDDY, INC, 1991).

No Quadro 8.1, são apresentadas as cinco etapas essenciais para a remoção de lodo de lagoas de estabilização. No Quadro 8.2 está sugerido um cronograma para as etapas de limpeza de uma lagoa por via seca.

Quadro 8.1 – Etapas essenciais para remoção de lodo de lagoas de estabilização por via seca

Etapas	Tarefas
1	Determinação da geometria da lagoa por meio de dados obtidos do projeto executivo ou levantamento topográfico. Estimativa do volume de lodo em função da população atendida, das vazões **médias**, da concentração de sólidos suspensos e do período de operação do sistema.
2	Medição do volume de lodo por meio de estudos de batimetria com cálculo da altura e da lâmina de cada camada de lodo.
3	Caracterização físico-química e microbiológica dos lodos.
4	Definição da tecnologia para a remoção do lodo e dos meios necessários para desidratação e transporte. Dados meteorológicos são necessários para a estimativa do tempo requerido para secagem do lodo na lagoa antes de sua retirada.
5	Alguns itens importantes para definir o plano de trabalho para a realização da limpeza por via seca: • desviar o afluente da lagoa que está sendo desativada para outra lagoa do sistema; • verificar o impacto do desvio no funcionamento do sistema enquanto a outra lagoa estiver desativada; • o drenar a lagoa; • esperar a secagem do lodo; • retirar o lodo manualmente ou por meio de tratores; • preencher a lagoa depois da retirada do lodo; • dispor adequadamente o lodo retirado; • verificar impactos ambientais causados pela limpeza do lodo.

Fonte: adaptado de Gonçalves (1999) e Oakley (2005).

Quadro 8.2 – Exemplo de cronograma para limpeza de lagoas por via seca

Mês	Dez.	Jan.	Fev.	Mar.	Abr.	Maio
Interrupção da unidade e sobrecarga das outras unidades	xxx	–	–	–	–	–
Redução do volume de água mediante evaporação	xxx	xxx	–	–	–	–
Redução do volume de água mediante sifonagem e recalque	–	xxx	xxx	–	–	–
Secagem do lodo à intempérie	–	–	xxx	xxx	–	–
Retirada com maquinaria	–	–	–	–	xxx	–
Retirada manual	–	–	–	–	–	xxx

Nas Tabelas 8.5 e 8.6, são apresentados os custos de limpeza de lodo em lagoas de estabilização por via seca nas cidades de Tela, em Honduras, e Estelí, na Nicarágua, respectivamente.

Tabela 8.5 – Custo final de remoção de lodo Tela, Honduras, em 2010 (dólares norte-americanos)

Remoção de lodo	Custo
Fase I (1.967 m³)	9.200
Fase II (1.100 m³)	4.516
Custo total de remoção	13.716
Custo por metro cúbico	4,47
Custo por pessoa por ano	0,08

Fonte: Oakley et al. (2011).

Tabela 8.6 – Custo de limpeza de lodo em lagoas de estabilização em Estelí, Nicarágua (Euros)*

Dados	A		B		C	
	Prim.	Sec.	Prim.	Sec.	Prim.	Sec.
Tempo desde a última retirada de lodo (ano)	9	9	5	5	4	4
Volume acumulado segundo batimetria (m³)	5.163	2.133	3.572	1.086	2.206	715
Volume retirado manualmente (m³)	453	1.073	0	0	0	0
Volume retirado com máquina (m³)	2.460	0	2.357	1.054	1.154	0
Volume retirado com bombeamento (m³)	20	0	2.043	0	0	0
Custo da retirada manual	1.087	2.575	0	0	0	0
Custo da retirada com máquina	4.723	0	4.785	2.140	2.343	0
Custo da retirada com bombeamento	0	0	2.962	0	0	0
Custo unitário da retirada manual por metro cúbico	2,4	2,4	0	0	0	0
Custo unitário da retirada com máquina por metro cúbico	1,92	0	2,03	2,03	2,03	0
Custo unitário da retirada com bombeamento por metro cúbico	0	0	1,45	0	0	0

* População de 95 mil habitantes.

Fonte: Gandini (2005).

ESTIMATIVA DO VOLUME DE LODO

Para cálculo do lodo acumulado nas lagoas, é necessário ter registro das vazões e dados de monitoramento durante os anos de operação dos sistemas de lagoas de estabilização.

O volume de lodo produzido por ano pode ser calculado pela Equação 8.2.

$$V_{l_{anual}} = 0,00156 Q_{méd} SS \quad (8.2)$$

em que:

$V_{l_{anual}}$: volume anual de lodo, m^3;

$Q_{méd}$: vazão afluente média, m^3/dia;

SS: concentração média de sólidos em suspensão, mg/L.

Na Equação 8.2, admite-se que a densidade do lodo de lagoa facultativa primária é igual a 1,05; o percentual de sólidos, expresso como um número decimal é igual a 0,15 (varia de 0,15 a 0,20); e 100% dos sólidos suspensos estão sedimentados na lagoa facultativa primária.

O objetivo principal para o cálculo do volume de lodo acumulado pela Equação 8.2 é facilitar a previsão da quantidade do volume de lodo. Essa tarefa vai orientar o contratante a ter uma estimativa aproximada do volume de lodo que existe na lagoa. O volume do lodo também pode ser estimado por meio de batimetria, que é um método muito mais preciso.

CARACTERIZAÇÃO DO LODO

As principais características do lodo encontrado nas lagoas de estabilização estão apresentadas na Tabela 8.7.

Tabela 8.7 – Características de lodo encontrado nas lagoas de estabilização

Parâmetro	Porcentagem
Umidade	70 a 80
Fração volátil	20 a 30
Nitrogênio total	0,74 a 1,30
Fosfatos	1,06 a 1,30

Fonte: Arceivala (1981).

No Quadro 8.3, estão apresentados os parâmetros físicos, químicos e microbiológicos necessários para a caracterização do lodo durante um trabalho de remoção. Na Tabela 8.8, são mostradas as características físicas, químicas e microbiológicas típicas do lodo de lagoas primárias em diversos países.

Quadro 8.3 – Parâmetros físicos, químicos e microbiológicos necessários para caracterização do lodo durante um trabalho de remoção

Parâmetro	Unidade	Objetivo
Sólidos totais, *ST*	%	Determinação da densidade de sólidos.
Sólidos voláteis, *SV*	%	Determinação da densidade de sólidos.
Sólidos fixos, *SF*	%	Determinação da densidade de sólidos, volume de água removido por evaporação e volume final de sólidos secos.
Ovos de helmintos (viáveis, se possível)	Número de ovos/g de lodo seco	Disposição final e possível aproveitamento do lodo.

Fonte: adaptada de Gonçalves (1999).

Tabela 8.8 – Características físicas, químicas e microbiológicas típicas do lodo de lagoas primárias

Parâmetro	País			
	Honduras	Brasil	México	Índia
Teor de sólidos, *TS* (%)	11,6 – 15,5	8,4 – 22,0	11,2 – 17,1	13 – 28
Sólidos voláteis, *SV* (%)	23,9 – 21,4	35,8 – 41,8	–	17 – 31
Sólidos fixos, *SF* (%)	68,0 – 76,1	58,2 – 64,2	–	69 – 83
SG_S	1,708 – 2,028	–	–	
SG_L	1,049 – 1,076	–	–	1,11 – 1,165
Ovos de helmintos (número/lodo seco)	1 – 5.299	25 - 300	< 100 – 500	–
Estimativa do acúmulo de areia (m^3/1.000 m^3)	0,010 – 0,085	–	–	–
Estimativa do acúmulo de lodo (m^3/1.000 m^3)	0,224 – 0,548	–	–	–

SG_s = densidade dos sólidos; SG_L = densidade do lodo.

Fonte: adaptada de Oakley (2005).

As análises de sólidos voláteis e fixos são importantes para a determinação da densidade dos sólidos, que pode ser calculada pela Equação 8.3.

$$\frac{1}{SG_S} = \frac{SV}{1{,}0} + \frac{SF}{2{,}5} \tag{8.3}$$

em que:

SG_s: densidade dos sólidos;

SV: sólidos voláteis no lodo, %;

SF: sólidos fixos no lodo, %.

Na Equação 8.3, é assumido que a densidade da matéria orgânica no lodo é igual a 1,0 e a da matéria inorgânica corresponde a 2,5.

Após o cálculo da densidade dos sólidos, é possível estimar a densidade do lodo pela Equação 8.4.

$$\frac{1}{SG_L} = \frac{TS}{SG_S} + \frac{(1-TS)}{1{,}0} \tag{8.4}$$

em que:

SG_L: densidade do lodo;

TS: teor de sólidos, %;

SG_s: densidade dos sólidos;

(1-TS): umidade do lodo, %.

A massa de lodo seco pode ser estimada pela Equação 8.5.

$$M_L = V_L \rho_{água} SG_L TS \tag{8.5}$$

em que:

M_L: massa de lodo seco, kg;

V_L: volume de lodo medido por batimetria, m^3;

$\rho_{água}$: peso específico da água, kg/m^3.

PROCEDIMENTO PARA COLETA DE LODO

Os procedimentos para coleta de amostras de lodo nas lagoas de estabilização podem ser separados nas seguintes etapas:

- seleção de locais onde as amostras devem ser coletadas, ou seja, onde o acúmulo de lodo é maior. Muitas amostras devem ser consideradas a fim de se obter uma média dos dados possíveis;
- uso de uma draga especial projetada para coleta de sedimentos ou um tubo especialmente projetado para coleta de amostras de lodo;
- análise de amostras de lodo em busca de sólidos totais voláteis e fixos e ovos de helmintos em laboratórios especializados.

ESTIMATIVA DO TEMPO DE SECAGEM DO LODO

O principal mecanismo para a secagem de lodo é a evaporação dentro da lagoa drenada. Dependendo da qualidade da impermeabilidade do fundo da lagoa, uma parcela significativa de água do lodo pode ser removida por infiltração.

É muito importante estimar o tempo de secagem de lodo porque, nesse período, todo o sistema vai ser sobrecarregado em consequência do desvio da vazão da lagoa que está fora de operação para as outras lagoas em operação. Por esse motivo, em todo projeto de sistemas de lagoas em série, quando for construído o primeiro módulo, admitindo-se que a primeira lagoa seja do tipo anaeróbia seguida por facultativa(s), obrigatoriamente deve ser construída também a primeira lagoa anaeróbia do segundo módulo em paralelo com a primeira, que, inicialmente, vai trabalhar como reserva. A finalidade da segunda lagoa anaeróbia é justamente substituir a primeira na época da limpeza sem sobrecarregar o sistema, pois sabe-se que as lagoas anaeróbias podem suportar grande variação de cargas orgânicas sem afetar seu funcionamento.

O tempo de secagem do lodo é função dos seguintes fatores: (a) clima local (especialmente evaporação); (b) profundidade de lodo; (c) fração de água no lodo que pode ser drenada e infiltrada pela parte inferior da lagoa; (d) concentração inicial e final de sólidos totais dos lodos; e (e) natureza do lodo.

O tempo de secagem do lodo pode ser estimado pela Equação 8.6.

$$t_L = \frac{P_0\left(1 - \frac{TS_0}{TS_f}\right)(1 - D)}{k_e(E_n - P_n)_{Mín}} \tag{8.6}$$

em que:

t_L: tempo de secagem do lodo, dia;

P_0: profundidade inicial do lodo, m;

TS_0: concentração inicial de teor de sólidos, %;

TS_f: concentração final de teor de sólidos, %;

D: percentagem de água removida por infiltração, %;

k_e: fator de redução de evaporação de água do lodo *versus* lençol freático (varia de 0,6 a 1,0);

$(E_n - P_n)_{Mín}$: evaporação líquida mínima dos meses sequenciais considerados, m/dia.

Na Equação 8.6, é admitido que o lodo está distribuído por toda a área inferior da lagoa com profundidade uniforme. Em caso contrário, o tempo de secagem do lodo seria maior. A porcentagem de água removida por infiltração pela parte inferior da lagoa, D, pode variar de 25% a 75% em leitos de secagem de lodo (EPA, 1983). Em lagoas facultativas primárias, D é função da permeabilidade do fundo da lagoa (GONÇALVES, 1999). Geralmente, adota-se que D é igual a zero e que a remoção de água é feita exclusivamente por evaporação. O termo $(E_n - P_n)_{Mín}$, na Equação 8.6, representa a evaporação líquida dos meses selecionados para a secagem do lodo (geralmente dois ou três meses), ressaltando que se deve escolher o período mais quente do ano.

Após a secagem do lodo, é possível estimar sua profundidade final, que pode ser calculada pela Equação 8.7.

$$P_f = P_o\left(\frac{TS_o}{TS_f}\right) \tag{8.7}$$

em que:

P_f: profundidade final do lodo, m;

P_o: profundidade inicial do lodo, m.

O volume final do lodo pode ser estimado pela Equação 8.8.

$$V_f = P_f A_i \tag{8.8}$$

em que:

V_f: volume final de lodo, m³;

A_i: área da parte inferior da lagoa, m².

Nas equações 8.7 e 8.8, também é admitido que o lodo está distribuído por toda a área da parte inferior da lagoa.

TRATAMENTO E DISPOSIÇÃO FINAL DO LODO REMOVIDO

O lodo gerado em sistemas de lagoas de estabilização deve ser tratado e disposto de maneira ambientalmente adequada. Os principais tipos de tratamento utilizados para o lodo de lagoas são: desidratação e desinfecção.

A desidratação pode ser realizada principalmente por métodos de secagem naturais ao ar livre (lagoas de lodo e leitos de secagem), que são métodos de baixo custo. Esse tratamento propicia a remoção de parte da água contida no lodo e, consequentemente, a redução significativa do volume do lodo. O lodo desidratado é mais fácil de ser manejado e seus custos de transporte são menores que os de um lodo não desidratado. Jordão e Pessôa (2011) comentam que o grau de umidade desejado deve ser selecionado em função dos alguns fatores, como o processo de redução de umidade do lodo e o local de destino final do lodo.

De acordo com Metcalf & Eddy, INC. (1991), os benefícios alcançados com a desidratação do lodo são:

- custo de transporte do lodo para seu destino final significativamente menor;
- facilidade de manipulação;
- incineração mais eficiente com a redução da água do lodo;
- diminuição do custo da compostagem;
- redução na geração de maus odores;
- diminuição da produção de chorume, caso o lodo seja destinado a aterro sanitário.

Em muitas ETEs do Brasil, o lodo é desidratado em leitos de secagem que geralmente são tanques retangulares, confinados por paredes e fundo de alvenaria ou concreto, compostos de (do fundo do leito à superfície): sistema de drenagem (tubos perfurados que se apoiam sobre o fundo), meio filtrante e camada suporte. O meio filtrante é constituído de pedras de granulometrias diferentes e dispostas de modo que a camada inferior tenha granulometria maior que a camada superior, sendo essas camadas constituídas geralmente de areia e brita.

Os leitos de secagem podem ser descobertos ou cobertos para proteção contra chuvas e (em climas frios) geadas. Ao se cobrir o leito, abre-se a possibilidade de uso da energia solar para aquecer o lodo durante a secagem, eliminando-se, dessa maneira, bactérias patogênicas. Essa "pasteurização solar" torna-se particularmente importante se o lodo seco é utilizado na agricultura (VAN HAANDEL; LETTINGA, 1994). Entretanto, segundo Canziani e et al. (1996), para regiões de clima úmido, os leitos de secagem descobertos são inviáveis tecnicamente e, de acordo com Jordão e Pessôa (2011), o uso de cobertura em leitos de secagem é injustificável em países tropicais.

O objetivo da desinfecção é eliminar os organismos patogênicos que possam causar riscos à saúde, não havendo necessidade de completa esterilização do lodo. A presença de micro-organismos, como vírus, bactérias, protozoários e ovos de helmintos, reflete de maneira direta o estado de saúde da população contribuinte do sistema de esgotamento. O lodo de esgoto não tratado pode causar doenças por meio do contato direto com o homem; doenças também podem ser disseminadas por vetores (ratos, pássaros, moscas e outros animais) que tenham contato com o lodo. Para que não cause riscos ao homem nem ao meio ambiente, o lodo removido do sistema de lagoas deve ser desinfetado, principalmente, quando for utilizado na agricultura.

As características microbiológicas do lodo de esgoto estão intrinsecamente relacionadas às do esgoto bruto, que pode conter grande diversidade e quantidade de patógenos. No lodo bruto, podem ser encontrados muitos parasitas (protozoários e helmintos), como *Entamoeba coli*, *Giardia lamblia*, *Ascaris lumbricoides*, *Ancylostoma duodenale*, *Necator americanus*, *Strongyloides stercoralis*, *Taenia* (spp.) e *Trichuris trichiura*.

Na Tabela 8.9, é mostrada a quantidade de helmintos presentes em lodos de algumas estações de tratamento.

Na desinfecção, podem ser utilizados métodos físicos (pasteurização, térmico, irradiação), químicos (calagem) ou biológicos (compostagem, digestão aeróbia ou anaeróbia) para a remoção dos micro-organismos patogênicos do lodo de esgoto. Moscalewski (1996) menciona que, para disposição do lodo no solo, dentre as tecnologias de desinfecção do lodo já comprovadas mundialmente, a calagem e a compostagem são consideradas as duas alternativas prioritárias em virtude de sua eficiência e custo.

A calagem consiste na adição de cal (hidratada ou virgem), que resulta em aumento do pH para valores situados entre 9 e 13, dependendo da dosagem da cal e das características do lodo. Esse aumento no pH do lodo inativa ou destrói a maior parte dos patógenos presentes no lodo. Fernandes et al. (1995) recomendam dosagem de 50% (em relação ao peso seco do lodo) de cal (dosagem que manteve o pH da mistura igual ou superior a 12) e tempo de contato de vinte dias para que o lodo possa ser utilizado na agricultura. O efeito alcalinizante da cal, na desinfecção de lodo de esgoto, também foi observado por Mendonça (1999). O lodo submetido à calagem é denominado calado ou caleado.

Tabela 8.9 – Quantidade de helmintos em estações de tratamento de esgoto (ETE)

ETE	Tipo de lodo	Helmintos (ovo viável/g de lodo seco)	Coliformes termotolerantes (NMP/g)
Sul (DF)	Lodo estabilizado	13	10^6
Belém (PR)	Lodo estabilizado	9,02	$6{,}17 \times 10^6$
Belém (PR)	Lodo estabilizado e caleado	0,04	< 200
Ralf (PR)	Lodo estabilizado	5,02	–
Ralf (PR)	Lodo estabilizado e caleado	0	–
Lagoa (ES)	Lodo de lagoa facultativa	4,2	$4{,}9 \times 10^4$
Barueri (SP)	Lodo estabilizado	0,25	–
Franca (SP)	Lodo estabilizado	0,9	$7{,}6 \times 10^5$

Fonte: Andreoli, Von Sperling e Fernandes (2001).

A compostagem é um processo de tratamento biológico em que uma mistura inicial de resíduos sofre a ação de vários grupos de micro-organismos. Durante o processo de biodegradação da matéria orgânica, a temperatura se eleva naturalmente, atingindo de 60 °C a 65 °C nos primeiros dias do processo, e é essa elevação da temperatura a responsável pela eliminação ou pela redução dos micro-organismos patogênicos presentes no lodo. No processo de compostagem, o lodo é misturado a um resíduo estruturalmente rico em carbono e pobre em nitrogênio, o que equilibra a relação C/N da mistura, que deve se situar entre vinte e trinta, para que o processo de compostagem se desenvolva em boas condições. Haug (1993) complementa que, na compostagem do lodo, a inativação térmica de micro-organismos é função da temperatura e do tempo de exposição. Para obter bons níveis de eliminação de patógenos, a mistura deve apresentar temperaturas na faixa de 60 °C, de dez a vinte dias (SANEPAR, 1997).

Os lodos desidratados (desaguados) e desinfetados (higienizados) são comumente denominados biossólidos.

O lodo seco, em virtude de sua contaminação com ovos de helmintos, deve ser armazenado em lugar adequado por pelo menos um ano. Se o armazenamento não for possível, deve ser feito algum tipo de desinfecção, como, por exemplo, adição de cal. Presume-se que o lodo seja armazenado em pilhas trapezoidais com 2 m de profundidade, base maior ou igual a 3 m e topo com 1 m de largura. O comprimento requerido para essa pilha pode ser estimado pela Equação 8.9 (OAKLEY, 2005).

$$L = \frac{V}{4} \qquad (8.9)$$

em que:

L: comprimento da pilha, m;

V: volume de lodo, m^3.

Para a disposição do lodo, são necessários estudos legais, técnicos, ambientais e econômicos, a fim de minimizar problemas relativos a impactos ambientais e proporcionar melhores condições de saúde, segurança e bem-estar à população, observando-se diversos aspectos limitantes (JORDÃO; PESSÔA, 2011). O lodo pode ser disposto de diversas maneiras, como na agricultura, na recuperação de solos erodidos, no reflorestamento e em aterro sanitário, e pode também ser utilizado na fabricação de agregado leve para a construção civil.

Nas pesquisas realizadas no estado do Paraná, foram observadas a qualidade e a quantidade de lodo ideal para cada cultura, analisando também a produtividade dessas culturas, a lixiviação de metais pesados do lodo no solo e a presença de organismos patogênicos. A reciclagem agrícola do lodo de esgoto tem sido utilizada com bastante sucesso em diversas culturas em substituição à adubação química, em virtude de diversos benefícios proporcionados pela aplicação do lodo no solo. Segundo Damasceno (1996), os principais benefícios são: fornecimento de macronutrientes para as plantas, em especial nitrogênio e fósforo; aumento do teor de alguns micronutrientes essenciais, como zinco, cobre e manganês; aumento da capacidade de retenção de água pelo solo; melhor estruturação do solo dada pela matéria orgânica. Andreoli et al. (2001) apresentam os efeitos da aplicação do lodo no solo e suas consequências no Quadro 8.4.

Quadro 8.4 – Efeitos e consequências da aplicação de lodo no solo

Biossólido	Atuação no solo	Consequências no solo	Efeitos no meio ambiente
Matéria orgânica	Agregação das partículas do solo; Adsorção de nutrientes.	Aumento da infiltração de água no solo; Aumento da resistência ao impacto da chuva; Redução de perdas por lixiviação; Melhoria da fertilidade do solo.	Redução do escoamento superficial pelo aumento da infiltração; Redução da poluição de rios; Redução da lixiviação de nutrientes e da contaminação de lençol freático.
Nutrientes	Solo bem estruturado; Nutrientes.	Aumento do desenvolvimento vegetal; Aumento da biomassa microbiana; Aceleração do desenvolvimento vegetal.	Aumento da cobertura do solo; Melhoria da agregação do solo; Aumento da cobertura do solo.

Fonte: adaptado de Andreoli, Von Sperling e Fernandes (2001).

A disposição final na agricultura é interessante em razão do pequeno risco ambiental e do baixo custo de implantação e operação, desde que sejam observadas as limitações estabelecidas pelo conteúdo de metais pesados e organismos patogênicos.

Os metais pesados podem, acima de certos limites, ser tóxicos ao solo, às plantas e ao homem. Os principais elementos que oferecem risco são: arsênio, cádmio, cobre, cromo, mercúrio, níquel, molibdênio, chumbo, selênio, zinco e cobalto. Esses elementos podem ter origem nos esgotos domésticos, águas pluviais (águas de escoamento de superfícies metálicas ou das fumaças de veículos) e esgoto industrial. Nos lodos de esgoto, a concentração desses elementos é superior à encontrada no solo. As tecnologias disponíveis para remoção desses metais dos lodos são incipientes e caras e, por essa razão, deve ser feito controle preventivo de despejos industriais e clandestinos nas redes coletoras.

Assim, no caso de reciclagem agrícola, é preciso utilizar uma tecnologia que elimine ou diminua sensivelmente a presença de micro-organismos, de acordo com as características microbiológicas do lodo e com o tipo de uso agrícola. Deve ser feito também controle de qualidade do lodo, principalmente quanto ao teor de metais pesados.

REFERÊNCIAS

ARCEIVALA, S. J. *Simple waste treatment methods, aerated lagoons, oxidation ditches, stabilization ponds in warm and temperate climates.* Ankara: Middle East Technical University, 1973.

______. *Wastewater treatment and disposal:* engineering and ecology in pollution control. New York: Marcel Dekker, Inc., 1981.

______. *Wastewater treatment for pollution control.* New Delhi: Tate McGraw-Hill Pub. Co. Ltd., 1986.

ARCEIVALA, S. J.; ASOLEKAR, S. R. *Wastewater treatment for pollution control and reuse.* 3. ed. New Delhi: Tata McGraw-Hill Professional, 2007.

ARCEIVALA, S. J. et al. *Waste stabilization ponds:* design, construction and operation in India. Nagpur: National Environmental Engineering Research Institute, 1970.

ANDREOLI, C. V. (Coord.). *Biossólidos:* alternativas de uso de resíduos do saneamento. Curitiba: PROSAB 4, 2006.

ANDREOLI, C. V.; FERNANDES, F.; DOMASZAK, S. C. *Reciclagem agrícola do lodo:* estudo preliminar para definição de critérios para uso agronômico e de parâmetros para normatização ambiental e sanitária. Curitiba: SANEPAR, 1999.

ANDREOLI, C. V.; LARA, A. I.; FERNANDES, F. (Org.) *Reciclagem de biossólidos:* transformando problemas em soluções. Curitiba: SANEPAR/FINEP, 1999.

ANDREOLI, C. V.; VON SPERLING, M.; FERNANDES, F. Lodo de esgotos: tratamento e disposição final. In: *Princípios do tratamento biológico de águas residuárias.* Belo Horizonte: DESA/UFMG/SANEPAR, 2001. v. 6.

CANZIANI, J. R. et al. *Economicidade do uso agrícola do lodo de esgoto na região metropolitana de Curitiba.* In: SEMINÁRIO DE INTEGRAÇÃO DO PROJETO INTERDISCIPLINAR PARA O DESENVOLVIMENTO DE CRITÉRIOS SANITÁRIOS,

AMBIENTAIS E AGRONÔMICOS PARA RECICLAGEM AGRÍCOLA DO LODO, 2., 1996, Curitiba. *Anais*... Curitiba, nov. 1996.

CARRÉ, J.; LAIGRE. M. P.; LEGAS, M. Sludge removal from some wastewater stabilization ponds. *Water Science and Technology*, v. 22, n. 3-4, p. 247, 1990.

DAMASCENO, S. *Remoção de metais pesados em sistemas de tratamento de esgotos sanitários por processo de lodos ativados e por um reator compartimentado anaeróbio*. 1996. 141 f. Dissertação (Mestrado) – Escola de Engenharia de São Carlos da Universidade de São Paulo, São Carlos, 1996.

ENVIRONMENTAL PROTECTION AGENCY (EPA). *Design manual:* dewatering municipal wastewater sludges. Cincinnati: US Environmental Protection Agency, 1987. (EPA-625/1-87/014).

______. *Design manual:* municipal wastewater stabilization ponds. Washington: US Environmental Protection Agency, 1983. (EPA-625/1-83-015).

FERNANDES, F. et al. Aperfeiçoamento da tecnologia de compostagem e controle de patógenos. *Sanare* - Revista Técnica da Sanepar, Curitiba, v. 5, n. 5, p. 36-45, jan./jun. 1996.

FERNANDES, F. et al. Eficiência da compostagem e do tratamento com cal na higienização do lodo produzido pela Estação de Tratamento de Esgotos Belém (Curitiba, Paraná) com vistas à sua reciclagem agrícola. In: CONGRESSO BRASILEIRO DE ENGENHARIA SANITÁRIA E AMBIENTAL, 18., 1995, Salvador. *Anais*... Salvador: ABES, 1995.

GANDINI, I. E. P. *Comunicação pessoal*. Cali: Gandini & Orozco Ingenieros Ltda., 2005.

GLOYNA, E. F. *Waste stabilization ponds*. Geneve: World Health Organization, 1971.

GONÇALVES, R. F. (Coord.). *Gerenciamento do lodo de lagoas de estabilização não mecanizadas*. Rio de Janeiro: Programa de Pesquisa em Saneamento Básico/PROSAB, 1999.

HAVELAAR, A. H. Sludge disinfection: an overview of methods and their effectiveness. In: *Sewage sludge stabilisation and disinfection*. S.l.: Water Research Centre/Ellis Horwood Limited, 1984. p. 48-60.

HAUG, R. T. *The practical handbook of compost engineering*. Boca Raton: Lewis Publishers, 1993.

JORDÃO, E. P.; PESSÔA, C. A. *Tratamento de esgotos domésticos*. 6. ed. Rio de Janeiro: ABES, 2011.

KELLNER, E.; PIRES, E. C. *Lagoas de estabilização:* projeto e operação. Rio de Janeiro: ABES, 1998.

MALAN, W. M. *A Guide to the use of septic tank systems in South Africa*. CSIR Report n. 29. Pretória: National Institute of Research, 1964.

MARA, D. D. *Domestic wastewater treatment in developing countries*. London: Earthscan, 2004.

______. *Sewage treatment in hot climates*. London: John Wiley & Sons, 1976.

MENDONÇA, L. C. *Desidratação térmica e desinfecção química com cal de lodo de reator anaeróbio de manta de lodo (UASB) tratando esgotos sanitários*. 1999. 130 f. Dissertação (Mestrado) – Escola de Engenharia de São Carlos da Universidade de São Paulo, 1999.

MENDONÇA, S. R. *Sistemas de lagunas de estabilización:* cómo utilizar aguas residuales tratadas en sistemas de regadio. 2. ed. Bogotá: McGraw-Hill, 2001.

MENDONÇA, S. R. et al. *Lagoas de estabilização e aeradas mecanicamente:* novos conceitos. João Pessoa: Edição do autor, 1990.

METCALF & EDDY, INC. *Wastewater engineering.* 3. ed. New York: McGraw-Hill, 1991.

MOSCALEWSKI, W. S. et al. Eliminação por tratamento químico do *Vibrio coholerae* em amostras de lodo. *Sanare - Revista Técnica da Sanepar*, Curitiba, v. 5, n. 5, p. 59-62, jan./jun. 1996.

OAKLEY, S. *Lagunas de estabilización en Honduras:* manual de diseño, construcción, operación y mantenimiento, monitoreo y sostenibilidad. Tegucigalpa: USAID-Honduras/ Red Regional de Agua y Saneamiento para Centro América/Fondo Hondureño de Inversión Social, 2005.

OAKLEY, S. M.; MENDONÇA, L. C.; MENDONÇA, S. R. Remoção de lodos de lagoas de estabilização primárias: um problema na sustentabilidade para cidades e municípios pobres (II-033). In: CONGRESSO BRASILEIRO DE ENGENHARIA SANITÁRIA E AMBIENTAL, 26., 2001, Porto Alegre. *Anais...* Porto Alegre: ABES, 2011. p. 1-13.

______. Sludge removal from primary wastewater stabilization ponds with excessive accumulation: a sustainable method for developing regions. *Journal of Water, Sanitation and Hygiene for Development*, v. 2, n. 2, p. 68-78, 2012.

OAKLEY, S. M.; SALGUERO, L. (Ed.) *Tratamiento de aguas residuales domésticas en Centroamérica:* un manual de experiencias, diseño, operación y sostenibilidad (*Domestic wastewater treatment in Central America:* a manual of experiences, design, operation and sustainability). San Salvador: US Agency for International Development (US AID)/Comisión Centroamericana de Ambiente y Desarrollo (CCAD)/US Environmental Protection Agency (US EPA), 2011.

PICOT, B. et al. Wastewater stabilisation ponds: sludge accumulation, technical and financial study on desludging and sludge disposal. case studies in France. *Water Science and Technology*, v. 51, n. 12, p. 227-234, 2005.

SANEPAR. *Manual técnico para utilização agrícola do lodo de esgoto no Paraná.* Curitiba: Companhia de Saneamento do Paraná, 1997.

TSUTIYA, M. et al. (Ed.) *Biossólidos na agricultura.* São Paulo: SABESP, 2001.

VAN HAANDEL, A. C.; LETTINGA, G. *Tratamento anaeróbio de esgotos:* um manual para regiões de clima quente. Campina Grande: Epgraf, 1994.

VON SPERLING, M. *Introdução à qualidade das águas e ao tratamento de esgoto.* In: *Princípios do tratamento biológico de águas residuárias.* Belo Horizonte: DESA/UFMG, 1995. v. 1.

______. *Lagoas de estabilização.* In: *Princípios do tratamento biológico de águas residuárias.* 2. ed. ampliada. Belo Horizonte: DESA/UFMG, 2009. v. 3.

WORLD HEALTH ORGANIZATION (WHO). *Guidelines for the safe use of wastewater, excreta and greywater.* Genève: WHO, 2006. v. 4.

CAPÍTULO 9
A IMPORTÂNCIA DO REÚSO DE EFLUENTES DE ESGOTOS DOMÉSTICOS TRATADOS NA AGRICULTURA

Luciana Coêlho Mendonça

INTRODUÇÃO

Estima-se que o Brasil concentre entre 12% e 16% do volume total de recursos hídricos do planeta Terra, e que 53% dos recursos hídricos renováveis do mundo se encontrem na América Latina e no Caribe. Entretanto, esses recursos não são distribuídos de forma homogênea e estão ameaçados por fatores socioeconômicos diversos.

A região Norte do Brasil, justamente a que tem mais baixa densidade populacional, conta com a maior abundância de águas. As regiões Sul e Sudeste apresentam recursos hídricos relativamente abundantes, mas o elevado grau de urbanização, a densidade populacional e os usos múltiplos da água estão levando à sua escassez. Na região Nordeste, há escassez de águas superficiais, e aproximadamente 69,2% de sua região pertence ao semiárido nordestino, região agravada por problemas como falta de saneamento básico e contaminação por transmissores de doenças tropicais (BRASIL, 2005a). O Maranhão é o único estado do Nordeste que tem disponibilidade hídrica maior que 10.000 m^3/hab.ano (muito rico); o Piauí tem valores maiores que 5.000 m^3/hab.ano (rico); Bahia apresenta valores acima de 2.500 m^3/hab.ano (adequado); Ceará, Rio Grande do Norte, Alagoas e Sergipe possuem valores abaixo de 2.500 m^3/hab.ano (pobres); e Paraíba e Pernambuco têm valores inferiores a 1.500 m^3/hab.ano (situação crítica) (DNAGE, 1992). A região Centro-Oeste conta com uma área de ecossistemas aquáticos de grande biodiversidade – o Pantanal mato-grossense, com cerca de

200 mil km²; no entanto, a região está altamente ameaçada por elementos diversos: criação de gado, agricultura, hidrovias, atividades turísticas inadequadas, pesca predatória e urbanização. A situação das águas no Brasil envolve problemas de qualidade e quantidade (CLARKE; KING, 2005).

O Brasil possui um dos maiores recursos hídricos renováveis do mundo (45.573 m³/hab.ano) (WRI, 2005), mas 16,7% de sua área está situada em região semiárida (BRASIL, 2005a). Nas regiões áridas e semiáridas, a água se tornou um fator limitante para o desenvolvimento urbano, industrial e agrícola. Planejadores e entidades gestoras de recursos hídricos procuram continuadamente por novas fontes de recursos para complementar a pequena disponibilidade hídrica ainda apresentada. No polígono das secas do Nordeste, a dimensão do problema é ressaltada por um anseio, que existe há 75 anos, pela transposição do rio São Francisco, visando ao atendimento da demanda dos estados não limitados com a região semiárida, situados a norte e a leste de sua bacia de drenagem (HESPANHOL, 1999). A população dessa região continua com o mesmo anseio pela conclusão dessa transposição, cuja espera já completou noventa anos.

O fenômeno da escassez não é, entretanto, atributo exclusivo das regiões áridas e semiáridas. Muitas regiões com recursos hídricos abundantes, mas insuficientes para atender a demandas excessivamente elevadas, também experimentam conflitos de usos e sofrem restrições de consumo, que afetam o desenvolvimento econômico e a qualidade de vida. Esse é o caso da seca nas represas da Cantareira, Alto Tietê e Guarapiranga, que resultou na forte crise hídrica que enfrenta atualmente o estado de São Paulo.

De acordo com Tundisi (2003), de 1900 a 2000, o uso total da água no planeta aumentou dez vezes. Esse crescimento ocorreu em razão do crescimento populacional acelerado e da diversificação das atividades econômicas, aumentando a quantidade de água necessária para sustentar a sociedade, a produção agrícola e o setor industrial. Além disso, segundo Rijsberman (2006), a população mundial triplicou e o consumo de água aumentou seis vezes no século XX.

A escassez de água associada à deterioração da qualidade dos corpos de água induz à busca de fontes hídricas complementares, revelando o reúso de águas como uma solução alternativa em potencial. Com essa política de reúso, elevados volumes de água potável são poupados, pois é usada água de qualidade inferior, geralmente esgoto tratado, para atender a fins que prescindem da potabilidade (MENDONÇA; OAKLEY; MENDONÇA, 2012). O Brasil utiliza muito pouco do potencial de suas águas residuais para reúso agrícola. A utilização de águas residuais tratadas contribui para uma gestão mais sustentável dos recursos hídricos porque ajuda a aumentar os recursos hídricos necessários, satisfazendo as necessidades presentes e futuras de usos mais nobres, além de reduzir a vazão das águas residuais tratadas descarregada nos corpos de água receptores, protegendo os ecossistemas e diminuindo a quantidade de poluentes lançados no solo e no ambiente aquático.

As possibilidades e formas de reúso dependem de características, condições e locais, como decisões políticas, esquemas institucionais, disponibilidade técnica e fatores econômicos, sociais e culturais (HESPANHOL, 2003). Há diversas possibilidades de reúso, sendo o agrícola, o urbano e o industrial as formas mais significativas.

O tratamento adequado do esgoto, reúso apropriado, vazão e controle de qualidade de águas complementares e de sistemas de esgoto permitem a minimização de riscos à saúde e ao ambiente.

A seguir, apresentam-se orientações para reúso de esgoto tratado:

- irrigação, a qual inclui agricultura, parques, praças, cemitérios, cinturões verdes e outros;
- reúso industrial para resfriamento, alimentação de caldeiras, mistura de concreto etc.;
- uso urbano de água não potável, tais como, proteção contra incêndios, limpeza de ruas, aparelhos de ar-condicionado, descarga de sanitários;
- uso recreativo, reserva natural e áreas ambientais (lagos e lagoas, áreas de reserva natural);
- recarga de aquíferos;
- fonte alternativa de abastecimento de água, em condições especiais;
- dependendo de sua qualidade, os efluentes tratados podem ser usados, de acordo com controle e regulação, para uma larga escala de aplicações.

Neste capítulo é abordado apenas o reúso do esgoto doméstico tratado para irrigação.

A agricultura usa cerca de 70% da água doce para irrigação e a maior parte é usada com muito desperdício. Cada metro cúbico de água usado pela indústria e pelo setor de serviços gera pelo menos duzentas vezes mais riqueza do que um metro cúbico usado pela agricultura. Com a grande escassez de água prevista principalmente nas regiões áridas e semiáridas do planeta, os recursos hídricos automaticamente são direcionados para as áreas urbanas. A tendência no futuro deve ser e "terá que ser": água doce para as cidades e águas residuais tratadas para a agricultura (BEAUMONT, 2000).

PRINCIPAIS VANTAGENS DO REÚSO PARA A IRRIGAÇÃO

O esgoto doméstico é composto de 99,93% de água e, consequentemente, é muito bom para ser adotado como reúso depois de tratado adequadamente. A irrigação torna-se necessária em áreas onde a água é escassa e o reúso do esgoto é indispensável para suplementar os recursos de água doce disponíveis. A agricultura requer grandes quantidades de água, as quais são usadas uma única vez, pois a água se perde por conta da evapotranspiração, que oscila entre 40% e 90%.

O esgoto contém nutrientes e matéria orgânica que são benéficos às plantas. A agricultura pode usar não somente a água, como também os recursos adicionais que são encontrados no esgoto, tais como matéria orgânica, principais nutrientes, nitrogênio (N), fósforo (P) e potássio (K), micronutrientes que são convertidos de um ambiente incômodo para um recurso valorizado. A irrigação é relativamente flexível em relação aos requerimentos de qualidade de água. Algumas culturas podem ser utilizadas com água de baixa qualidade e alguns problemas encontrados no esgoto podem ser superados com práticas de agricultura adequadas.

Na Tabela 9.1, são apresentadas taxas hipotéticas de nitrogênio e fósforo que podem ser aplicadas em uma zona árida com efluentes de lagoas de estabilização para uma vazão requerida de 20.000 m³/hab.ano. Na Tabela 9.2, são apresentados valores de efluentes de esgoto comparados com aplicação de adubo comercial.

Tabela 9.1 – Nutrientes originários de efluentes de lagoas de estabilização

Intensidade de irrigação em zonas áridas (20.000 m³/hab.ano)	Concentração típica (mg/L)		Taxa de aplicação (kg/ha.dia)	
	Nitrogênio	Fósforo	Nitrogênio	Fósforo
	15	3	300	60

Fonte: Egocheaga e Moscoso (2004).

Tabela 9.2 – Valores de fertilizantes em efluentes de esgoto

Adubo	Taxa comercial de aplicação (kg/ha)	Efluente		
		mg/L	kg/ha	%
Sulfato de amônia	800	25 (N)	425	53
Superfosfato	500	5,6 (P)	251	50
Cloreto de potássio	500	24 (K)	156	31

Fonte: Libhaber (2005).

A quantidade de nitrogênio adicionado ao solo por meio da irrigação com esgoto sanitário pode ser similar ou até mesmo exceder a quantidade aplicada via fertilização nitrogenada recomendada, durante períodos similares (FEIGIN et al. apud MEDEIROS et al., 2008).

Os benefícios econômicos do reúso agrícola são auferidos, principalmente, graças ao aumento da produtividade agrícola possibilitada pela irrigação com esgoto tratado adequadamente, sendo mais significativos em áreas onde se depende apenas de irrigação natural, proporcionada pelas águas de chuvas (HESPANHOL, 2003). Outras vantagens são apresentadas por Leite (2001): conservação dos recursos hídricos pela substituição de água de primeira qualidade, usada na irrigação, por efluentes de estação de tratamento de esgoto; continuidade na produção agrícola em localidades que não possuem outra fonte de água na estação seca a não ser esgoto; e reciclagem dos nutrientes presentes no esgoto e consequente economia nos gastos com fertilizantes.

Medeiros et al. (2008) verificaram que a irrigação com esgoto filtrado foi mais efetiva na melhoria do estado nutricional do cafeeiro que a irrigação convencional, revelando que a aplicação controlada de esgoto no solo é uma alternativa para fertilização das culturas, potencializando a produção de alimentos. Na irrigação com efluente sanitário tratado por diversas tecnologias de tratamento, Duarte et al. (2008) concluíram que os efluentes utilizados mostraram qualidade física e química adequada para plantas de pimentão.

A fim de assegurar a proteção dos usuários, dos alimentos produzidos e das pessoas envolvidas com os métodos de reúso de esgoto, é necessário avaliar os aspectos sanitários dessas práticas, principalmente quanto à propagação de patógenos (DALTRO FILHO, 2004).

TRATAMENTO DO ESGOTO SANITÁRIO

O reúso de efluentes destinados prioritariamente à irrigação na agricultura é comumente subordinado a um critério de reúso. Na maioria dos países, esse critério refere-se principalmente a riscos à saúde e ao meio ambiente. Os principais parâmetros incluem DBO_5, concentração de sólidos em suspensão (SS), quantidade de coliformes termotolerantes e oxigênio dissolvido (OD). Entretanto, vários agentes biológicos ainda não foram incluídos no critério de reúso, em parte por conta de restrições técnicas e financeiras para monitoramento. Parâmetros que normalmente não estão incluídos são os sólidos dissolvidos totais (SDT), boro, cloro, sódio e metais pesados. As barreiras para o uso de efluentes, as quais são essencialmente uma série de fatores de segurança, incluem o nível de tratamento do esgoto, tratamento adicional para águas superficiais armazenadas, desinfecção do esgoto, tipo de colheita, tecnologia de aplicação (irrigação superficial ou por gotejamento) e tempo de colheita. Cada uma dessas barreiras está associada com as despesas que afetam a produtividade do sistema integrado de reúso de águas residuais. O reúso de efluentes para irrigação deve estar focado nas séries consecutivas de tratamento que garantem mínimo risco à saúde e mais alta produtividade.

Na Tabela 9.3, são mostrados valores médios dos parâmetros mais comuns usados para caracterizar as águas residuais domésticas na América Latina (AL) e no Caribe, tendo como base 158 estações de tratamento de esgoto (ETEs). Segundo Noyola et al. (2013), estes valores podem ser considerados como representativos da região latino-americana.

Tabela 9.3 – Valores médios de parâmetros de água residual doméstica bruta na América Latina

Parâmetro	Valor médio proposto para AL	Desvio padrão	Valor de referência
DBO_5 (mg/L)	244	17	220
DQO (mg/L)	557	40,3	500
SST (mg/L)	264	31,1	220
Nitrogênio total (mg/L)	42	1,4	40
Fósforo total (mg/L)	7	0,7	8
Coliformes totais (NMP/100 mL)	$1,2 \times 10^7$	$1,4 \times 10^6$	$1,0 \times 10^7$

Fonte: Noyola et al. (2013).

Em países de clima tropical, as temperaturas médias são muito mais elevadas que nos países de clima temperado e, por essa razão, os processos biológicos de tratamento de esgoto utilizados atualmente podem ser mais simples e econômicos em razão do fato de que os micro-organismos se desenvolvem com maior rapidez em climas quentes.

Na Tabela 9.4, é apresentado o resultado de uma amostragem de estações de tratamento de esgoto analisadas em seis países selecionados na América Latina (Brasil, Chile, Colômbia, Guatemala, México e República Dominicana) em função do tipo de tecnologia mais usada.

Tabela 9.4 – Quantidade de ETEs em função do tipo de tecnologia em amostragem realizada na América Latina

Tipo de estações de tratamento de esgoto (ETEs)	Quantidade/Porcentagem
Lagoas de estabilização	1.106 (38%)
Lodos ativados	760 (26%)
UASBs	493 (17%)
Lagoas aeradas	140
Wetlands	137
Filtros biológicos	125
Tanques Imhoff	84
Filtro anaeróbio	54
Tratamento primário avançado	18
Filtro submerso aeróbio	10
Biodiscos	6

Fonte: adaptada de Noyola, Morgun-Sagastume e Güreca (2013).

A água residual tratada, principalmente, esgoto doméstico, pode ser usada para grande variedade de possibilidades, especialmente para irrigação agrícola (ASANO, 1998). Em Israel, o tratamento do esgoto é compulsório e, geralmente, são utilizados sistemas de lagoas de estabilização. Esses sistemas são muito populares em pequenas comunidades desse país. Porém, em grandes áreas urbanas, o esgoto doméstico é tratado por meio de processos avançados. Em regiões áridas, como é o caso de Israel, o esgoto tratado é comumente armazenado para períodos restritos em reservatórios superficiais abertos, cuja profundidade varia de 6 m a 10 m. O efluente a ser utilizado é bombeado da camada superior do reservatório (0,50 m a 1,50 m abaixo do nível de água) para evitar alto conteúdo de algas e para que tenha mais possibilidades de ser aeróbio. O armazenamento temporário do esgoto tratado varia desde alguns dias até vários meses. Além disso, o esgoto tratado temporariamente tem a vantagem de receber direta exposição da radiação solar (JUANICO; SHELEF, 1994), favorecendo a desinfecção.

Dos processos de tratamento de esgoto utilizados em países de clima tropical, os sistemas de lagoas de estabilização são um dos métodos mais econômicos e eficazes da atualidade e cuja maior vantagem em relação aos outros tipos de tratamento é a maior eficiência na redução, de maneira natural, de patógenos (protozoários e helmintos). Os sistemas de lagoas de estabilização bem projetados e adequadamente bem operados e mantidos permitem a redução de seis ordens logarítmicas de magnitude de bactérias e três ordens de magnitude de helmintos (MENDONÇA, 2001). Infelizmente a grande maioria desses sistemas na América Latina é praticamente abandonada à sua própria sorte depois de sua implantação e, por essa razão, não alcançam seus objetivos.

DIRETRIZES RECOMENDADAS PELA ORGANIZAÇÃO MUNDIAL DA SAÚDE PARA USO DE ESGOTO NA AGRICULTURA

Peritos que participaram do I Encontro para o Projeto sobre o Uso Adequado de Águas Residuais Domésticas na Agricultura e Aquacultura, em Engelberg, na Suíça, em 1985, segundo Mara e Cairncross (1989), foram os precursores das primeiras recomendações, chamadas Diretrizes Engelberg, para a qualidade microbiológica de resíduos tratados de esgoto destinado à irrigação, baseadas nas medidas de proteção à saúde para métodos de tratamento de esgoto (WHO, 1973). Nessas recomendações, dois tipos de irrigação são considerados: irrestrita e restrita. A irrigação irrestrita é destinada à irrigação de cultura de raízes, folhas, irrigação por gotejamento de culturas elevadas e por gotejamento de culturas rentes ao solo e outros casos especiais que dependem dos requisitos da agência reguladora local. A irrigação restrita se refere à irrigação de todas as culturas, exceto aquelas consumidas cruas (MARA; KRAMER, 2008).

Na Tabela 9.5, são apresentadas em detalhes as diretrizes recomendadas pela Organização Mundial da Saúde (WHO, 2006) para a qualidade microbiológica das águas residuais empregadas na agricultura.

Tabela 9.5 – Limites de nível de contaminação esperados em efluentes tratados para irrigação para vários tipos de cultura (*E. coli*/coliformes termotolerantes)

Tipo de irrigação	Cultura	Remoção de patógenos requerida (unidades log)	Nível para monitoramento de verificação (*E coli* por 100 mL)*
Irrestrita	Culturas de raízes	4	$\leq 10^{3}$
	Culturas de folhas	3	$\leq 10^{4}$
	Irrigação por gotejamento de culturas elevadas	2	$\leq 10^{5}$
	Irrigação por gotejamento de culturas rentes ao solo	4	$\leq 10^{3}$
	Depende dos requisitos da agência reguladora local	6 ou 7	$\leq 10^{1}$ ou $\leq 10^{0}$
Restrita	Agricultura intensiva (proteção de adultos e crianças menores de 15 anos).	3	$\leq 10^{4}$
	Agricultura altamente mecanizada	2	$\leq 10^{5}$
	Remoção de patógenos em tanque séptico	0,5	$\leq 10^{6}$

* Média geométrica.

Fonte: World Health Organization (2006).

A OMS propôs como risco admissível (*tolerable risk*) um parâmetro para padronização de padrões para potabilidade, balneabilidade e reúso; por exemplo, o índice *disability adjusted life years* (DALYs), em português, anos de vida ajustados em disabilidade (AVAD), que representa a medida de gravidade de uma doença para uma população e que leva em conta a probabilidade da doença resultar em morte, seus efeitos na saúde e sofrimentos por longo período. Esse índice é expresso por: 1×10^{-6} DALY perdidos por pessoa por ano (igual a 1 μDALY pppa). Esse parâmetro é apresentado no Quadro 9.1.

Quadro 9.1 – Diretrizes primárias e metas de qualidade da água usada na irrigação com esgoto tratado para garantia da saúde da população

Tipo de irrigação	Diretriz primária para patógenos (bactérias, vírus e protozoários)	Metas de qualidade para ovos de helmintos
Irrestrita	≤ 10^{-6} DALY perdidos pppa	≤ 1 por litro (média aritmética); ≤ 0,1 ovo por litro, quando há exposição de crianças menores de 15 anos.
Restrita	≤ 10^{-6} DALY perdidos pppa	≤ 1 por litro (média aritmética); ≤ 0,1 ovo por litro, quando há exposição de crianças menores de 15 anos.
Localizada	≤ 10^{-6} DALY perdidos pppa	a) Culturas rentes ao solo: ≤ 1 por litro (média aritmética). b) Culturas elevadas: sem recomendação.

1×10^{-6} DALY perdidos por pessoa por ano (1 μDALY pppa).

Fonte: World Health Organization (2006).

Os helmintos a que a OMS se refere são *Ascaris lumbricoides*, *Trichuris trichiura*, *Ancylostoma duodenale* e *Necator americanus*. A interrupção da irrigação com esgoto duas semanas antes da colheita é uma medida eficiente contra a contaminação da cultura, reduzindo ainda mais os riscos à saúde (VAZ et al. apud WHO, 2006).

Há mais de onze anos, Egocheaga e Moscoso (2004) mencionavam que 90% do esgoto da América Latina e do Caribe eram despejados sem nenhum tipo de tratamento em rios, mares, lagos e terras agrícolas. Estimava-se que na região cerca de 2,5 milhões de hectares de terras agrícolas eram irrigadas com águas residuais contaminadas com patógenos, gerando graves problemas de saúde pública e poluição ambiental. Como é fácil imaginar, o rápido crescimento populacional dos países em desenvolvimento tem aumentado esse problema consideravelmente.

As doenças infecciosas são a principal causa de mortalidade e morbidade infantil nos países em desenvolvimento. São originadas por falta de higiene, contaminação por micro-organismos patogênicos existentes na água para bebida, alimentação e ambientes recreativos. O principal vetor é o esgoto doméstico lançado sem tratamento nos rios e/ou solo ou tratado de forma inadequada. Oito por cento das causas de morte nos países desenvolvidos são doenças infecciosas e parasitárias, enquanto nos países em desenvolvimento esse valor chega a 40%. Anualmente 5 milhões de pessoas morrem de doenças transmitidas por parasitas que se disseminam na água, segundo a OMS. De acordo com o Sistema Nacional de Informações sobre Saneamento, em 2013, o índice de coleta de esgoto era de 48,6% no Brasil, mas apenas 69,4% desses eram tratados

(SNIS, 2014), ou seja, mais de 66% de todo esgoto gerado no país era lançado *in natura* no meio ambiente, propiciando uma infinidade de doenças de veiculação hídrica e descarte inadequado de inúmeros poluentes.

Na Tabela 9.6, é apresentada a dose mínima infectante que pode causar infecção no homem ou em animais. A dose infectante de determinado patógeno representa a quantidade desse micro-organismo que um indivíduo em bom estado de saúde necessita ingerir para ficar doente. A dose infectante é extremamente variável em função do tipo de micro-organismo, sendo relativamente elevada para muitas bactérias e protozoários patógenos e muito baixa para outros tipos. O conceito de dose infectante é de difícil quantificação, pois os voluntários para esses estudos são, em geral, indivíduos adultos, bem alimentados e moradores em áreas não endêmicas. As doses infectantes assim determinadas devem ser cautelosamente extrapoladas, principalmente para crianças subnutridas (MONTE; ALBUQUERQUE, 2010). Como é possível observar na Tabela 9.6, há uma possibilidade muito maior de o ser humano ser contaminado pela ingestão de helmintos do que de bactérias.

Tabela 9.6 – Dose mínima de agentes patógenos que podem causar infecção no homem ou em animais

Agente patógeno	Dose mínima infectante
Helmintos	1 – 10
Protozoários	10 – 100
Bactérias	100 – 1 milhão
Vírus	100

Fonte: Soccol e Paulino (2005).

Os padrões de lançamento de efluentes preconizados pelo Conselho Nacional do Meio Ambiente (CONAMA) (BRASIL, 2005c) são muito exigentes em relação aos coliformes fecais (coliformes termotolerantes), porém não se referem a ovos de helmintos nem a cistos de protozoários. As exigências brasileiras refletem padrões norte-americanos e europeus, que necessitam de ETEs muito sofisticadas e com custos muito elevados para eliminar os coliformes termotolerantes. Lá não existe a extrema pobreza (ligada a grande proliferação de doenças infecciosas parasitárias). Por outro lado, ovos de helmintos e cistos de protozoários não são removidos por nenhum processo sofisticado de tratamento de esgoto, mesmo se forem aplicadas cloração e/ou radiação ultravioleta nos efluentes tratados. Conforme explicitado anteriormente, os sistemas de lagoas de estabilização, quando adequadamente projetados e operados, permitem a remoção de seis ordens logarítmicas de magnitude de bactérias e três ordens de magnitude de helmintos por meio de um processo natural sem nenhum uso de produtos químicos.

Como comentado, o esgoto tratado pode gerar muitos benefícios quando reusado na irrigação. No trabalho de Dantas et al. (2014), foram avaliados os efeitos do reúso de efluente doméstico na cultura do rabanete. Esse estudo constatou que os micro-organismos presentes no bulbo do rabanete estavam dentro dos padrões estabelecidos pela Resolução ANVISA n. 12/2001. Nesse sistema de tratamento (duas lagoas facultativas e três de maturação em série) de esgoto doméstico não foram observados ovos de helmintos no efluente durante a realização do experimento (RAMIRO et al., 2012). Carvalho et al. (2013) utilizaram o efluente desse mesmo sistema de lagoas na irrigação de girassol e constataram que os resultados das análises de qualidade microbiológicas na parte aérea da planta estavam dentro dos padrões estabelecidos pela legislação vigente para destinação à alimentação animal.

TOLERÂNCIA À SALINIDADE EM CULTURAS

O crescimento das plantas é mais afetado pela concentração real de sais presente no solo do que nas águas provenientes do reúso. A alta salinidade pode causar danos à vegetação pelo simples contato direto da água com as raízes das plantas. Por essa razão, antes da irrigação, devem ser estudados o tipo de solo, o clima e os tipos de culturas propostas para as áreas onde se pretende utilizar o reúso. A salinidade da água de reúso pode ser medida pela condutividade elétrica (CE), estando diretamente relacionada com a concentração de sais. Essa salinidade é medida a 25 °C e expressa em deciSiemens por metro (dS/m), microSiemens por centímetro (μS/cm) ou milimós por centímetro (mmho/cm). Os valores de condutividade elétrica podem ser convertidos para miligramas por litro (mg/L) de sais dissolvidos totais (SDT) no líquido, utilizando-se os seguintes coeficientes:

SDT (mg/L) = 0,64 × μS/cm;

SDT (mg/L) = 640 × dS/cm e

SDT (mg/L) = 640 × mmho/cm

As águas provenientes do reúso tratado podem se acumular no solo, dentro do limite radicular das plantas, inibindo sua germinação e seu crescimento. Efeitos osmóticos ou de toxicidade de certos íons também podem matar a vegetação, entretanto, a tolerância das plantas à salinidade é muito variável (PAGANINI, 2003).

Na Tabela 9.7, são apresentados limites de constituintes recomendados para utilização de água de irrigação agrícola.

Tabela 9.7 – Limites para alguns elementos constituintes de águas de reúso recomendados para água de irrigação agrícola

Elemento	Concentração máxima (mg/L)*	Comentários
Alumínio (Al)	5,0	Pode causar baixa produtividade em solos ácidos (pH < 5,5), porém, em solos alcalinos (pH > 5,5), o íon precipita e qualquer toxicidade é eliminada.
Arsênio (As)	0,10	Toxicidade para plantas variada, desde 12 mg/L para áreas gramadas no Sudão até menos de 0,05 mg/L em plantações de arroz.
Berílio (Be)	0,10	Toxicidade para plantas variada, desde 5 mg/L para couve a 0,5 mg/L em feijões.

(*continua*)

Tabela 9.7 – Limites para alguns elementos constituintes de águas de reúso recomendados para água de irrigação agrícola (*continuação*)

Elemento	Concentração máxima (mg/L)*	Comentários
Cádmio (Cd)	0,01	Tóxico para plantações de feijão, beterraba, nabo em concentrações tão baixas quanto 0,1 mg/L em solução nutriente. Recomendam-se limites moderados em virtude do poder cumulativo desse elemento no solo e plantas, atingindo concentrações perigosas para o ser humano.
Cobalto (Co)	0,05	Tóxico para plantações de tomate em concentrações de 0,1 mg/L em solução nutriente. A toxicidade tende a ser inativada por solos neutros e alcalinos.
Cromo (Cr)	0,10	Geralmente não é considerado elemento essencial para o desenvolvimento da planta. Em função do pouco conhecimento sobre a toxicidade desse elemento, recomendam-se concentrações moderadas.
Cobre (Cu)	0,20	Tóxico para uma grande variedade de plantas em concentrações entre 0,1 mg/L e 1,0 mg/L em solução nutriente.
Flúor (F)	1,0	Inativado por solos neutros e alcalinos.
Ferro (Fe)	5,0	Não tóxico para plantações em solo aerado, mas pode contribuir para a acidificação e perda da capacidade de redução de elementos essenciais como fósforo e molibdênio. Por outro lado, a irrigação com aspersores pode resultar em manchas indesejáveis em plantas, equipamentos e construções.
Lítio (Li)	2,5	Tolerável pela maior parte das culturas em concentrações acima de 5 mg/L; capacidade de mobilidade no solo. Tóxico para culturas cítricas em baixas concentrações (> 0,075 mg/L). Ação semelhante ao boro.
Manganês (Mn)	0,2	Tóxico para um grande número de culturas a partir de décimos de miligramas a alguns mg/L, normalmente em solos ácidos.
Molibdênio (Mo)	0,01	Não tóxico em concentrações normais encontradas no solo e na água. Contudo, pode ser tóxico para o gado se a forragem tiver sido gerada em solos com concentrações altas de molibdênio.
Níquel (Ni)	0,2	Tóxico para a maioria das plantas a 0,5 mg/L e 1,0 mg/L; toxicidade reduzida em pH neutro ou alcalino.
Chumbo (Pb)	5,0	Em concentrações muito elevadas pode inibir o crescimento das plantas.
Selênio (Se)	0,020	Tóxico para plantas em concentrações tão baixas quanto 0,025 mg/L e tóxico para rebanho de gado se a forragem tiver crescido em solos com concentrações relativamente altas de selênio adicionado. Considerado elemento essencial para animais em baixas concentrações.
Estanho (Sn)	–	Efetivamente excluído pelas plantas; tolerância específica desconhecida.
Titânio (Ti)	–	Efetivamente excluído pelas plantas; tolerância específica desconhecida.
Tungstênio (W)	–	Efetivamente excluído pelas plantas; tolerância específica desconhecida.
Vanádio (V)	0,10	Tóxico em baixas concentrações para muitas plantas.
Zinco (Zn)	2,0	Tóxico em concentrações variadas para muitas plantas; toxicidade reduzida em pH > 6,0 e solos orgânicos ou com textura fina.

* Limites para uso de água por longos períodos (acima de vinte anos).

Fonte: adaptada de Blum (2003).

Nas Tabelas 9.8 e 9.9 e no Quadro 9.2, são apresentados os níveis de tolerância à salinidade de vários tipos de cultura em função de condutividade elétrica, usos e adequação de águas para irrigação.

Tabela 9.8 – Nível de tolerância a sais de alguns tipos de cultura

Cultura	Condutividade elétrica máxima tolerada em extratos de solo saturado (µS/cm)
Grama-bermuda (capim-de-burro) e outros tipos de gramas rasteiras	18.000
Trigo e algodão	12.000 a 14.000
Alfafa	8.000
Milho e linho	6.000
Frutas cítricas	4.000

Fonte: Arceivala e Asolekar (2007).

Tabela 9.9 – Usos de águas de irrigação adequadas em função da salinidade

Condutividade elétrica (µS/cm)	Salinidade	Usos
< 250	Baixa	Apropriada para a maioria das culturas na maioria dos solos.
250 a 750	Média	Apropriada na maioria dos casos com drenagem moderada.
750 a 2.250	Alta	Pode ser usada em culturas tolerantes a sal em solos drenados adequadamente.
2.250 a 5.000	Muito alta	Pode ser usada em plantas muito tolerantes e com excesso de percolação do solo.

Fonte: Arceivala e Asolekar (2007).

Quadro 9.2 – Classificação de culturas em relação à tolerância de sais

Sensível	Moderadamente sensível	Moderadamente tolerante	Tolerante
Feijão	Milho	Aveia	Algodão
Cebola	Cana-de-açúcar	Grama Rhodes	Arroz
Morango	Alfafa	Grama Italian Rye	Grama-bermuda
Maçã	Girassol	Figo	Aspargo
Abacate	Alface	Mamão	Jojoba
Limão	Brócolis	Soja	Cevada
Lima	Pepino	Sorgo	Grama Kallar

(*continua*)

Quadro 9.2 – Classificação de culturas em relação à tolerância de sais (*continuação*)

Sensível	Moderadamente sensível	Moderadamente tolerante	Tolerante
Manga	Pimenta	Romã	Grama Alkali
Laranja	Tomate	Trigo	Arroz-silvestre
Pêssego	Espinafre	Nabo	Grama-Trigo
Pera	Batata	Grama-Canary	
Tangerina	Melancia		
Grapefruit	Berinjela		
Cenoura	Aveia (forragem)		
Amora	Couve-flor		
Nêspera	Repolho		
Ervilha	Grama-azul		
Gergelim	Trevo-vermelho		

Fonte: Gheyi; Queiroz e Medeiros (1997).

CONCEITO DE DESENVOLVIMENTO SUSTENTÁVEL

Trata-se de um novo modelo de desenvolvimento que busca compatibilizar o atendimento das necessidades sociais e econômicas do ser humano com as necessidades de preservação do ambiente, de modo que se assegure a sustentabilidade da vida na Terra para as gerações presentes e futuras. Busca-se melhorar a qualidade da vida humana, respeitando a capacidade de suporte dos ecossistemas. Acredita-se que o desenvolvimento sustentável seja a forma mais viável para eliminar a rota da miséria, da exclusão social e econômica, do consumismo exagerado, do desperdício e da degradação ambiental na qual a sociedade humana se encontra (DIAS, 2004).

O reúso agrícola por meio de águas residuais tratadas com lagoas de estabilização é um bom exemplo de como é possível diminuir consideravelmente a poluição dos nossos cursos de água, com a diminuição de descarga de esgoto em seus leitos. Além disso, deve ampliar o mercado de trabalho com a geração de empregos e a produção de alimentos mais saudáveis em razão da utilização de adubos de natureza orgânica natural em vez de pesticidas químicos usados em grande escala na agricultura.

DIRETRIZES PARA MELHORAR A GESTÃO DAS ÁGUAS RESIDUAIS DOMÉSTICAS E TORNAR MAIS SUSTENTÁVEL A PROTEÇÃO DA SAÚDE

O extenso trabalho realizado por Moscoso, Egocheaga e Ramirez (2005), em vários países da América Latina, com o apoio de autoridades sanitárias, sobre o reúso de águas residuais na agricultura resultou na validação das orientações para a formulação de políticas de gestão das águas residuais domésticas em todo o continente. Para a elaboração dessa pesquisa, foram definidas estas cinco premissas:

1) O tratamento e reúso adequados das águas residuais domésticas contribuem para a proteção da qualidade dos corpos de água e devem fazer parte de uma gestão mais eficiente dos recursos hídricos.
2) A legislação e a tecnologia para tratar águas residuais domésticas devem estar orientadas a proteger tanto a saúde quanto o meio ambiente por meio da remoção eficiente de organismos patogênicos e outros poluentes presentes no esgoto.
3) A comunidade deve assumir o custo do tratamento das águas residuais que gera para contribuir para a proteção da saúde e do meio ambiente.
4) O reúso produtivo do esgoto sanitário tratado deve oferecer benefícios econômicos, sociais e ambientais que incluam a redução de custo do seu tratamento.
5) A sociedade, principalmente os agricultores, deve valorizar a qualidade sanitária das águas residuais tratadas e sua contribuição de nutrientes aos cultivos.

Em função dessas cinco premissas, foram definidas e validadas pelas autoridades representantes desses países latinos, incluindo o Brasil, as diretrizes propostas para uma eficiente gestão das águas residuais domésticas. As cinco premissas foram divididas em quatro agendas: política, empresarial, social e sub-regional. A seguir, são descritas as quatro agendas na íntegra por se considerar essas diretrizes de suma importância para apoiar e facilitar aos tomadores de decisão a aplicação de medidas necessárias ao desenvolvimento de programas de reúso de águas residuais tratadas no Brasil.

A agenda política para as autoridades nacionais, setoriais e locais:

- Formular e implementar políticas para atingir os Objetivos de Desenvolvimento do Milênio (ODM) no que se refere **à redução da mortalidade infantil e ao aumento da cobertura de saneamento, entre outros.**
- Reconhecer que a pobreza nas áreas urbanas da América Latina está aumentando para redefinir as agendas-país e, principalmente, os setores Saúde, Economia, Ambiente, Produção e Saneamento.
- Promover a inclusão das águas residuais na definição das agendas-país como parte do enfoque integral dos recursos hídricos.
- Propor o relacionamento urbano-rural para complementar a geração e reúso das águas residuais, como parte de uma gestão mais eficiente dos recursos hídricos.
- Promover alianças entre os responsáveis pelo tratamento e os usuários das águas residuais, para reduzir o custo do tratamento e promover seu uso produtivo em condições sanitárias adequadas.
- Incorporar o tema *reúso das águas residuais domésticas tratadas* nas políticas de estado e promover iniciativas dos diferentes atores econômicos e sociais.
- Promover o desenvolvimento local de áreas agrícolas produtoras de alimentos irrigadas com águas residuais domésticas tratadas como estratégia para a segurança alimentar e a geração de emprego nas cidades.

- Promover mecanismos de participação cidadã para a vigilância e melhoramento dos serviços de água potável, saneamento e reúso das águas residuais domésticas tratadas.
- Regulamentar o uso de tecnologia para remover organismos patogênicos humanos e outros poluentes das águas residuais domésticas para atingir a qualidade sanitária requerida para seu novo uso ou disposição final segura.
- Desenvolver os projetos de tratamento das águas residuais domésticas, incorporando critérios de custo-eficiência, proteção à saúde pública e o reúso produtivo e seguro.
- Promover os sistemas integrados de tratamento e reúso produtivo das águas residuais domésticas para otimizar os benefícios e para reduzir e distribuir melhor seus custos.
- Promover o acordo da distribuição do custo do tratamento das águas residuais domésticas entre aqueles que a geram e aqueles que a aproveitam.
- Comprometer aos agricultores a usar águas residuais tratadas na irrigação para proteger sua saúde.
- Criar incentivos para o uso seguro e produtivo das águas residuais domésticas tratadas.
- Promover o máximo reúso das águas residuais domésticas tratadas para minimizar seu lançamento ao ambiente.
- Regulamentar a gestão sanitária dos lodos e de outros resíduos tóxicos gerados pelo tratamento das águas residuais domésticas.
- Propor estratégias para propiciar o aumento das conexões domésticas às redes de esgoto a fim de otimizar sua capacidade.
- Comprometer o setor industrial a cumprir os regulamentos para o lançamento dos seus efluentes.
- Unificar critérios para obtenção de recursos de cooperação internacional no setor água e saneamento que inclua o tema águas residuais domésticas.

A agenda política para os legisladores:

- Desenvolver o marco legal necessário para atingir os Objetivos de Desenvolvimento do Milênio (ODM) no que se refere à redução da mortalidade infantil e ao aumento da cobertura de saneamento, entre outros.
- Incluir na legislação as águas residuais como parte do enfoque integral dos recursos hídricos.
- Designar uma instância que promova a coordenação entre os setores de saneamento, saúde, os governos locais e a sociedade civil.
- Considerar, no marco legal nacional, as Diretrizes Sanitárias da OMS para o uso na agricultura e na aquicultura das águas residuais domésticas, para estabelecer limites, mecanismos de controle e incentivos para promover seu uso seguro e produtivo.

- Orientar a legislação do tratamento das águas residuais domésticas para remover principalmente organismos patogênicos (ovos de nematoides e coliformes termotolerantes), além de outros poluentes.
- Desenvolver mecanismos de regulamentação e controle da qualidade das águas residuais domésticas tratadas e de seus produtos agrícolas irrigados.

A agenda política para as entidades reguladoras, fiscalizadoras e supervisoras:

- Regulamentar a disposição das águas residuais domésticas, segundo as normas de qualidade do corpo receptor ou o tipo de reúso.
- Regular as competências dos setores de saneamento, saúde e dos governos locais, associados à gestão das águas residuais domésticas.
- Regular o reúso de tecnologia para remover organismos patogênicos e outros poluentes das águas residuais domésticas para atingir a qualidade sanitária requerida para seu novo uso ou disposição final segura.
- Incluir o custo do tratamento das águas residuais domésticas nas tarifas dos serviços públicos.
- Definir a distribuição do custo do tratamento das águas residuais domésticas entre aqueles que a geram e aqueles que a aproveitam.
- Estabelecer tarifas ou mecanismos que permitam valorizar a disponibilidade de reúso das águas residuais tratadas para a irrigação agrícola e outras opções de uso.
- Regulamentar e controlar a gestão de lodos e excedentes estacionais das águas residuais domésticas gerados no processo de tratamento, para minimizar os impactos negativos significativos.

A agenda empresarial para as companhias de água e esgoto:

- Incorporar o conceito de reúso das águas residuais domésticas tratadas nas políticas das companhias de água e saneamento e promover a participação de outros agentes econômicos e sociais.
- Usar tecnologia para remover organismos patogênicos e outros poluentes das águas residuais domésticas para atingir a qualidade sanitária requerida para seu novo uso ou disposição final segura.
- Elaborar propostas com critério de custo-eficiência para o tratamento das águas residuais domésticas, segundo as possibilidades reais da comunidade, no intuito de garantir a sustentabilidade do serviço.
- Sensibilizar a comunidade sobre a necessidade de assumir o custo do tratamento das águas residuais domésticas que gera.
- Incluir o custo do tratamento das águas residuais domésticas nas tarifas dos serviços públicos.
- Aplicar mecanismos eficazes de cobrança para melhorar a sustentabilidade dos serviços.

- Definir estratégias para promover o aumento das conexões domiciliares nas redes de esgoto a fim de otimizar sua capacidade.
- Definir a distribuição do custo do tratamento das águas residuais domésticas entre aqueles que a geram e aqueles que a aproveitam.
- Desenvolver sistemas integrados de tratamento e reúso produtivo das águas residuais domésticas para otimizar seus benefícios e para reduzir e distribuir melhor seus custos.
- Localizar os sistemas integrados de tratamento e reúso das águas residuais domésticas em áreas com capacidade produtiva no intuito de gerar benefícios econômicos, sociais e ambientais.
- Promover o máximo reúso das águas residuais domésticas tratadas para minimizar sua descarga ao ambiente.
- Realizar uma gestão sanitária de lodos e outros resíduos gerados pelo tratamento das águas residuais domésticas.
- Promover o uso de tecnologia que reduza o consumo de água.

A agenda empresarial para as organizações dos agricultores:

- Sensibilizar os agricultores sobre a necessidade de irrigação com água de qualidade sanitária que evite a poluição de seus produtos.
- Exigir o uso de tecnologia para remover organismos patogênicos e outros poluentes das águas residuais domésticas no intuito de atingir a qualidade sanitária requerida para seu novo uso ou disposição final segura.
- Comprometer aos agricultores a usar águas residuais tratadas na irrigação a fim de proteger sua saúde.
- Promover o reúso das águas residuais domésticas tratadas para reduzir o uso de fertilizantes químicos.
- Estabelecer a distribuição do custo do tratamento das águas residuais domésticas entre aqueles que a geram e aqueles que a aproveitam.
- Desenvolver sistemas integrados de tratamento e reúso produtivo das águas residuais domésticas para otimizar os benefícios e para reduzir e distribuir melhor os custos.
- Localizar os sistemas integrados de tratamento e reúso das águas residuais domésticas em áreas com capacidade produtiva para gerar benefícios econômicos, sociais e ambientais.

A agenda social para as organizações vizinhas e ONGs:

- Sensibilizar e gerar consciência na comunidade e seus dirigentes para exercer seus direitos e assumir suas responsabilidades na gestão dos recursos hídricos, incluindo as águas residuais domésticas.

- Sensibilizar a comunidade sobre os riscos à saúde e ao ambiente causado pela descarga de águas residuais domésticas sem tratamento adequado e seu uso na irrigação dos produtos agrícolas que consome.
- Sensibilizar a comunidade sobre a necessidade de assumir o custo do tratamento das águas residuais domésticas que ela gera.
- Sensibilizar os agricultores sobre a necessidade de irrigação com água de qualidade sanitária que evite a poluição de seus produtos.
- Exigir o uso de tecnologia para remover organismos patogênicos e outros poluentes das águas residuais domésticas para atingir a qualidade sanitária requerida para seu novo uso ou disposição final segura.
- Elaborar propostas com critério de custo-eficiência para o tratamento das águas residuais domésticas, segundo as reais possibilidades de pagamento da comunidade, a fim de garantir a sustentabilidade do serviço.
- Sensibilizar a comunidade sobre os benefícios do reúso das águas residuais domésticas tratadas no desenvolvimento de atividades agrícolas e outras opções de aproveitamento.
- Promover os sistemas integrados de tratamento e uso produtivo das águas residuais domésticas para otimizar seus benefícios e reduzir e distribuir melhor seus custos.
- Capacitar os usuários e entidades envolvidas para promover o uso seguro e produtivo das águas residuais domésticas tratadas.
- Promover o uso de tecnologias que reduzam o consumo de água.
- Participar na vigilância e melhoramento dos serviços de água potável e no saneamento e uso das águas residuais domésticas tratadas.

A agenda social para as entidades educativas:

- Incorporar os critérios gestão integral dos recursos hídricos, tecnologia custo-eficiente e sustentável orientada a remover organismos patogênicos, uso produtivo e seguro e validação social no currículo de profissões associadas ao tratamento e uso produtivo das águas residuais domésticas.
- Promover o trabalho em equipe e multidisciplinares como eixo estrutural na formação de profissionais das áreas ligadas à gestão das águas residuais.
- Elaborar propostas com critério de custo-eficiência para o tratamento das águas residuais domésticas, segundo as reais possibilidades de pagamento da comunidade, a fim de garantir a sustentabilidade do serviço.
- Desenvolver pesquisas na gestão integral dos recursos hídricos e validar as experiências regionais com outras instituições.
- Incorporar, em todos os níveis educativos, os critérios essenciais da gestão integral dos recursos hídricos.

- Promover a pesquisa sobre tecnologia custo-eficiente para tratar as águas residuais domésticas, visando principalmente a remover organismos patogênicos.
- Capacitar aos usuários e entidades envolvidas para promover o reúso seguro e produtivo das águas residuais domésticas tratadas.
- Promover os sistemas integrados de tratamento e reúso produtivo das águas residuais domésticas a fim de otimizar seus benefícios e reduzir e distribuir melhor seus custos.
- Promover o reúso das águas residuais domésticas tratadas para reduzir o uso de fertilizantes químicos.

A agenda social para os meios de comunicação:

- Sensibilizar a comunidade sobre a necessidade de tratar as águas residuais domésticas para proteger a saúde pública.
- Sensibilizar a comunidade sobre os riscos à saúde e ao ambiente que origina a descarga das águas residuais domésticas sem tratamento adequado e seu uso na irrigação dos produtos agrícolas que ela consome.
- Sensibilizar a comunidade sobre a necessidade de assumir o custo do tratamento das águas residuais domésticas que gera.
- Sensibilizar a comunidade sobre os benefícios do uso das águas residuais domésticas tratadas no desenvolvimento de atividades agrícolas e outras opções de aproveitamento.
- Sensibilizar os agricultores sobre a necessidade de irrigação com água de qualidade sanitária que evite a poluição de seus produtos.
- Promover o reúso das águas residuais domésticas tratadas para reduzir o uso de fertilizantes químicos.
- Sensibilizar a comunidade para que aceite os produtos irrigados com águas residuais domésticas adequadamente tratadas, que atinjam as normas de qualidade.

A agenda sub-regional para as instâncias sub-regionais:

- Promover a formulação e implementação das agendas-países segundo os ODM e incorporar os conceitos gestão integral dos recursos hídricos, reúso da água, urbanização da pobreza e busca da equidade e qualidade nos serviços de água potável e saneamento.
- Sensibilizar os governos e as comunidades em cada país sobre a necessidade de tratar as águas residuais domésticas para reduzir os riscos à saúde, evitar a poluição de fontes de água e os produtos agrícolas, e reduzir o custo do tratamento através do reúso na irrigação agrícola e em outras atividades produtivas.
- Promover a adoção de políticas e normas de água e saneamento, considerando o contexto social, econômico, tecnológico e ambiental de cada país, como ferramentas válidas para atender a crescente concentração da pobreza nos âmbitos urbanos.

- Promover que os governos e as agências financeiras priorizem nos seus projetos a gestão das águas residuais para proteger a saúde e o ambiente.
- Promover o uso de tecnologia para remover organismos patogênicos humanos e outros poluentes das águas residuais domésticas a fim de atingir a qualidade sanitária requerida para seu novo uso ou disposição final segura.
- Promover uma maior coordenação entre os países da América Latina e do Caribe para a troca de programas piloto e de experiências bem-sucedidas na gestão das águas residuais domésticas.
- Fortalecer as entidades nacionais e de integração sub-regional para coordenar de forma mais efetiva a cooperação internacional em água e saneamento, segundo a realidade social, econômica e ambiental de cada país.
- Apoiar a continuidade do processo promovido na Região para melhorar a gestão das águas residuais domésticas e tornar a proteção da saúde mais sustentável.

Fonte: ECOCHEAGA; MOSCOSO; RAMIREZ (2005).

ESQUEMA ADMINISTRATIVO PARA A ORGANIZAÇÃO DE NÚCLEOS AGRÍCOLAS

Atualmente, cerca de 75% do esgoto de Israel são reaproveitados para fins agrícolas. Trata-se da maior taxa de utilização de águas residuais tratadas no mundo. A Espanha, que ocupa o segundo lugar, utiliza apenas 12% de suas águas residuais tratadas na agricultura.

O Programa de Revitalização do Rio São Francisco (PRSF), após concluída sua transposição, abrange: (a) ampliar a oferta de água para a irrigação; (b) implementar projetos de reúso em escala plena; (c) incentivar o desenvolvimento e pesquisas sobre o tema; (d) gerar emprego e renda; (e) reduzir os custos de tratamento de efluentes; e (f) contribuir com a Política Nacional de Agroenergia.

Macedo (2010) apresentou proposta de um modelo de ações para o semiárido brasileiro baseada na experiência israelense. Esse modelo é apresentado a seguir de forma resumida. Tem como elemento central o Núcleo de Produção Agrícola Sustentável (NPAS) que seria implantado em áreas estratégicas localizadas no semiárido brasileiro, em especial naquelas que estão inseridas no PRSF, o que contribuiria com os objetivos desse programa. O NPAS deve se caracterizar como um grande latifúndio destinado à produção agrícola, inicialmente controlado pelo governo, até que se torne autossustentável. O objetivo principal desse núcleo é beneficiar as famílias de agricultores locais, motivando-as e preparando-as para a prática da agricultura irrigada, a partir do uso de águas residuais tratadas.

Adicionalmente, esse núcleo deve promover a melhoria do nível de escolaridade e capacitação técnica dos seus membros, com foco no desenvolvimento da agricultura local. Cada membro fica responsável por um lote de terra e deve cumprir metas preestabelecidas, as quais são relacionadas com os objetivos do núcleo. A permanência das famílias como membros do NPAS deve estar atrelada ao alcance das metas. A taxa média familiar de produtividade agrícola, a taxa média familiar de escolaridade/capacitação para o trabalho agrícola e o tempo de atuação da família no núcleo são exemplos de alguns parâmetros que podem ser utilizados para acompanhamento das metas. É opcional para as famílias agregar parte da produção obtida nas suas pequenas propriedades, somando-as com a produção obtida coletivamente nos NPAS, o que pode contribuir para o alcance das metas. Por outro lado, esta é uma estratégia interessante para incentivar a agregação de minifúndios ou pequenas cooperativas para as áreas agrícolas.

O NPAS deve contar com o suporte de algumas unidades básicas de apoio, as quais foram incorporadas ao modelo proposto com os seguintes objetivos: suprir as fragilidades identificadas no semiárido, em relação à aplicação da experiência israelense; criar mecanismos para viabilizar o uso de águas residuais na irrigação; ajudar os membros do núcleo a alcançar as metas supracitadas, assim como orientá-los para a prática da gestão associada/cooperada; aplicar algumas premissas e princípios que estão diluídos nos diversos programas e projetos já implantados ou em fase de implantação na região do semiárido.

O NPAS vai contar com as seguintes unidades:

- Unidade de Depuração de Águas Residuais (UDAR): o objetivo dessa unidade é receber parte das águas residuais (esgoto) das estações de tratamento de esgoto convencionais, que em geral são operadas pelas empresas de saneamento locais, de forma a depurá-las, ajustando suas características físicas, químicas e biológicas aos tipos de irrigação e culturas praticadas nos núcleos. Essa prática é muito utilizada em Israel, que adota uma abordagem de "qualidades diferenciadas para diferentes culturas".
- Unidade de Educação Básica (UEB): seu objetivo é prover a educação básica para crianças, jovens e adultos, que fazem parte das famílias cadastradas como membros do NPAS. Essa educação deve ser focada na agricultura e nos princípios básicos do cooperativismo/associativismo, visando desenvolver e/ou consolidar essa forma de trabalho e cultura na região.
- Unidade de Apoio Tecnológico (UAT): seu objetivo é desenvolver e disseminar tecnologias com foco na produtividade agrícola local, privilegiando aquelas que façam uso racional dos recursos hídricos, a exemplo do uso de águas residuais para irrigação.
- Unidade de Formação Tecnológica (UFT): seu objetivo é profissionalizar os agricultores, capacitando-os em tecnologias agrícolas sustentáveis. Essa unidade tem uma grande interface com a UAT, visto que é também um espaço para disseminar as experiências bem-sucedidas junto aos agricultores em fase de profissionalização.
- Unidade de Apoio à Gestão (UAG): o objetivo dessa unidade é dar suporte nos processos de gestão da NPAS, monitorando também os resultados de produtividade, tanto global como individual, de seus membros, assim como fortalecendo os princípios de cooperativismo/associativismo. Essa unidade fica responsável

pelo planejamento estratégico do NPAS, definindo suas metas anuais e seus respectivos indicadores de acompanhamento. Para isso, deve realizar reuniões periódicas, identificar não conformidades, sempre buscando ajustá-las de maneira a garantir a melhoria contínua do desempenho do NPAS. É também atribuição da UAG buscar e consolidar parcerias com outras organizações, tais como universidades locais, Centros de Pesquisas, ONGs, Centros Federais de Educação Tecnológica (CEFETs) e, em especial, com as grandes empresas privadas implantadas na região, para que estas financiem, contribuam ou mesmo administrem as unidades UEB, UAT e UFT.

- Unidades de Assistência Social (UAS): o objetivo dessa unidade é oferecer assistência aos membros da NPSA nos aspectos relacionados a saúde, lazer e outros que afetam a qualidade de vida. A UAS deve criar mecanismos para gerenciar eventuais conflitos entre os membros do NPAS, promovendo um ambiente de trabalho harmonioso e motivador, assim como fortalecendo alguns valores que possam contribuir com a prática do cooperativismo/associativismo.

A criação dos Núcleos de Produção Agrícola Sustentável (NPASs) é um passo muito importante para melhorar as condições socioeconômicas e de saúde da população do Nordeste brasileiro, porém seu início de implantação depende da conclusão das obras de transposição do rio São Francisco. Outro obstáculo para o funcionamento das Unidades de Depuração de Águas Residuais (UDARs) é a dificuldade técnica e econômica para tratar os efluentes das ETEs por meio de processos sofisticados de tratamento de esgoto, de acordo com a necessidade de cada tipo de cultura. Os sistemas de lagoas de estabilização como tratamento do esgoto sanitário das cidades seriam o tipo de tratamento ideal para a irrigação agrícola sustentável.

REFERÊNCIAS

ALLEN, R. G. et al. *Crop evapotranspiration.* FAO Irrigation and Drainage Paper 56. Roma: Food and Agriculture Organization of the United Nations, 1998.

ARCEIVALA, S. J.; ASOLEKAR, S. R. *Wastewater treatment for pollution control and reuse.* 3. ed. New Delhi: Tata McGraw-Hill Professional, 2007. (Civil Engineering Series).

ASANO, T. *Wastewater reclamation and reuse.* New York: CRCPress, 1998. (Water Quality Management Library, v. 10).

BEAUMONT, P. The quest for water efficiency: reestructuring of water use in Middle East. *Water, Air & Soil Pollution*, v. 123, n. 1-4, p. 551-564, 2000.

BLUM, J. R. C. Critérios e padrões de qualidade da água. In: MANCUSO, P. C. S.; SANTOS, H. F. dos; PHILIPPI Jr., A (Coord.). *Reúso de água.* São Paulo: FSP/USP/ABES/Ed. Manole, 2003.

BRASIL. Ministério da Integração Nacional. *Nova delimitação do semiárido brasileiro.* Brasília, DF, 2005a.

______. Ministério da Integração Nacional. *Plano estratégico para desenvolvimento sustentável do semiárido:* versão para discussão. Brasília, DF, 2005b.

______. *Resolução Conama 357, de 17 de março de 2005.* Dispõe sobre a classificação dos corpos de água e diretrizes ambientais para o seu enquadramento, bem como estabelece as condições e padrões de lançamento de efluentes, e dá outras providências. *Diário Oficial da União*, Brasília, DF, 18 mar. 2005c.

CARDOSO NETO, A. *Tópicos básicos de irrigação:* a irrigação e a drenagem de áreas rurais, uma visão geral. Brasília, DF: Agência Nacional das Águas, s.d.

CARVALHO, R. S. et al. Influência do reúso de águas residuárias na qualidade microbiológica do girassol destinado à alimentação animal. *Revista Ambiente & Água*, v. 8, n. 2, p. 157-167, 2013.

CLARKE, R.; KING, J. *O atlas da água:* o mapeamento completo do recurso mais precioso do planeta. São Paulo: PubliFolha, 2005.

DALTRO FILHO, J. *Saneamento ambiental:* doença, saúde e o saneamento da água. São Cristóvão: UFS/Fundação Oviêdo Teixeira, 2004.

DANTAS, I. L. A. et al. Viabilidade do uso de água residuária tratada na irrigação da cultura do rabanete (*Raphanus sativus* L.). *Revista Ambiente & Água*, v. 9, n. 1, p. 109-117, 2014.

DEPARTAMENTO NACIONAL DE ÁGUAS E ENERGIA ELÉTRICA (DNAEE). *Panorama da disponibilidade hídrica no Brasil.* São Paulo, 1992.

DIAS, G. F. *Ecopercepção:* um resumo didático dos desafios socioambientais. São Paulo: Gaia, 2004.

DUARTE, A. S. et al. Efeitos da aplicação de efluente tratado no solo: pH, matéria orgânica, fósforo e potássio. *Revista Brasileira de Engenharia Agrícola e Ambiental*, v. 12, n. 3, p. 302-310, 2008.

EGOCHEAGA, L.; MOSCOSO, J. C. *Una estrategia para la gestión de las aguas residuales domésticas:* haciendo más sostenible la protección de la salud en América Latina y otras regiones en desarrollo. Lima: CEPIS/OPS, 2004.

ENVIRONMENTAL PROTECTION AGENCY (EPA). *Guidelines for water reuse.* Washington: US Environmental Protection Agency/USAID/CDM Smith, 2012. (EPA/600/R-12/618).

FAO *Climwat 2.0 for Cropwat.* Water Resources, Development and Management Service and the Environment and Natural Resources Service. Roma: FAO, 2006. Disponível em <www.fao.org/nr/water/infores_databases_climwat.html>. Acesso em: 28 de janeiro de 2014.

GHEYI, H. R.; QUEIROZ, J. E.; MEDEIROS, J. F. Manejo e controle da salinidade na agricultura irrigada. In: CONGRESSO BRASILEIRO DE ENGENHARIA AGRÍCOLA, 26., 1997, Campina Grande. *Anais...* Campina Grande: SBEA, 1997.

HELMER, R.; HESPANHOL, I. *Water pollution control:* a guide to the use of water quality management principle. London: UNEP/WHO, 1997.

HESPANHOL, I. Água e saneamento básico: uma visão realista. In: REBOUÇAS, A. da C.; BRAGA, B.; TUNDISI, J. G. (Org.). *Águas doces no Brasil:* capital ecológico, uso e conservação. São Paulo: Academia Brasileira de Ciências/Instituto de Estudos Avançados da USP, 1999.

______. Potencial de reúso de água no Brasil: agricultura, indústria, municípios, recarga de aquíferos. In: MANCUSO, P. C. S.; SANTOS, H. F. dos (Eds.). *Reúso de água*. São Paulo: USP, 2003. p. 37-95.

JUANICO, M.; SHELEF, G. Design, operation, and performance of stabilization reservoirs for wastewater irrigation in Israel. *Water Research*, v. 28, n. 1, p. 175-186, 1994.

LEITE, V. D. Tratamento de águas residuárias domésticas para reúso na agricultura: lagoas de estabilização. In: SIMPÓSIO INTERNACIONAL SOBRE TECNOLOGIAS DE APOIO A GESTÃO DE RECURSOS HÍDRICOS, 1., 2001, João Pessoa. *Anais...* João Pessoa, 2001 (CD-Rom).

LIBHABER, M. *Wastewater reuse for irrigation, the stabilization reservoirs concept*. Water Week. Washington: World Bank, 2005.

MACEDO, M. A. A. Desenvolvimento agrícola e reúso de águas residuais no semiárido brasileiro: proposta de um modelo de ações baseado na experiência israelense. In: CONGRESSO BAIANO DE ENGENHARIA SANITÁRIA E AMBIENTAL, 1., 2010, Salvador *Anais...* Salvador: COBESA, 2010.

MANCUSO, P. C. S.; SANTOS, H. F. *Reúso de água*. São Paulo: FSP/USP/ABES/Manole, 2003.

MARA, D. D. *Wastewater treatment in developing countries*. London: Earthscan, 2004.

MARA, D. D.; CAIRNCROSS, S. *Guidelines for the safe use of wastewater and excreta in agriculture and aquaculture*. Genève: OMS, 1989.

MARA, D. D.; KRAMER, A. The 2006 WHO guidelines for wastewater and greywater use in agriculture: a practical interpretation. In: AL BAZ, I.; OTTERPOHL, R.; WENDLAND, C. (Eds.). *Efficient management of wastewater its treatment and reuse in water-scarce countries*. Berlin: Springer, 2008. p. 1-17.

MEDEIROS, S. S. et al. Utilização de água residuária de origem doméstica na agricultura: estudo do estado nutricional do cafeeiro. *Revista Brasileira de Engenharia Agrícola e Ambiental*, v. 12, n. 2, 2008, p. 109-115.

MENDONÇA, L. C.; OAKLEY, S. M.; MENDONÇA, S. R. Potential wastewater reuse in Sergipe, Brazil. In: INTERNATIONAL CONFERENCE ON ENGINEERING FOR WASTE AND BIOMASS VALORISATION, 4., 2012, Porto. *Proceedings...* Porto: WasteEng, 2012.

MENDONÇA, S. R. *Sistemas de lagunas de estabilización:* cómo utilizar aguas residuales tratadas en sistemas de regadío. 2. ed. Bogotá: McGraw-Hill, 2001.

METCALF & EDDY, INC. *Wastewater engineering*. 4. ed. New York: McGraw-Hill, New York, 2003.

MONTE do, H. M.; ALBUQUERQUE, A. *Reutilização de* águas residuais. Lisboa: Instituto Superior de Engenharia de Lisboa, 2010. (Série Guias Técnicos 14).

MOSCOSO. J. C. *Crianza de peces a nivel familiar*. Lima: PNUD/Universidad Nacional Agraria La Molina, 1986.

MOSCOSO, J. C.; EGOCHEAGA, L. Y.; RAMIREZ, M. A. C. *Validación de lineamientos para formular políticas de gestión del agua residual doméstica en América Latina: proyecto regional.* Lima: Convênio OPS/IDRC, CEPIS/OPS/OMS, 2005.

NOYOLA, A.; MORGAN-SAGASTUME; GÜRECA, L. P. *Seleccción de tecnologías para el tratamiento de aguas residuales municipales*. México: UNAM/IDRC/CRDI, 2013.

OAKLEY, S. *Lagunas de estabilización en Honduras:* manual de diseño, construcción, operación y mantenimiento, monitoreo y sostenibilidad. Tegucigalpa: USAID-Honduras/Red Regional de Agua y Saneamiento para Centro América/Fondo Hondureño de Inversión Social, 2005.

OAKLEY, S. M. et al. Waste stabilization pond use in Central America: the experiences of El Salvador, Guatemala, Honduras, and Nicaragua. *Water Science and Technology*, v. 42, n. 10-11, p. 51-58, 2000.

OAKLEY, S. M.; MENDONÇA, L. C.; MENDONÇA, S. R. Sludge removal from primary wastewater stabilization ponds with excessive accumulation: a sustainable method for developing regions. *Journal of Water, Sanitation and Hygiene for Development*, v. 2, n. 2, p. 68-78, 2012.

OAKLEY, S. M.; SALGUERO, L. (Eds.) *Tratamiento de aguas residuales domésticas en Centroamérica:* un manual de experiencias, diseño, operación y sostenibilidad (*Domestic wastewater treatment in Central America:* a manual of experiences, design, operation and sustainability). San Salvador: US Agency for International Development (US AID)/Comisión Centroamericana de Ambiente y Desarrollo (CCAD)/US Environmental Protection Agency (US EPA), 2011.

ORGANIZAÇÃO MUNDIAL DA SAÚDE (OMS). *Directrices sanitarias sobre el uso de aguas residuales em agricultura y aquacultura*. Geneve: OMS, 1989. (Série de Informes Técnicos 778).

PAGANINI, W. S. Reúso de água na agricultura. In: MANCUSO, P. C. S.; SANTOS, H. F. *Reúso de água*. São Paulo: FSP/USP/ABES/Manole, 2003.

RAMIRO, T. H. S. et al. *Remoção de patógenos em sistema de lagoas de estabilização*. In: ENCONTRO DE INICIAÇÃO CIENTÍFICA, 22., 2012, São Cristóvão. *Anais...* São Cristóvão: UFS, 2012.

RIJSBERMAN, F. R. Water scarcity: fact or fiction? *Agricultural Water Management*, v. 80, p. 5-22, 2006.

SANTOS FILHO, S. *Viabilidade do uso de água residuária tratada na irrigação da cultura do girassol* (*Helianthus annuus*). 2013. Dissertação (Mestrado) – Programa de Desenvolvimento e Meio Ambiente (PRODEMA), Universidade Federal de Sergipe, São Cristóvão, 2013.

SCOTT, C. A.; FARUQUI, N. I.; RASCHID-SALLY, L. *Wastewater use in irrigated agriculture:* confronting the livelihood and environmental realities. Wallingford: IDRC/CRDI/CABI Publishing, 2004.

SCS. *National engineering handbook:* Section 4, Hydrology, Soil Conservation Service. Washington: US Department of Agriculture, 1972.

SHILTON, A. *Pond treatment technology*. London: IWA Publishing, 2005.

SKILLICORN, P.; SPIRA, W.; JOURNEY, W. *Duckweed aquaculture:* a new aquatic farming system for developing countries. Washington: World Bank Publication, 1993.

SNIS. Ministério das Cidades. Sistema Nacional de Informações sobre Saneamento (SNIS). *Diagnóstico dos serviços de água e esgotos – 2013*. Brasília, DF, 2014. Disponível em: <www.snis.gov.br>. Acesso em: 10 set. 2015.

SOCCOL, S.; PAULINO, R. C. Riscos de contaminação do agroecossistema com parasitos pelo uso do lodo de esgoto. In: EMBRAPA MEIO AMBIENTE. *Impacto ambiental do uso agrícola do lodo de esgoto.* Jaguariúna: Embrapa Meio Ambiente, 2000.

TUNDISI, J. G. Recursos hídricos. *MultiCiência* – Revista Interdisciplinar dos Centros e Núcleos da Unicamp, Instituto Internacional de Ecologia, São Carlos, 2003.

WORLD HEALTH ORGANIZATION (WHO). *Reuse of effluents: methods of wastewater treatment and public health safeguards.* Genève: WHO, 1973.

______. *Guidelines for the safe use of wastewater, excreta and greywater*. Genève: WHO, 2006. v. 4: Excreta and greywater use in agriculture.

WORLD RESOURCES INSTITUTE (WRI). *Earth trends*. Washington: WRI, 2005.

CAPÍTULO 10
CONSULTORIA EM BELIZE: ESTUDO DE CASO[1]

Sérgio Rolim Mendonça

AVALIAÇÃO DO PROJETO ATUAL E PROPOSTA PARA O TRATAMENTO DE ESGOTO DA CIDADE DE BELMOPAN E DA CIDADE DE BELIZE, EM BELIZE

TERMOS DE REFERÊNCIA PARA ASSISTÊNCIA TÉCNICA

- Revisar a estação de tratamento de esgoto (ETE) atual de Belmopan e fazer recomendações para melhorar os processos de tratamento com menor custo possível.
- Projetar um sistema de lagoas de estabilização, para Belmopan, para um alcance de vinte anos (alguns parâmetros são dados a seguir). Este projeto deve incluir:
  - processo de tratamento por meio de lagoas facultativas e de maturação;
  - dimensionamento de lagoas facultativas e de maturação;
  - estimativa de quantitativos do projeto final;
  - recomendação de tratamento preliminar e pós-tratamento para melhorar a qualidade dos efluentes;
  - recomendação de opções descentralizadas de tratamento de esgoto para empreendimentos habitacionais;

1 Traduzido do original em inglês por Luciana Coêlho Mendonça.

- recomendação de opções de tratamento de esgoto composto de esgoto sanitário e industrial (por exemplo, destilaria de rum).

- Avaliar as condições operacionais atuais da ETE da Cidade de Belize, com recomendações para melhorar sua eficiência de tratamento. O consultor também deve avaliar o acúmulo de lodo na ETE existente e sugerir custos efetivos de remoção do lodo e técnicas para sua disposição final.
- Revisar os métodos e tecnologias atuais de amostragem para análises físico-químicas e bacteriológicas. Analisar e sugerir melhorias nos pontos de amostragem, frequência de amostragem e parâmetros medidos.
- Parâmetros de projeto: requisitos esperados de qualidade dos efluentes:

DBO_5	30 mg/L
Sólidos suspensos	100 mg/L
N Total	100 mg N/L
Amônia total	50 mg N/L
Amônia livre	5 mg N/L
Sulfeto	2 mg/L
pH	5,5 – 9,0
Clima	Tropical-Subtropical/Latitude: 15° – 18 °N
Temperaturas médias	novembro a janeiro: 23 °C maio a setembro: 27 °C
População	13.500 hab (Belmopan, 2005 – estimada)
Taxa de crescimento populacional	3% a.a. (Belmopan)
Quota *per capita* de água	260 L/hab.dia
DBO_5 do esgoto bruto	350 mg/L $\pm$ 10%

INTRODUÇÃO

O desenvolvimento ambiental sustentável e a gestão dos recursos hídricos são questões críticas e complexas tanto para países ricos quanto para aqueles em desenvolvimento. São questões tecnicamente desafiadoras e muitas vezes implicam em difíceis considerações de ordem social, econômica e política. Geralmente o ambiente é tratado como uma questão marginal, quando na verdade é a chave para a gestão sustentável da água (DAVIS; ITIRJI, 2003).

Na sua estratégia mais recente – Água e Saneamento para os Pobres: Inovando através de Experiência de Campo – o Programa de Água e Saneamento do Banco Mundial afirma que essa estratégia vai abordar o uso final das águas residuárias, incluindo a "conservação da água, tratamento de esgotos e reúso, e a proteção das fontes hídricas". Em termos mais amplos, a Política de Gestão de Recursos Hídricos de 1993 do Banco Mundial apoia a coleta e o tratamento de esgoto, a fim de proteger o ambiente aquático e a saúde pública. O reúso de esgoto também é um exemplo de solução inovadora para a gestão das águas residuárias. A gestão da demanda de abastecimento de água pode levar a baixos volumes de efluentes (embora as cargas de poluentes não sejam alteradas), aumentando assim a vida útil das ETEs, reduzindo os custos de tratamento e, até certo ponto, reduzindo a ocorrência de desvio de esgoto sem tratamento (*bypass*), durante eventos de vazões elevadas.

Existem inúmeros exemplos em que ETEs operam abaixo de sua capacidade de projeto ou falham completamente por causa dos investimentos inadequados na operação e manutenção. Os benefícios do tratamento adequado de esgoto não são tão evidentes como os do tratamento de água e, por isso, não exercem pressão suficiente no âmbito político. Consequentemente, a atenção dada ao tratamento de esgoto é muito menor que a dada ao abastecimento de água. Assim, os governos são muitas vezes relutantes em impor a cobrança de taxas para o tratamento de esgoto, refletindo em menores investimentos para ETEs. Quando essas estações de tratamento falham, a poluição resultante pode ameaçar a saúde ecológica dos corpos receptores e a qualidade de vida das pessoas dependentes de corpos de água.

O difícil acesso à água potável e as condições precárias de saneamento são a segunda maior causa de morte entre dez fatores de risco para doenças selecionados; os outros são: abuso de drogas, poluição atmosférica, práticas sexuais de risco, saúde ocupacional, tabagismo, sedentarismo, desnutrição, consumo de álcool e hipertensão. O acesso à água e a precariedade no saneamente perdem o primeiro lugar apenas para a hipertensão (LEIGH et al., 1993).

Nos países desenvolvidos, as causas de morte em consequência de doenças infecciosas e parasitárias correspondem a 8%, comparado com 40% nos países em desenvolvimento (CEPIS, 1995). O principal problema de saúde pública nos países em desenvolvimento são os nematoides ou ovos de helmintos, e não os coliformes termotolerantes. O nematoide mais encontrado nas águas residuárias é o *Ascaris lumbricoides*, popularmente conhecido como lombriga. Este é o maior dos nematoides e sua fêmea pode produzir cerca de 200 mil ovos por dia. Portanto, a solução mais importante para proteger a saúde pública, nos países em desenvolvimento, é a adoção de uma ETE que possa eliminar ovos de helmintos com menor custo.

As lagoas de estabilização projetadas, construídas e operadas adequadamente permitem a redução de seis ordens de magnitude de bactérias e três ordens de magnitude de nematoides. São também o único sistema natural de tratamento de esgoto que pode cumprir com as diretrizes da Organização Mundial da Saúde (OMS) para irrigação irrestrita sem necessidade de desinfecção adicional (MENDONÇA, 2001).

REVISÃO E RECOMENDAÇÕES PARA A ETE ATUAL DE BELMOPAN

Descrição da ETE

A ETE de Belmopan é composta de tratamento preliminar mecanizado (grades, caixas de areia e calha Parshall) e foi construída em 1971 pelos britânicos. A vazão do esgoto não é medida e as águas pluviais da cidade são adicionadas ao esgoto. O lodo é coletado, desidratado em leitos de secagem (ao lado do tratamento preliminar) e descartado em um lixão. O líquido percolado nos leitos de secagem é bombeado de volta para um canal de distribuição e, em seguida, para o rio. O esgoto é coletado dos bairros de Orchid Garden, Piscini e Main Old Belmopan e equivale a 40% de cobertura de esgoto da cidade. É adicionado cloro à entrada das grades periodicamente. O efluente final vai direto para o rio. Os valores médios dos parâmetros analisados no afluente bruto e no efluente são apresentados na Tabela 10.1.

Tabela 10.1 – ETE de Belmopan

Parâmetros	Esgoto bruto	Efluente
*DBO (mg/L)	207	60
*DQO (mg/L)	377	60
SST (mg/L)	378	100
Temperatura (°C)	21,6	não medida
pH	7,4	6,0 – 9,0
Coliformes termotolerantes (CTT/100 mL)	$8,6 \times 10^7$	$4,0 \times 10^4$

* A grande quantidade de águas pluviais dilui o esgoto bruto.

A ETE da cidade de Belmopan deve ser ampliada e melhorada com a construção de tratamento secundário de esgoto, incluindo a expansão da rede de esgotamento sanitário. A análise de seu efluente final mostra resultados razoáveis, principalmente em virtude da alta precipitação no país. Não há nenhuma informação em Belize relacionada à quantidade de ovos de helmintos no esgoto doméstico bruto.

PROJETO DO SISTEMA DE LAGOAS DE ESTABILIZAÇÃO PARA BELMOPAN PARA ALCANCE DE VINTE ANOS

Concepção do processo de tratamento para lagoas facultativas e de maturação

Parâmetros de projeto

Latitude: L = 18°

Temperatura mínima mensal média dos esgotos: T = 23 °C

População de Belmopan em 2005 (estimada): P = 13.500 hab

Taxa de crescimento populacional de Belmopan: 3% a.a.

Quota de água *per capita*: $q_{água}$ = 260 L/hab.dia

Carga orgânica *per capita*: CO_{hab} = 45 $gDBO_5$/hab.dia

Coeficiente de retorno (razão esgoto/água): $C = 0{,}80$

DBO_5 esperada no efluente: $Se \leq 30$ mg/L

Coliformes termotolerantes no esgoto bruto: $Ni = 5 \times 10^7$ CTT/100 mL

Coliformes termotolerantes esperados no efluente: $Ne \leq 50.000$ CTT/100 mL

Número de ovos de helmintos no esgoto bruto: $N^{\underline{o}}_{helm.} = 1.000$ ovos/L

Número de ovos de helmintos esperados no efluente: $N^{\underline{o}}_{helm.} \leq 0{,}1$ ovo/L

Profundidade da lagoa anaeróbia: $h = 3{,}0$ m

Relação comprimento/largura da lagoa anaeróbia: $L/W = 1$

Profundidade da lagoa facultativa: $h = 1{,}8$ m

Relação comprimento/largura da lagoa facultativa: $L/W = 2$

Profundidade da segunda lagoa facultativa: $h = 1{,}5$ m

Relação comprimento/largura da segunda lagoa facultativa: $L/W = 3$

Profundidade da lagoa de maturação: $h = 1{,}2$ m

Relação comprimento/largura da lagoa de maturação: $L/W = 3$

Cálculos preliminares

População estimada para 2028 (21 anos de vida útil a partir de 2007):

K = log (1 + r) = log (1 + 0,03) = log 1,03 = 0,01284

$$P_t = P_o 10^{K(t-t_o)} \therefore P_{2028} = 13.500 \times 10^{0{,}01284(2028\,-\,2005)}$$

$$P_{2028} = 26.647 \cong 27.000 \text{ hab}$$

Vazão média total:

$$Q_{méd} = CPq_{\text{água}} = 0{,}80 \times 27.000 \times 260 \times 10^{-3} = 5.616 \text{ m}^3/\text{dia}$$

Vazão *per capita* de esgoto, incluindo a infiltração nos coletores:

$$q_{água} = \frac{Q_{méd}}{P_{2028}} = \frac{5.616 \times 10^3}{27.000} = 208 \cong 220 \text{ L/hab.dia}$$

DBO_5 do esgoto bruto:

$$S_0 = \frac{45 \times 10^3}{220} \cong 205 \text{ mg/L}$$

Configuração da lagoa, assumindo lagoas em série: três lagoas em série com três módulos em paralelo.

Vazão de esgoto para cada módulo de lagoas:

$$Q_{módulo} = \frac{27.000 \times 0,220}{3} \cong 1.980 \text{ m}^3/\text{dia}$$

Carga orgânica do esgoto bruto:

$$CO = S_o Q_{módulo} = 205 \times 1.980 \times 10^{-3} \cong 405 \text{ kgDBO}_5/\text{dia}$$

Resumo dos cálculos para cada módulo com três lagoas em série

Nas Tabelas 10.2 e 10.3, estão apresentadas as alternativas de solução para o projeto do sistema de Belmopan.

Tabela 10.2 – Alternativa A: três lagoas em série (anaeróbia, facultativa e de maturação) com três módulos em paralelo: considerações para cada módulo

Items	Estimativa		
	Lagoa anaeróbia	Lagoa facultativa secundária	Lagoa de maturação
Latitude (°)	18	18	18
Temperatura mínima média mensal do esgoto (°C)	23	23	23
População atendida (hab)	9.000	9.000	9.000
Contribuição *per capita* de esgoto, incluindo a infiltração nos coletores (L/hab.dia)	220	220	220
Carga orgânica *per capita* (g/hab.dia)	45	45	45
Vazão média (m^3/dia)	1.980	1.980	1.980
DBO_5 do esgoto (mg/L)	205	72	20,0
Carga orgânica (kgDBO_5/dia)	405	142	41,7
Carga orgânica volumétrica (gDBO_5/m^3.dia)	140	–	–
Carga orgânica superficial (kgDBO_5/ha.dia)	–	143	30,1
Profundidade da lagoa (m)	3,0	1,8	1,2
Área do nível médio (m^2)	964	9.900	13.200
Dimensões da lagoa (m × m)	31,0 × 31,0	70,4 × 140,7	66,3 ×199,0
Tempo de retenção hidráulica (dia)	1,5	9,0	8,0
Frequência de remoção de lodo (ano)	2,7	33,0	desprezível
Taxa de remoção do substrato (dia^{-1})	–	0,28567	0,08575
Redução de DBO_5 (%)	65,0	72,0	25,0
DBO_5 no efluente (mg/L)	72,0	20,0	15,0

(*continua*)

Tabela 10.2 – Alternativa A: três lagoas em série (anaeróbia, facultativa e de maturação) com três módulos em paralelo: considerações para cada módulo (*continuação*)

Items	Estimativa		
	Lagoa anaeróbia	Lagoa facultativa secundária	Lagoa de maturação
Coeficiente de decaimento bacteriano (dia^{-1})	–	0,32539	0,48333
Número de dispersão *d*	–	0,46497	0,31173
Coeficiente adimensional *a*	–	2,53902	2,41276
Coliformes termotolerantes no efluente (CTT/100 mL)	5×10^7	7.747.835	665.940
Redução de coliformes termotolerantes (%)	desprezível	84,5	91,4
Redução de ovos de helmintos (%)	79,6	99,0	98,6
Número de ovos de helmintos no efluente (ovo/L)	204,1	2,0	0,03

Tabela 10.3 – Alternativa B: três lagoas em série (facultativas e de maturação) com três módulos em paralelo: considerações para cada módulo

Items	Estimativa		
	Lagoa facultativa primária	Lagoa facultativa secundária	Lagoa de maturação
Latitude (°)	18	18	18
Temperatura mínima média mensal do esgoto (°C)	23	23	23
População atendida (hab)	9.000	9.000	9.000
Contribuição *per capita* de esgoto, incluindo a infiltração nos coletores (L/hab.dia)	220	220	220
Carga orgânica *per capita* (g/hab.dia)	45	45	45
Vazão média (m^3/dia)	1.980	1.980	1.980
DBO_5 do esgoto (mg/L)	205	44,8	22,1
Carga orgânica (kgDBO_5/dia)	405	88,7	43,7
Carga orgânica superficial (kgDBO_5/ha.dia)	270	56	44
Profundidade da lagoa (m)	1,8	1,5	1,2
Área do nível médio (m^2)	16.500	15.840	9.900
Dimensões da lagoa (m × m)	90,8 × 181,7	72,7 × 218,0	57,4 × 172,3
Tempo de retenção hidráulica (dia)	15,0	12,0	6,0
Frequência de remoção de lodo (ano)	36,7	desprezível	desprezível
Taxa de remoção do substrato (dia^{-1})	0,23829	0,08575	0,08575
Redução de DBO_5 (%)	78,1	50,7	25,0
DBO_5 no efluente (mg/L)	44,8	22,1	16,6
Coeficiente de decaimento bacteriano (dia^{-1})	0,27491	0,34742	0,53146
Número de dispersão *d*	0,46497	0,31173	0,31173

(*continua*)

Tabela 10.3 – Alternativa B: três lagoas em série (facultativas e de maturação) com três módulos em paralelo: considerações para cada módulo (*continuação*)

Items	Estimativa		
	Lagoa facultativa primária	Lagoa facultativa secundária	Lagoa de maturação
Coeficiente adimensional *a*	2,94439	2,48967	2,23072
Coliformes termotolerantes no efluente (CTT/100 mL)	4.677.377	350.711	41.644
Redução de coliformes termotolerantes (%)	90,7	92,5	88,1
Redução de ovos de helmintos (%)	99,8	99,6	97,1
Número de ovos de helmintos no efluente (ovo/L)	1,8	0,01	0,00

DIMENSIONAMENTO DE LAGOAS FACULTATIVAS E DE MATURAÇÃO

Embora o projeto de lagoas de estabilização seja muito simples, sua construção inclui um amplo trabalho de engenharia. Esse trabalho deve começar após a definição da área necessária e a escolha do local para sua construção.

No dimensionamento das lagoas, deve-se levar em consideração: local disponível, diques, obras de arte (estruturas de entrada e saída), topografia em relação ao tratamento preliminar, número de lagoas em série e/ou em paralelo, estudo de solo (compactação e/ou revestimento das lagoas e dos taludes: argila compactada ou geomembranas), previsão de *by-pass* em todas as lagoas, cercas de segurança, avisos e operadores capacitados (MARA, 2003). O dimensionamento do sistema de lagoas de estabilização deve ser feito com cuidado, pois é tão importante quanto o processo de tratamento e pode afetar significativamente sua eficiência.

As lagoas devem estar localizadas a pelo menos 500 m (de preferência a mais de 1.000 m), no sentido oposto da direção do vento, da comunidade atendida, e longe de qualquer área provável da futura expansão da cidade. A liberação de maus odores, mesmo nas lagoas anaeróbias, é improvável que seja um problema em um sistema bem projetado e mantido corretamente, mas a população precisa conhecer isso na fase de planejamento, e a construção de lagoas a uma distância mínima de 500 m a 1.000 m geralmente alivia qualquer temor da comunidade a ser atendida.

Deve haver acesso para veículos em torno das lagoas e, a fim de minimizar a movimentação de terra, o local deve ser plano ou levemente inclinado. O solo também deve ser apropriado. As lagoas não devem ser construídas a menos de 2 km dos aeroportos, pois os pássaros atraídos para as lagoas constituem um risco para a navegação aérea (MARA, 2003).

As considerações geotécnicas sobre as lagoas são muito importantes. Os principais objetivos são garantir o projeto correto dos diques e determinar se o solo é suficientemente impermeável para não exigir revestimento para a lagoa. A altura máxima do lençol freático e a área do nível médio da lagoa devem ser determinadas. Além disso, é preciso medir as seguintes propriedades do solo no local da lagoa proposta: granulometria, densidade seca máxima e umidade ótima (teste de Proctor modificado), limites de Atterberg, teor de matéria orgânica e coeficiente de permeabilidade. De preferência, os diques podem ser construídos com o solo do local, com a possibilidade de um equilíbrio entre o corte e o aterro e, portanto, constituindo em uma alternativa de baixo custo, especialmente se o custo do dique for muito elevado. A inclinação dos taludes geralmente tem relação interna de 1 a 2-3 e de 1,5-2 externamente. O melhor tipo de solo para impermeabilização das lagoas é a argila. Revestimentos plásticos, como geomembranas, também são comumente usados (Figura 10.1).

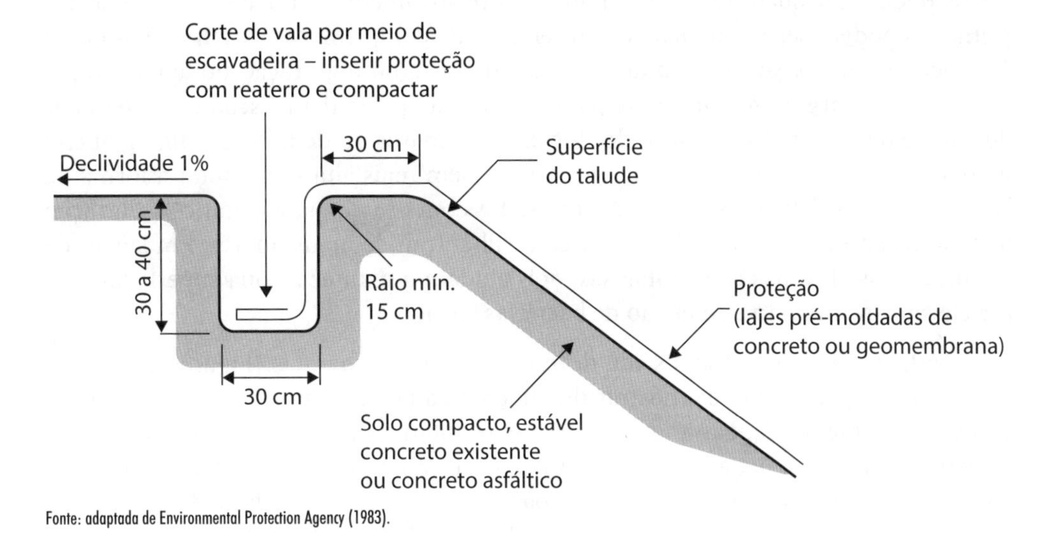

Fonte: adaptada de Environmental Protection Agency (1983).

Figura 10.1 – Ancoragem do revestimento da lagoa no topo do talude e no coroamento do dique

O coeficiente de argilas impermeáveis, K, varia de 10^{-9} cm/s a 10^{-7} cm/s. Quando K é > 10^{-6} cm/s, deve ser usado um material para impermeabilização ou substituída a camada de fundo da lagoa por outro mais impermeável. A disponibilidade local e os custos vão determinar qual material deve ser utilizado (MENDONÇA, 2001). Os valores obtidos *in situ* para o coeficiente de permeabilidade podem ser comparados com os seguintes (IMTA, 1994):

- $K > 10^{-6}$ cm/s: o solo é muito permeável e as lagoas devem ser revestidas;
- $K < 10^{-7}$ cm/s: algumas infiltrações podem ocorrer, mas não suficientemente para impedir o enchimento das lagoas;
- $K < 10^{-8}$ cm/s: as lagoas vão selar naturalmente;
- $K < 10^{-9}$ cm/s: não há risco de contaminação das águas subterrâneas (se o lençol freático for usado para abastecimento potável, será necessária uma investigação hidrogeológica detalhada).

A infiltração das lagoas não pode exceder 6 mm/dia (EPA, 1983). Pelo menos duas amostras de solo devem ser retiradas por hectare e as camadas de solo das amostras não podem ser misturadas. Solos orgânicos e plásticos e areia média a grossa não são adequados para a construção dos diques. Se não houver nenhum solo local adequado para a construção de diques estáveis e impermeáveis, deve ser trazido material de jazidas próximas para o local a custo adicional, e o solo do local, se adequado, deve usado para as declividades dos taludes.

A forma mais comum das lagoas é retangular, embora haja muita variação na razão comprimento-largura. As lagoas não precisam ser estritamente retangulares, podendo ser suavemente curvas, se necessário ou desejado por razões estéticas. As lagoas anaeróbias podem ser quadradas por terem áreas relativamente pequenas, as facultativas primárias podem ser retangulares com relações de comprimento-largura de 2-3 para 1. A geometria das lagoas facultativas secundárias e de maturação pode ter relação comprimento-largura maior que 10 para 1, de modo que tenham escoamento tendendo a fluxo de pistão. A colocação de chicanas, anteparos ou defletores é uma maneira de se obter uma relação comprimento-largura bem mais alta sem alterar a forma da lagoa, mas esses defletores só devem ser usados com cautela para evitar concentração de lodo na entrada e o consequente risco de liberação de maus odores. Em lagoas de maturação, as chicanas são vantajosas, pois ajudam a manter a zona superficial com pH elevado, facilitando a remoção de bactérias fecais.

As estruturas de entrada e saída devem ser simples e baratas (Figuras 10.1, 10.2, 10.3 e 10.4) e permitir que amostras do efluente da lagoa sejam tomadas com facilidade. O afluente das lagoas anaeróbias e das facultativas primárias deve chegar bem abaixo do nível de água, a fim de minimizar curto-circuito, especialmente em lagoas anaeróbias profundas, e o afluente de lagoas facultativas secundárias e de maturação, preferencialmente na profundidade média. Todas as lagoas devem ter várias entradas e saídas para minimizar o curto-circuito hidráulico.

Todas as saídas das lagoas precisam ser protegidas contra a descarga de escuma e/ou sobrenadantes, com a colocação de chicanas. O nível de saída do efluente, que é controlado pela profundidade da chicana, é importante, uma vez que tem uma influência significativa sobre a qualidade do efluente. As entradas e saídas devem ser construídas no mesmo nível para evitar sedimentação do esgoto e descarga de escuma e sólidos no efluente. Nas lagoas facultativas, a chicana deve se estender logo abaixo da profundidade máxima da camada de algas, quando a lagoa estiver estratificada, de maneira a minimizar a quantidade diária de algas e, portanto, de DBO_5 deixando a lagoa. Nas lagoas anaeróbias, deve ficar bem acima da profundidade máxima de lodo, mas abaixo de qualquer crosta da superfície; nas lagoas de maturação, deve ficar próxima da superfície para se obter a melhor qualidade microbiológica possível. Mara (2003) recomenda os seguintes níveis de saída para os efluentes:

- lagoas anaeróbias: 300 mm;
- lagoas facultativas: 600 mm;
- lagoas de maturação: 50 mm.

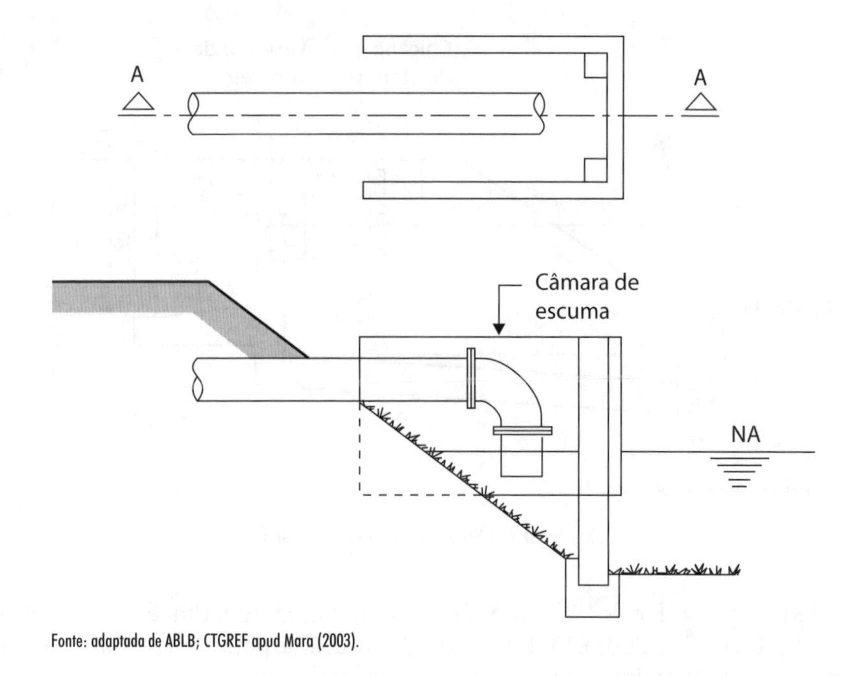

Fonte: adaptada de ABLB; CTGREF apud Mara (2003).

Figura 10.2 – Estrutura de entrada para lagoas anaeróbias e facultativas primárias

Nota: a caixa de escuma retém a maior parte dos sólidos flutuantes, facilitando a manutenção da lagoa e melhorando a hidráulica do fluxo.

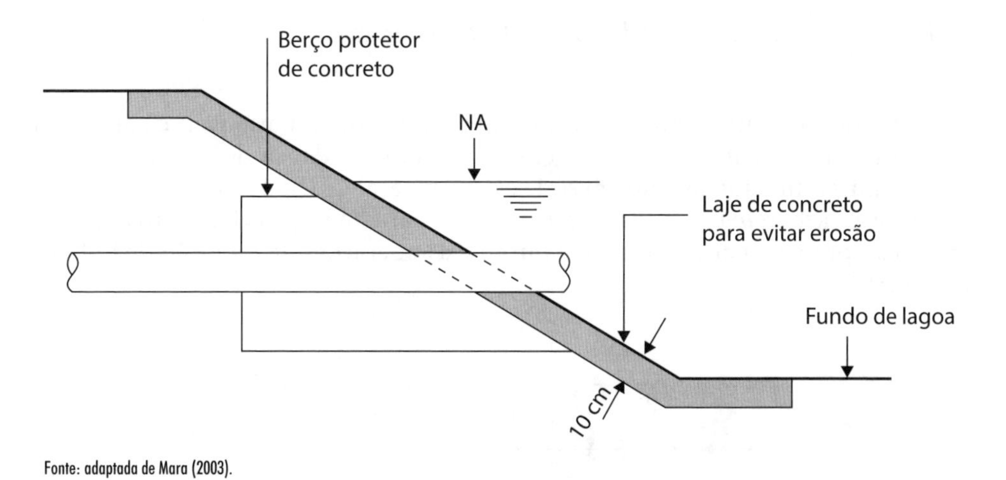

Fonte: adaptada de Mara (2003).

Figura 10.3 – Estrutura de entrada para lagoas facultativas secundárias e de maturação

Nota: esta estrutura vai receber a descarga da estrutura de saída mostrada na Figura 10.4.

É recomendável a instalação de um vertedor de altura variável, pois este permite a definição do nível de saída ideal, quando a lagoa estiver em operação. Uma estrutura de vertedor de saída simples é mostrada na Figura 10.4.

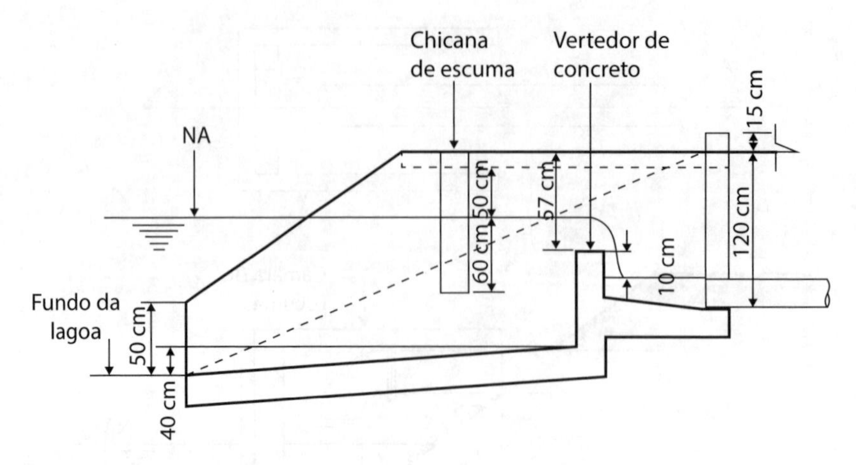

Fonte: adaptada de Comisión Nacional del Agua (1996).

Figura 10.4 – Estrutura do vertedor de saída

O vertedor triangular de 90° é o mais usado geralmente na medição de vazão em lagoas (MENDONÇA, 2001). A Equação 10.1 é usada para determinar a vazão da lagoa em um vertedor triangular:

$$Q = 1{,}427\ H^{2,5} \tag{10.1}$$

em que:

Q: vazão, m^3/s;

H: nível de água a partir do vértice do vertedor, m.

Estruturas de controle no sistema devem permitir diferentes níveis de água, controle de vazão, fechamento e drenagem completa e mudança de direção da vazão para permitir o funcionamento em série e/ou em paralelo (EPA, 1983). Por exemplo, é necessário fazer o *bypass* de lagoas anaeróbias para que lagoas facultativas possam funcionar como primárias e também durante as operações de remoção de lodo (Figura 10.5).

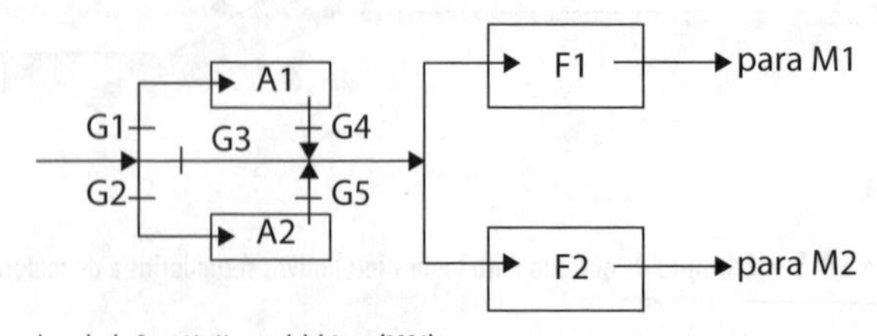

Fonte: adaptada de Comisión Nacional del Agua (1996).

Figura 10.5 – Tubulação de *by-pass* para lagoas anaeróbias

Nota: durante operações normais, a comporta G3 é fechada e as outras ficam abertas. Para fazer o desvio das lagoas anaeróbias, G3 é aberta e as outras são fechadas.

Um cinturão verde pode ser implantado por razões estéticas, se o local do sistema de lagoas de estabilização estiver próximo das habitações. As mudas de árvores devem ser plantadas no sentido do vento em relação ao sistema de lagoas e pode haver até cinco linhas de árvores. É preciso consultar os botânicos locais para a escolha de espécies mais adequadas para implantação desse cinturão. A faixa do cinturão verde deve ter de 40 m a 60 m de largura e ser irrigado com o efluente final do sistema. Se forem cultivadas árvores frutíferas, a venda do produto pode contribuir significativamente com o abatimento dos gastos de operação e manutenção das lagoas.

Cobrir as lagoas anaeróbias permite que o biogás seja coletado e utilizado para geração de energia, o que também minimiza qualquer problema potencial de odor. Entretanto, apenas lagoas anaeróbias de grandes sistemas de lagoas de estabilização são adequadas para coleta do biogás e aproveitamento energético.

As lagoas devem ser circundadas por uma cerca de arame farpado com portões que devem ser mantidos trancados. Placas devem indicar o local, avisando que as lagoas são um tratamento de esgoto e, portanto, potencialmente perigosas para a saúde. Esses avisos são essenciais para desencorajar as pessoas a visitar as lagoas que, se mantidas corretamente, podem ter aparência muito agradável. As crianças estão especialmente em risco, pois podem ser tentadas a nadar ou brincar nas lagoas.

ESTIMATIVAS DOS QUANTITATIVOS DO PROJETO FINAL

Nas Tabelas 10.4 e 10.5, estão apresentadas as estimativas preliminares dos quantitativos para as alternativas A e B.

PRÉ-TRATAMENTO E PÓS-TRATAMENTO RECOMENDADOS PARA MELHORAR A QUALIDADE DO EFLUENTE

Quando os efluentes de sistemas de lagoas de estabilização são lançados em corpos de água ou no mar, pode ser necessária a remoção de sólidos suspensos para que o efluente possa cumprir com a qualidade requerida por esse parâmetro. Na União Europeia (EEC STANDARDS, 1991), por exemplo, para que não haja necessidade de remoção de algas, os sólidos suspensos nos efluentes de sistemas de lagoas de estabilização devem ser menores ou iguais a 150 mg/L. No entanto, se for definido um requisito menor que 50 mg/L, então pode ser necessária a remoção dos sólidos suspensos por causa das algas. Nesse caso, Reed et al. (1988) recomendam como melhor opção utilizar filtros de pedras para remoção das algas, embora seja possível obter-se o mesmo efeito em uma lagoa de maturação final mais profunda, pois, como a penetração de luz é mais baixa, a quantidade de algas é proporcionalmente menor a maiores profundidades.

Filtros de pedra consistem em um leito de pedra preenchido com o efluente de lagoa e dentro do qual as algas sedimentam, enquanto o efluente flui horizontalmente através do filtro. As algas se decompõem, liberando nutrientes que são utilizados pelas bactérias que crescem na superfície das pedras.

Tabela 10.4 – Estimativa dos quantitativos para a Alternativa A

Item	Descrição	Unidade	Quantidade	Custo (BEL$)	
				Unitário	Total
1	Trabalhos preliminares	–	verba		
2	Lista de material	–	verba		
3	Locação da área	m	583		
4	Amostras de solo	m	144		
5	Raspagem do solo	m^2	3.290		
6	Estruturas de entrada e saída				
6.1	Concreto	m^3	20		
6.2	Concreto armado				
6.2.1	Ancoragem pré-moldada	m^3	3		
6.2.2	Pilares e vigas	m^3	3		
6.2.3	Lajes	m^3	3		
7	Corte e aterro				
7.1	Corte e transporte do material escavado (45% do volume total)	m^3	23.603		
7.2	Aterro e compactação do solo (55% do volume total)	m^3	28.849		
8	Proteção de taludes de terra contra a erosão				
8.1	Talude interno (placas de concreto pré-moldado: 0,40 m × 0,40 m × 0,03 m)	m^2	931		
8.2	Talude externo (grama)	m^2	2.049		
9	Coroamento do pavimentado com pedras de granito (largura 3,00 m; rochas em forma de paralelogramo)	m^2	3.499		
10	Sarjeta do coroamento para proteção da inclinação interna (rochas de granito)	m	2.332		
11	Calha para proteção da inclinação externa (meia seção de tubos de concreto pré-moldado com 400 mm de diâmetro; comprimento da calha = 1,25 m)	unid.	60		
12	Cinturão verde				
12.1	Linha de arbustos mistos	unid.	440		
12.2	Linha de uma mistura de árvores mais altas	unid.	440		
13	Cerca de arame farpado com portão e colunas de concreto pré-moldado espaçadas a cada 2 m	m	1.320		

Tabela 10.5 – Estimativa dos quantitativos para Alternativa B

Item	Descrição	Unidade	Quantidade	Custo (BEL$)	
				Unitário	Total
1	Trabalhos preliminares	–	verba		
2	Lista de material	–	verba		
3	Locação da área	m	831		
4	Amostras de solo	m	318		
5	Raspagem do solo	m^2	5.891		
6	Estruturas de entrada e saída				
6.1	Concreto	m^3	20		
6.2	Concreto armado				
6.2.1	Ancoragem pré-moldada	m^3	3		
6.2.2	Pilares e vigas	m^3	3		
6.2.3	Lajes	m^3	3		
7	Corte e aterro				
7.1	Corte e transporte do material escavado (45% do volume total)	m^3	40.880		
7.2	Aterro e compactação do solo (55% do volume total)	m^3	49.965		
8	Proteção de taludes de terra contra a erosão				
8.1	Talude interno (placas de concreto pré-moldado: 0,40 m × 0,40 m × 0,03 m)	m^2	2.076		
8.2	Talude externo (grama)	m^2	2.906		
9	Coroamento pavimentado com pedras de granito (largura 3,00 m; rochas em forma de paralelogramo)	m^2	4.982		
10	Sarjeta do coroamento para proteção da inclinação interna (rochas de granito)	m	3.322		
11	Calha para proteção da inclinação externa (meia seção de tubos de concreto pré-moldado com 400 mm de diâmetro; comprimento da calha = 1,25 m)	unid.	85		
12	Cinturão verde				
12.1	Linha de arbustos mistos	unid.	580		
12.2	Linha de uma mistura de árvores mais altas	unid.	580		
13	Cerca de arame farpado com portão e colunas de concreto pré-moldado espaçadas a cada 2 m	m	1.740		

Filtros de pedras podem ser implantados dentro da área da lagoa de maturação final, mas é operacionalmente melhor (facilidade de manutenção) tê-los como unidades posteriores à lagoa de maturação final. O tamanho das pedras é de aproximadamente 50 mm e 100 mm (100 mm e 200 mm são também usados), com altura do leito entre 0,50 m e 1,00 m. As pedras devem se estender, pelo menos, 100 mm acima do nível de água no filtro para evitar a reprodução de mosquitos e odores por conta de cianobactérias (algas azuis) que crescem sobre rochas úmidas expostas ao sol.

Na Tabela 10.6, são mostrados os dados de efluentes de dois sistemas de lagoas de estabilização no estado da Paraíba, na região Nordeste do Brasil. O sistema de Guarabira é constituído de uma lagoa anaeróbia seguida de uma lagoa facultativa secundária, enquanto o sistema de Sapé contém apenas uma lagoa facultativa primária. Nessa tabela, verifica-se que os valores de sólidos suspensos, na ETE de Guarabira, variaram de 11 mg/L a 57 mg/L, valores bastante inferiores à qualidade requerida pela União Europeia, não necessitando assim de implantação de filtro de pedra para polimento de seus efluentes.

Tabela 10.6 – Valores mínimo e máximo dos parâmetros físico-químicos e microbiológicos nos efluentes dos sistemas de lagoas de estabilização de Guarabira e Sapé, no estado da Paraíba

Parâmetro	Sistema de lagoas de estabilização de Guarabira		Lagoa de estabilização de Sapé	
	Mínimo	Máximo	Mínimo	Máximo
Temperatura (°C)	26 (6h)	28 (12-16h)	25 (6h)	28,5 (14h)
pH	7,5 (8h)	8,9 (16h)	7,1 (noite)	8,2 (dia)
OD (mg/L)	1,4 (8h)	15,4 (14h)	0,6 (22h)	14,6 (14h)
DBO_5 (mg/L)	9 (6h)	54 (14h)	45 (18h)	130 (22h)
Amônia – N (mg/L)	24,6 (16h)	49,9 (12h)	0,0 (12h)	34 (14h)
Nitrato (mg/L)	0,38 (20h)	0,67 (24h)	1,0 (14h)	2,0 (8-10h)
Fósforo total (mg/L)	3,49 (16-20h)	4,62 (8h)	8,0 (22h)	9,8 (14h)
Ortofosfato solúvel (mg/L)	2,03 (14-18h)	2,78 (22h)	0,06 (12h)	8,3 (14h)
Sólidos suspensos (mg/L)	11 (10h)	57 (20h)	–	–
Clorofila "a" (µg/L)	473 (14h)	113 (2h)	2123 (12h)	520 (8h)
Coliformes termotolerantes (CTT/100 mL)	$1{,}3 \times 10^4$ (24h)	$2{,}1 \times 10^5$ (12h)	2×10^3 (8h)	5×10^5 (24h)

Fonte: Mendonça (2001).

OPÇÕES DESCENTRALIZADAS DE TRATAMENTO DE ESGOTO PARA EMPREENDIMENTOS HABITACIONAIS

As comunidades de baixa renda que não têm instalações sanitárias adequadas são expostas a um alto risco de infecção por doenças relacionadas a águas contaminadas com esgoto doméstico. Crianças menores de 3 anos são particularmente susceptíveis a doenças diarreicas, enquanto crianças mais velhas e adultos podem ser infectados com vermes intestinais, mais comumente a lombriga (*Ascaris lumbricoides*) e os ancilostomídeos (*Ancylostoma duodenale* e *Necator americanus*). A incidência dessas doenças é geralmente muito alta na área periurbana de baixa renda ou em comunidades rurais.

A experiência tem demonstrado que, quando há disponibilidade de água encanada e o sistema de redes de esgotamento sanitário e disposição final é satisfatório, tanto nas condições urbanas quanto nas rurais, a contaminação do solo e da água superficial são evitadas. Nessas condições, os resíduos potencialmente perigosos do esgoto ficam inacessíveis às moscas, roedores e animais domésticos, e a transmissão por contato de doenças de origem fecal ao homem é impedida.

Em urbanizações descentralizadas, a fossa séptica e o sumidouro são as unidades mais utilizadas e satisfatórias dentre todos os sistemas de esgoto de habitações individuais, pequenos grupos de casas ou instituições situadas em áreas rurais fora do alcance das redes de esgotamento convencionais. O processo que ocorre na fossa séptica é o "tratamento primário" do esgoto bruto; aquele que ocorre na infiltração no solo por meio do sumidouro constitui o "tratamento secundário". É importante frisar que todos os resíduos líquidos, incluindo os de banheiros e cozinhas, após caixas de gordura, podem ser enviados para a fossa séptica sem pôr em perigo seu funcionamento normal. Pesquisas recentes têm mostrado que, ao contrário do que se acreditava, descargas de lavatórios e chuveiros (*sullage*) podem e devem ser descarregadas nos tanques sépticos.

O efluente das fossas sépticas pode ser tratado, principalmente, por meio de sumidouros ou irrigação subsuperficial (valas de infiltração). O sumidouro recebe o efluente proveniente da fossa séptica e permite que se infiltre no solo. A irrigação subsuperficial consiste simplesmente na dispersão do efluente das fossas sépticas na camada superior do solo por meio de tubos de drenagem perfurados e assentados em valas e cobertos posteriormente. Dessa forma, o efluente é purificado por meio da ação das bactérias aeróbias saprófitas do solo e infiltrado no solo.

O principal problema é o acúmulo de lodo nas fossas sépticas, que deve ser removido anualmente. Se esse tipo de alternativa é proposto, a companhia de saneamento deve estar ciente dos problemas que ocorrerão com a disposição do lodo em um futuro próximo. O tratamento correto (se necessário) e disposição do lodo devem ser planejados com antecedência, bem como a estimativa dos recursos financeiros necessários para sua operação e manutenção adequadas.

Em áreas periurbanas e rurais concentradas, a melhor solução é a adoção da filosofia do esgoto condominial complementada pela rede de esgoto convencional. Tem sido verificado, na prática, que a cobertura de esgoto geralmente não atinge 20% dos usuários, após a implementação de um sistema de esgotamento convencional nos países em desenvolvimento, em razão do alto custo de sua implantação. Uma das vantagens do sistema condominial é a facilidade em alcançar uma cobertura de ligação de esgoto de 100%, mesmo em áreas periurbanas ou rurais, com qualquer tipo de organização territorial. Outra vantagem desse sistema é a redução de custos de construção de cerca de 30% a 60%, em comparação com o sistema de esgoto convencional. A implementação do sistema condominial implica a construção de uma estação de tratamento de esgoto para cada bacia de contribuição.

OPÇÕES DE TRATAMENTO RECOMENDADAS PARA ESGOTO COMBINADO, COMPOSTO DE ESGOTO DOMÉSTICO E INDUSTRIAL (EXEMPLO: DESTILARIA DE RUM)

Águas residuárias industriais podem ser consideradas águas de processo, em vez de água que tem sido usada para transferência de calor, embora aquelas também vão exigir alguma forma de tratamento. As águas residuárias industriais podem conter uma elevada carga de poluentes compostos de uma mistura cada vez mais complexa de substâncias químicas, cujo comportamento, nos sistemas biológicos, pode ser muito variado. Os processos industriais geram uma variedade de contaminantes líquidos, alguns dos quais têm tratamento muito difícil e caro. As características dos resíduos líquidos industriais variam significativamente de uma indústria para outra e, às vezes, dentro dos processos de uma mesma indústria. Além disso, as flutuações podem ocorrer de hora em hora e diariamente, afetando a temperatura e a composição das águas residuárias. Em alguns casos, vários processos de fabricação podem ser descarregados em um mesmo lugar. Todos esses fatores juntos criam um desafio para um complexo sistema de tratamento de águas residuárias de origem industrial (MENDONÇA, 2000).

Dependendo da legislação, os efluentes industriais podem ser descarregados na rede coletora ou em cursos de água, desde que atendam às exigências dos órgãos ambientais. Os problemas associados com efluentes industriais são, portanto, a forma como seus constituintes complexos afetarão os processos de tratamento biológico (sozinhos ou quando misturados com esgoto da rede coletora e, possivelmente, com outros resíduos industriais) e, finalmente, o corpo receptor.

As águas residuárias industriais necessitam de tratamento físico-químico e biológico. Geralmente necessitam de correção de pH e equalização de vazão antes do tratamento biológico. A maioria tem elevadas cargas orgânicas nos seus efluentes e, por isso, é muito importante adotar um tipo de tratamento que produza a menor quantidade de lodo possível. Na Tabela 10.7, são apresentadas as etapas do processamento do lodo em vários sistemas de tratamento de esgoto.

O tratamento biológico industrial deve ser compacto, porque as indústrias não têm grandes áreas disponíveis para tratamento de suas águas residuárias. O tratamento primário ideal deve ser anaeróbio (lagoas anaeróbias, se possível, ou reatores UASB, por exemplo), para evitar equipamentos eletromecânicos e porque esse tipo de tratamento reduz altas cargas orgânicas e produz muito menos lodo que quaisquer processos aeróbios, como mostrado na Tabela 10.7.

De acordo com Marais (1970), o pré-tratamento anaeróbio, em regiões de clima quente, é tão vantajoso que a primeira consideração no projeto de qualquer tipo de processo deve incluir sempre a possibilidade de tratamento anaeróbio. O reator anaeróbio de manta de lodo (UASB) ou as lagoas anaeróbias podem reduzir a DBO_5 em torno de 70% a 80% em climas quentes. Para o pós-tratamento secundário, deve ser adotado qualquer tipo de tratamento aeróbio.

Tabela 10.7 – Processamento do lodo em diversos sistemas de tratamento de esgoto

Sistema de tratamento de esgoto	Frequência de remoção (ano)	Processamento usual do lodo			
		Adensamento	Digestão	Desidratação	Disposição final
Tratamento primário	variável	x	x	x	x
Lagoa facultativa	> 20 anos				
Lagoa anaeróbia + lagoa facultativa	> 10 anos				
Lagoa aerada facultativa	> 10 anos				
Lagoa anaeróbia	< 5 anos				
Lagoa aerada com mistura completa + lagoa de decantação	< 5 anos				
Lodos ativados convencional	contínua	x	x	x	x
Lodos ativados com aeração prolongada	contínua	x		x	x
Lodos ativados de fluxo intermitente (batelada)	contínua	x		x	x
Filtro biológico (baixa carga)	contínua	x		x	x
Filtro biológico (alta carga)	contínua	x	x	x	x
Biodiscos	contínua	x		x	x
Reator UASB (*upflow anaerobic sludge blanket*)	variável				x
Fossa séptica + filtro anaeróbio	variável				x

Fonte: adaptada de Von Sperling (1995).

AVALIAÇÃO DAS CONDIÇÕES OPERACIONAIS ATUAIS NA ETE DA CIDADE DE BELIZE, AVALIAÇÃO DA EXTENSÃO DO ACÚMULO DE LODO NO SISTEMA DE LAGOAS DE ESTABILIZAÇÃO E SUGESTÃO DE TÉCNICAS ECONÔMICAS DE REMOÇÃO E DISPOSIÇÃO FINAL DE LODO

DESCRIÇÃO DO SISTEMA DE LAGOAS DE ESTABILIZAÇÃO

O sistema de lagoas de estabilização da Cidade de Belize é composto de duas grandes lagoas facultativas em série e uma terceira lagoa de armazenamento de lodo. O efluente do sistema vai diretamente para o mar. De acordo com informações locais, a Cidade de Belize tem 60% de cobertura de esgoto.

Os parâmetros medidos no esgoto bruto e no efluente desse sistema estão apresentados na Tabela 10.8.

Tabela 10.8 – Parâmetros do sistema de tratamento da Cidade de Belize

Parâmetros	Esgoto bruto	Efluente
DBO (mg/L)	336	96
DQO (mg/L)	719	351
SST (mg/L)	144	80
Temperatura (°C)	31,5	30,5
pH	7,6	7,5
Coliformes termotolerantes (CTT/100 mL)	$4,5 \times 10^7$	$1,2 \times 10^4$

O efluente final do sistema de lagoas de estabilização da Cidade de Belize vai diretamente para o mar e não está atendendo os limites exigidos pelo Departamento de Meio Ambiente quanto a DBO_5, DQO e SST. A terceira lagoa de armazenamento de lodo deve ser usada como lagoa de maturação, para melhorar a qualidade dos efluentes. Na Cidade de Belize, não há informação relacionada à quantidade de ovos de helmintos no esgoto doméstico.

RECOMENDAÇÕES PARA MELHORAR A EFICIÊNCIA DO TRATAMENTO DO ESGOTO DA CIDADE DE BELIZE

Uma avaliação completa do desempenho de um sistema de tratamento de esgotos por lagoas de estabilização é um processo demorado e caro, que requer pessoal experiente para obter e interpretar os dados. No entanto, é o único meio pelo qual os projetos de lagoas podem ser otimizados para as condições locais. Por isso, frequentemente torna-se necessário um estudo aprofundado de custo-benefício. As recomendações do Quadro 10.1 baseiam-se nas diretrizes para a avaliação mínima de desempenho de lagoas dadas por Pearson et al. (1987).

Dados sobre condutividade elétrica, boro, cloro e ovos de helmintos são necessários apenas quando o efluente está sendo usado (ou sendo avaliado para uso) para a irrigação de culturas. Cálcio, Magnésio e Sódio são necessários para calcular a taxa de absorção de sódio.

Antes de recuperar ou ampliar um sistema de lagoas de estabilização, seu desempenho deve ser avaliado, já que tal avaliação permite, geralmente, a decisão correta sobre como atualizar e/ou ampliar o sistema. Uma série de estratégias pode ser usada para recuperar e ampliar sistemas de lagoas de estabilização. Podem ser citadas as seguintes medidas necessárias para a recuperação:

- construção de lagoas anaeróbias e/ou lagoas de maturação;
- construção de uma ou mais séries de lagoas;
- alteração do tamanho e da configuração da(s) lagoa(s): por exemplo, a remoção de um dique entre duas lagoas para obter uma lagoa maior.

Quadro 10.1 – Parâmetros mínimos a serem determinados para avaliação de sistemas de lagoas de estabilização

Parâmetro	Local[a]	Tipo de amostra[b]	Observações
Vazão	EB, EF	–	
DBO_5	EB, no efluente de todas as lagoas	C	Amostras brutas e filtradas
DQO	EB, no efluente de todas as lagoas	C	Amostras brutas e filtradas
Sólidos suspensos	EB, no efluente de todas as lagoas	C	
Escherichia coli	EB, no efluente de todas as lagoas	S	
Clorofila "a"	Todas as lagoas F e de M	P	
Gêneros de algas	Todas as lagoas F e de M	P	
Amônia	EB, no efluente de todas as lagoas	C	
Nitrato	EB, EF	C	
Fósforo total	EB, EF	C	
Sulfeto	EB, efluente da lagoa A, lagoa F ou perfil de profundidade da lagoa F	S, P	Apenas no caso de odor incômodo ou quando o efluente da lagoa facultativa é de má qualidade. É preferível coletar no perfil de profundidade.
pH	EB, nos efluentes de todas as lagoas	S	
Temperatura (média diária)	EB, todas as lagoas	–	Usar termômetros suspensos de máximo-mínimo no fluxo do EB e na profundidade média das lagoas.
Oxigênio dissolvido[c]	Perfil de profundidade em todas as lagoas F e de M	–	Medir pelo menos às 08h, 12h e 16h.
Profundidade do lodo	Lagoas A e F	–	Usar o teste da "toalha branca"

Notas:

[a] EB, esgoto bruto; EF, efluente final da série de lagoas; A, anaeróbia; F, facultativa; M, de maturação.

[b] C, amostra composta de vazão ponderada de 24 horas; S, amostra simples coletada na parte mais homogênea da lagoa; P, amostra no perfil de profundidade da lagoa.

[c] Medir pH e temperatura nos perfis de profundidade no mesmo horário, se possível.

Fonte: adaptada de Pearson, Mara e Bartone (1987).

Se uma boa operação e manutenção da lagoa não for realizada rotineiramente, os efeitos podem se tornar muito graves: liberação de odor de lagoas facultativas sobrecarregadas; flotação de macrófitas e/ou de vegetação emergente em lagoas facultativas e de maturação, levando ao aparecimento de mosquitos; em casos extremos, as lagoas podem assorear e desaparecer por completo. Exemplos de falta de manutenção em sistemas de lagoas não são, infelizmente, incomuns, e por isso os técnicos que não conhecem esse tipo de processo ou alguém que esteja interessado em vender equipamentos recomendam que esses sistemas não devem ser utilizados. Muitas vezes é usado esse argumento para influenciar ou justificar que outros sistemas de tratamento de esgoto, geralmente mais "sofisticados", devem ser adotados em vez de lagoas de estabilização. Entretanto, se um sistema lagoas de estabilização, cuja manutenção é bastante simples e não utiliza energia no seu processo, não pode ser mantido adequadamente, como podem ser operados sistemas mais sofisticados que, além de serem muito mais complexos, utilizam energia 24 horas por dia?

Para a recuperação de um sistema de lagoas de estabilização são necessários:

- revisar ou reformular o dispositivo de entrada, substituindo quaisquer unidades que não podem ser reparadas satisfatoriamente;
- reparar ou substituir os dispositivos de medição de vazão;
- garantir que os dispositivos de divisão de vazão dividam a vazão nas proporções requeridas;
- remover o lodo nas lagoas anaeróbias ou facultativas primárias e nas lagoas subsequentes, se necessário;
- desbloquear, reparar ou substituir os dispositivos de entrada e/ou saída das lagoas;
- relocar quaisquer das entradas e/ou saídas impropriamente localizadas, para que essas estruturas estejam em cantos diagonalmente opostos de cada lagoa (ou colocar um defletor se a relocação não for viável);
- reparar, substituir ou instalar chicanas para evitar a saída de escuma ou algas no efluente;
- remover escuma, sobrenadante ou vegetação flutuante nas lagoas facultativas e de maturação;
- verificar a estabilidade dos taludes e reparar, substituir ou instalar proteção dos diques;
- verificar se há escoamento excessivo (> 10% da vazão) e/ou recuperar a camada de fundo (ou revestimento do fundo) das lagoas, se necessário;
- cortar a grama dos taludes;
- reparar ou substituir quaisquer cercas e portões externos; as cercas podem ser eletrificadas para evitar a aproximação de animais selvagens e domésticos.

Como a recuperação é geralmente muito cara, uma boa rotina de operação e manutenção é muito mais eficaz.

LIMITE DE ACÚMULO DE LODO NO SISTEMA DE LAGOAS DE ESTABILIZAÇÃO DA CIDADE DE BELIZE E SUGESTÕES DE TÉCNICAS ECONÔMICAS DE REMOÇÃO E DISPOSIÇÃO FINAL DO LODO

A remoção de lodo das lagoas pode ser feita de duas maneiras. No primeiro caso, o lodo deve ser removido com a lagoa fora de operação; e, no segundo, o lodo pode ser removido com a lagoa em operação. Na prática, dependendo das dimensões da lagoa, após a secagem de lodo, sua remoção manual deve ser a solução mais econômica. Se a área for grande, a remoção de lodo deve ser feita com o uso de tratores ou escavadeiras. As vantagens da remoção de lodo com a lagoa fora de operação são: (a) a remoção da umidade do lodo ocorre na lagoa; (b) a limpeza é feita de forma controlada; (c) o custo de transporte é diminuído porque o lodo seco tem um elevado teor de sólidos (TS); e (d) é possível a quase completa remoção do lodo da lagoa. A principal desvantagem desses dois processos é que a lagoa ficaria fora de operação por um longo período (cerca de três meses).

O lodo seco de uma das lagoas facultativas (área de dois hectares) do sistema de tratamento de esgoto de San Juan (Lima, Peru), foi removido por uma escavadeira D-6 em vinte horas de trabalho. Foram removidos 1.800 m^3 de lodo a um custo de 2.600 dólares, em 1990.

A remoção de lodo no sistema de lagoas de estabilização da Cidade de Belize deve ser realizada em cinco etapas:

- cálculo do volume de lodo com relação à vazão média, concentrações de sólidos em suspensão e tempo (anos) de operação dos sistemas de lagoas de estabilização;
- medição do volume de lodo por meio de estudos de batimetria;
- caracterização física, química e microbiológica do lodo coletado (úmido);
- estimativa do tempo necessário para secagem do lodo por meio de dados meteorológicos, antes de sua secagem na lagoa;
- plano de trabalho:
  - fazer o *bypass* da vazão da lagoa facultativa primária para a segunda lagoa;
  - verificar o impacto no funcionamento de todo o sistema por conta do desvio do *bypass*;
  - drenar a lagoa facultativa primária;
  - secar o lodo;
  - definir o método para remoção do lodo;
  - efetuar o reenchimento da lagoa onde será feita a remoção do lodo;
  - definir a disposição final do lodo;
  - verificar o impacto ambiental do projeto.

ESTIMATIVA DO VOLUME DE LODO

Para cálculo do lodo acumulado nas lagoas, é necessário ter registro das vazões e dados de monitoramento durante os anos de operação dos sistemas de lagoas de estabilização.

O volume de lodo produzido por ano pode ser calculado pela Equação 10.2.

$$V_{l_{anual}} = 0{,}00156 Q_{méd} SS \tag{10.2}$$

em que:

$V_{l_{anual}}$: volume anual de lodo, m³;

$Q_{méd}$: vazão afluente média, m³/dia;

SS: concentração média de sólidos suspensos, mg/L.

Na Equação 10.2, é admitido que a densidade do lodo de lagoa facultativa primária é igual a 1,05; o percentual de sólidos, expresso como um número decimal é igual a 0,15 (varia de 0,15 a 0,20); e 100% dos sólidos suspensos estão sedimentados na lagoa facultativa primária.

O objetivo principal do cálculo do volume de lodo acumulado pela Equação 10.2 é facilitar a previsão da quantidade do volume de lodo. Essa tarefa vai orientar o contratante a ter uma estimativa aproximada do volume de lodo que existe na lagoa. O volume do lodo também pode ser estimado por meio de batimetria, que é um método muito mais preciso. A batimetria começa com o estudo topográfico da lagoa facultativa primária com cálculos planialtimétricos para estimar as áreas e os níveis, especialmente o nível de água e a profundidade de lodo na lagoa.

CARACTERIZAÇÃO DO LODO

No Quadro 10.2, estão apresentados os parâmetros físicos, químicos e microbiológicos necessários para a caracterização do lodo durante um trabalho de remoção.

Quadro 10.2 – Parâmetros físicos, químicos e microbiológicos necessários para a caracterização do lodo durante um trabalho de remoção

Parâmetro	Unidade	Objetivo
Sólidos totais, ST	%	Determinação da densidade de sólidos
Sólidos voláteis, SV	%	Determinação da densidade de sólidos
Sólidos fixos, SF	%	Determinação da densidade de sólidos, volume de água removido por evaporação e volume final de sólidos secos.
Ovos de helmintos (viáveis, se possível)	Número de ovos/g de lodo seco	Disposição final e possível aproveitamento do lodo

Fonte: adaptada de Gonçalves et al. (1999).

O procedimento para a coleta de lodo é o seguinte:

- seleção de locais onde as amostras devem ser coletadas, ou seja, onde o acúmulo de lodo é maior. Muitas amostras devem ser consideradas a fim de se obter uma média dos dados possíveis;
- uso de uma draga especial projetada para coleta de sedimentos ou um tubo especialmente projetado para coleta de amostras de lodo;

- amostras de lodo devem ser analisadas em laboratórios especializados em relação a sólidos totais voláteis e fixos e ovos de helmintos.

As análises de sólidos voláteis e fixos são importantes para a determinação da densidade dos sólidos, que pode ser calculada pela Equação 10.3.

$$\frac{1}{SG_S} = \frac{SV}{1{,}0} + \frac{SF}{2{,}5} \tag{10.3}$$

em que:

SG_s: densidade dos sólidos;

SV: sólidos voláteis no lodo, %;

SF: sólidos fixos no lodo, %.

Na Equação 10.3, assume-se que a densidade da matéria orgânica no lodo é igual a 1,0 e a densidade da matéria inorgânica corresponde a 2,5.

Após o cálculo da densidade dos sólidos, é possível estimar a densidade do lodo pela Equação 10.4.

$$\frac{1}{SG_L} = \frac{TS}{SG_S} + \frac{(1-TS)}{1{,}0} \tag{10.4}$$

em que:

SG_L: densidade do lodo;

TS: teor de sólidos, %;

SG_s: densidade dos sólidos;

$(1\text{-}TS)$: umidade do lodo, %.

A massa de lodo seco pode ser estimada pela Equação 10.5.

$$M_L = V_L \rho_{água} SG_L TS \tag{10.5}$$

em que:

M_L: massa de lodo seco, kg;

V_L: volume de lodo medido por batimetria, m^3;

$\rho_{água}$: peso específico da água, kg/m^3.

Na Tabela 10.9, estão apresentados os valores típicos da caracterização física, química e microbiológica de lodo de lagoas facultativas primárias em diversos países.

Tabela 10.9 – Características físicas, químicas e microbiológicas típicas do lodo de lagoas primárias

Parâmetro	País			
	Honduras	Brasil	México	Índia
Teor de sólidos, *TS* (%)	11,6 – 15,5	8,4 – 22,0	11,2 – 17,1	13 – 28
Sólidos voláteis, *SV* (%)	23,9 – 21,4	35,8 – 41,8		17 – 31
Sólidos fixos, *SF* (%)	68,0 – 76,1	58,2 – 64,2		69 – 83
SG_S	1,708 – 2,028			
SG_L	1,049 – 1,076			1,11 – 1,165
Ovos de helmintos (n./lodo seco)	1 – 5.299	25 – 300	<100 – 500	
Estimativa do acúmulo de areia (m^3/1000 m^3)	0,010 – 0,085			
Estimativa do acúmulo de lodo (m^3/1000 m^3)	0,224 – 0,548			

Fonte: adaptada de Oakley (2005).

ESTIMATIVA DO TEMPO DE SECAGEM DO LODO

O principal mecanismo para a secagem do lodo é a evaporação dentro da lagoa drenada. Dependendo da qualidade da impermeabilidade do fundo da lagoa, uma parcela significativa de água do lodo pode ser removida por infiltração.

É muito importante estimar o tempo de secagem de lodo porque nesse período todo o sistema vai ser sobrecarregado em consequência do desvio da vazão da lagoa que está fora de operação para as outras lagoas em operação. O tempo de secagem de lodo é função dos seguintes fatores: (a) clima local (especialmente evaporação); (b) profundidade de lodo; (c) fração de água no lodo que pode ser drenada e infiltrada pela parte inferior da lagoa; (d) concentração inicial e final de sólidos totais dos lodos; e (f) natureza do lodo.

O tempo de secagem do lodo pode ser estimado pela Equação 10.6.

$$t_L = \frac{P_0\left(1 - \frac{TS_0}{TS_f}\right)(1 - D)}{k_e(E_n - P_n)_{Mín}} \qquad (10.6)$$

em que:

t_L: tempo de secagem do lodo, dia;

P_0: profundidade inicial do lodo, m;

TS_0: concentração incial de teor de sólidos, %;

TS_f: concentração final de teor de sólidos, %;

D: percentagem de água removida por infiltração, %;

k_e: fator de redução de evaporação de água do lodo *versus* lençol freático (varia de 0,6 a 1,0);

$(E_n - P_n)_{Mín}$: evaporação líquida mínima dos meses sequenciais considerados, m/dia.

Na Equação 10.6, é admitido que o lodo está distribuído por toda a área inferior da lagoa com profundidade uniforme. Caso contrário, o tempo de secagem de lodo seria maior.

A percentagem de água removida por infiltração pela parte inferior da lagoa, *D*, pode variar de 25% a 75% em leitos de secagem de lodo (EPA, 1983). Em lagoas facultativas primárias, *D* é função da permeabilidade do fundo da lagoa (GONÇALVES et al., 1999). Geralmente adota-se *D* igual a zero, e a remoção de água é feita exclusivamente por evaporação.

O termo $(E_n - P_n)_{Mín}$, na Equação 10.6, representa a evaporação líquida dos meses selecionados para a secagem do lodo (geralmente dois ou três meses), ressaltando que se deve escolher o período mais quente do ano.

Após a secagem do lodo, é possível estimar sua profundidade final, que pode ser calculada pela Equação 10.7.

$$P_f = P_o\left(\frac{TS_o}{TS_f}\right) \quad (10.7)$$

em que:

P_f: profundidade final do lodo, m;

P_o: profundidade inicial do lodo, m.

O volume final do lodo pode ser estimado pela Equação 10.8.

$$V_f = P_f A_i \quad (10.8)$$

em que:

V_f: volume final de lodo, m^3;

A_i: área da parte inferior da lagoa, m^2.

Nas equações 10.7 e 10.8, também é adimitido que o lodo está distribuído por toda a área da parte inferior da lagoa.

DISPOSIÇÃO FINAL DO LODO

O lodo seco, em virtude de sua contaminação com ovos de helmintos, deve ser armazenado em um lugar adequado por pelo menos um ano; caso contrário, tem de ser feito algum tipo de desinfecção, como, por exemplo, adição de cal. Presume-se que o lodo seja armazenado em pilhas trapezoidais com 2 m de profundidade, base maior igual a 3 m e topo com 1 m de largura. O comprimento requerido dessa pilha pode ser estimado pela Equação 10.9.

$$L = \frac{V}{4} \tag{10.9}$$

em que:

L: comprimento da pilha, m;

V: volume de lodo, m^3.

IMPACTO NO MEIO AMBIENTE

As algas são residentes naturais importantes de efluentes de sistemas de lagoas de estabilização, bem como das águas receptoras em que são descarregados esses efluentes. Análises confirmam que células de algas no efluente de um sistema de lagoa devidamente operado não constituem impacto significativo sobre o oxigênio dissolvido dos corpos receptores. Além disso, as algas geralmente servem como um elo importante presente na cadeia alimentar em águas receptoras. A descarga de algas no efluente tratado corretamente pode aumentar a produtividade, em níveis tróficos superiores, de organismos aquáticos de importância econômica, como, por exemplo, peixes, camarão e caranguejo (GLOYNA; TISCHLER, 1981).

Há três processos a serem considerados na análise dos efeitos das algas presentes nos efluentes de sistemas de lagoas de estabilização no corpo receptor. Primeiro, algumas das algas lançadas com o efluente da lagoa podem morrer e exercer uma demanda sobre os recursos de oxigênio do curso receptor. Essa condição ocorreria durante um período relativamente grande e ao longo de um segmento de comprimento do corpo receptor. Em segundo lugar, as algas introduzidas vão ajustar suas taxas de geração em questão de dias, de acordo com as novas restrições ambientais, exercendo uma demanda negligenciável sobre os recursos de oxigênio do curso de água. Em terceiro lugar, as populações de algas existentes podem aumentar a jusante, em função das cargas de nutrientes, se no corpo receptor não houver limitação de luz em nível autotrófico.

EQUIPAMENTOS PARA PROTEÇÃO DOS OPERADORES

Os materiais de proteção que devem estar disponíveis nas instalações das ETEs para a equipe de operadores do sistema de lagoas normalmente incluem:

- um *kit* de primeiros socorros (que deve incluir um *kit* contra picada de cobra);
- boias salva-vidas colocadas em locais estratégicos;
- um banheiro com lavatório, pelo menos;

- espaço de armazenamento para vestuário de proteção, equipamentos de corte de grama e de remoção de escuma, ancinhos de tela e outras ferramentas, um barco para coleta de amostras e coletes salva-vidas.

Como exceção, as boias salva-vidas podem ser acomodadas em uma construção simples, que pode abrigar também, se necessário, garrafas para amostras e, se houver eletricidade disponível, uma geladeira para o armazenamento delas. Instalações de laboratórios, escritórios e um telefone fixo ou celular também podem ser fornecidos. Deve haver acesso de veículos e espaço para estacionamento.

REVISÃO DOS MÉTODOS DE AMOSTRAGEM E TECNOLOGIAS ATUAIS; SUGESTÕES EM TERMOS DE PARÂMETROS DE MEDIÇÃO, TAXA DE AMOSTRAGEM E PONTOS DE AMOSTRAGEM MAIS RECOMENDADOS

Os programas de controle de qualidade dos efluentes devem ser simples e em quantidade mínima necessária para fornecer dados confiáveis. São recomendados dois níveis de monitoramento de efluentes:

Nível 1: amostras representativas do efluente final devem ser tomadas regularmente (pelo menos mensalmente) e analisadas em função dos parâmetros requeridos para a descarga ou o reúso do efluente.

Nível 2: quando o monitoramento no Nível 1 mostrar que o efluente da lagoa não está atendendo aos requisitos de qualidade para sua descarga ou reutilização, um estudo mais detalhado é necessário. No Quadro 10.3, adiante, é apresentada uma lista dos parâmetros cujos valores são necessários, com recomendações para os tipos de amostras que devem ser tomadas.

A vazão média é usada para determinar estimativas mais precisas das cargas diárias de parâmetros como DBO_5 e sólidos suspensos. Amostras são coletadas a cada uma ou três horas durante 24 horas, e o volume de cada amostra é usado para compor a amostra (composta) de 24 horas, em função da vazão no momento em que foi tirada. Por exemplo, se a qualquer momento a vazão é de 10.000 m^3/dia, então 100 mL de amostra coletada naquele tempo são utilizados para fazer a amostra composta de 24 horas; 150 mL são usados para uma vazão de 15.000 m^3/dia e 230 mL para uma vazão de 23.000 m^3/dia, e assim por diante. Assim, quanto maior é a vazão, maior é o "peso" dado para a amostra – daí a termo vazão ponderada.

Para a estimativa dos parâmetros apresentados no Quadro 10.1 e na Tabela 10.9, as técnicas de análises apresentadas na última edição do *Standard Methods for Examination of Water and Wastewater*, da American Public Health Association, atualizado em 2013, geralmente são usadas, embora a técnica modificada de Bailenger deva ser usada para a contagem do número de ovos de nematoides (AYRES; MARA, 1996). A determinação de *Escherichia coli* é mais precisa por meio do uso de meios seletivos modernos, tais como meios cromogênicos (CHROMAGAR, 2002; ENVIRONMENT AGENCY, 2002).

Quadro 10.3 – Parâmetros a serem determinados para o Nível 2: monitoramento da qualidade dos efluentes da lagoa

Parâmetro	Tipo de amostra[a]	Frequência	Observações
Vazão	–	horária	Medir no esgoto bruto e no efluente final
DBO_5	C	semanal	Amostras não filtradas[b]
DQO	C	semanal	Amostras não filtradas[b]
Sólidos suspensos	C	semanal	
pH	S	diária	
Temperatura	S	diária	Coletar duas amostras: 08h-10h e 14h-16h
Escherichia coli	S	ocasional	Coletar amostras entre 8h e 10h
Nitrogênio total	C	ocasional	
Fósforo total	C	ocasional	
Cloro	C	ocasional	

Notas:
[a] C: amostra composta em 24 horas de fluxo; S: amostra simples.
[b] Também em amostras filtradas, se os requisitos de lançamento são assim expressos.
Adaptado de: Mara (2003) e World Health Organization (1987).

Os dados para a condutividade elétrica, boro e ovos de helmintos são necessários apenas quando o efluente está sendo usado (ou está em avaliação para ser usado) na irrigação de culturas. Cálcio (Ca), magnésio (Mg) e sódio (Na) são necessários para calcular a taxa de absorção de sódio.

Este relatório foi concluído em Belize, em 1º de dezembro de 2006, por Sérgio Rolim Mendonça.

REFERÊNCIAS

AYRES, R. M.; MARA, D. D. *Analysis of wastewater for use in agriculture:* a laboratory manual of parasitological and bacteriological techniques. Genève: World Health Organization, 1996. Disponível em: <www.leeds.ac.uk/civil/ceri/water/tphe/publicat/reuse/parasitanal.pdf>. Acesso em: 07 jul. 2015.

ARCEIVALA, S. J. Wastewater hestment and disporal: engineering and ecology in pollution control, 15, Maxel Dehaker, Inc. Nova York (1981).

BRASIL Resolução Conama 357, de 17 de março de 2005. Dispõe sobre a classificação dos corpos de água e diretrizes ambientais para o seu enquadramento, bem como estabelece as condições e padrões de lançamento de efluentes, e dá outras providências. *Diário Oficial da União*, Brasília, DF, 18 mar. 2005.

CEPIS. *Comunicação pessoal de Julio Moscoso*. Lima: Centro Panamericano de Ingeniería Sanitaria y Ciencias del Ambiente/OPS/OMS, 1995.

CHROMAGAR. *CHROMagar E. coli*. 2002. Disponível em <http://www.chromagar.com/products/ecoli.html>. Acesso em: 07 jul. 2015.

COMISIÓN NACIONAL DEL AGUA (CNA). *Diseño de lagunas de estabilización: tratamento:* manual de diseño de agua potable, alcantarillado e saneamento. México: Comisión Nacional del Agua, 1996.

DAVIS, R.; HIRJI, R. *Water resources and environment*. Technical note, Water quality: wastewater treatment, Washington: The World Bank, 2003.

DROSTE, R. L. *Theory and practice of water and wastewater treatment*. New York: John Wiley & Sons, Inc. 1997.

EEC STANDARDS. *Council directive 91/271/EEC (European Economic Community) of 21 May 1991 concerning urban wastewater treatment*. Amended by Directive 98/15/EC. 1991.

ENVIRONMENT AGENCY. *The microbiology of drinking water (2002):* methods for the examination of water and associated materials. Nottingham: Standing Committee of Analysts/Environmental Agency, 2002. Disponível em: <www.dwi.gov.uk/regs/pdf/micro.htm>. Acesso em: 07 jul. 2015.

ENVIRONMENTAL PROTECTION AGENCY (EPA). *Design manual:* municipal wastewater stabilization ponds. Cincinnati: US Environmental Protection Agency, 1983. (EPA-625/1-83-015).

GLOYNA, E. F.; TISCHLER, L. F. Recommendations for regulatory modifications: the use of waste stabilization ponds. *JWPCF*, v. 53, n. 11, p. 1559-1563, 1981.

GONÇALVES, R. F. et al. (Coords.). *Gerenciamento de lodo de lagoas de estabilização não mecanizadas*. Rio de Janeiro: Programa de Pesquisa em Saneamento Básico/PROSAB, 1999.

INSTITUTO MEXICANO DE TECNOLOGÍA DEL AGUA (IMTA). *Manual de diseño de agua potable, alcatarillado y saneamento* (Libro II, Proyecto. 3ª sección: potabilización y tratamiento. tema: tratamiento. subtema: lagunas de estabilización). México: Instituto Mexicano de Tecnología del Agua/Jintepec/Morelos, 1994.

KIELY, G. *Ingeniería ambiental:* fundamentos, entornos, tecnologías y sistemas de gestión. Bogotá: McGraw-Hill, 1999. v. 2.

LEIGH J. et al. Occupational hazards, In: MURRAY, C. J. L.; LOPEZ, A. D. (Eds.). *Quantifying global health risks:* the burden of disease attributable to select risk factors. Cambridge: Harvard University Press, 1993.

MARA, D. D. *Domestic wastewater treatment in developing countries*. London: Earthscan, 2003.

MARAIS, G. V. R. Dynamic behaviour of oxidation ponds. In: Proceedings of the Second Internationl Symposium on Weste Treatment Lagoons, R. E. Mc Kinney, pp. 15-46, Laurence, KS, University of Kansas, Estados Unidos, 1970.

MENDONÇA, S. R. Control de la contaminación ambiental ocasionada por desechos industriales. *Revista de la Sociedade Colombiana de Medicina del Trabajo*, v. 3, n. 1, set. 2000.

______. *Sistemas de lagunas de estabilización:* cómo utilizar aguas residuales tratadas en sistemas de regadio. 2. ed. Bogotá: McGraw-Hill, 2001.

METCALF & EDDY, INC. *Wastewater engineering:* treatment, disposal, reuse. 3. ed. Singapura: McGraw-Hill, 1991.

OAKLEY, S. M. *Lagunas de estabilización en Honduras:* manual de diseño, construcción, operación y mantenimiento, monitoreo y sostenibildad. Tegucigalpa: USAID/FHIS/RRAS-CA, 2005.

PEARSON, H. W.; MARA, D. D.; BARTONE, C. R. Guidelines for the minimum evaluation of the performance of full-scale waste stabilization ponds. *Water Research*, v. 21, n. 9, p. 1067-1075, 1987.

REED, S. C.; MIDDLEBROOKS, E. J.; CRITES, R. W. *Wastewater stabilization lagoons design, performance and upgrading*. New York: Macmillan Publishing Co., 1988.

ROMERO, J. A. R. *Tratamiento de aguas residuárias:* teoría y principios de diseño. Bogotá: Editorial Escuela Colombiana de Ingeniería, 1999.

SURAMPALLI, R. Y. et al. Phosphorus removal in ponds. *Water Science and Technology*, v. 31, n. 12, p. 331-339, 1995.

VON SPERLING, M. *Introdução à qualidade das águas e ao tratamento de esgotos*. Belo Horizonte: DESA/UFMG, 1995. v. 1.

WATER ENVIRONMENT FEDERATION (WEF). *Biological and chemical systems for nutrient removal*. Alexandria:Water and Environment Federation, 2007.

WORLD HEALTH ORGANIZATION (WHO). *Wastewater stabilization ponds:* principles of planning and practice. Alexandria: WHO EMRO Technical Publications Series (n. 10), 1987.

CAPÍTULO 11
ETE DE MANGABEIRA: ESTUDO DE CASO

Sérgio Rolim Mendonça

AVALIAÇÃO DO SISTEMA DE LAGOAS DE ESTABILIZAÇÃO DA ETE DE MANGABEIRA, JOÃO PESSOA (PARAÍBA)

CONSIDERAÇÕES INICIAIS

Este capítulo tem a finalidade de apresentar uma análise comparativa entre o sistema projetado em 1981 e o sistema em funcionamento no ano 2015 na Estação de Tratamento de Esgotos (ETE) de Mangabeira, para comprovar a eficácia do sistema de lagoas de estabilização que, embora atenda à população atual, foi dimensionado há mais de três décadas.

Essa estação, localizada em João Pessoa, no estado da Paraíba, é composta de três módulos em paralelo, cada qual com três lagoas de estabilização em série.

OBJETIVOS:

- avaliar a capacidade operacional da ETE de Mangabeira (sistema de lagoas de estabilização), em termos hidráulicos e de matéria orgânica;
- analisar os parâmetros físico-químicos e bacteriológicos do esgoto bruto e tratado, de forma a identificar a eficiência do processo de tratamento;
- avaliar a qualidade da água do riacho Laranjeiras e do rio Paratibe (Cuiá) a montante e a jusante do lançamento dos efluentes da ETE de Mangabeira.

HISTÓRICO DO ESGOTAMENTO DE JOÃO PESSOA

O sistema de esgotos sanitários de João Pessoa foi concebido em 1913 pelo engenheiro Saturnino de Brito, patrono da engenharia sanitária brasileira, e implantado no período de 1923 a 1925. Nessa época, os esgotos brutos eram lançados *in natura* na camboa Tambiá Grande, ligada diretamente ao estuário do rio Paraíba (BRITO, 1943). Antes da descarga final, os esgotos passavam por dois tanques de acumulação e reserva. Cada tanque funcionava com período de retenção de seis horas de acordo com a variação das marés. Após a acumulação dos esgotos em cada tanque, as comportas eram abertas para descarga na maré vazante. Os dois tanques eram ligados a um emissário de 500 mm e 1.660 metros de extensão. Foram construídos em forma de "S" com 1,50 m de profundidade, totalizando um total de 11.000 m^3. Sua principal finalidade era decantar o esgoto bruto coletado por um período de seis horas e posteriormente diluí-lo no rio. Essa técnica, desenvolvida na Grã-Bretanha, teve sua única aplicação no Brasil executada em João Pessoa (AZEVEDO NETTO, 1987).

A primeira ampliação do sistema de esgotos foi realizada em 1948. A partir de 1968, o Escritório Saturnino de Brito elaborou, para o Saneamento da Capital S/A (SANECAP), o projeto de redes coletoras e estações elevatórias de João Pessoa. No início da década de 1970, foram executadas novas ampliações na rede de esgotos. Até dezembro de 1976, o projeto de 1968 teve toda sua primeira etapa implantada, e o sistema era capaz de atender a uma população de até 300 mil habitantes.

Entretanto, somente em 1981 foi pensado e elaborado, por parte da Companhia de Água e Esgotos da Paraíba (CAGEPA), um estudo de definição de áreas (pré-Plano Diretor) para o tratamento de esgotos dos maiores conjuntos habitacionais localizados no município de João Pessoa (Mangabeira I a VII). Esse estudo foi elaborado pelo engenheiro civil e sanitarista Sérgio Rolim Mendonça, tendo sido aprovado e incluído em 1986 no Plano Diretor de Esgotos da Grande João Pessoa, elaborado pela TECNOSAN Engenharia SA. Esse plano englobava os municípios de João Pessoa, Bayeux, Santa Rita e Cabedelo, aglomerado urbano onde já estava presente um processo de conurbação (MENDONÇA, 1981).

CARACTERIZAÇÃO DA ÁREA EM ESTUDO

A ETE de Mangabeira está situada no município de João Pessoa (Paraíba), latitude 7°11'79"S e longitude 34°50'98"O, a 43 metros acima do nível do mar. O clima se caracteriza por temperaturas diárias de 24 °C a 31 °C, com isotermas de 26,5°C e umidade relativa do ar elevada (74%). O período de chuvas se concentra nos meses de março até agosto.

DESCRIÇÃO DO PROJETO DA ETE DE MANGABEIRA

O tratamento dos esgotos dessa área foi definido com saturação prevista para o ano 2050. Essa área foi dividida em duas bacias. A primeira, bacia hidrográfica do rio Paratibe (Cuiá), com 2.524 ha, tendo como corpo receptor o rio Paratibe (Cuiá) com vazão mínima de 598 L/s. A segunda, bacia hidrográfica do rio Gramame, com 5.338 ha, tendo como corpo receptor o rio Gramame com vazão mínima de 1.900 L/s (MENDONÇA, 1995).

De acordo com o projeto (MENDONÇA, 1981), as duas Estações de Tratamento de Esgotos (ETE) seriam constituídas de um total de 12 módulos de lagoas de estabilização em série, sendo cada módulo composto por lagoa aerada com mistura completa (aeróbia), lagoa aerada facultativa e lagoa de maturação. A ETE da bacia hidrografia do rio Paratibe (Cuiá) teria quatro módulos, e a ETE da bacia hidrográfica do rio Gramame seria composta por oito módulos.

Foram construídos, a partir de 1983, três módulos de lagoas na bacia hidrográfica do rio Paratibe (Cuiá). Na bacia hidrográfica do rio Gramame, nada foi construído até o momento. Devido às dificuldades de operação e manutenção dos equipamentos eletromecânicos, aliadas ao alto custo de energia elétrica, a CAGEPA resolveu eliminar os aeradores desde a implantação desses módulos e transformar as duas lagoas aeradas em lagoas anaeróbias, em cada módulo. Consequentemente, a terceira lagoa de cada módulo deixou de funcionar como lagoa de maturação para funcionar como lagoa facultativa.

Mesmo assim, em 29 de agosto de 1994, uma análise físico-química e bacteriológica (SUDEMA, 1994) constatou que a redução de DBO do efluente final de cada módulo foi da ordem de 92% (5,7 mg/L) e a redução de coliformes termotolerantes correspondeu a 99,8% (7×10^3 CTT/100 mL), quando existiam em funcionamento apenas dois módulos de lagoas.

A montante de cada módulo foi implantado um dissipador de energia seguido por tratamento preliminar com gradeamento, dois desarenadores em paralelo e uma calha Parshall. As lagoas anaeróbias têm forma quadrada, profundidade de 3,7 m e área do nível médio de 0,40 ha, cada uma. A lagoa facultativa tem forma retangular, profundidade de 1,8 m e 3,2 ha de área do nível médio. O efluente tratado final é lançado no riacho Laranjeiras, que deságua no rio Paratibe (Cuiá), escoando adjacente à ETE.

Uma fotografia atual da ETE de Mangabeira pode ser observada na capa deste livro.

DADOS DE PROJETO

A ETE é constituída de três módulos em paralelo de lagoas de estabilização em série, cada qual com duas lagoas anaeróbias e uma facultativa. Cada módulo, com área líquida de 4,0 ha, teria capacidade para tratar os esgotos de 33.125 habitantes. A vazão total dos 12 módulos corresponderia a cerca de 99.300 m^3/dia, ou seja, 1.149 L/s. Cada módulo teria capacidade de tratar 8.275 m^3/dia. A área bruta total dos 12 módulos seria de 50,4 ha.

Mendonça (2000) apresentou durante o congresso da Water Environment Federation (WEF), em Anaheim, nos Estados Unidos, um estudo de caso sobre as lagoas de estabilização da ETE de Mangabeira. Esse trabalho é interessante porque mostra uma tabela comparativa entre o sistema por ele projetado em 1981 e o sistema em funcionamento no ano 2000. Nessa época, estavam em funcionamento apenas dois módulos de lagoas.

A Tabela 11.1 apresenta dados comparativos de parâmetros entre as lagoas projetadas e as lagoas em funcionamento (por módulo), enquanto a Tabela 11.2 mostra a variação entre dados de projeto e dados de operação do sistema. A eficiência de redução de DBO e de coliformes termotolerantes é praticamente a mesma na comparação entre os dois processos, de acordo com os dados exibidos na Tabela 11.2.

No trabalho apresentado em Anaheim, Mendonça (2000) verificou que, na prática, cada módulo teria capacidade de tratar o esgoto gerado por 40 mil pessoas, perfazendo um total de 480 mil habitantes a serem servidos no ano de 2050.

Tabela 11.1 – Comparação de parâmetros entre vários tipos de lagoas (por módulo)

Parâmetro	Projeto (abril/1981) Lagoa aerada com mistura completa	Dados operacionais (agosto/2000) 1ª Lagoa anaeróbia
Área do nível médio (ha)	0,40	0,40
Profundidade (m)	3,7	3,7
Tempo de retenção hidráulico (dia)	1,8	1,4
Carga orgânica superficial (kgDBO/ha.dia)	4.469	-
Potência dos aeradores fixos (HP)	10	-
Número de aeradores fixos	9	-
Carga orgânica volumétrica (gDBO/m³.dia)	-	428
Parâmetro	Lagoa aerada facultativa	2ª Lagoa anaeróbia
Área do nível médio (ha)	0,40	0,40
Profundidade (m)	3,7	3,7
Tempo de retenção hidráulico (dia)	1,8	1,4
Carga orgânica superficial (kgDBO/ha.dia)	1.076	-
Potência de cada aerador fixo (HP)	3	-
Número de aeradores fixos	9	-
Carga orgânica volumétrica (gDBO/m³.dia)	-	175
Parâmetro	Lagoa de maturação	Lagoa facultativa
Área do nível médio (ha)	3,2	3,2
Profundidade (m)	1,8	1,8
Tempo de retenção hidráulico (dia)	7,0	5,5
Carga orgânica superficial (kgDBO/ha.dia)	122	329

Fonte: Mendonça (2000).

Tabela 11.2 – Comparação de parâmetros de projeto com dados operacionais

Parâmetros por módulo Bacia do Paratibe (Cuiá) ou Bacia do Gramame	Dados de projeto (abril/1981) 2 lag. aeradas + lag. de maturação	Dados operacionais (agosto/2000) 2 lag. anaeróbias + lag. facultativa
População servida (hab)	33.125	±42.000
Quota *per capita* de água (L/hab.dia)	150	150
Coeficiente de retorno	0,80	0,80
Vazão média (m^3/dia)	8.275	10.521
DBO do esgoto bruto (mg/L)	216	602
Temperatura média anual (ºC)	24	24
Altitude (msnm)	40	40
DBO do efluente (mg/L)	13,2	41,3
Coliformes termotolerantes no esgoto bruto (CTT/100 mL)	4×10^7	$2,3 \times 10^7$
Coliformes termotolerantes no efluente (CTT/100 mL)	$0,99 \times 10^4$	$1,8 \times 10^4$
Redução de DBO (%)	93,9	93,1
Redução de CTT (%)	99,975	99,92

Fonte: adaptada de Mendonça (2000).

As lagoas aeradas postas para funcionar como lagoas anaeróbias puderam funcionar normalmente, mas uma dessas lagoas deveria ser usada como reserva. O período de retenção projetado para as duas lagoas aeradas é idêntico ao período ótimo de funcionamento de uma lagoa anaeróbia no Nordeste, e a carga volumétrica do esgoto bruto está incluída nos padrões de funcionamento de uma lagoa anaeróbia (SILVA, 1982).

A lagoa de maturação passou a funcionar como lagoa facultativa devido ao aumento da carga orgânica superficial recebida – porém, de acordo com os padrões requeridos normalmente (MARA, 1987).

VAZÃO DA ETE MANGABEIRA E DADOS DO MONITORAMENTO

A metodologia empregada consistiu em visita à ETE de Mangabeira para verificação das condições gerais de funcionamento e obtenção de dados da CAGEPA sobre medição de vazão e de análises físico-químicas e bacteriológicas para verificação de sua capacidade e eficiência operacional. Além disso, também foram obtidos dados de monitoramento dos cursos de água nos quais são despejados os efluentes da ETE, realizado pelo órgão ambiental do estado da Paraíba, a Superintendência de Administração do Meio Ambiente (SUDEMA).

A CAGEPA está com dificuldade em obter dados da vazão horária de cada módulo. Isso ocorre devido à falta de sensores ultrassônicos que mediriam a vazão de cada módulo de lagoas diária e instantaneamente de forma automática. A medição manual da vazão por parte dos servidores durante 24 horas por dia inviabiliza essa operação. Para efeito deste estudo, a vazão média dos módulos foi calculada em função de dados do projeto original e do número atual de ligações e de economias fornecido pela empresa.

De acordo com a CAGEPA (2016), em novembro de 2015 existiam 25.046 ligações de esgotos em Mangabeira, correspondendo a 46.562 economias. O índice populacional por ligação adotado pela empresa é de 3,42 habitantes por economia. Com base nesse parâmetro, foi estimado o valor da população total servida pela ETE igual a 159.242 habitantes, o que corresponde a uma população de 53.081 habitantes para cada um dos três módulos. Segundo dados de Mendonça (1981), a população de saturação da área da ETE, prevista no projeto original com quatros módulos, era de 132.500 pessoas, ou 33.125 habitantes por módulo, e vazão média por módulo de 8.275 m^3/dia.

No dia 23 de abril de 2016, foi publicada, no *Jornal Correio da Paraíba*, uma reportagem sobre a comemoração dos 33 anos de existência do bairro Mangabeira, com população de 75.988 habitantes, segundo dados obtidos no IBGE.

A ETE de Mangabeira recebe atualmente contribuições não previstas no projeto original, oriundas dos conjuntos habitacionais Valentina Figueiredo e Colinas do Sul, que correspondem a um excesso de 83.254 habitantes, admitindo-se que a população de Mangabeira seja 100% servida por redes de esgotos.

Efetuando-se o cálculo da vazão atual por módulo e adotando-se os valores originais do projeto, com exceção da população estimada com os dados da CAGEPA (53.081 habitantes) e do valor do coeficiente de infiltração igual a 0,2 L/s.km (o valor adotado no projeto original estava muito elevado), foi estimada a vazão atual de cada módulo. Os dados do projeto original são: coeficiente de retorno igual a 0,80, quota *per capita* de água igual a 150 L/hab.dia e relação de 1,50 habitante por metro de rua.

Para a avaliação da eficiência do tratamento dos esgotos da ETE, foram utilizados os dados de monitoramentos realizados e cedidos pela CAGEPA (2016) e pela SUDEMA (2016) para os anos de 2014 e de 2015, os quais foram comparados com os dados de projeto (MENDONÇA, 1981).

RESUMO DOS DADOS OBTIDOS DE MONITORAMENTO DA ETE

Os gráficos apresentados nas Figuras 11.1, 11.2 e 11.3 referem-se a três dos parâmetros monitorados pela CAGEPA na ETE de Mangabeira durante o período de janeiro de 2014 a dezembro de 2015. Esses três indicadores foram utilizados para a verificação do funcionamento da ETE na situação atual.

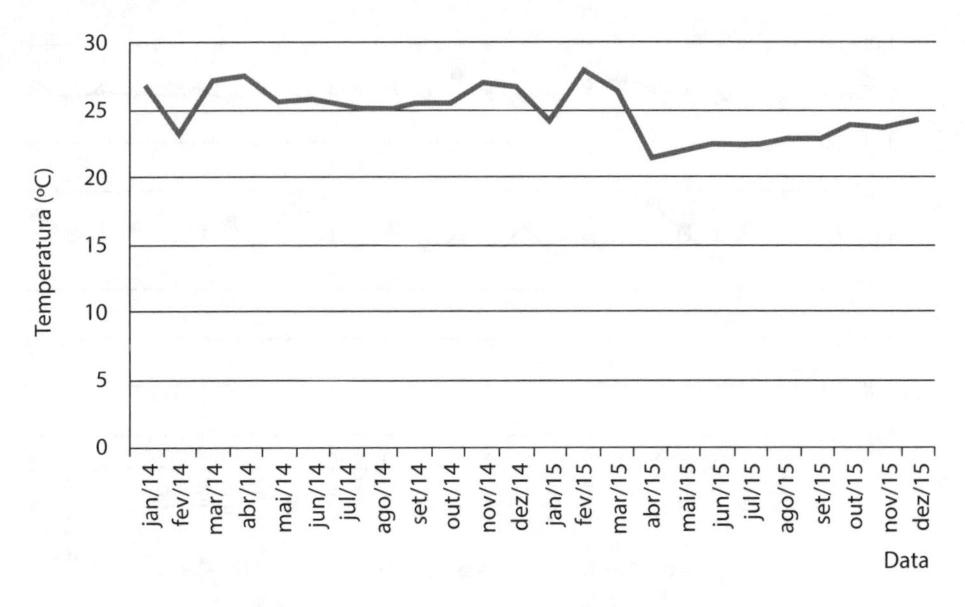

Figura 11.1 – Variação da temperatura mensal do esgoto bruto

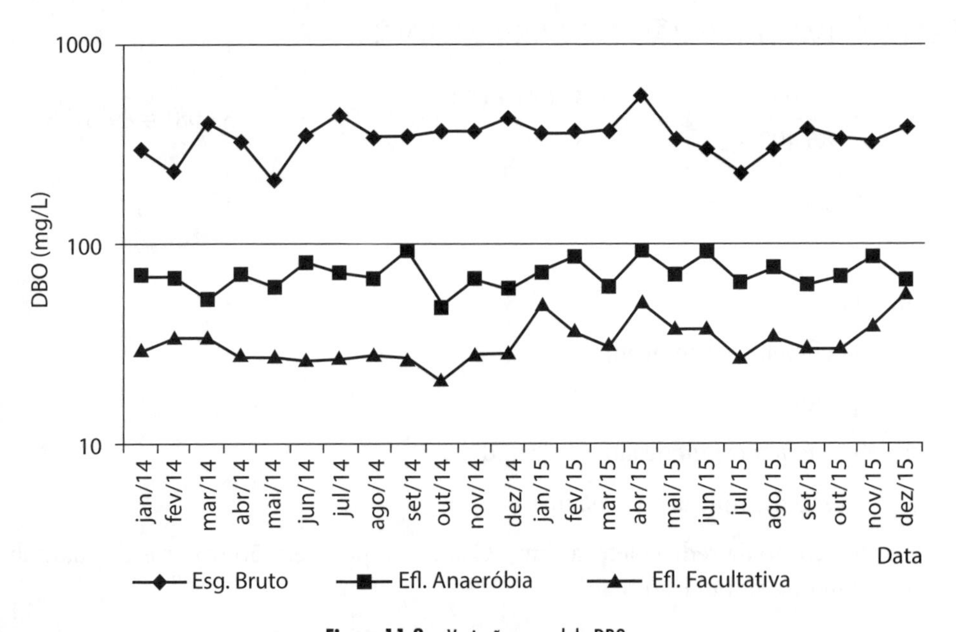

Figura 11.2 – Variação mensal da DBO

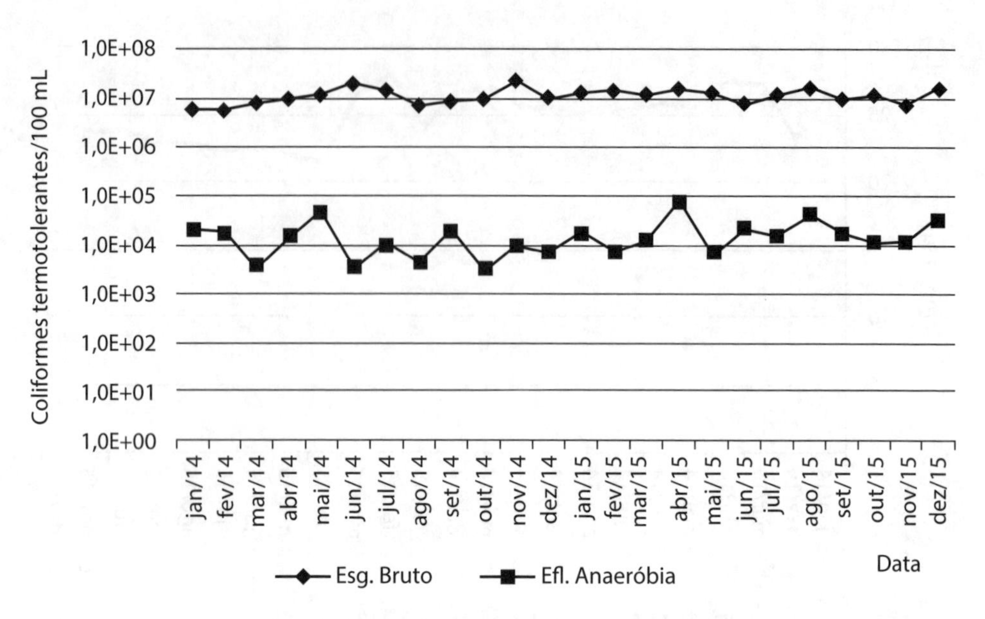

Figura 11.3 – Variação mensal de coliformes termotolerantes

ESTIMATIVA DA VAZÃO DE CADA MÓDULO

$$Q_{méd} = \frac{CPq}{86.400} + q_{inf}L = \frac{0,8 \times 53.081 \times 150}{86.400} + 0,2 \times 10^{-3} \times 1,5 \times 53.081 \cong 89,6 \text{ L/s}$$

$$Q_{méd} \cong 7.742 \text{ m}^3\text{/dia}$$

em que:

C: coeficiente de retorno;

P: população (hab);

q: quota *per capita* de água (L/hab.dia);

q_{inf}: vazão de infiltração (L/s.km);

L: extensão da rede coletora (km). Calculada pela relação (metros de rua/habitante) × população (hab).

Pode-se concluir que a vazão atual por módulo representa 93,6% da prevista no projeto original (Tabela 11.2), ou seja, a carga hidráulica está próxima de sua capacidade.

Assim, é necessário que o quarto módulo de lagoas de estabilização seja construído ou que as novas ligações de esgotos sejam desviadas para a bacia de Gramame, com o objetivo de evitar a saturação do sistema.

MONITORAMENTO FÍSICO-QUÍMICO E BACTERIOLÓGICO DA ETE DE MANGABEIRA

O resultado do monitoramento realizado pela CAGEPA (2016) está apresentado na Tabela 11.3, juntamente com a média aritmética dos dados obtidos.

Tabela 11.3 – Monitoramento físico-químico da ETE de Mangabeira

Parâmetro	Esgoto bruto			Efluente Lagoa anaeróbia			Efluente Lagoa facultativa		
	2014	2015	Média	2014	2015	Média	2014	2015	Média
Vazão (m^3/dia)	-	-	7.742	-	-	7.742	-	-	7.742
Temperatura (°C)	26,0	23,8	24,9	26,1	23,6	24,9	25,8	23,7	24,7
pH	7,1	7,2	-	7,1	7,1	-	7,9	7,7	-
DBO (mg/L)	343	353	348	67,7	74,9	71,3	28,3	38,7	33,5
DQO (mg/L)	613	690	652	143	123	133	95	116	106
Oxigênio dissolvido (mg/L)	ND	ND	-	ND	ND	-	4,1	3,3	3,7
Sólidos totais (mg/L)	712	719	716	466	449	458	429	451	440
Sólidos fixos (mg/L)	361	383	372	282	285	284	287	301	294
Sólidos voláteis (mg/L)	351	336	344	184	164	174	142	150	146
N-Amon (mg/L)	ND	ND	-	ND	ND	-	28,5	29,8	29,2
P total (mg/L)	ND	ND	-	ND	ND	-	4,1	5,4	4,8
Coliformes termotolerantes (CTT/100 mL)	$1,13 \times 10^7$	$1,25 \times 10^7$	$1,19 \times 10^7$	ND	ND	ND	$1,42 \times 10^4$	$2,38 \times 10^4$	$1,90 \times 10^4$

ND: não determinado

O pH efluente da ETE está dentro da faixa exigida pela Resolução n. 430 do CONAMA (BRASIL, 2011), que é de 5 a 9, e a DBO é bem menor que 120 mg/L, valor estipulado pela resolução.

ESTIMATIVA DE CÁLCULOS PARA DEFINIR AS CONDIÇÕES DE FUNCIONAMENTO DA ETE DE MANGABEIRA (POR MÓDULO)

LAGOA ANAERÓBIA

- Área da lagoa: $A = 0{,}40$ ha
- Profundidade: $h = 3{,}7$ m
- Concentração de DBO do esgoto bruto: $S_0 = 348$ mg/L

- Tempo de retenção: $t = A \times h/Q_{méd} = 4.000 \times 3{,}7/7742 \cong 1{,}91$ dia (varia de 1 a 2 dias no Nordeste)
- Carga orgânica volumétrica: $\lambda_v = S_0/t = 348/1{,}91 \cong 182$ g DBO/m³.dia (varia de 100 g a 300 g DBO/m³.dia para esgotos domésticos)
- DBO do efluente da lagoa anaeróbia: $S_0 = 71{,}3$ mg/L
- Eficiência de redução de DBO da lagoa anaeróbia: $E_f = (348-71{,}3) \times 100/348 \cong 79{,}5\%$ (varia de 70% a 80% no Nordeste)

A eficiência de 79,5% de remoção de DBO das lagoas anaeróbias está excelente. O valor máximo obtido no Nordeste é da ordem de 70% a 80%. Como se pode observar, a carga orgânica volumétrica não excede o valor máximo permitido.

Embora o resultado da eficiência da remoção de matéria orgânica tenha sido excelente, recomenda-se que uma das lagoas anaeróbias funcione sempre como reserva devido à concentração de DBO dos esgotos domésticos ser normalmente muito baixa comparado com efluentes industriais de origem orgânica.

LAGOA FACULTATIVA

- Temperatura média mínima anual do esgoto bruto: $T = 24{,}9$ °C
- Área da lagoa facultativa: $A = 3{,}2$ ha
- DBO do afluente da lagoa facultativa: $S_0 = 71{,}3$ mg/L
- Carga orgânica superficial máxima admitida: $\lambda_{máx} = 350\ (1{,}107-0{,}002T)^{T-25}$ ∴ $\lambda_{máx} = 350\ (1{,}107-0{,}002 \times 24{,}9)^{24{,}9-25} \cong 348$ kg DBO/ha.dia
- Carga orgânica superficial: $\lambda_s = 10 \times S_0 \times Q_{méd}/A = 10 \times 71{,}3 \times 7.742/32.000 \cong 173$ kg DBO/ha.dia (igual a 49,7% do valor máximo admitido)
- Tempo de retenção: $t = A \times h/Q_{méd} = 32.000 \times 1{,}8/7.742 \cong 7{,}4$ dias (o tempo mínimo de retenção de lagoas facultativas é de cinco dias)
- DBO do efluente da lagoa facultativa ou do módulo: $S_e = 33{,}5$ mg/L
- Eficiência de redução de DBO do efluente da lagoa facultativa (do módulo): $E_f = (348-33{,}5) \times 100/348 \cong 90{,}4\%$
- Coliformes termotolerantes do efluente da lagoa facultativa (do módulo): $1{,}90 \times 10^4$ CTT/100 mL
- Eficiência de redução de coliformes termotolerantes da lagoa facultativa (do módulo): $E_f = (1{,}19 \times 10^7-1{,}90 \times 10^4) \times 100/1{,}19 \times 10^7 \cong 99{,}84\%$

A carga orgânica superficial está bem aquém do limite máximo estimado, permitindo suportar picos eventuais de DBO sem prejuízo da eficiência da lagoa facultativa.

Os coliformes termotolerantes que normalmente saem dos efluentes de lagoas facultativas são da ordem de $1,0 \times 10^5$ CTT/100 mL. Portanto, os três módulos estão funcionando com eficiência maior que a prevista no projeto, pois o efluente sai com $1,9 \times 10^4$ CTT/100 mL.

Durante as visitas à ETE de Mangabeira, verificou-se que há insuficiência de pessoal responsável pela limpeza geral da área e falta de equipamentos de proteção individual para os trabalhadores.

RESUMO DOS DADOS OBTIDOS PELO ÓRGÃO AMBIENTAL

As Tabelas 11.4 e 11.5 mostram dados de monitoramento no riacho Laranjeiras e no rio Paratibe (Cuiá) efetuados pela SUDEMA (2016) nos anos 2014 e 2015.

Tabela 11.4 – Monitoramento do riacho Laranjeiras – Análises de oito amostras (quatro por ano) realizadas em 2014 e 2015

Parâmetro	Conama 357 Classe 3*	Riacho Laranjeiras**		
		2014	2015	Média
SDT (mg/L)	< 500	128	262	195
OD (mg/L)	< 4	2,2	1,9	2,1
DBO (mg/L)	< 10	1,8	33,8	17,8
Coliformes termotolerantes (CTT/100 mL)	< 4.000	1.843	$1,1 \times 10^5$	$5,5 \times 10^4$

* Brasil (2005).

** A ETE de Mangabeira despeja seus efluentes no riacho Laranjeiras que posteriormente desagua no rio Paratibe (Cuiá).

Fonte: adaptada de SUDEMA (2016).

Em relação às analises efetuadas pela SUDEMA, verificou-se que os dados de coliformes termotolerantes apresentados no riacho Laranjeiras e no rio Paratibe (Cuiá) estão bastante elevados. Os demais parâmetros cumprem com as exigências da Resolução n. 357 do CONAMA (BRASIL, 2005) para águas doces, classe 3, com exceção de DBO em 2015 (um pouco elevado), e também da Resolução n. 430 do CONAMA (BRASIL, 2011). Há necessidade de pesquisa por meio dos órgãos competentes para se averiguar a causa do aumento desses parâmetros nos rios citados. Esses valores podem ser ocasionados por despejos industriais clandestinos ou por ligações domésticas lançadas diretamente nesses cursos de água ou por outros motivos que prejudiquem sua rápida autodepuração.

Tabela 11.5 – Monitoramento do rio Paratibe (Cuiá) – Análises de 32 amostras (16 por ano) realizadas em 2014 e 2015

Parâmetro	CONAMA 357 Classe 3*	Rio Paratibe (Cuiá)**		
		2014	2015	Média
SDT (mg/L)	< 500	178	285	232
OD (mg/L)	< 4	2,6	2,1	2,4
DBO (mg/L)	< 10	1,1	5,6	3,4
Coliformes termotolerantes (CTT/100 mL)	< 4.000	$2,2 \times 10^4$	$4,7 \times 10^4$	$3,5 \times 10^4$

* Brasil (2005).

** O rio Paratibe (Cuiá) recebe o efluente do riacho Laranjeiras.

Fonte: adaptada de SUDEMA (2016).

CONCLUSÕES

Verificou-se falta de controle operacional quanto à medição da vazão dos esgotos que alimentam a ETE, que pode ser solucionado com a instalação de sensores ultrassônicos para que a vazão de cada módulo de lagoas possa ser medida diária e instantaneamente de forma automática.

A vazão atual da ETE de Mangabeira está próxima do limite da capacidade hidráulica de cada módulo. Por isso, há necessidade urgente da construção do quarto módulo de lagoas de estabilização ou o desvio das novas ligações de esgotos para a bacia de Gramame, no intuito de se evitar a saturação do sistema.

Embora a capacidade hidráulica esteja praticamente no limite projetado, o sistema poderá suportar maiores cargas orgânicas.

A ETE apresenta excelente desempenho com relação à remoção de matéria orgânica, atendendo às exigências da Resolução n. 430 do CONAMA (BRASIL, 2011). Quanto à remoção de coliformes termotolerantes, a eficiência da lagoa facultativa foi superior ao esperado.

As lagoas anaeróbias de cada módulo funcionam atualmente em série, porém deveriam funcionar alternadamente, sendo uma dessas lagoas como reserva, para que o tratamento pudesse ser operado de maneira mais adequada.

A coleta de amostras para o monitoramento físico-químico e bacteriológico de entrada e saída de cada lagoa está adequada, porém são necessárias também coletas dentro das lagoas para investigação mais detalhada. Um barco, corda e salva-vidas deverão estar disponíveis nas imediações das lagoas, para qualquer eventualidade de resgate e para servir de transporte e apoio ao monitoramento dentro das lagoas durante a coleta de amostras.

É necessário ainda contratar mais operários para trabalhar na limpeza da área da ETE, além de fornecer equipamentos de proteção aos trabalhadores de limpeza para garantir maior segurança à sua saúde.

A qualidade da água do riacho Laranjeiras e do rio Paratibe (Cuiá) não atende à Resolução n. 357 do CONAMA (BRASIL, 2005) quanto aos coliformes termotolerantes. E o riacho Laranjeiras também não atende ao limite de DBO no ano de 2015. Assim, é preciso investigar a ocorrência de despejos industriais clandestinos ou por ligações domésticas lançadas *in natura* nesses corpos d' água.

REFERÊNCIAS

AZEVEDO NETTO, J. M. Disposição de efluentes sanitários no oceano. *Engenharia Sanitária*, Rio de Janeiro, v. 26, n. 1, p. 83, jan./mar. 1987.

BRASIL. Resolução CONAMA n. 357, de 17 de março de 2005. Dispõe sobre a classificação dos corpos de água e diretrizes ambientais para o seu enquadramento, bem como estabelece as condições e padrões de lançamento de efluentes, e dá outras providências. Brasília, DF, 2005.

______. Resolução CONAMA n. 430, de 13 de maio de 2011. Dispõe sobre as condições e padrões de lançamento de efluentes, complementa e altera a Resolução n. 357, de 17 de março de 2005, do Conselho Nacional do Meio Ambiente - CONAMA. Brasília, DF, 2011.

BRITO, F. S. R. de. Projetos e relatórios: saneamento de Vitória, Campinas, Petrópolis, Itaocara, Paraíba (João Pessoa), Paraíba do Sul e Juiz de Fora. In: *Obras completas de Saturnino de Brito*. Rio de Janeiro: MEC/Instituto Nacional do Livro/Imprensa Nacional, 1943. v. V.

CAGEPA - COMPANHIA DE ÁGUA E ESGOTOS DA PARAÍBA. Gerência Regional do Litoral. *ETE Mangabeira*: Relatórios de Ensaio 2014 e 2015. João Pessoa: 2016.

MARA, D. D. Waste stabilization ponds: Problems and controversies. *Water Quality International*, n. 1, p. 20-22, 1987.

MENDONÇA, S. R. *Parecer técnico sobre a definição de áreas para o tratamento de esgotos dos conjuntos habitacionais no município de João Pessoa*. João Pessoa: CAGEPA, 8 abr. 1981.

______. *Parecer técnico para a Diretoria de Expansão da CAGEPA*. João Pessoa: CAGEPA, 29 set. 1995.

______. Systems of stabilization ponds in Latin America and in the Caribbean. In: WEFTEC 2000 Workshop: Natural Systems for Wastewater Treatment, 106, 2000, Anaheim. *Proceedings*... Anaheim: WEF, 2000.

PORTAL CORREIO. O bairro Mangabeira comemora hoje 33 anos de existência. *Jornal Correio da Paraíba*, p. A8, 23 abr. 2016. Disponível em: <http://portalcorreio.com.br/noticias/cidades/cidadania/2016/04/23/NWS,276780,4,96,NOTICIAS,2190-BAIRRO-MANGABEIRA-POPULOSO-COMEMORA-ANOS-BOLO-VIDEO.aspx>. Acesso em: 12 abr. 2017.

SILVA, S. A. *On the Treatment of Domestic Sewage in Waste Stabilization Ponds in Northeast Brazil*. PhD. thesis, Dandee University, 1982.

SUDEMA – SUPERINTENDÊNCIA DE ADMINISTRAÇÃO DO MEIO AMBIENTE, LABORATÓRIO DE MEDIÇÕES AMBIENTAIS. *Análises físico-químicas e bacteriológicas do afluente e efluente da ETE Mangabeira*. João Pessoa: 1994.

______. *Programa Monitoramento de Corpos de Água, rios Cuiá e Laranjeiras, 2014 e 2015*. João Pessoa: 2016.

GRÁFICA PAYM
Tel. [11] 4392-3344
paym@graficapaym.com.br